ALLE ZEIT WACH 1842

Manfred Sietz · Andreas von Saldern (Hrsg.)

Umweltschutz-Management und Öko-Auditing

Mit 61 Abbildungen

Springer-Verlag Berlin Heidelberg GmbH

Prof. Dr. Manfred Sietz
Universität Gesamthochschule Paderborn
Abteilung Höxter
Fachbereich 8
An der Wilhelmshöhe 44
37671 Höxter

Dipl.-Ing. Andreas von Saldern
Arthur D. Little International, Inc.
Postfach 12 48
65002 Wiesbaden

ISBN 978-3-642-78338-8 ISBN 978-3-642-78337-1(eBook)
DOI 10.1007/978-3-642-78337-1

CIP-Eintrag beantragt

Softcover reprint of the hardcover 1st edition 1993

Satz: Fotosatz-Service Köhler OHG, Würzburg
Herstellung und Innengestaltung: Hans Schönefeldt, Berlin
Druck: Saladruck, Berlin; Bindearbeiten: Lüderitz & Bauer, Berlin
52/3020 – 5 4 3 2 1 0 – Gedruckt auf säurefreiem Papier

Vorwort

In einer Phase zwischen Verabschiedung der EG-Verordnung zum Umweltschutzmanagement und -auditing (29.6.1993) und der breiten (freiwilligen) Umsetzung der Verordnung, mit der ab 1994/95 zu rechnen ist, ist es besonders wichtig, daß sich Unternehmen rechtzeitig mit der Umsetzung der EG-Verordnung auseinandersetzen, die direkt ohne Umsetzung in nationales Recht gilt. Dazu stellt dieses Buch Hinweise zum Aufbau des gesamten Umweltschutzmanagementsystems, wie auch konkrete Audithandwerkzeuge z.B. in Form von aktuellen und EDV-fähigen Checklisten zur Verfügung.

Umweltschutzauditing (der Soll-Ist-Umweltabgleich eines Unternehmens) wird nicht nur ein Umweltaushängeschild großer Unternehmen sein, sondern ein Instrument zur betrieblichen Risikoevaluierung und -minimierung in Unternehmen aller Größenordnungen. Die Verantwortlichen eines Unternehmens haben die Chance, durch Audits dem Unternehmen einen „Umweltspiegel" vorzuhalten und Instrumente aufzubauen, die zukünftige Umweltrisiken soweit wie möglich vermeiden. Dadurch ergeben sich deutliche Interessen der Banken und Versicherungen, daß ein Betrieb ein Umweltschutzmanagement- und -auditingsystem aufbaut. Aber auch die Kunden und die Öffentlichkeit, der ein Bericht über die Umweltsituation des Betriebes zugänglich gemacht werden muß, werden Interesse an dem Umweltverhalten der Betriebe bekunden.

Die Ordnung des semantischen Wildwuchses, den man auf dem Umweltmanagementsektor vorfindet in Richtung auf den Guten-Umweltmanagement-Kodex in der EG-Verordnung, stellt einen großen Schritt in die richtige Richtung dar. Konsequenterweise beleuchtet die EG-Verordnung nicht nur die umwelttechnischen Aspekte eines Unternehmens, sondern fordert auch die Beurteilung der Umweltbelastung durch Produkte und bezieht die Beurteilung der Effektivität des Umweltmanagements ein.

Da dies ein weites Feld darstellt, in dem ein weiter, interdisziplinärer Umsetzungs- und Regelungsbedarf besteht, wurde in der Zusammenstellung der nachfolgenden Autorenbeiträge auf einen breiten, interdisziplinären Ansatz Wert gelegt.

Einleitende Funktion haben die beiden Beiträge von *Annighöfer* und *Spindler*, die den Rahmen, die Notwendigkeit und das Umfeld des Umweltschutzmanagements und -auditing verdeutlichen. Die EG-Verordnung zum Umweltmanagement und -auditing schließt sich im Beitrag von *Henn* an in Verbindung mit einer Übersicht über neuere Entwicklungen im Bereich des nationalen Umweltrechts *(Krems-Hemesath)*.

Es folgen die technischen Aspekte des Auditings, zunächst der Reststoff-/Entsorgungs- und Wiederverwertungskomplex *(Müller/Tuminski)* in Verbindung mit Aspekten des Bodenschutzes *(Grupe/Lassonczyk)*, Sanierungsaudits *(Studenrauch/Hempfling)*, abgerundet durch den Beitrag über Akquisitionsaudits von *Michels*. Der Bereich „Luft" schließt sich an mit den Beiträgen von *Müller* zum Immissionsschutz und *Bangert* zum Klima. Der sich anschließende Wasserkomplex wird von *Fettig/Miethe* sowie *Reinnarth* vertreten.

Nach den technischen Aspekten folgt ein Beitrag zum Produktauditing *(Sietz)* und in der Folge die inhaltliche Abrundung durch den Bereich Umweltschutzmanagement sowie Praxisbeispiele. Der Aufbau von Umweltschutzmanagementsystemen (*von Saldern* und *Lehni*) und die praktische Durchführung von Umweltschutzaudits *(Powell)* wird vorgestellt. Anschließend wird dargestellt, was zu beachten ist, um zu erreichen, daß die Auditergebnisse nicht als Bericht im Schreibtisch verstauben, sondern auch eine Veränderung im Verhalten des Unternehmens bewirken.

Den Abschluß bildet ein Ausblick auf den Standard im Umweltschutzmanagement in anderen Ländern, insbesondere in den USA und Großbritannien. Verbunden mit der Frage, ob denn das deutsche Niveau des Umweltschutzes inzwischen im europäischen Vergleich auf den letzten Rang gesunken ist (*von Saldern*).

An die Unternehmen, die schon erste Erfahrungen bei der Umsetzung der EG-Verordnung gesammelt haben, kann nur der Appell gerichtet werden, diese in die bereits begonnene Umsetzungs- und Normierungsdiskussion einfließen zu lassen. Andernfalls besteht die Gefahr, daß diese Diskussion von anderen bestimmt wird. So haben die Briten mit ihrer Norm über Umweltschutzmanagementsysteme schon eine Diskussionsvorlage eingebracht. Es ist aber wichtig, daß bei den Umsetzungsverordnungen auch die Besonderheiten der deutschen Unternehmensführung und der hohen Standards des technischen Umweltschutzes berücksichtigt werden.

Bei der praktischen Umsetzung erlauben die EDV-fähigen Checklisten des vorliegenden Buches aktives Arbeiten und stetes Aktualisieren des Auditingprozesses und machen Auditing gerade für den Umweltpraktiker attraktiv. Ein Einstieg in branchenspezifische Audits und Checklisten ist aufgrund der vorgelegten Basisergebnisse und -checklisten leicht möglich. Es steht zu wünschen, daß das vorliegende Buch betriebliches Auditing erleichtert und hierzu vom geneigten Leser mit dem Hilfsmittel Diskette angenommen wird.

Für Rückfragen stehen beide Herausgeber gerne zur Verfügung:

Prof. Dr. Manfred Sietz
Universität GH Paderborn
FB Technischer Umweltschutz
An der Wilhelmshöhe 44

37671 Höxter

Tel.: 0 52 71 - 68 70
Fax: 0 52 71 - 68 72 00

Andreas von Saldern
Arthur D. Little International, Inc.

Gustav Stresemann Ring 1

65189 Wiesbaden

Tel.: 06 11 - 714 81 91
Fax: 06 11 - 714 82 97

Inhalt

Autoren

Dr. Frank Annighöfer
Gerling Consulting Gruppe
Norbertstraße 22, 50670 Köln

Sprecher der Geschäftsführung der Gerling Consulting Gruppe. Bis 1993 Europageschäftsführer der Umweltberatungsaktivitäten von Arthur D. Little International. Dr. Annighöfer studierte Chemie und Betriebswirtschaft in Marburg und Freiburg.

Dipl.-Meteorologe Helmut Bangert
Bürener Weg 22, 33100 Paderborn

Studium der Meteorologie an der Technischen Universität Hannover von 1972 bis 1978. Von 1978 bis 1981 wissenschaftlicher Mitarbeiter am Institut für Meteorologie und Klimatologie der TU Hannover. Seit 1978 Lehrauftrag für Meteorologie im Studiengang Landespflege der Universität-GH Paderborn, Abt. Höxter. Seit 1981 freiberufliche Tätigkeit im Bereich Stadtklimatologie (Erstellung von gesamtstädtischen Klimaanalysen für mehrere Kommunen sowie zahlreiche klimatologische Stellungnahmen). Seit 1989 Mitglied im UVP-Förderverein, Hamm. Seit 1991 Leitung der dortigen AG UVP und Klima.

Prof. Dr.-Ing. Joachim Fettig
Universität Gesamthochschule Paderborn
Abteilung Höxter, Fachbereich 18
An der Wilhelmshöhe 44, 37671 Höxter

Studium der Verfahrenstechnik an der Technischen Universität Clausthal und der Universität Karlsruhe, Promotion über die Wasseraufbereitung mit Aktivkohle. Forschungsaufenthalt in USA, berufspraktische Tätigkeit in den Bereichen Wasser- und Abwasserreinigung in Norwegen. Seit Oktober 1990 Professor für Wassertechnologie im Fachbereich Technischer Umweltschutz der Universität-GH-Paderborn.

Dipl.-Ing. Joachim Glaser
Institut Fresenius GmbH
Im Maisel 14, 65232 Taunusstein-Neuhof

Geboren 1961, Diplom-Ingenieur der Versorgungstechnik. Studium der Energie-, Wasserversorgung und Abwassertechnik an der Fachhochschule Trier sowie der Energieplanung und Energiemanagement in Entwicklungsländern an der TU Berlin. Durch seine mehrjährige Berufserfahrung erwarb Herr Glaser umfangreiche Kenntnisse in der Ermittlung und Bewertung umweltschutzrelevanter Emissionen von Industriebetrieben sowie in der Projektleitung und Management von interdisziplinären Umweltprojekten. Heute ist er stellvertretender

Umweltbevollmächtigter der Institut Fresenius Gruppe und Berater im Bereich des betrieblichen Umweltschutzes. Schwerpunkte sind die Organisation des betrieblichen Umweltschutzes, die Erstellung von Umweltschutzhandbüchern und die Durchführung von Umwelt-Audits.

Prof. Dr. Marianne Grupe

Universität Gesamthochschule Paderborn
Abteilung Höxter, Fachbereich Technischer Umweltschutz
An der Wilhelmshöhe 44, 37671 Höxter

Geboren 1944. – Studium der Agrarwissenschaften. – Promotion im Fachgebiet Bodenkunde. – Tätigkeiten als wissenschaftliche Mitarbeiterin beim Niedersächsischen Landesamt für Bodenforschung, Bodentechnologisches Institut, Bremen. – Dozentin im Fachgebiet Bodenkunde an der Universität-Gesamthochschule Paderborn, Abt. Höxter, Fachbereich Technischer Umweltschutz.

Prof. Dr. Reinhold Hempfling

Institut Fresenius GmbH, Geschäftsbereich Fresenius Umwelt Consult,
Im Maisel 14, 65232 Taunusstein-Neuhof

Geboren 1958, Diplom-Geoökologe. Studium der Geoökologie mit den Schwerpunkten Bodenschutz und Umweltchemie an der Universität Bayreuth. Berufspraxis als Projektmanager Bodenschutz, Stellvertretender Leiter F & E Umwelt, Bereichsleiter Umweltrisikoanalyse und seit 1993 Fachgebietsleiter Rüstungs- und militärische Altlasten. Dr. Hempfling hat umfassende Erfahrungen in den Bereichen Bewertung von Umweltrisiken, Sanierungsbegleitung, Rüstungsaltlasten und Qualitätssicherung. Neben seiner beratenden Tätigkeit ist er noch Dozent für Umweltchemie an der Fachhochschule Fresenius, Wiesbaden.

Dr. Klaus-Peter Henn

Consultant für Umweltmanagement, Entwicklungsplanung und Projektmanagement,
Eifelstraße 11, 48151 Münster

Dr. Klaus-Peter Henn, Jahrgang 1955, ist promovierter Entwicklungsplaner und Umweltschutzexperte. Den Schwerpunkt seiner Tätigkeit als Umwelt- und Unternehmensberater bildet die Entwicklung, Vermittlung und Anwendung von Instrumenten des Umweltmanagements in Unternehmen. Dazu gehören insbesondere betriebliche Systeme des Umweltmanagements, Öko-Audits, Schwachstellen- und Potentialanalysen, Öko-Bilanzen, Verfahren des Öko-Controlling sowie einzelfallbezogene Problemlösungen im Bereich des integrierten Umweltmanagements.

Dipl.-Ök. Bettina Krems-Hemesath

GUO/IUR Institut für strategisches Umweltmanagement pp.
Museumstraße 35, 22765 Hamburg-Altona

Diplom-Ökonomin, Inhaberin Firma IUR Oldenburg, gegr. 1986; Geschäftsführende Gründungsgesellschafterin des Instituts für Öko-Auditing (IFÖ), Hamm, Geschäftsführende Gesellschafterin GUO/IUR Institut für strategisches Umweltmanagement, Öko-Auditing und Umweltunternehmensrecht Bettina Krems-Hemesath KG, Hamburg, Ahaus, Bielefeld; Immissionsschutzsachverständige, Unternehmens- und Projektberatung; Dozentin für deutsches und europäisches Umweltrecht, Umweltplanung und Umweltmanagement. Herausgeberin der Vierteljahresschrift für strategisches Umweltmanagement (ZSUM) sowie des Praxishandbuches Umweltbetriebsprüfung. Zahlreiche einschlägige Veröffentlichungen.

Dr. Beate Lassonczyk

Institut Fresenius-Wiertz-Eggert-Jörissen GmbH
Stenzelring 23c, 21107 Hamburg

Geboren 1957. – Studium der Agrarwissenschaften. – Promotion im Fachgebiet Bodenkunde. – Tätigkeiten in Lehre und Forschung an der TU-Berlin, Institut für Ökologie, Fachgebiet Bodenkunde. – Gutachterliche Tätigkeiten zu den Bereichen Erkundung, Bewertung und Sanierung von Altlasten und Altstandorten am Institut Fresenius-Wiertz-Eggert-Jörissen GmbH, Hamburg.

Dr. Markus Lehni

Landis & Gyr, Gubelstraße 22, CH-6301 Zug

Konzern-Umweltbeauftragter der Landis & Gyr AG, mit Sitz in Zug, Schweiz. Seit 1991 hat M. Lehni im Rahmen dieser Tätigkeit den Konzernfachbereich Umwelt aufgebaut. Dr. Markus Lehni ist seit 1982 bei Landis & Gyr beschäftigt und war vor seiner Ernennung zum Konzern-Umweltbeauftragten innerhalb der Konzernforschung und Entwicklung verantwortlich für Schadensanalytik und Verfahrensentwicklung in Verbindungs- und Reinigungstechnik. Dr. Markus Lehni studierte Chemie an der Universität Zürich und promovierte dort in physikalischer Chemie. Er ist verheiratet und lebt in der Schweiz.

Dr. Beatrix Michels

Institut Fresenius GmbH
Im Maisel 14, 65232 Taunusstein-Neuhof

Geboren 1959. Diplom-Biologin. Studium der Chemie und Biologie. Berufspraxis als stellvertretende Leiterin eines IBM Laboratoriums und als Projektleiterin bei der Arbeitsgemeinschaft der Bau- und Tiefbau-Berufsgenossenschaften für die toxikologische Bewertung von Gefahrstoffen und Bearbeitung von arbeitsmedizinischen Fragestellungen. Seit 1989 ist Frau Dr. Michels Umweltbevollmächtigte der Institut Fresenius Gruppe, Leiterin des Fachgebiets Umweltbetriebsberatung und stellvertretende Leiterin der Region Hessen des Geschäftsbereichs Fresenius Umwelt Consult. Ihre zahlreichen Erfahrungen bringt sie u.a. als Beraterin bei der Durchführung von Umwelt-Audits („Öko-Audits"), innerbetrieblichen Abfallwirtschaftskonzepten und der ökologischen Produktbewertung ein.

Prof. Dipl.-Ing. Manfred Miethe

Universität Gesamthochschule Paderborn
Abteilung Höxter, Fachbereich 18
An der Wilhelmshöhe 44, 37671 Höxter

Bauingenieur, Lehrgebiet Abwasserableitung und Abwasserreinigung. Fachbereich „Technischer Umweltschutz" an der Universität-Gesamthochschule Paderborn, Abteilung Höxter. ATV-Mitglied, Berufserfahrungen im Bereich der Wasserversorgung, Planung und Bau von Kanalisations- und Abwasserreinigungsanlagen, Auslandsaufenthalte in Bolivien und Peru.

Prof. Dr. Hermann Müller

Gralsritterweg 13, 13465 Berlin

Von 1980 bis 1983 war H. Müller in einem Ingenieurbüro für Energie- und Umwelttechnik tätig. 1983 bis 1986 Assistent an der TU-Berlin, Fachgebiet Abfallwirtschaft. Seit 1985 öffentlich vereidigter Sachverständiger für Feuerungstechnik und Luftreinhaltung. 1986 bis 1991 Prokurist und Abteilungsleiter für den Bereich Umweltschutz, Verfahrenstechnik und Anlagentechnik. Seit 1991 bis 1993 Hochschullehrer für das Fachgebiet Abfallwirtschaft.

Markus Powell

Arthur D. Little International, Inc.
Postfach 12 48, 65002 Wiesbaden

Studium der Betriebswirtschaftslehre an der University of Maryland, von der M. Powell einen Bachelor of Science erhielt. Ebenfalls absolvierte er ein M.B.A. Studium, mit dem Schwerpunkt Flughafenplanung und -management, an der Embry Riddle Aeroautical University, Florida. Seit 1990 ist es im Bereich Umweltschutzberatung bei Arthur D. Little International Inc. als Berater tätig. Herr Powell befaßt sich hauptsächlich mit der Bewertung und Gestaltung von Umweltschutz- und Sicherheitsmanagementverfahren sowie der Durchführung von Umweltschutzbetriebsprüfungen (Audits). Er ist Autor mehrerer Veröffentlichungen zum Thema betrieblicher Umweltschutz.

Prof. Dr. Gabriele Reinnarth

Universität Gesamthochschule Paderborn
Abteilung Höxter, Fachbereich 18
An der Wilhelmshöhe 44, 37671 Höxter

Studium der Biologie in Bonn, Diplomarbeit im Fach Limnologie, Dissertation über Ökologie von Sediment-Wasser-Kontaktzonen, – Post-doc-Tätigkeit an der University of California, Davis. – 10 Jahre Berufstätigkeit beim Ruhrverband in Essen als Dienstbereichsleiterin „Technische Mikrobiologie"; Schwerpunkte: biologische Abwasserreinigung, Ökotoxikologie und Hygiene. – Seit August 1990: Professorin für „Biologie im Wasser- und Abfallwesen" des Fachbereichs „Technischer Umweltschutz" der Universität-GH Paderborn, Abteilung Höxter.

Dipl.-Ing. Andreas von Saldern

Arthur D. Little International Inc.
Postfach 12 48, 65002 Wiesbaden

Andreas von Saldern studierte Maschinenbau in München und Johannesburg. Anschließend absolvierte er ein Aufbaustudium Umweltschutz an der TU München. In einem Sanierungsunternehmen leitete er als Handlungsbevollmächtigter die technische Auslegung und Durchführung von Altlastensanierungen, bevor er in einem renomierten Ingenieurbüro die Abteilung „präventiver Umweltschutz" leitete, um zukünftige Altlasten zu vermeiden. Seit 1991 arbeitet er als Senior Consultant bei Arthur D. Little International Inc. Seine Haupttätigkeiten umfassen den Aufbau und die Bewertung von Umweltschutz- und Sicherheitsmanagementsystemen und -auditprogrammen in den verschiedensten Industriebranchen. Herr von Saldern führte dabei zahlreiche Audits in Deutschland und im europäischen Ausland durch.

Prof. Dr. Manfred Sietz

Universität Gesamthochschule Paderborn
Abteilung Höxter, Fachbereich 18
An der Wilhelmshöhe 44, 37671 Höxter

Diplom-Chemiker, Fachgebiete Analytische Chemie und Ökoauditing, Fachbereich „Technischer Umweltschutz" an der Universität-GH Paderborn, GdCh-Mitglied, 7 Jahre Berufserfahrung im Bereich Chemische Technik und Produktanalytik, davon 2jähriger Auslandsaufenthalt in Bologna/Italien als technischer Geschäftsführer eines Umweltlaboratoriums. Seit September 1991: Professur für Chemie an der Universität-GH Paderborn.

Edmund A. Spindler

UVP-Zentrum, Östingstraße 13, 59063 Hamm

Jahrgang 1949, Dipl.-Ing. der Fachrichtung Raumplanung und seit 1989 Wiss. Leiter des UVP-Zentrums in Hamm/Westf. 1987 initiierte E. A. Spindler den UVP-Förderverein als „Lobby der Umweltverträglichkeitsprüfung" und ist von Anfang an Redaktionsmitglied der Fachzeitschrift „UVP-report" sowie der Schriftenreihen „UVP-SPEZIAL" und „UVP-Anforderungsprofil". Spindler gehört zu den Schlüsselpersonen der Umweltverträglichkeitsprüfung in der Bundesrepublik Deutschland.

Diplom-Geograph Steffen Stubenrauch

Institut Fresenius GmbH, Geschäftsbereich Fresenius Umwelt Consult
Im Maisel 14, 65232 Taunusstein

Studium der Geographie mit den Schwerpunkten Geoökologie und Biologie an der Universität Mainz. Arbeiten im Bereich Landschaftsökologie und Landschaftsplanung in Zusammenarbeit mit dem Umweltamt Wiesbaden, dem Landesamt für Umweltschutz und Gewerbeaufsicht Rheinland-Pfalz und dem Hessischen Ministerium für Landwirtschaft, Forsten und Naturschutz. In der weiteren Berufspraxis Erfahrungen bei der Altlasten- und Schadstoffbewertung, der Gebäudesanierung sowie der Umwelt- und Sozialverträglichkeitsprüfung.

Prof. Dr.-Ing. Ralf Tuminski

Maschbruchstraße 3, 32257 Bünde

Geboren 1949 in Oldenburg/Old. Studium des Bauingenieurwesens, Promotion an der Universität (TU) Hannover, Institut für Siedlungswasserwirtschaft und Abfalltechnik. Langjährig in der privaten Entsorgungswirtschaft in leitender Funktion tätig; dabei verantwortlich für die Bereiche Entsorgungstechnik, Abfallwirtschaft und Entwicklung innovativer Entsorgungsdienstleistungen, Gesellschafter der Dr. Tuminski Umweltingenieur GmbH, seit April 1992 Professur für Abfallwirtschaft und Deponietechnik an der Universität-GH Paderborn.

Autoren

Prof. Dr. Manfred

Umweltschutzmanagement – nicht Kostenfaktor, sondern Zukunftssicherung

Frank Annighöfer, Wiesbaden

Umweltschutz hat für Betriebe und deren Mitarbeiter auf der einen Seite etwas mit der Einhaltung von Gesetzen zu tun. Auf der anderen Seite hat sich die Erkenntnis durchgesetzt, daß wir mit unserem heutigen Handeln nicht die Grundlage des Lebens und Wirtschaftens von morgen vernichten dürfen.

Die Anordnung, alle Gesetze und Grenzwerte einzuhalten, kann von daher nur das absolute Minimum für ein Unternehmen darstellen. Um den Anforderungen der Zukunft zu genügen, muß Umweltschutz von allen Mitarbeitern gelebt werden. Das fachliche Wissen insbesondere von Ingenieuren und Chemikern ist die Grundvoraussetzung. Doch Fachwissen allein reicht nicht mehr aus. Das Wissen muß auch auf allen Ebenen und bei allen Unternehmensentscheidungen voll genutzt werden. Umweltschutz muß zum Teil der Unternehmenskultur werden. Ähnlich wie im Bereich Qualität reicht ein Regelwerk und dessen Überprüfung allein auch beim Umweltschutz- und Sicherheitsmanagement nicht aus.

Es laufen derzeit Bestrebungen seitens der EG, Vorgaben zu Umweltschutzmanagement-Systemen zu machen. Die EG-Öko-Audit-Verordnung (genauer: „Vorschlag für eine Verordnung (EWG) des Rates über die freiwillige Beteiligung gewerblicher Unternehmen an einer gemeinschaftlichen Umweltmanagement und -betriebsprüfungsregelung" ist nach einigen Pro- und Contra-Diskussionen mittlerweile beschlossene Sache. Europaweit soll erreicht werden, daß Umweltschutz im ganzen Unternehmen und bei allen Abläufen Beachtung findet. Die EG-Öko-Audit-Verordnung befaßt sich mit der Organisation des Umweltschutzes, mit Leitlinien, dem Berichtswesen, der Ausbildung, und anderen Aspekten des Umweltschutzmanagements.

In die gleiche Richtung gehen der gerade verabschiedete British Standard BS 7750 über Umweltschutzmanagement-Systeme und die zur Zeit in Entwicklung befindliche ISO-Norm (Internationale Norm) zum Umweltschutzmanagement.

Die Bestrebungen von EG und British Standard unterscheiden sich von den herkömmlichen Bemühungen, Unternehmen zu umweltbewußtem Handeln zu bewegen. Sie zielen nicht darauf ab, Grenzwerte neu festzulegen, sondern gewähren den Unternehmen eine gewisse Autonomie im Bereich des Umweltmanagements. Diese muß jedoch innerhalb bestimmter, vorgegebener Parameter entfaltet werden.

Um zu vermeiden, daß die Festlegung von Managementsystemen statt zu Grenzwerten zu einer Reduzierung der technischen Anforderungen im Umwelt-

Sietz/v. Saldern
Umweltschutz-Management und Öko-Auditing

schutz führt, ist die Meßlatte „Stand der Technik" auf ausdrücklichen Wunsch der Deutschen in die EG-Verordnung aufgenommen worden. Darüber hinaus soll jedoch den Unternehmen die Möglichkeit geboten werden, die Notwendigkeit für Verbesserungen im Umweltbereich selbst zu erkennen und die erforderlichen technischen oder organisatorischen Änderungen selbst voran zu treiben.

Eine solche Selbstbestimmung, wie sie übrigens in den Niederlanden bereits praktiziert wird, bildet den Rahmen für eine ganzheitliche Vorgehensweise beim Umweltschutzmanagement und bietet die Möglichkeit, das technische Verständnis, welches der Umweltschutz besitzt, besser und vollständiger in allen Bereichen des Unternehmens anzuwenden. Unternehmen sind herausgefordert, bestehendes internes Know-how der Techniker in ein unternehmensweit anwendbares Umweltmanagement zu transferieren. Es soll ein System geschaffen werden, welches die Vision des Managements in der Unternehmenskultur, der Corporate Identity, widerspiegelt. Dem Management kommt hierbei die Aufgabe zu, die Mitarbeiter aller Hierarchieebenen über das Umweltschutzleitbild zu informieren und ihnen ein organisatorisches System an die Hand zu geben, das eine kontinuierliche Verbesserung des Umweltschutzes anregt, ohne die Kosten unmäßig in die Höhe zu treiben.

Wie immer, wenn in einem Unternehmen etwas verändert werden soll, müssen auch beim Umweltschutz Ziele gesetzt werden und der Erreichungsgrad der Ziele muß gemessen werden. Darüber hinaus muß das Erreichte sich vergleichen lassen mit dem, was andere erreicht haben. Ohne Konkurrenz würde kein Sportler Höchstleistungen erbringen. Ohne Konkurrenz wäre der heutige technische Fortschritt und der Lebensstandard bei uns nie erreicht worden. Ohne Konkurrenz wird auch das Umweltschutzmanagement unzureichend bleiben.

Vergleichbare Messung von Umweltschutzleistung ist das Ziel von Umweltschutz-Audits – Umweltschutzmanagement-Überprüfungen, wie sie in der EG-Öko-Audit-Verordnung gefordert werden.

Im Arbeitsschutz sind Sicherheitsbegehungen (Audits) lange üblich. Unfälle werden als Quote pro Zeit und Mitarbeiterzahl ausgerechnet und publiziert. Verschiedene Branchen, Unternehmen, ja sogar Betriebe oder Schichten eines Unternehmens wetteifern seit Jahren um die niedrigsten Unfallzahlen. Und das Ergebnis gibt der Methode recht. Die Zahl der Arbeitsunfälle hat sich drastisch verringert.

Im Umweltschutz sträuben sich viele deutsche Unternehmen noch, ähnliche Meßmethoden einzuführen. Während in den USA oder auch in England das Umweltschutzauditing zum Standard-Managementinstrument geworden ist, steckt man hierzulande gerade erst in den Anfängen. Umweltschutzauditing wird als Methode, die die Anstrengungen im Umweltschutz effizienter macht, gerade erst entdeckt.

Das klassische amerikanische Audit ist ein Compliance-Audit. Der Zweck dieses Audits ist es, im Detail die Übereinstimmung des vorgefundenen Umweltschutzstandes mit dem gesetzlichen oder betriebsintern geforderten Standard zu vergleichen. Dieser Vergleich zwischen vorgefundener Umweltschutzleistung

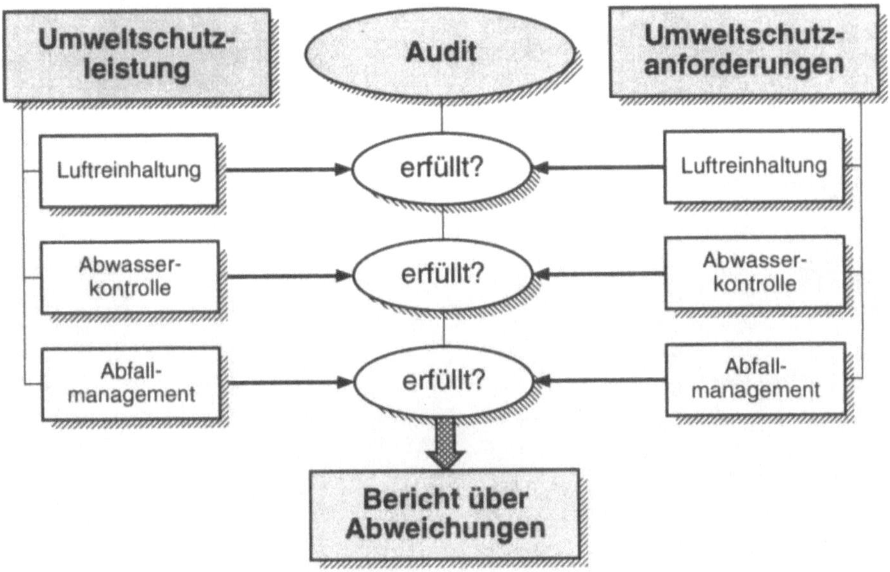

Abb. 1. Compliance-Audit

und Sollvorgabe erfolgt üblicherweise unterteilt nach den verschiedenen Umweltschutzmedien Luft, Wasser, Boden usw. (siehe Abb. 1). Oft werden Sicherheit und Gesundheitsschutz als weitere Kategorien angefügt. Die verwendeten Checklisten und Fragebögen prüfen pro Medium im Detail die Einhaltung von einer Vorschrift nach der anderen ab. Das Compliance-Audit ist nur beschränkt in der Lage, Systemveränderungen zu bewirken. Es dient in erster Linie dem Aufdecken von Versäumnissen und der rechtlichen Absicherung.

Anders sieht es beim Managementsystem-Audit, wie es in der EG-Öko-Audit-Verordnung gefordert wird, aus. Im englischen Sprachgebrauch wird das Managementsystem-Audit als Environmental Management Assessment bezeichnet. Das Managementsystem-Audit überprüft das Vorhandensein einer zweckentsprechenden Aufbau- und Ablauforganisation. Die Komponenten sind in Abb. 2 dargestellt.

Die Fragestellung in dieser Art von Systemüberprüfung ist zum Beispiel: „Werden Unfälle systematisch ausgewertet und Verbesserungsvorschläge daraus über den Betrieb hinaus in die Tat umgesetzt?". Die entsprechende Fragestellung im Compliance-Audit wäre in diesem Besipiel: „Wurden Vorschriften nicht eingehalten, die zu einem Unfall geführt haben oder dazu führen könnten?"

In den letzten Jahren hat sich eine fünfstufige Vorgehensweise als vorteilhaft erwiesen, um einen Überblick der bestehenden firmeninternen Umweltschutzaktivitäten zu verschaffen und dann gezielt ein Umweltschutzmanagement-System inklusive der nötigen Überprüfungsmechanismen zu schaffen, das den betrieblichen Anforderungen und den Anforderungen der EG genügt (siehe Abb. 3).

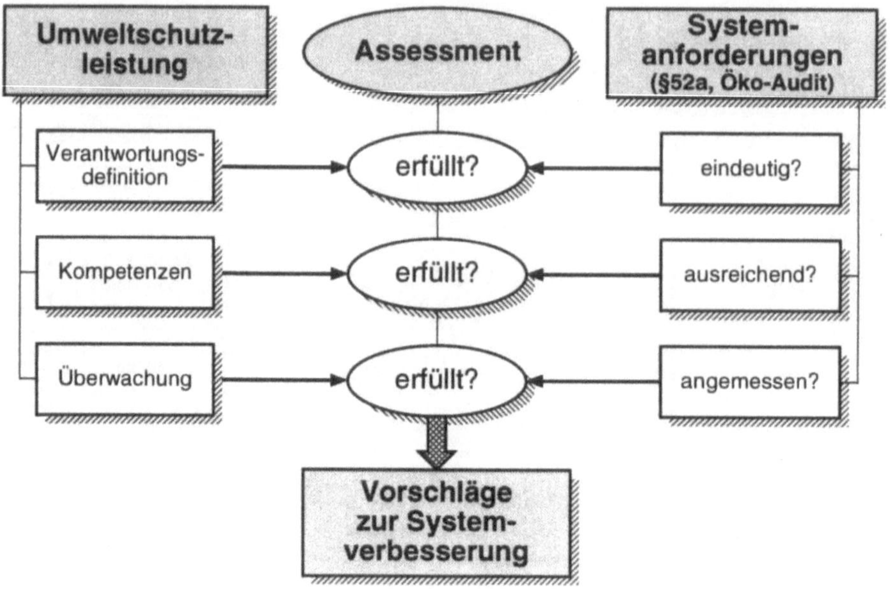

Abb. 2. Management-System-Audit (Assessment)

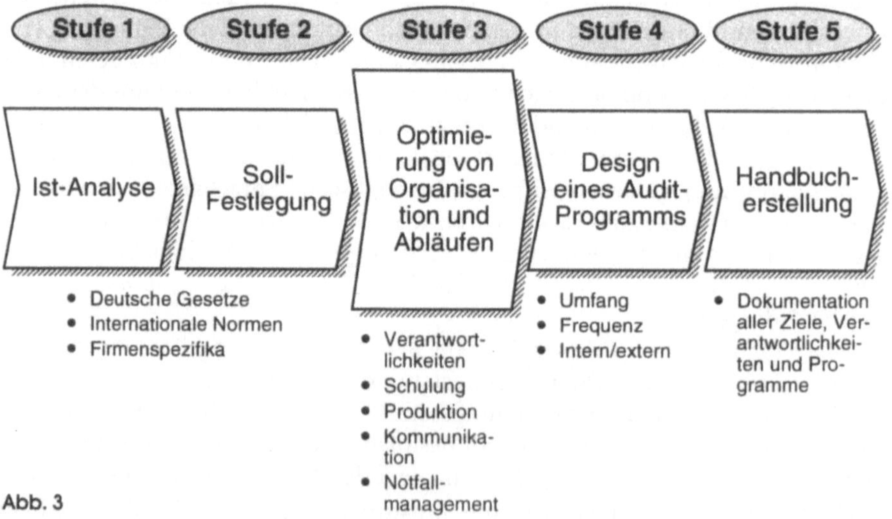

Abb. 3

1 Statusaufnahme des bestehenden Umweltschutzmanagement-Systems

Bevor sinnvolle Verbesserungen vorgeschlagen werden können, muß das bestehende Umweltschutzmanagement auf seine Stärken und Schwächen abgeklopft werden.

Unternehmen können hier mit Checklisten und Bewertungsdaten, die alle relevanten Managementaufgaben abfragen, ihre Position im Umweltschutzverhalten einstufen. Sinnvollerweise beginnt man mit einer Managementsystembewertung und ergänzt diese mit technischen Detailüberprüfungen für ausgewählte Betriebe und/oder Umweltschutzmedien. Typische Ergebnisse solcher Ist-Analysen können sein:

- Gesetzliche Anforderungen sind in verschiedenen Teilbereichen nicht erfüllt worden (z.B. sind im Rahmen des Immissionsschutzes bei einer Verfahrensoptimierung Änderungen an einer genehmigungsbedürftigen Anlage nach §15 BImSchG vorgenommen worden, ohne eine Genehmigung hierfür einzuholen);
- Die Umweltschutzleitlinien sind nicht klar kommuniziert worden (z.B. wurden die Umweltschutzleitlinien nach der Verabschiedung zwar an alle Führungskräfte verschickt, aber nie weiterverteilt, ausgehängt oder ist der Bekanntheitsgrad anderweitig gesteigert worden);
- Die Delegation der Umweltschutzverantwortung nach §52a BImSchG ist lückenhaft (z.B. gibt es weder in Stellenbeschreibungen noch in Arbeitsanweisungen oder Fortbildungsunterlagen Hinweise auf die Verantwortung jedes Einzelnen im Umweltschutz).
- Kostensenkungspotentiale blieben unausgeschöpft (z.B. werden Abfallströme weder systematisch erfaßt noch Konzepte zur Minimierung entwickelt).

2 Festlegung der Umweltschutz-Ziele

Nach der Ermittlung des derzeitigen Umweltschutzstandes des Unternehmens ist es nötig, die Soll-Position zu determinieren. Ausgehend vom Ist-Zustand kann man, am besten das gleiche Muster wie bei der Analyse benutzend, die Umweltschutz-Ziele festlegen (vgl. Abb. 4). Umweltschutz-Ziele wie herkömmliche Unternehmensziele dienen dem Unternehmen dazu, die Positionierung des Unternehmens klar zu formulieren. Die sinnvolle Definition von Umweltschutz-Zielen berücksichtigt zum Beispiel:

- Gesetzliche Bestimmungen sowie deren abzuschätzende Entwicklung;
- Die derzeitige Situation: Die Ziele müssen eine Realitätsnähe vermitteln, um Akzeptanz und Umsetzbarkeit zu gewährleisten;
- Über den Gesetzestext hinausgehende, unternehmensinterne Festlegungen (z.B. zu Abfallminimierungsprogramme);
- Eine Basisaussage zur Kommunikation mit Mitarbeitern, Interessensgruppen, Behörden, Nachbarn und Kunden.

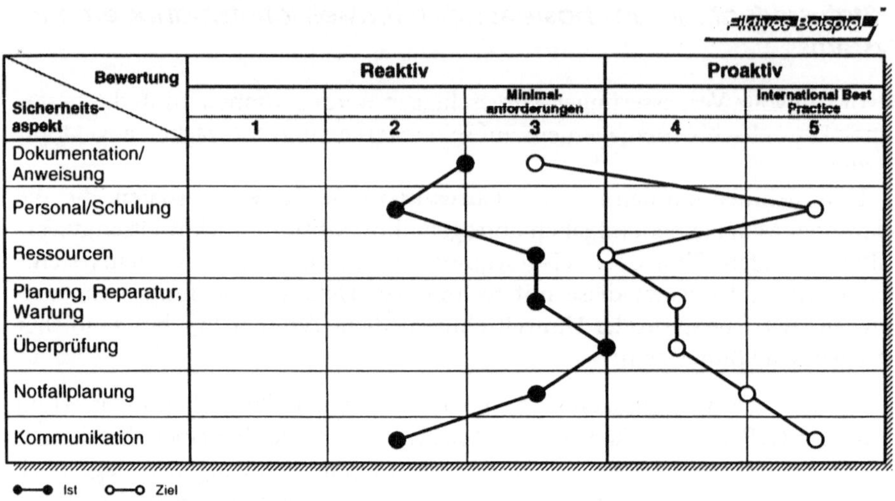

Abb. 4. Vom Ist-Zustand ausgehend können Umweltschutzziele gesetzt werden

Die eigene angestrebte Positionierung kann verschieden ausfallen. Zum Beispiel: „Wir möchten das führende Unternehmen im Bereich des Umweltschutzes unserer Branche sein" oder aber „Wir wollen alle Maßnahmen im Umweltschutz durchführen, die gesetzlich gefordert sind und zusätzlich solche Maßnahmen, die die Effizienz des Umweltschutzmanagements steigern".

Beide Positionen sind berechtigt und spiegeln gegenwärtige Denkstrukturen in den Managementetagen der Industrie wider. Es stellt sich allerdings die Frage, ob mittelfristig vor allem aus Sicht der Vermarktung von Produkten und in Bezug auf knapper werdende Ressourcen Position zwei ausreicht, um ein Unternehmen erfolgreich zu führen.

3 Organisation des innerbetrieblichen Umweltschutzes

In den 70er Jahren wurde der Umweltschutz hauptsächlich als Problem oder als Aufgabe der Techniker angesehen, die z.B. bessere Filter oder andere technische Lösungen für den Umweltschutz finden sollten. Heute ist klar, daß Umweltschutz integral betrieben werden muß. Ähnlich, wie bei der Qualitätssicherung, die von der Endkontrolle zu einem in alle Produktionsbereiche durchdringenden Prozeß geworden ist, ist dies nun auch im Bereich des Umweltschutzes erforderlich. Umweltschutz ist eine bereichsübergreifende Aufgabe, die von der Konstruktion über den Materialeinkauf und Produktion bis zur Entsorgung reicht. Die Betriebsbeauftragten, die meistens in einer Stabsfunktion sitzen, sind nur ein kleiner Teil dieser Umweltschutzorganisation.

Das Bundesimmissionsschutzgesetz (§52a BImSchG) sieht vor, daß ein Mitglied der Geschäftsführung namentlich der Behörde als oberster Umweltschützer genannt wird. Um dieser Verantwortung gerecht zu werden, sind die entsprechenden Teilaufgaben in die jeweiligen funktionalen Bereiche eindeutig von der Firmenleitung bis an jeden Arbeitsplatz zu delegieren. Dabei ist sicherzustellen, daß jeder Mitarbeiter, der eine Aufgabe delegiert bekommen hat, auch die entsprechenden Kompetenzen zur Ausführung hat.

Neben dieser rechtlich einwandfreien Delegation gilt es, die Effizienz der Organisation sicherzustellen. Doppelarbeiten sind soweit wie möglich zu vermeiden. Mehr noch: Es gilt, durch die entsprechende Kommunikation der einzelnen Bereiche Synergien auszunutzen. In der Umweltschutzorganisation sind alle Komponenten zu berücksichtigen, die in Abb. 2 enthalten sind.

4 Aufbau eines Auditprogramms

Das heutige Management mit seinen eigenverantwortlichen Handlungsstrukturen basiert auf einem Zusammenspiel von Vertrauen und Kontrolle. Allein schon um den gesetzlichen Anforderungen für eine einwandfreie Delegation recht zu tragen, läßt sich eine gewisse Kontrolle aus Sicht der Unternehmensleitung nicht vermeiden. Im Bereich des Umweltschutzes kann das Erfüllen der Kontrollpflichten sehr gut durch ein Auditprogramm wahrgenommen werden.

Ein Auditprogramm beinhaltet die regelmäßige Überprüfung des tatsächlichen Umweltschutzverhaltens, der Organisation des Umweltschutzes innerhalb des Unternehmens, die Einhaltung der rechtlichen Anforderungen sowie zu einem gewissen Maß der dazu erforderlichen technischen Ausrüstung.

Die Entwicklung eines solchen Programms muß die verschiedenen Unternehmens-Ziele berücksichtigen und eine Harmonisierung anstreben. Hierbei sind bereits bestehende Überprüfungsstrukturen mit einzubeziehen. Die detaillierte Umweltschutz- und Sicherheitsgesetzgebung führt in vielen Fällen schon zu einer regelmäßigen Überprüfung einzelner Aspekte, z. B. im Bereich Arbeitssicherheit oder im Bereich Qualitätssicherung. Diese bestehenden Mechanismen gilt es, mit einzubeziehen.

Es ist genau zu klären, welche Aspekte durch die einzelnen Überprüfungen abgedeckt werden, um ein optimale Eingliederung des Auditprogramms zu erzielen. Besonders ist dabei darauf zu achten, daß gewisse Redundanzen, wie z. B. die Befragung von Mitarbeitern zu den gleichen Themen in kurzen Abständen, vermieden werden. Das Gelingen eines Audits ist unter anderem von der Kooperation der auditierten Mitarbeiter abhängig, die relevante Informationen hierfür bereitstellen sollen und die zur Verhaltensänderung bewegt werden sollen. Für jedes Auditprogramm ist es essentiell, das richtige Mix von Kontrolle und Motivation zu vermitteln.

Aufgedeckte Fehler oder Schwachstellen sollen beseitigt und die Mitarbeiter sollen motiviert werden, Verbesserungspotentiale zu erdenken und in die Tat umzusetzen. Vermieden werden muß die direkte Schuldzuweisung, die zur Konfrontation und zum Zurückhalten von Informationen führt.

Trotzdem kann ein Auditprogramm nur dann Erfolg haben, wenn jedes Audit zur Erstellung eines Maßnahmenkatalogs führt, dessen Abarbeitung kontrolliert wird.

Um diese Gratwanderung zwischen Kontrolle und Motivation erfolgreich zu meistern, müssen die Auditer umfassend ausgebildet werden. Nur erfahrenen und qualifizierten Auditern wird es gelingen, den Mitarbeitern zu vermitteln, daß das Audit eine gute Möglichkeit ist, Entscheidungsträgern schnell die Schwachstellen zu vermitteln, um somit gegebenenfalls eine Veränderung einzuleiten.

5 Umweltschutzhandbuch

Der letzte Schritt zum Aufbau eines Umweltschutzmanagement-Systems beinhaltet die Erstellung der nötigen Dokumentation, zum Beispiel in Form eines oder mehrerer Handbücher. Ziel dabei ist es, die Umweltschutzorganisation und die wichtigen Abläufe darzustellen. Die Dokumentation beinhaltet Handlungsanleitungen. Um die Tiefe des Details festsetzen zu können, müssen einige Faktoren berücksichtigt werden:

- Je größer das Risikopotential des Unternehmens, desto detaillierter sollte das Umweltschutzhandbuch erstellt werden;
- Herrscht ein hierarchischer Führungsstil im Unternehmen, ist eine stärker detaillierte Anleitung notwendig;
- Ist der Grad der Eigenverantwortung in der Unternehmenskultur großgeschrieben, wird das Umweltschutzhandbuch mehr unterstützenden Charakter haben.

Das Handbuch kann damit verschiedene Ausprägungen haben und es ist von jedem Unternehmen selbst zu entscheiden, ob es vorwiegend zur rechtlichen Absicherung oder zum täglichen Gebrauch der Mitarbeiter dienen soll.

Vom UVP-Gedanken zum Umweltmanagement

Edmund A. Spindler, Hamm/Westf.

Wer die Umweltpolitik aufmerksam verfolgt, stößt immer wieder auf die gleichen Probleme. Es geht um die Gestaltung der Umweltvorsorge und um den Interessenausgleich zwischen Ökologie und Ökonomie.

Die Frage, wieviel Umweltschutz wir uns leisten sollen/können, beherrscht die Planungs- und Entscheidungsprozesse. Diese Problemlage ist typisch für alle Fachplanungen und Wirtschaftsweisen sowie für alle behördlichen, betrieblichen und politischen Entscheidungen. Hier helfen gesetzliche Vorgaben und Verordnungen oft nicht weiter. Strittig ist im Einzelfall nämlich immer, in welcher Weise die Abwägung der unterschiedlichen Belange vorgenommen werden muß und welche Prioritäten zu setzen sind.

Formaljuristisch werden die Entscheidungen meist über eine technokratische Betrachtung der bestehenden Grenzwerte und über eine enge Auslegung zum „Stand der Technik" getroffen. Unter den Gesichtspunkten der Umwelt-, Sicherheits- und Risikovorsorge greift eine solche Vorgehensweise viel zu kurz, weil dadurch nicht alle Auswirkungen erfaßt werden. Nötig sind daher Instrumente, die umfassend auf alle negativen Neben- und Folgeeffekte eingehen. Mit anderen Worten: um zu einer tragfähigen Zukunftsgestaltung zu kommen, muß die Ökonomie ein ökologisches Fundament bekommen (vgl. Bosselmann 1992, S. 246).

Bei der Regelung des Konfliktes zwischen Ökologie und Ökonomie kommt es entscheidend darauf an, daß die Argumente gleichrangig aufbereitet sind, damit eine gerechte (richtige) Abwägung überhaupt möglich ist. Hier muß man feststellen, daß der Instrumentenkasten von Ökologie und Ökonomie ungleich groß ist. Es ist von daher nicht verwunderlich, daß in der Vergangenheit die Umweltbelange immer nur 2. Sieger geblieben sind.

Ob sich dies mit neuen Instrumenten grundlegend verändert oder auch weiterhin das ökonomische Interesse bei Entscheidungen durchschlägt, läßt sich nicht abschließend vorhersagen. Auf jeden Fall gibt es beim Öko-Instrumentarium momentan eine erfreuliche Nachrüstung, die an die Substanz geht. Beachtlich ist, daß diese Aufrüstung sogar von Teilen der Wirtschaft unterstützt wird. Einige Firmen haben bei fortschrittlichen Umweltschutzmethoden die Initiative ergriffen und gehen beim Umweltmanagement in die Offensive (vgl. Spindler 1992). Unter dem Stichwort „Öko- oder Umweltbilanz" werden derzeit viele Betriebs-, Prozeß- und Produktbilanzen aus Umweltschutzgründen durchgeführt. Neben dem Ökocontrolling gehören noch die Poduktlinienanalyse und

Sietz/v. Saldern
Umweltschutz-Management und Öko-Auditing

die Produktbaumanalyse zum Standardrepertoire der Betriebsökologen. Auch die Wertanalyse erfährt eine zunehmende Bedeutung für den betrieblichen Umweltschutz (vgl. Wiest 1993).

Wesentlich ist, daß all diese Initiativen vom Aspekt der Qualitätssicherung geprägt sind und Optimierungen i. w. S. bezwecken wollen.

Ein relativ neues Instrument ist das Öko-Audit, das als ganzheitliches Umweltmanagementsystem nun auch EG-weit normiert als Verordnung vorliegt.

Das Öko-Audit wird – bei konsequenter Anwendung und Weiterentwicklung – die Wirtschaft in bislang nicht dagewesener Art und Weise verändern.

Mit der Öko-Audit-Verordnung (vom 29. Juni 1993) ist etwas völlig Neues in die bundesdeutsche Industrielandschaft eingeführt worden, nämlich die unabhängige Überprüfung innerbetrieblicher Umweltschutzleistungen. Das bundesdeutsche Rechtssystem kennt nicht das, was z. B. mit „Verifier" und „Validierung" gemeint ist. Insofern wird es nicht einfach sein, die neue Denk- und Handlungsart zu applizieren.

Nach Annahme der Regelung über die Zuteilung des EG-Umwelt-Zeichens im März 1992 (Verordnung (EWG) Nr. 880/92 des Rates vom 23. März 1992 betreffend ein gemeinschaftliches System zur Vergabe eines Umweltzeichens; Amtsblatt der Europäischen Gemeinschaften Nr. L99/1, 11.4.92) stellt die jetzige Verordnung das 2. Beispiel freiwilliger Pläne und Marktinstrumente dar, die europaweit direkt und unmittelbar gelten. Damit wird die Gesetzgebung im Umweltbereich ergänzt und der Rahmen der Umweltschutzmaßnahmen auf EG-Ebene erheblich erweitert.

Als Instrument der „angewandten Ökologie" (vgl. Spindler 1993) kann das Öko-Audit den betrieblichen Umweltschutz forcieren und mehr Umweltvorsorge verwirklichen. Betriebe der gewerblichen Wirtschaft, die sich (freiwillig) am Öko-Auditing beteiligen, müssen über ihre Umweltschutzaktivitäten umfassend Rechenschaft ablegen und eine „Umwelterklärung" veröffentlichen. Damit liegt auf betrieblicher Ebene ein Kontrollmechanismus mit Publizitätspflicht zum Umweltschutz vor. Insofern kann man das Öko-Audit auch als betriebsinterne UVP, als „Betriebs-UVP" bezeichnen, die zur ständigen Gewährleistung der Umweltverträglichkeit dient.

UVP-Grundlagen

Die Umwelt-Rechenschaftslegung ist Ende der 60er Jahre in den USA eingeführt worden. Seit dem 1. 1. 1970 sieht das Umweltgesetz der USA (National Environmental Policy Act) vor, daß bei allen Planungen sog. Environmental Impact Statements (Umweltberichte) erstellt werden, die auf die Umweltauswirkungen von Projekten eingehen. Dieses System wurde im wesentlichen auch in Europa übernommen. Am 27. Juni 1985 hat die EG eine Richtlinie „über die Umweltverträglichkeitsprüfungen bei bestimmten öffentlichen und privaten Projekten" (85/337/EWG; Amtsblatt der Europäischen Gemeinschaften Nr. L 175/40,

5.7.1985) verabschiedet, die in der Bundesrepublik 1990 mit dem UVP-Gesetz umgesetzt wurde.

Seit dem 1.8.1990 gilt das UVP-Gesetz. Es schreibt vor, daß bei genehmigungspflichtigen Anlagen alle Auswirkungen auf die Umwelt frühzeitig ermittelt, beschrieben und bewertet werden müssen. Die Ergebnisse der UVP sind dann bei der Entscheidung zu berücksichtigen.

Vom Verfahrensablauf ist die UVP allerdings nur „unselbständiger Teil verwaltungsbehördlicher Verfahren" und in die Genehmigungsprozedur nach Fachgesetz integriert.

Ziel der integrierten UVP ist es, eine Stärkung des Umweltaspektes bei Genehmigungen zu erreichen und einen umweltschützerischen Begründungszwang einzuführen. Damit bringt die UVP eine neue Qualität in die Planungs- und Genehmigungsverfahren hinein, indem der Umweltvorsorge mehr Beachtung geschenkt wird. Zur Prüfung der Rechtmäßigkeit und der Wirtschaftlichkeit einer Maßnahme kommt jetzt noch die Prüfung der Umweltverträglichkeit hinzu.

Das heißt, die UVP ist ein neuer Entscheidungsfilter, der neue Kriterien in die politische Abwägung einbringt.

Die wesentlichen neuen Punkte im Genehmigungsverfahren sind:

- Festlegung des Untersuchungsrahmens (§ 5 UVPG), das sog. Scoping
- Grenzüberschreitende Beteiligung (§ 8 UVPG)
- Einbeziehung der Öffentlichkeit (§ 9 UVPG)
- Zusammenfassende Darstellung (§ 11 UVPG)
- Bewertung der Umweltauswirkungen (§ 12 UVPG).

In der UVP steckt sehr viel politische Spannkraft. Ihr geht es um den verantwortungsvollen, sensiblen Umgang mit der Ressource Raum, d.h. um Umweltvorsorge schlechthin. Die UVP will den leichtfertigen Umgang mit der Natur i.w.S. beenden und eine wirkungsvolle Vertretung der Umweltbelange bei allen Abwägungsentscheidungen leisten (vgl. Spindler 1983). Sie ist ein Instrument, das die Umweltbelange frühzeitig nachvollziehbar und eigenständig ins Entscheidungskalkül rückt und damit erst rationales Abwägen möglich macht. Mit der vollständigen Erfassung, Beschreibung und Bewertung der Umweltauswirkungen einer Tätigkeit werden unverzichtbare Grundlagen für den Planungs- und Entscheidungsprozeß aufbereitet und so überhaupt erst berücksichtigungsfähig gemacht. Insofern ist die UVP einer Lupe vergleichbar, die Umweltaspekte besonders hervorhebt und das Kriterium der Umweltverträglichkeit neben den Kriterien der Wirtschaftlichkeit und Rechtmäßigkeit gleichgewichtig zur Geltung bringen will. Durch sie sollen die Umweltbelange mit dem gleichen Stellenwert wie die anderen Belange in die Abwägung eingestellt werden.

Ökonomische Aspekte werden in der Regel gut aufbereitet, bei den ökologischen Gesichtpunkten fehlt es hingegen häufig an entsprechender Darstellung und wirkungsvoller Vertretung. Deshalb lautet die zentrale Frage:

Wie kann man sicherstellen, daß berücksichtigungsbedürftige Belange (Umweltbelange) auch tatsächlich berücksichtigt werden?

Mit anderen Worten: Die UVP will Waffengleichheit zwischen Ökologie und Ökonomie herstellen, strukturelle Ungleichgewichte abbauen und problemkompensierend wirken.

Kennzeichen einer echten UVP sind:

- *Prävention*
  Umweltvorsorge, vorbeugender Umweltschutz nach Umweltqualitätsmaßstäben
- *Transparenz*
  Offenheit, Nachvollziehbarkeit, Veröffentlichung eines eigenständigen UVP-Dokumentes
- *Partizipation*
  Öffentlichkeitsbeteiligung in Form einer Jedermannbeteiligung und Beteiligung der Umwelt- und Naturschutzverbände
- *Alternativen*
  Denken in Alternativen (dies ist das „Herzstück" der UVP), Nullvariantendiskussion und Status quo-Betrachtung
- *Gesamtschau*
  bereichs- und medienübergreifend, querschnittsorientiert, Wechselwirkungen berücksichtigend (sensibler und bewußter/verantwortungsvoller Umgang mit der Ressource Raum)
- *Wissenschaftlichkeit*
  interdisziplinär, systematisch nach den Kriterien Richtigkeit, Ehrlichkeit, Allgemeinverständlichkeit, Intersubjektivität und Plausibilität
- *Kontrolle*
  Qualitätskontrolle, Nachkontrolle, Erfolgsbilanz, Monitoring.

Die UVP ist ein wichtiger Ansatz für ein Umdenken im Umweltschutz, in dem verstärkt gesamtplanerisch gehandelt und in Alternativen gedacht wird. Sie ist ein umweltpolitisches Reforminstrument zur Durchsetzung von mehr Umweltqualität. Sie kann dazu zwingen, Natur und Landschaft als Zukunftskapital zu begreifen und eine neue Sichtweise von Umweltvorsorge zu verwirklichen. Wichtig ist dabei, von den Grenzen der Belastbarkeit des Naturraumes her zu denken und zu planen.

Innerhalb der Industrie werden die Vorteile einer UVP zunehmend erkannt (vgl. z.B. Simmleit 1992). Im Genehmigungs- bzw. Öffentlichkeitsengineering spielt sie eine wichtige Rolle und selbst beim Marketing setzen sich UVP-Gedanken durch. Die Zeit der bloßen Schadensbegrenzung ist vorbei; präventiver Umweltschutz gewinnt zunehmend an Bedeutung. Das Motto lautet: Vorsorge statt Nachsorge oder wie es in der Versicherungsbranche heißt: Schadensverhütung geht vor Schadensvergütung. „Für Unternehmen ist der Umweltschutz heute einer der wichtigsten Aspekte der Zukunftssicherung" (so der Commerzbank-Chef Martin Kohlhaussen in der Zeitschrift impulse 6/92, S. 130). Die

Umweltverträglichkeit erscheint dabei Vielen bereits als das „Gütesiegel für neue Techniken“ (Heumann 1992, S. 44) und die UVP als „Kommunikationsmittel“ (Campino 1993, S. 14) oder noch besser als Diskussionsplattform.

Zur UVP schreibt Steger (1988): „Für das Unternehmen hat die Umweltverträglichkeitsprüfung den Vorteil, frühzeitig Konfliktpotentiale zu erkennen und nach Alternativen (beziehungsweise Ausgleichsmaßnhamen) zu suchen, statt zu einem späteren Zeitpunkt vor der unangenehmen Alternative zu stehen, beträchtliche Vorinvestitionen abschreiben oder nach dem Motto ‚Augen zu und durch‘ mit hohen Kosten und ungewissem Ausgang Verfahrenskonflikte durchstehen zu müssen“.

Mit Hilfe der UVP wird das Nachdenken gefördert; deshalb sollte auch in der Wirtschaft gelten: Erst denken, dann planen und dann (umweltverträglich) handeln.

Der Grundsatz „Die Folgen für die Umwelt vor dem Beginn einer neuen Tätigkeit oder eines neuen Projekts und vor der Stillegung einer Anlage oder der Aufgabe eines Standortes zu prüfen“, der in der 1991 verabschiedeten „Charta für eine langfristig tragfähige Entwicklung“ der Internationalen Handelskammer (ICC) verankert ist, hebt die Bedeutung der UVP für das Umweltmanagement heraus und zeigt, daß auch freiwillige Aktivitäten für Industriebetriebe sinnvoll sind. Auch gibt es bereits Ansätze für eine „Produkt-UVP“ (vgl. König 1992), die jedoch mangels gesetzlicher Regelung auf freiwilliger Basis durchgeführt werden müßte.

Insgesamt ist erkennbar, daß Umweltschutz eine neue Zielgröße für Unternehmer darstellt.

UVP-Weiterentwicklungen

Die bislang durchgeführten UVP-Arbeiten zeigen, daß die Umweltverträglichkeitsprüfung bei strittigen Umweltfragen ein zentrales Entscheidungskriterium darstellt. Mit einer gut durchgeführten UVP erhält die Auseinandersetzung mit Umweltproblemen eine neue Qualität. Oftmals bringt die UVP eine neue Sichtweise für Problemlösungen. Die UVP ist daher ein querschnittsorientiertes Instrument, das nicht nur die Umweltbelange medien- und bereichsübergreifend auflistet, sondern über die Bewertung der Wechselwirkungen diese auch managt. Diese Tendenz zeigt sich besonders bei anspruchsvollen UVP-Arbeiten und macht deutlich, daß sich die Projekt-UVP nach UVP-Gesetz in der Planungspraxis inhaltlich-methodisch weiterentwickelt (vgl. z. B. UVP-Förderverein (Hg.) 1993).

Auch begrifflich wird sich die UVP verändern: im Professoren-Entwurf zum allgemeinen Teil des Umweltgesetzbuches (UGB-AT) wird schon von „Umweltfolgenprüfung“ gesprochen (vgl. Klöpfer u. a. 1991, S. 51 ff).

Eine logische und konsequente Weiterentwicklung des UVP-Gedankens ist das Öko-Auditing. Es ist inhaltlich mit der UVP eng verwandt und entwickelt den Gedanken der UVP zielgerecht weiter (vgl. auch Wöstmann 1993). Das Öko-

Audit will dafür sorgen, daß Umweltvorsorgeüberlegungen in der Wirtschaft stärker Fuß fassen.

Während sich die UVP auf die Prüfung der Umweltauswirkungen vor der Realisierung einer Maßnahme bezieht, beinhaltet das Öko-Audit eine umweltbezogene Momentaufnahme (Ist-Soll-Vergleich) eines laufenden Betriebes.

Ziel des Öko-Audits ist es, umfassenden Umweltschutz als festen Bestandteil der Wirtschaftsplanung in das Betriebsmanagement zu integrieren, um die Umweltsituation entscheidend zu verbessern. Es geht dabei nicht um Randverzierungen, Marginalien oder gar um reine PR-Arbeiten, sondern um substantielle Veränderungen im Sinne des Umweltschutzes und der Umweltvorsorge. Das Öko-Audit reflektiert die Tatsache, daß Umweltschutz wahrheitsabhängig geworden ist. Umweltschutz braucht Fakten und richtige Prognosen, unabhängigen Sachverstand und eine kritische Wissenschaft.

Der Begriff „Audit" kommt aus der Bilanzprüfung und bezieht sich auf die Bücherrevision bzw. die Rechnungsprüfung. Öko-Audit meint eine betriebsintertne ökologische Rechenschaftslegung, die dazu dienen soll, die Umweltschutzleistungen von Unternehmen zu verbessern und transparenter zu machen. Mit dem Öko-Audit ist im wesentlichen der Abgleich der momentanen Umweltsituation eines Unternehmens mit den umweltgesetzlichen Anforderungen und den darüber hinaus gehenden Umweltanforderungen, die das Unternehmen sich selbst als Ziel gesetzt hat, vorgesehen (vgl. Bangert/Sietz 1992).

Das Öko-Audit ist damit ein neues Instrument zur Risikoabschätzung und Risikominimierung. Hier gibt es interessante Berührungspunkte zum Begriff der „Risiko-UVP", der im letzten Jahr von Spindler „als Ansatz zur Risikoabschätzung für Unternehmen, Versicherungen und Banken" geprägt wurde (vgl. Spindler (Hg.) 1992). Gemeint sind damit Vorsorgearbeiten, die einen unmittelbaren Entscheidungsbezug haben und die sich direkt monetär auswirken. Daß mit geringerem Risiko viel Geld gespart werden kann, zeigen nicht nur die Umwelthaftpflicht-Versicherungen, sondern auch z.B. der „Green Award", der im Rotterdamer Hafen zu Rabatten bei der umweltverträglichen Hafenbenutzung führt.

Die Unterschiede zwischen UVP und Öko-Auditing sind struktureller Art und beziehen sich vor allem auf die Rahmenbedingungen. Während die UVP in bestehende Genehmigungs- und Zulassungsverfahren projektbezogen integriert ist, läuft das Öko-Auditing eigenständig in einem gesonderten Verfahren ab. Auch gibt es eine externe Qualtitätskontrolle und – in Zukunft – verbindliche Zulassungskriterien für akkreditierte Öko-Audit-Gutachter sowie eine zuständige Stelle, die sich mit Öko-Audit-Fragen befaßt. Bei der UVP fehlt eine solch institutionalisierte Qualitätssicherung. Die UVP-Gutachten werden bilateral (zwischen Investor und Gutachter) vergeben oder können sogar vom Investor selbst durchgeführt werden. Als Auftragsgutachten oder „Bestellgutachten" können sie daher sehr leicht zu Gefälligkeitsgutachten von minderem Wert werden. Eine Überprüfung der UVP-Arbeiten findet nicht gesondert statt, sondern nur incident im Genehmigungsverfahren.

Der Öko-Audit-Ansatz etabliert dagegen ein neues interessantes Dreiecksverhältnis zwischen Unternehmen, Umweltgutachter und zuständiger Stelle (s. Schema), das mehr Wissenschaftlichkeit und mehr Transparenz bei Umweltarbeiten garantiert. Verwirrend ist, daß in Artikel 4 der Verordnung sowohl das interne Öko-Audit als auch das externe Öko-Audit geregelt ist. Beim internen Öko-Audit erfolgt nach der Umweltanalyse eine Umweltbetriebsprüfung durch betriebseigene Umweltprüfer oder durch hinzugezogene (externe) Umweltberater. Das externe Öko-Audit ist ein reiner Überprüfungsvorgang („Öko-Revision"), der immer durch zugelassene (externe) Umweltbetriebsprüfer („Umweltgutachter") in Zusammenarbeit mit der zuständigen Stelle erfolgt und – bei positivem Ausgang – in einem Umwelt-Zertifikat für den Produktionsstandort endet.

Bei der Einführung des Öko-Audit-Systems hat man offensichtlich aus den Schwierigkeiten mit der UVP gelernt. Die EG-Kommission hat keine (umsetzungsbedürftige) Richtlinie, wie bei der UVP, sondern eine (direkt wirkende) Verordnung erlassen. Damit konnte der Gefahr der Verwässerung durch die EG-Mitgliedsstaaten vorgebeugt werden. Neu geschaffen werden sog. zuständige Stellen, die sich eigenständig um die Öko-Audit-Arbeiten kümmern und ein Akkreditierungssystem für zugelassene Umweltprüfer aufbauen sollen. Die Schaffung einer zuständigen Stelle ist gegenüber der UVP-Regelung in der Bundesrepublik eine ganz entscheidende Neuerung. Weil eine solche offizielle Stelle zur UVP in der Bundesrepublik fehlt (im Gegensatz zu den Niederlanden), ist der Wildwuchs bei UVP-Arbeiten sehr groß. Begünstigt wird dieser Zustand noch durch das Fehlen von praxisnahen Hilfsmitteln zur UVP-Durchführung. Die UVP-Verwaltungsvorschrift (UVPVwV) fehlt noch immer und einen offiziellen UVP-Sachverständigenrat gibt es nicht. Da auch die in § 42 des UGB-AT vorgeschlagene „Gutachterbehörde" noch nicht existiert, laufen die UVP-Arbeiten momentan recht unkonventionell ab, sozusagen jeweils nach „Art des Hauses".

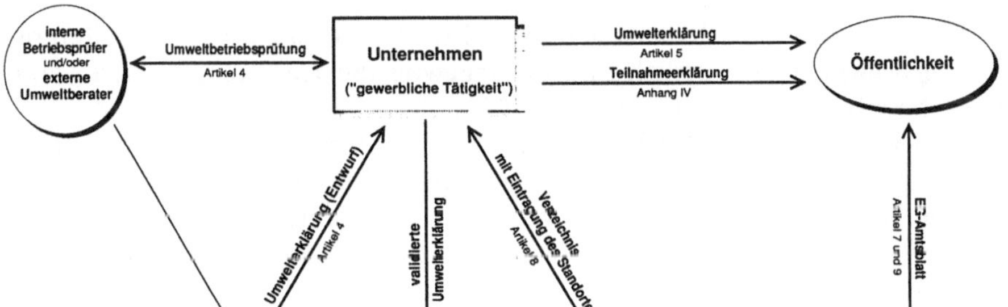

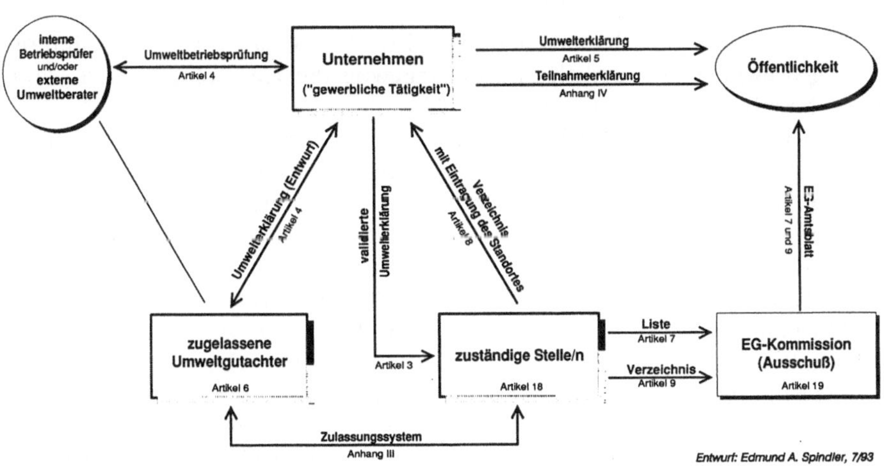

Schema: Öko-Audit-System nach EG-Verordnung vom 29. Juni 1993

Allein das UVP-Zentrum in Hamm/Westf. kümmert sich auf privatrechtlicher Ebene um die Dokumentation und Auswertung verfügbarer UVP-Studien. Durch die exzellente Expertenvernetzung gibt es im UVP-Zentrum einen sehr guten Überblick zu den UVP-Arbeiten.

Gutachten, Gegen-Gutachten und Ober-Gutachten beherrschen bei brisanten Umweltproblemen die UVP-Szene und eine Politik im Gutachten-Stil ist die Regel. Recht bekommt offenbar der, der die teuersten Gutachter hat.

Aktueller denn je ist in diesem Zusammenhang der „Wiedenfelser Entwurf", in dem schon 1973 eine „Neugestaltung des Genehmigungsverfahrens im Umweltschutz" vorgeschlagen wurde (vgl. Beck u.a. 1973).

Die Tendenz zur Expertisen-Politik ist allerdings auch beim Öko-Audit in Form einer lizenzierten Expertokratie gegeben. Hier wird die Praxis noch zeigen, welche Ausprägungen das Öko-Audit-Geschehen in Zukunft erfährt.

Wesentlich ist, daß das Öko-Audit ein Umweltmanagementsystem auf einer ganzheitlichen Ebene forciert und Umweltvorsorge im Betrieb ernster als bisher genommen wird. Damit tragen die Unternehmen auf freiwilliger Basis schon dem Rechnung, was von Juristen im Entwurf des Umweltgesetzbuches mit „Umweltrechnungslegung" gefordert wurde (vgl. Klöpfer u.a. 1991). In §14 des UBG-Entwurfs heißt es, daß die Betriebe von genehmigungsbedürftigen Anlagen einmal jährlich „über die wesentlichen Auswirkungen auf die Umwelt einschließlich der Reststoffe und Abfälle, die von den Anlagen und den in ihnen hergestellten Produkten verursacht werden, und die zu ihrer Vermeidung oder Verminderung getroffenen Maßnahmen sowie die Tätigkeit des Umweltbeauftragten öffentlich zu berichten" haben. Diese umweltbezogene Publizitätspflicht ist auch durch die EG-Richtlinie „über den freien Zugang zu Informationen über die Umwelt" (90/313/EWG; Amtsblatt der Europäischen gemeinschaften Nr. L 158/56, 23.6.90) beabsichtigt. Diese EG-Richtlinie ist am 1.1.1993 in der Bundesrepublik direkt in Kraft getreten, nachdem das zur Umsetzung vorgesehene „Umweltinformationsgesetz (UIG)" nicht rechtzeitig verabschiedet werden konnte.

Mit dem Öko-Audit haben die Unternehmen die Chance, auf Umweltanforderungen eigenverantwortlich und imagebewußt zu reagieren, um am Markt besser bestehen zu können (vgl. Lauff 1992).

Dieser marktwirtschaftliche Aspekt wird dazu führen, daß das Umweltmanagement in den Betrieben zunehmen wird und neben den ordnungspolitischen Rahmenbedingungen eine neue Umweltschutzkonstante auf freiwilliger Ebene entsteht. Moderner Umweltschutz entsteht aus einer Kombination von Wirtschaft und Staat (vgl. Förstner 1993). So gesehen ist das Öko-Audit ein freiwilliges Wettbewerbsinstrument, das auf der staatlichen Umweltpoltik aufbaut.

Mit einem gut funktionierenden Öko-Audit-System wächst nicht nur die Marktstellung eines Unternehmens, sondern es ergeben sich z.B. auch Vorteile für die Kreditwürdigkeit und viele Bonusleistungen bei Haftungsfragen.

Die Effektivität der neuen Umweltschutzaktivitäten wird entscheidend von der Qualität der Gutachter und deren Umweltüberprüfungen abhängen. Die Ansprüche an die dafür noch zu erarbeitenden Kriterien, Standards und Maßstäbe können daher nicht hoch genug sein. Auch wird es hier nötig sein, verbindliche Umweltqualitätsziele flächendeckend zu entwickeln.

Bei der Formulierung diesbezüglicher Qualitätsmerkmale und Gütekriterien können die methodischen und verfahrensbezogenen Erfahrungen mit der UVP sehr gut genutzt werden (vgl. z.B. UVP-Förderverein (Hg.) 1992). Im UVP-Zentrum in Hamm/Westf. wurde deshalb schon im September 1992 ein „Institut für Öko-Audting und Umweltmanagement (IFÖ)“ gegründet, das über Pilotstudien und Demonstrationsmaßnahmen die Gütesicherung beim Öko-Audit auf hohem Niveau beeinflussen und eine Meinungsführerschaft aufbauen will.

Schon jetzt zeigt sich, daß die Qualitätssicherungsnormen allein nicht ausreichen, ein konsistentes Öko-Audit-System aufzubauen. Die Aufbau- und Ablauforganisation für das Qualitätssicherungswesen nach ISO 9000–9004 (vom Mai 1987) kann *nicht* ohne weiteres für den Aufbau eines Umweltmanagementsystems genutzt werden (anders Groll 1993).

Die abstrakte Qualitätssicherung und das Konzept des Total-Quality-Managements (TQM) sind zur Lösung von Umweltschutzproblemen nur bedingt anwendbar. Daran ändert auch nichts das mit 350 Mio. DM ausgestattete BMFT-Programm „Qualitätssicherung 1992–1996“.

Für das Öko-Audit sind problembezogene Lösungen nötig, die jetzt zügig an Modellbeispielen branchenspezifisch entwickelt werden sollten.

Literatur

Bangert H, Sietz M (1992) Umwelt-Auditing – Meteorologie und Lufthygiene. In: UVP-report 2/92, Juni 1992, S. 98–100

Beck W, u.a. (1973) Wiedenfelser Entwurf. In: Das Umweltforum 1974, S 107–114

Bosselmann K (1992) Im Namen der Natur. Bern u.a. 1992 (Scherz Verlag)

Campino I (1993) Umweltverträglichkeitsprüfung: Kommunikationsmittel zwischen Betreiber und Genehmigungsbehörde. In: TÜV JOURNAL 1/93, Januar 1993, S. 14–15

Förstner U (1993) Umweltschutztechnik. Berlin u. a.[4]1993 (Springer-Verlag)

Groll U (1993) Qualitätssicherung, Sicherheit und Umweltschutz („QSU-System“) im Unternehmen. In: Bundesverband Junger Unternehmer (Hg.): BJU-Umweltschutz-Berater. Handbuch für wirtschaftliches Umweltmanagement im Unternehmen. 16. Erg.-Lfg. April 1993, Kap. 4.3.2.8. Köln 1990ff (Verlagsgruppe Deutscher Wirtschaftsdienst)

Heumann D (1992) Das Gütesiegel für neue Techniken ist die Umweltverträglichkeit. In: WELT am SONNTAG, Nr. 13 vom 29.3.1992, S. 44

Klöpfer M, u.a. (1991) Umweltgesetzbuch – Allgemeiner Teil –. UBA-Berichte 7/90. Berlin 1991 (Erich Schmidt Verlag)

König M (1992) Die Produkt-UVP. In: UVP-report 3/92, September 1992, S. 118–121

Lauff RJ (1992) Umwelt-Audits als eigenverantwortliches Management-Instrument. In: Energiewirtschaftliche Tagesfragen, Heft 8/92, S. 567–568

Spindler EA (1983) UVP in der Raumplanung. Ansätze und Perspektiven zur Umweltgüteplanung. Dortmund [2]1983 (IFR)

Spindler EA (1992) Neues Denken beim Umweltmanagement. In: Entsorgungs-Technik 5/92, September/Oktober 1992, S. 50–56

Spindler EA (Hg.) (1992) Risiko-UVP. Die Umweltverträglichkeitsprüfung als Ansatz zur Risikoabschätzung für Unternehmen, Versicherungen und Banken. Bonn 1992 (Economica Verlag)

Spindler EA (1993) Öko-Audit = Angewandte Ökologie. In: UVP-report 3/93, Juli 1993, S. 138–139
Steger U (1988) Umweltmanagement. Frankfurt/M. 1988 (FAZ/Gabler)
UVP-Förderverein (Hg.) (1992) UVP-Gütesicherung. Qualitätskriterien zur Durchführung von Umweltverträglichkeitsprüfungen. UVP-Anforderungsprofil 1. Dortmund 1992 (Dortmunder Vertrieb für Bau- und Planungsliteratur)
UVP-Förderverein (Hg.) (1993) Umweltvorsorge für ein Fluß-Ökosystem. Methodische Weiterentwicklung der Projekt-UVP zur Berücksichtigung gesamtsystemarer Bewertungsmaßstäbe am Beispiel der Unterweser. UVP-SPEZIAL 6, Dortmund 1993 (Dortmunder Vertrieb für Bau- und Planungsliteratur)
Verordnung (EWG) Nr. 1836/93 des Rates vom 29. Juni 1993 über die freiwillige Beteiligung gewerblicher Unternehmen an einem Gemeinschaftssystem für das Umweltmanagement und die Umweltbetriebsprüfung. EG-Amtsblatt Nr. L 168/1 vom 10. 7. 1993
Wiest R (1993) Umweltschutz-Aufgaben mit Wertanalyse lösen. In: Bundesverband Junger Unternehmer (Hg.): BJU-Umweltschutz-Berater. Handbuch für wirtschaftliches Umweltmanagement im Unternehmen. 16. Erg.-Lfg. April 1993, Kap. 4.9.6. Köln 1990ff (Verlagsgruppe Deutscher Wirtschaftsdienst)
Wöstmann U (1993) Umweltrisikoprüfung im EG-Recht – Öko-Audit-System für gewerbliche Unternehmen. In: wlb 1–2/93, Januar/Februar 1993, S. 36–37

Die Organisation des Umweltschutzes in Unternehmen

EG-Verordnung zum Umweltmanagement und Öko-Audit

Klaus-Peter Henn, Hamm

1 Einleitung

Umweltschutz als Managementaufgabe

Der Umweltschutz wurde lange Zeit als eine rein technische Herausforderung betrachtet. Dieses Verständnis hat sich in den zurückliegenden Jahren zugunsten ganzheitlicher Konzepte gewandelt. Ordnungspolitisch geprägte und marktbedingte Erfordernisse des Umweltschutzes betreffen mittlerweile jeden Unternehmensbereich vom Einkauf bis zur Entsorgung. Die Ressourcenschonung und der Schutz der Umwelt sind zu einer umfassenden Managementaufgabe und zu einem wichtigen Marktfaktor für Unternehmen geworden.

Verabschiedung der EG-Verordnung zum Umweltmanagement und Öko-Audit

Dieser Entwicklung trug der Ministerrat der EG am 29.6.1993 mit der Verabschiedung der „*Verordnung (EWG) des Rates über die freiwillige Beteiligung gewerblicher Unternehmen an einem Gemeinschaftssystem für das Umweltmanagement und die Umweltbetriebsprüfung*" Rechnung [1]. Die in den Mitgliedsstaaten der Europäischen Gemeinschaft unmittelbar umzusetzende Verordnung bezweckt die freiwillige Verbreitung von Instrumenten des Umweltmanagements nach Grundanforderungen der EG und deren regelmäßige Überprüfung durch ein einheitlich geregeltes Öko-Audit-Verfahren (Umweltbetriebsprüfung). Der Begriff „Öko-Audit" stammt aus der Wirtschaftsprüfung. Analog dem Zweck einer Bilanz soll das Öko-Audit eine betriebsinterne Rechenschaft (Bilanzprüfung) über die Umweltleistung sicherstellen, die von einem unabhängigen, amtlich zugelassenem Prüfer im Rahmen einer Umweltbetriebsprüfung verifiziert wird. Beim Öko-Audit handelt es sich somit um ein vorsorgeorientiertes Umweltinstrument für die gewerbliche Wirtschaft, in dessen Zentrum neben einer Überprüfung der Umweltwirkungen vor allem ein systematisch angelegtes und regelmäßig überprüftes Umweltmanagement steht.

Sietz/v. Saldern
Umweltschutz-Management und Öko-Auditing

2 Gegenstand und Ziele der EG-Verordnung

2.1 Inhaltliche Einführung und strukturelle Rahmenbedingungen

Gegenstand der Verordnung ist eine gemeinschaftsweite Regelung des Umweltmanagements in Unternehmen der gewerblichen Wirtschaft und die vorgesehene Durchführung von Öko-Audits im Sinne einer Umweltbetriebsprüfung durch anerkannte externe Prüfer. Die Teilnahme von Betrieben in der Europäischen Gemeinschaft an dieser Regelung erfolgt auf freiwilliger Basis. Es kann jedoch davon ausgegangen werden, daß sowohl die staatlichen Rahmenbedingungen für eine ökonomisch und ökologisch nachhaltige Wirtschaftsweise als auch die Marktanforderungen, die Entwicklung systematischer Umweltmanagementstrukturen, zu einem grundlegenden Erfolgsfaktor für ein modernes Unternehmen werden lassen. Im folgenden werden stichwortartig eine Reihe von Entwicklungstendenzen benannt, die für eine frühzeitige und aktive Nutzung von Instrumenten des Umweltmanagements wie das Öko-Audit, die Öko-Bilanz, die Produktlinienanalyse, das Öko-Controlling oder die Umwelt- und Technikfolgeabschätzung sprechen:

- die Tendenz zur volks- und betriebswirtschaftlichen Bewertung von Umweltkosten (z.B. Energie-, Wasser-, Rohstoffpreise, Abfall-/Entsorgungsgebühren, Versicherungsprämien für die Industriehaftpflicht, ökologisch motivierte Steuern verschiedenster Art) und der damit verbundene Druck zur Identifikation von Einsparungspotentialen
- die notwendige Bewältigung vielfältiger und immer differenzierter werdender umweltrechtlicher Bestimmungen nationaler wie internationaler Provenienz
- die mit den Umweltbelastungen und gesetzlichen Vorschriften steigenden Haftungsrisiken für Unternehmen und persönlichen Vermögensstand
- die Verschärfung des Umwelthaftunsgsetzes (UHG 1991) selbst sowie die gewachsenen Ansprüche an die Produkthaftung inklusive der EG-Verordnung zum Umweltgütezeichen [2, 3]
- Anforderungen einer Kreislaufwirtschaftsgesetzwirtschaft, deren Umsetzung in den kommenden Jahren verstärkt vorangetrieben wird (z.B. Kreislaufgesetz, Rücknahmepflichten für die Auto-, Elektronik- und Möbelindustrie, zunehmende Wiederverwertungspflichten via Abfallwirtschaftsgesetz und Verpackungsverordnung etc.)
- höhere umweltorientierte Ansprüche an die Zulieferindustrie
- veränderte Nachfragestrukturen mit einem tendenziell wachsenden ökologieorientierten Konsumentenverhalten und Gesundheitsbewußtsein
- die Entwicklungstendenz mögliche Wettbewerbsvorteile durch eine ökologieorientierte Unternehmensprofilierung zu erwerben.

Vor diesem Hintergrund wird sich der Charakter der Freiwilligkeit im Laufe der nächsten Jahre voraussichtlich in einen Sachzwang verwandeln. Auf der anderen

Seite kann sich ein innovationsbereites Management vielversprechende Potentiale erschließen. Unternehmen, die sich durch die Integration eines wirksamen Umweltmanagementsinstrumentariums rechtzeitig auf diese Entwicklung einstellen, werden ihren Vorteil auf einem von Wettbewerb dominierten Markt nutzen können. Die Vermeidung von Umweltbelastungen und die Risikominimierung aufgrund gesetzlicher Auflagen und verschärfter Haftungsregulierungen (UHG) ist nur eine Seite der Medaille [4]. Die eigentliche Zukunftsaufgabe liegt in der eigenverantwortlichen Vorsorge und Nutzung von Optimierungspotentialen, um am Wachstumstrend eines umweltorientierten, nachhaltigen Wirtschaftens partizipieren zu können [5].

2.2 Zielsetzung

Ziel der Verordnung (Art. 1) ist eine kontinuierliche Verbesserung der Umweltleistung in der gewerblichen Wirtschaft durch

- die Entwicklung und Anwendung von Umweltpolitiken, Umweltprogrammen und Umweltmanagementsystemen an Unternehmensstandorten
- die systematische, objektive und regelmäßige Ermittlung, Bewertung und Korrektur der Leistung eingesetzter Instrumente
- die Unterrichtung der Öffentlichkeit über die Umweltleistung des Unternehmensstandorts.

3 Rechtsgrundlagen

Die EG-Verordnung für eine einheitliche Verfahrensregelung zum Umweltmanagement und Öko-Audit, die auf eine freiwillige und eigenverantwortliche Beteiligung gewerblicher Unternehmen in der Gemeinschaft zielt, basiert auf Grundsätzen des 4. Aktionsprogramms der EG für einen besser integrierten Umweltschutz im Sinne von Artikel 130r EWGV [6,7]. Dieser Artikel bezieht sich auf „die Verhütung, die Verringerung und, soweit wie möglich, die Beseitigung der Umweltbelastungen nach Möglichkeit an ihrem Ursprung sowie eine gute Bewirtschaftung der Rohstoffquellen auf der Grundlage des sogenannten Verursacherprinzips" (Amtsblatt der EG: C 76/2 v. 27.3.1992). Daneben entspricht der Verordnungstext dem Geiste des 5. Aktionsprogramms der EG zum Schutze der Umwelt, das eine verstärkte Förderung marktkonformer Instrumente des Umweltmangements in Ergänzung zu umweltgesetzlichen Bestimmungen betont.

Da der Abgleich zwischen Umweltsituation und gesetzlichen Vorgaben ein fester Bestandteil des Öko-Audits ist, sind zudem die jeweils relevanten Fachgesetze, Richtlinien und Verordnungen auf den unterschiedlichen Ebenen (Bundesland, Bund, EG) als Rechtgrundlage des Öko-Audit-Systems von Bedeutung.

Gestützt auf die Richtlinie 90/313/EWG vom 7.6.1990 über den freien Zugang zu Umweltinformationen [8], verpflichten sich die Teilnehmer am „Audit-System" zur Unterrichtung der Öffentlichkeit durch die Herausgabe einer Umwelterklärung.

4 Elemente des Umweltmanagements und Öko-Auditverfahrens der EG

Am Öko-Audit-System kann sich jedes Unternehmen der „gewerblichen Wirtschaft" laut EG-Systematik der Wirtschaftszweige, Abschnitte C und D (Verordnung (EWG) Nr. 3037/90; Amtsblatt L 293 vom 24.10.1990) beteiligen [9]. Die erwähnten Abschnitte der Wirtschaftssystematik beziehen sich auf Unternehmen des produzierenden Gewerbes. Hinzu kommen die Erzeugung von Strom, Gas, Dampf, Heißwasser, Recyclingprozesse, die Behandlung, Vernichtung sowie Entsorgung von flüssigen und festen Abfällen (Art. 2i). Die mögliche Erweiterung des Geltungsbereichs analoger Bestimmungen zum Umweltmanagement und Öko-Audit auf andere Wirtschaftssektoren (Dienstleistungen, Handel, Tourismus, Landwirtschaft etc.) ist vorerst einzelstaatlich geregelt (Art. 14). Eine gemeinschaftsweite Vereinbarung für andere Sektoren wird im Zuge einer Revision der gemachten Erfahrungen in spätestens 5 Jahren thematisiert werden.

Die Beteiligung der gewerblichen Wirtschaft am Umweltmanagementsystem der EG setzt die Einhaltung der Verordnungsanforderungen an die Entwicklung und Überprüfung betrieblicher Umweltinstrumentarien nach bestimmten Verfahrensregeln voraus. Im folgenden werden die geforderten Bestandteile des Verfahrens einschließlich der Voraussetzungen für die Validierung der unternehmerischen Umweltleistung durch einen zugelassenen Umweltprüfer dargestellt.

4.1 Umweltprüfung

Der erste Schritt zur Einführung eines ökologieorientierten Managements ist die Durchführung einer „Umweltprüfung" (Art. 2b und Art. 3b) am Standort. Es handelt sich dabei um eine grundlegende Ausgangsanalyse (Ist-Analyse) der ökologischen Fragestellungen, Umweltwirkungen und Leistungen, die mit den Tätigkeiten eines Unternehmensstandortes verbunden sind. Es werden die Stärken und Schwächen des Umweltzustandes und der Umweltschutzorganisation aufgenommen. Dabei sind die in Anhang I.C der EG-Verordnung aufgeführten Aspekte des Umweltmanagements zu behandeln.

Auf der Grundlage der Ausgangsanalyse (Umweltprüfung) erfolgt im zweiten Schritt die Konzeptionierung und Einführung eines Umweltschutzinstrumentariums. Obligatorische Bestandteile dieses Instrumentariums werden in den Anhängen I.A-D der Verordnung festgelegt.

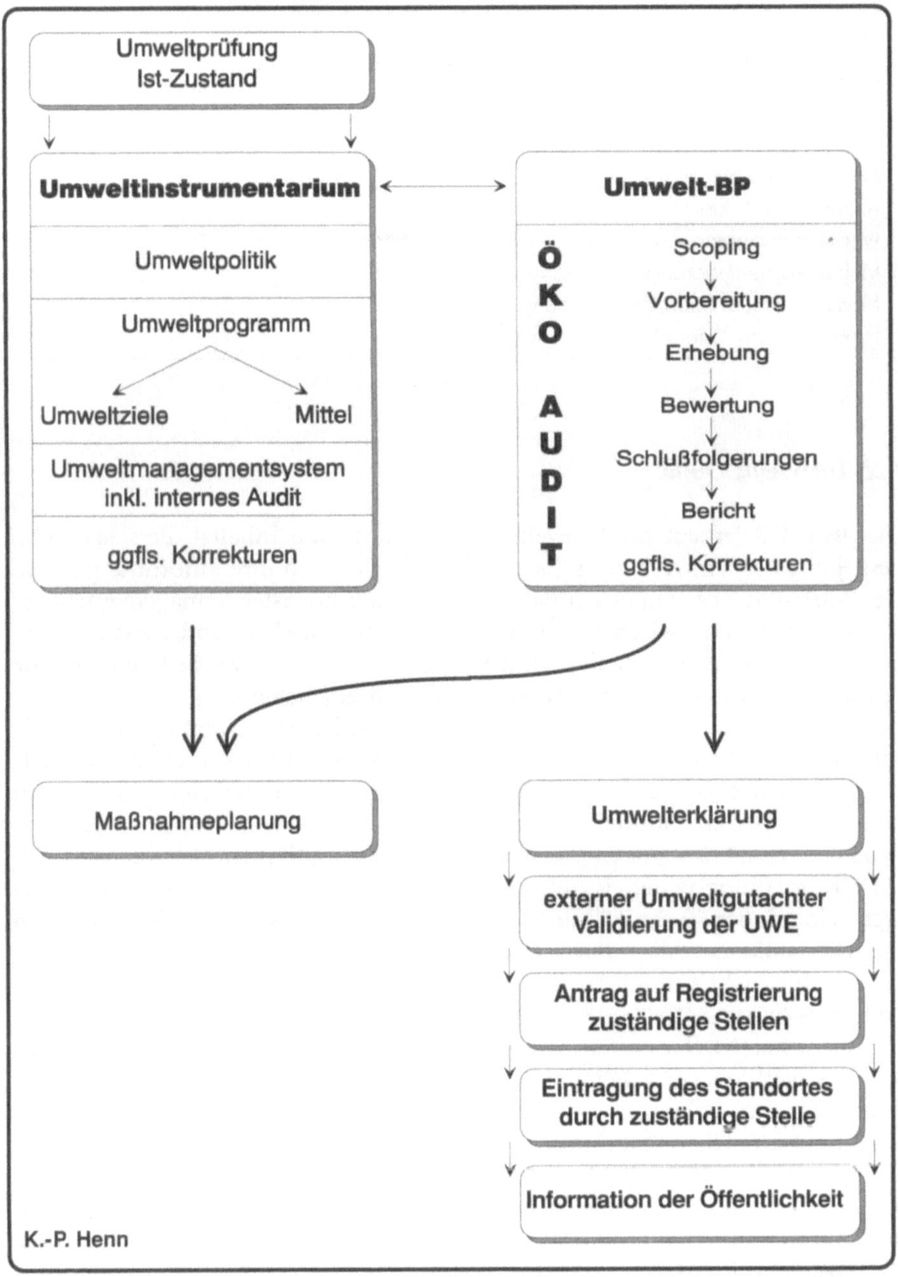

Abb. 1. EG-Regelung: Umweltmanagement und Öko-Audit

Tabelle 1. Zu erörternde Themen (Umweltprüfung, Audit) lt. Anh. I.C

- Tätigkeitserfassung und Auswirkungen auf Umweltmedien: Bewertung, Kontrolle, Verhütung
- Energiemanagement
- Wassermanagement; Rohstoffmanagement; Transport
- Entsorgungs- und Recyclingpraxis
- Auswahl der Produktionsverfahren
- Produktmanagement (Entwurf, Verpackung, Transport, Verwendung, Entsorgung)
- Verhütung/Verringerung von Unfällen
- Mitarbeiterinformation/Weiterbildung
- Information der Öffentlichkeit

4.2 Umweltpolitik

Das erste Teilelement des Umweltinstrumentariums beinhaltet die schriftliche Festlegung der Umweltpolitik (Art. 3, 1; Anh. I.A) und ihre Einordnung in die Gesamtstruktur des Unternehmensstandortes auf höchster Managementebene. Die Koordination zwischen ökologischen, ökonomischen und sozialen Leitlinien bzw. Zielen eines Unternehmens, bildet eine der Grundbedingungen für ein kohärentes Managementsystem und Betriebsgeschehen.

Die Umweltpolitik benennt die „umweltorientierten Gesamtziele und Aktionsgrundsätze" mit einer Verpflichtung zur Überprüfung (Audit) und „Einhaltung aller einschlägigen Umweltvorschriften"; d.h. externer Normen in Form von Gesetzen, Verordnungen und Verwaltungsvorschriften sowie interner Vorgaben in Form selbstgesetzter Umweltziele. Auf Initiative der BRD wurde in Art. 3,1 die Orientierung der eigenverantwortlich fixierten „Umweltziele" am höchsten „Stand der Technik" aufgenommen, sofern dies unter ökonomischen Gesichtspunkten realisierbar ist. Die im Nachsatz gemachte Einschränkung nimmt Rücksicht auf die weniger finanzstarken Industriestrukturen einiger EG-Mitgliedsstaaten.

Im Anhang I.D werden Handlungsgrundsätze („gute Managementpraktiken") aufgeführt, auf denen die Formulierung der Umweltpolitik (laut Anhang I.A,3) beruhen soll. Die Unternehmensaktivitäten werden im übrigen regelmäßig auf ihre Übereinstimmung mit diesen Grundsätzen überprüft und sollen darüber hinaus dem Prinzip einer stetigen Verbesserung der Umweltleistung folgen. Die umweltbezogene Standortpolitik enthält die im folgenden genannten Verpflichtungen (Aktionsgrundsätze) zur Realisierung anzustrebender Managementpraktiken:

Tabelle 2. Angestrebte Managementpraktiken lt. Anhang I.D:

- Förderung des Umweltbewußtseins unter Mitarbeitern
- Vorsorgende Bewertung der Umweltwirkungen bei Innovationen
- Bewertung und Überwachung aktueller Umweltwirkungen
- Maßnahmen zur Vermeidung/Minimierung von Umweltwirkungen
- optimierte Ressourcennutzung (Stoffe, Energie etc.) und ggfls. Rückgriff auf umweltfreundliche Technologien
- unfallvorbeugende Maßnahmen zur Emissionsvermeidung
- Festlegung/Anwendung von Verfahren zur Überwachung von Umweltwirkungen (Betriebskontrolle) inkl. aktualisierter Aufzeichnungen im Sinne der Umweltpolitik
- Korrekturverfahren und -maßnahmen zur Einhaltung der Umweltpolitik und -ziele
- Ausarbeitung von Notstandsverfahren mit den Behörden
- Vermittlung relevanter Umweltinformationen an die und offener Dialog mit der Öffentlichkeit
- produktbezogene Kundenberatung (Verwendung/Entsorgung)
- Anforderungen an Vertragspartner auf dem Werksgelände zur Anwendung gleicher Umweltnormen

Die Umweltpolitik eines Unternehmensstandorts ist den Mitarbeitern in geeigneter Form zu vermitteln und sollte der Öffentlichkeit zugänglich gemacht werden. Das Management verpflichtet sich im Lichte der Umweltbetriebsprüfung in regelmäßigen Zeitabständen zu einer Anpassung der Umweltpolitik des Unternehmens (Anh. I.A, 2).

4.3 Umweltprogramm

Das Umweltprogramm (Durchführungsprogramm) enthält für alle Unternehmensbereiche folgende Komponenten:

- die mit der Umweltpolitik koordinierten Detailziele eines Standorts
- die auf die Umweltziele abgestimmten, konkreten Maßnahmen bzw. Mittel zur Umsetzung der Qualitätsvorgaben
- die Verantwortungszuweisung für die zuvor definierten Ziele, Aufgabenbereiche auf jeder Ebene des Betriebes
- den Zeitrahmen zur Realisierung der Ziele

Das gesamte Umweltprogramm ist schriftlich zu dokumentieren.

Bei den Umweltzielen im Sinne der EG-Verordnung handelt es sich um konkrete Zielvorgaben des Unternehmensmanagements mit nachvollziehbarem Realisierungserfolg (Anhang I.A, 4 der EG-V.). Dies beinhaltet die Festlegung von bestimmten Quantitäten bzw. Qualitäten, die innerhalb eines bestimmten Zeitrahmens erreicht werden sollen (Sollwerte/Sollqualitäten).

Beispiel: Verringerung des Energieverbrauchs oder des Abfallaufkommens innerhalb einer benannten Frist um 5%.

Die Umweltziele beziehen sich zum einen auf die standortrelavanten umweltrechtlichen Bestimmungen und zum anderen auf die unternehmensinterne Konkretisierung ökologischer Qualitätsvorgaben auf dem neusten Stand der Technik und Managementstandards. Im Rahmen der Ziel- und Maßnahmedefinition zu berücksichtigen, sind die oben bereits ausgelisteten Umweltaspekte des Anhang I.C der EG-Verordnung (vgl. 4.2). Auch für die Erstellung des Umweltprogramms gilt der Grundsatz einer kontinuierlichen Verbesserung der Umweltleistung.

4.4 Umweltmanagementsystem - Organisation des Umweltschutzes

Neben dem Umweltprogramm gehört der Aufbau und die Fortentwicklung eines geeigneten Umweltmanagementsystems zu den Schlüsselfaktoren einer ökologieorientierten Betriebsführung. Der Verordnungstext (Art. 2e) charakterisiert das Managementsystem als „den Teil des gesamten Managementsystems, der die Organisationsstruktur, die Zuständigkeiten, Verhaltensweisen, förmliche Verfahren, Abläufe und Mittel für die Festlegung und Durchführung der Umweltpolitik einschließt".

Umweltmanagement ist sowohl eine strategische als auch eine operative Aufgabe. Der strategische Aspekt des Umweltmanagements zielt auf die Integration des Umweltschutzes in die Gesamtstruktur des Unternehmens und die langfristige Erhaltung bzw. den Ausbau der Erfolgsposition in einem vom Wettbewerb geprägten Markt. Ergänzend dazu muß die organisatorische Verankerung im Betriebsgeschehen die Umsetzung von Unternehmenszielen gewährleisten.

Vor diesem Hintergrund ist die Entwicklung bzw. die Wirksamkeit eines funktionierenden Umweltmanagementsystems einschließlich seiner aufbau- und ablauforganisatorischen Einbindung in zunehmendem Maße Grundbedingung des Unternehmenserfolges und begründet zur Standortbestimmung eine regelmäßige wie systematische Überprüfung seiner Leistungsfähigkeit durch die Durchführung eines Öko-Audits.

Die EG-Konzeption des Umweltmanagementssystems umfaßt sechs Grundelemente, deren Umsetzung von den beteiligten Unternehmen zu gewährleisten ist (Anhang I.B).

Umweltpolitik, -ziele und -programme

Wie bereits dargelegt, bilden die Festlegung, regelmäßige Überprüfung, Korrektur und Weiterentwicklung der Umweltpolitik, Umweltziele und Umweltprogramme die Grundlage eines umweltorientierten Managementsystems für einzelne Unternehmensstandorte. Ihre Definition liefert zugleich die Ausgangswerte und -qualitäten (Referenzparameter) für den zentralen Vergleich des Ist-Zutandes mit den Soll-Anforderungen im Rahmen des Öko-Audits.

Organisations- und Personalstrukturen

Die zweite Komponente des Managementsystems umreißt die umweltschutzrelevante Aufbauorganisation des Unternehmens und die Personaleinbindung (Kommunikation, Ausbildung) in die betriebsinternen Strukturen des Umweltschutzes. Diese Anforderung bezieht sich in erster Linie auf das Zusammenwirken von Mitarbeitern in umwelterheblichen Schlüsselfunktionen, die Arbeiten mit „Auswirkungen auf die Umwelt leisten, durchführen und überwachen. Zu dieser Organisationsaufgabe gehört i. e.:

Aufbauorganisation

- die Aufgabenbeschreibung und Verantwortungszuweisung einschließlich der Benenennung eines hauptverantwortlichen Managementvertreters für die ordnungsgemäße Anwendung und Aufrechterhaltung des Umweltmanagementsystems
- die dokumentierte Festlegung der Befugnisse
- die Definition und Darstellung der Beziehungen respektive Kommunikations- und Koordinationsstrukturen zwischen den Beschäftigten.

Kommunikation

Die Managementstrukturen müssen eine adäquate Information der Mitarbeiter auf allen Ebenen des Unternehmens sicherstellen. Gegenstand der Informationspolitik sind laut Anhang I.B der EG-Verordnung vor allem:

- die Bedeutung der einzuhaltenden Umweltpolitik, -ziele und Vorschriften
- mögliche arbeitsplatzbedingte Umweltauswirkungen
- der Nutzen verbesserter Umweltleistungen
- die Vermittlung der jeweiligen Rolle und Verantwortung
- die Aufklärung über mögliche Folgen bei Abweichungen von vereinbarten Arbeitsverfahren.

Neben der betriebsinternen Informationsvermittlung streben die Urheber der EG-Verordnung die Etablierung von Verfahren für eine externe Kommunikationspolitik über das Umweltmanagement und Umweltauswirkungen des Unternehmens an.

Ausbildung

Ein wichtiger Faktor für einen funktionierenden betrieblichen Umweltschutz sind die Qualifikationsvoraussetzungen der Mitarbeiter mit umwelterheblichen Aufgaben. Vor diesem Hintergrund sieht der Verordnungstext folgende Regelungen vor (Anh. I.B2):

- die Ermittlung des Ausbildungsbedarfs
- die Durchführung geeigneter Ausbildungs-/Weiterbildungsmaßnahmen.

Informations- und Bewertungssystem zu den Umweltauswirkungen

Dieser Bestandteil des Umweltmanagementsystems sieht die Registrierung und Bewertung umweltrelevanter Auswirkungen der Betriebstätigkeit mit Hilfe entsprechender Informations- und Bewertungsmechanismen vor. Dabei sind verschiedene Betriebszustände aus ehemaligen, aktuellen und geplanten Unternehmensaktivitäten zu berücksichtigen:

- der Normalbetrieb
- anormale Bedingungen
- Stör-/Unfälle/evtl. Notfälle.

Auswirkungen mit besonderer Relevanz sind in einer Liste zusammenzustellen. Informations- und Bewertungssystem sollten vor allem folgende Gesichtspunkte beinhalten (Anh. I.B 3):

Tabelle 3. Aspekte des Informations- und Bewertungssystems

- Emissionen in die Luft
- Ableitungen in Gewässer und Kanalisation
- Abfälle, besonders gefährliche Abfälle
- Umweltwirkungen und Kontaminierung von Böden
- Ressourcennutzung: Boden, Wasser, Energie, Brennstoffe und andere natürliche Ressourcen
- Freisetzung von thermischer Energie, Lärm, Geruch, Staub, Erschütterungen und optische Belästigung
- ökosystemare Auswirkungen

Die beteiligten Unternehmen müssen Registrierungsverfahren für alle Rechts- und Verwaltungsvorschriften etablieren und die betriebsinternen Anforderungen (Umweltnormen) als Bewertungsgrundlage hinsichtlich ihrer Tätigkeit, Produkte und Dienstleistungen für den Fortschritt der Umweltleistung dokumentieren.

Betriebskontrolle

Dieser Teil des Umweltmanagementsystems umfaßt die Festlegung, Überwachung und eventuelle Korrektur der Ablauforganisation zur Gewährleistung einer reibungslosen organisatorischen Eingliederung und Kontrolle umweltrelevanter Prozesse in den laufendenden Betrieb. Dazu werden in der EG-Verordnung folgende Anforderungen bezüglich einer Fixierung von Betriebsverfahren formuliert (Anh. I.B4).

Tabelle 4. Festlegung von Controllingverfahren

- Erhebung umweltrelevanter Aktivitäten, Funktionen und (Produktions)Verfahren (wie oben)
- die Erarbeitung und schriftliche Fixierung von Kriterien (Leistungsnormen) für den Betrieb
- die Erstellung schriftlich dokumentierter Arbeitsvorschriften und Verfahrensregeln (inklusive Beschaffungstätigkeit, Beziehungen zu Vertagspartner)
- die schriftliche Regelung verfahrenstechnischer Aspekte wie bspw. die Entsorgung von Abfällen, Abwässern
- institutionalisierte Regelungen für die Genehmigung von Verfahren und Ausrüstungen

Überwachung (Monitoring)

Das Unternehmensmanagement sollte über ein systematisch angelegtes und aktualisiertes Kontrollsystem zur Überwachung der definierten ablauforganisatorischen Richtlinien und Arbeitsanweiungen verfügen. Zu diesem Zweck sind für alle Unternehmensbereiche und Tätigkeiten die nachstehend genannten Aspekte einzuhalten:

- die Erfassung, Dokumentation und Überprüfung notwendiger Kontrollinformationen (interne Umweltinformationsregelung)
- die schriftliche Spezifizierung der Überwachungsverfahren
- die dokumentierte Festlegung von Akzeptanzkriterien für die jeweiligen Betriebsprozesse und ggfls. Korrekturmaßnahmen.

Korrekturen bei Verstößen

Der Verordnungstext schreibt folgendes Vorgehen im Falle der Nichteinhaltung der Umweltpolitik und Umweltnormen des Unternehmens fest:

- Ermittlung des Grundes
- Erstellung eines Maßnahmeplans
- Einleitung und Kontrolle risikobezogener Vorbeugeregelungen
- Erfassung der korrekturbedingten Verfahrensänderungen.

Dokumentation des Umweltmanagementinstrumentariums

Die verlangte Dokumentation sollte folgende Komponenten beinhalten (Anh. I.B 5):

- Darstellung der Umweltpolitik, Umweltziele und Umweltprogramme
- Beschreibung der Schlüsselfunktionen und -verantwortlichkeiten
- Darlegung der Interaktion zwischen den Systemelementen
- Erstellung von Aufzeichnungen zur Einhaltung der festgelegten Umweltnormen und Fortschrittskontrolle.

Interne Öko-Audits

Die Verordnung sieht die vom Management überwachte Durchführung von systematischen und regelmäßigen internen Revisionsprogrammen vor, mit deren Hilfe zu klären ist

- inwieweit die „Umweltmanagementtätigkeit" und das Umweltprogramm übereinstimmen und effektiv umgesetzt werden.
- die Wirksamkeit des Umweltmanagementsystems bei der Realisierung der Umweltpolitik gegeben ist.

5 Öko-Audit-Verfahren

Das Öko-Audit ist ein Schlüsselelement des Umweltmanagementkonzepts der EG (Art. 4). Es handelt sich um Revisions- und Kontrollprogramme, mit dem das existierende Umweltschutzinstrumentarium regelmäßig überprüft, bewertet und weiterentwickelt wird. Grundbedingung für die Revision der umweltorientierten Leistungsbilanz ist ein bereits bestehendes Umweltmanagementsystem. Muß dieses erst eingeführt werden, steht die oben skizzierte Umweltanalyse (Bestandsaufnahme des Ist-Zustandes) am Anfang.

Die EG-Verordnung unterscheidet zwischen betriebsinternen Audits und externen Öko-Audits durch unabhängige, amtlich zugelassene Umweltgutachter. Beide Formen des Audits sind fester Bestandteil der EG-Öko-Auditregelung.

5.1 Interne Öko-Audits

Die hausinterne Überprüfung des Umweltinstrumentariums erfüllt mehrere Funktionen. Sie dient als systematisierte Informationsquelle und Kontrollwerkzeug, um die Funktionsfähigkeit und Wirksamkeit der eingerichteten Mechanismen des betrieblichen Umweltschutzes einschließlich zugrundeliegender Organisationsstrukturen in geregelten Zeitabständen erfassen, beurteilen und anpassen zu können. Die Identifikation von Schwachstellen und Potentialen wird zur Grundlage für weiterführende Entscheidungen, Planungen und Verbesserungsmaßnahmen der umweltorientierten Leistung. Das interne Öko-Audit wird entweder durch einen kompetenten Prüfer des Unternehmens oder mit Unterstützung externer Umwelt- bzw. Unternehmensberater durchgeführt. Der von der Geschäftsleitung beauftragte Prüfer muß dabei neben einer adäquaten Qualifikation die notwendige Unabhängigkeit gegenüber dem Untersuchungsgegenstand und -bereich aufweisen. Abgesehen von jederzeit möglichen (Teil)Überprüfungsvorgängen sollten die unternehmenseigenen Audits ebenso wie die Umweltbetriebsprüfung den Kriterien der Anhänge I.C (s.o.) und II der EG-V genügen (vgl. Tab. 1 und 5). Darin werden thematisch zu behandelnde Umweltaspekte und bestimmte Vorgaben zum Auditverfahren in Anlehnung an die ISO-Norm 10011 (4.2, 5.1–5.4) festgelegt.

5.2 Öko-Audits durch externe Umweltgutachter

Der Gegenstand des externen Öko-Audits (Umweltbetriebsprüfung) durch einen unabhängigen, amtlich zugelassenen Umweltprüfer ist in erster Linie die Überprüfung der Existenz nachstehend genannter Grundelemente des Umweltinstrumentariums sowie die Einhaltung von Verordnungsbestimmungen (Art. 4, 3; 4, 5), d.h.:

- der festgelegten Umweltpolitik inklusive rechtlicher Normen (lt. Art. 3; Anhang I)

- des Umweltprogramms: Umsetzung definierter Umweltziele und -maßnahmen (lt. Art. 3; Anhang I)
- der wirksamen Anwendung des dokumentierten Umweltmanagementsystems und der Umweltschutzorganisation (lt. Art. 3; Anhang I.B)
- der vorschriftsmäßigen Realisierung interner Umweltprüfverfahren (lt. Art. 4; Anhang II)
- einer korrekt verfaßten und geprüften Umwelterklärung (lt. Art. 4; 6; Anhang III)

Im Kern umfaßt die Audittätigkeit einen Vergleich zwischen dem Umweltzustand und den umweltgesetzlichen Bestimmungen bzw. selbstgesetzten Umweltzielen eines Unternehmens. Der Verfahrensablauf des eigentlichen Öko-Audits ist in Tabelle 5 dargestellt. Der Zeitraum zwischen den regelmäßig durchzuführenden Umweltbetriebsprüfungen soll drei Jahre nicht überschreiten.

Eine wichtige Grundbedingung für die Beteiligung von Unternehmen an der Öko-Auditregelung der Europäischen Gemeinschaft ist die Kooperationsbereitsschaft und Informationsfreigabe gegenüber dem Umweltprüfer. Auf der

Tabelle 5. Anforderungen an das Öko-Auditverfahren lt. Anh. II

A. Zielbestimmung des Auditprogramms in schriftlicher Form
   - Bewertung des Managementsystems
   - Bewertung der Übereinstimmung von Feststellungen und Umweltpolitik/Umweltprogramm sowie Umweltbestimmungen

B. Festlegung des Geltungsbereichs (Scoping):
   - erfaßte Themen und Tätigkeiten
   - einzubeziehende Umweltnormen
   - geprüfter Zeitraum

C. Organisation/Ressourcen:
   - Personalplanung mit qualifizierten Prüfern für die spezifische Prüftätigkeit
   - Zeit-/Mittelansatz
   - Hilfestellung durch die Unternehmensleitung
   - Unabhängigkeit der Prüfer

D. Planung und Vorbereitung:
   - Bereitstellung geeigneter Mittel
   - Aufgabenverteilung
   - Kennenlernen der Standortaktivitäten, des Managementsystems
   - Revision vorangegangener Betriebsprüfungsunterlagen

E. Betriebsprüfungstätigkeit:
   - Verständnis/Bewertung des Managementsystems: Stärken/Schwächen
   - Sammlung signifikanter Umweltinformationen und -nachweise
   - Bewertung der Audit-Feststellungen (Ist-/Soll-Abgleich)

F. Prüfbericht mit Feststellungen und Schlußfolgerungen
   - Erfaßte Bereiche
   - Ergebnisse des Ist-/Soll-Vergleichs und des umweltorientierten Fortschritts
   - Informationen zur Wirksamkeit/Verläßlichkeit eingesetzter Regelungen zur Überwachung der Umweltwirkungen
   - Darlegung erforderlicher Korrekturen

G. Planung der Folge-/Korrekturmaßnahmen

H. Festlegung des Audittermins (Intervall bis max. 3 Jahren) anderen Seite verpflichtet sich dieser die erhaltenen Betriebsinformationen nicht weiterzugeben (Art. 4, 7).

Sofern die Voraussetzungen der EG-Verordnung erfüllt sind, steht am Ende des Betriebsprüfungsvorgangs die rechtsgültige Bestätigung (Validierung) der Umwelterklärung, die das Unternehmen veröffentlicht. Folgende Bedingungen werden an die Validierung der Umwelterklärung geknüpft (Art. 4, 3–4, 5):

- die Übereinstimmung mit den Regelungen der EG-V
- die rechtskräftige Bestätigung der Umwelterklärung durch zugelassene Umweltgutachter, die den Kriterien des Anhangs III und den einzelstaatlich noch auszuführenden Akkreditierungsanforderungen entsprechen (vgl. Art. 6).

5.3 Umwelterklärung

Nach Abschluß des Untersuchungsvorgangs (Umweltprüfung, Öko-Audit) erstellt jedes Unternehmen eine in knapper und verständlicher Form verfaßte Umwelterklärung, die der Öffentlichkeit zugänglich zu machen ist. In Ergänzung zu der hier festgeschriebenen Veröffentlichungspflicht wird das Recht der Behörden und des Bürgers auf den Zugang zu Umweltinformationen in der EG-Richtlinie 313/1990 und Umweltinformationsgesetz der BRD geregelt. Demnach können bereits jetzt Informationen über umwelterhebliche Auswirkungen privatwirtschaftlicher Tätigkeiten auch unabhängig von der EG-Verordnung zum Umweltmanagement und Öko-Audit eingefordert werden.

Die Umwelterklärung enthält folgende Grundinformationen (Art. 5):

- Beschreibung der standortbezogenen Aktivitäten und die Bewertung damit verbundener Umweltprobleme
- Zusammenfassung der Schadstoffemissionen, des Abfall-/Rohstoffaufkommens, des Energie-/Wasserverbrauchs, des Lärms u.a.
- Darlegung und Leistungsbewertung der Umweltpolitik, des Umweltprogramms und des Umweltmanagementsystems des Unternehmens
- Hinweise auf nennenswerte Veränderungen gegenüber vorangegangenen Umwelterklärungen
- Ankündigung der nächsten Umwelterklärung mit Terminfixierung
- Name des zugelassenen Umweltprüfers.

5.4 Anerkennung der umweltorientierten Leistung und Eintragung der Standorte

Das jeweilige Unternehmen beantragt die Teilnahme an der EG-Regelung zum Umweltmanagement und Öko-Audit bei einer noch einzurichtenden nationalen Stelle. Dort wird die validierte Umwelterklärung vorgelegt (Art. 17) und eine Teilnahmegebühr (Art. 11) entrichtet. Liegen diese Voraussetzungen vor, erfolgt die Eintragung des antragstellenden Unternehmensstandorts in ein Verzeichnis der zuständigen nationalen Stelle.

Nachdem die Eintragung durch die zuständige Behörde vorgenommen und die validierte Umwelterklärung der Öffentlichkeit in angemessener Form zugänglich gemacht wurde, ist das betreffende Unternehmen berechtigt die Teilnahmeerklärung mit dem EG-Emblem für eine ökologieorientierte Profilierung des Unternehmensstandorts zu nutzen. Allerdings darf die amtliche Bestätigung der Umweltleistung nicht für die Produktwerbung eingesetzt werden. Vielmehr zielt die Attestierung der EG auf eine gleichsam öffentlichkeits- und werbewirksame Aufwertung des Unternehmensimages durch den rechtskräftigen Hinweis auf eine umweltorientierte Unternehmensführung. Die Teilnahmeerklärung kann auf der Umwelterklärung, auf Prospekten, in Berichten, Informationsmaterial, auf dem Briefkopf oder auch anderweitig verwendet werden, solange keine Werbehinweise auf Produkte oder Dienstleistungen erfolgen. Eine begleitende Erklärung über den Gültigkeitsbereich der Attestierung ist zuzufügen. Folgende Optionen sind denkbar:

- gültig für alle Unternehmensstandorte in der EG
- gültig für alle Unternehmensstandorte in einem Mitgliedsland
- gültig für einen oder mehrere namentlich genannte Standorte

Das Verzeichnis der am EG-Audit-System teilnehmenden Firmen wird ebenso wie eine Liste der zugelassenen Prüfer einmal pro Jahr im Amtsblatt der EG publiziert.

6 Pflichten der Mitgliedsstaaten

6.1 Einrichtung zuständiger Stellen

Für die Durchführung der Verordnung wird nach der Verabschiedung innerhalb von 12 Monaten in jedem Land der EG eine zuständige Stelle eingerichtet, die folgende Aufgaben wahrzunehmen hat (Art. 8):

- die Entgegennahme der validierten Umwelterklärungen
- die Erhebung und Verwaltung der Eintragungsgebühren
- die Registrierung der beteiligten Unternehmensstandorte
- die jährliche Aktualisierung des Standortverzeichnisses
- die Aufforderung zur Abgabe validierter Umwelterklärungen innerhalb einer dreimonatigen Frist
- die Streichung von Standorten aus dem Verzeichnis bei Nichteinhaltung der Verordnungsbestimmungen bzw. bei Verstoßmeldungen durch bestehende Vollstreckungsbehörden (z. B. Gewerbeaufsicht).

Die nationalen Stellen liefern der Kommission die Standortlisten zur jährlichen Publikation im Amtsblatt der EG (Art. 9). Die Zusammensetzung der zuständigen Institution muß eine unabhängige, neutrale und einheitliche Wahrnehmung ihrer Aufgaben garantieren.

6.2 Zulassungssystem für Umweltgutachter

Der Verordnungstext sieht in Artikel 6 die Einrichtung eines Systems zur Zulassung und Kontrolle von Umweltgutachtern in den Mitgliedsstaaten innerhalb von 21 Monaten nach Inkrafttreten der Verordnung vor. Es ist sicherzustellen, daß „der Aufbau dieser Systeme eine unabhängige und neutrale Ausführung ihrer Aufgaben gewährleistet" (Art. 6, 1). Darüber hinaus sind die „betroffenen Kreise" in den Prozeß einzubeziehen (Art. 6, 3). Eine Zulassung als Umweltgutachter kann sowohl „Organisationen" als auch Einzelpersonen erteilt werden, sofern sie den Bedingungen der Verordnung entsprechen. Die auszuarbeitenden Zulassungsverfahren für Umweltgutachter sind an den Kriterien des Anhang III EG-V zu orientieren.

Haben die Mitgliedsstaaten das Zulassungsystem für Umweltgutachter im Rahmen der oben aufgeführten Verordnungsvorgaben ausdifferenziert, unterrichten sie die EG-Kommission über ihre Verfahrensmodalitäten.

Tabelle 6. Kriterien für das Zulassungverfahren von Umweltgutachtern

- Nachweis/Unterlagen über die Qualifikation des eingesetzten Personals unter Berücksichtigung folgender Aspekte:
  - Methodologie der Umweltbetriebsprüfung
  - Managementinformation und -verfahren
  - Umweltfragen
  - Rechtsvorschriften, Normen, Leitfaden zur EG-V
  - einschlägige Kenntnisse des Prüfungsgegenstands
- Unabhängigkeit und Objektivität des Umweltprüfers bspw. in Entsprechung der EN-Norm 45012 (Art. 4, 5)
- Dokumentierte Prüfungsmethodologien/-verfahren des Prüfers
- Einzelpersonen können eine befähigungsbezogene Zulassung erhalten, die in der Regel auf Teilbereiche beschränkt ist. Vorausgesetzt wird der Nachweis der zuvor genannten Anforderungskriterien.
- „Organisationen" stellen auf Anfrage der Zulassungsstelle ein Organigramm mit Angaben zum Rechtsstauts, den Strukturen, Verantwortungsbereichen und Finanzierungsquellen zur Verfügung
- Antragstellung und Teilnahme am formellen Zulassungsverfahren
- Antragsprüfung durch die Zulassungsstelle
  - Informationsgewinnung zur Beurteilung des Antragstellers
  - Bewertung und Entscheidung durch Zulassungsgremium
- regelmäßige Überwachung zugelassener Prüfer
- Antragsprüfung auf Ausweitung der Zulassung

6.3 Förderung kleiner und mittelständischer Betriebe

Die EG-Öko-Audit-Verordnung stellt Anforderungen personeller, finanzieller und zeitlicher Art, die nicht jedes kleine bzw. mittlere Unternehmen erfüllen kann. Daher empfehlen die Urheber des Verordnungstextes den Mitgliedsstaaten gegebenenfalls Unterstützungsstrukturen zur Förderung der EG-Regelung in KMU aufzubauen (Art. 13). Es fehlen allerdings noch konkrete Ausführungen, wie diese Strukturen auszugestalten sind.

6.4 Einbeziehung anderer Wirtschaftssektoren

Nach Artikel 14 ist es zur Zeit noch den Mitgliedsstaaten überlassen, versuchsweise analoge Bestimmungen zur Umweltmanagement- und Öko-Audit-Regelung auf andere Wirtschaftssektoren (z.B. den Handel, Dienstleistungssektor) auszudehnen.

6.5 Informations- und Kontrollpflicht

Die einzelnen Staaten der Gemeinschaft sind verpflichtet, die Unternehmen der Privatwirtschaft und die Öffentlichkeit über den Inhalt der EG-Verordnung zu informieren (Art. 15).

Bei Verstößen gegen die Verordnung haben die Mitgliedsländer „geeignete Rechts- und Verwaltungsmaßnahmen" zu ergreifen.

7 EG-Ausschuß für Differenzierungs- und Harmonisierungsaufgaben

Die EG-Kommission wird einen Ausschuß zwecks Harmonisierung der Zulassungskriterien und -verfahren sowie weiterer Ergänzungsvorschläge (z.B. Anhänge) zur Verordnung einrichten, in dem unter dem Vorsitz der Kommission Delegierte aus allen Mitgliedsstaaten vertreten sein werden. Artikel 18 sieht folgende Beratungs- und Entscheidungsverfahren für eventuelle Änderungsanträge vor:

- Unterbreitung eines Maßnahmeentwurfs durch den Kommissionsvertreter
- Stellungnahme durch den Ausschuß mit qualifizierter Mehrheit (nach Art. 148, 2) innerhalb einer Frist
- Im Falle eines Konsens zwischen dem Entwurf und der Stellungnahme des Ausschusses erläßt die Kommission die beabsichtigten Maßnahmen.
- Im Falle des Dissenz erfolgt eine Vorlage des Kommissionsentwurfs beim Ministerrat, der mit qualifizierter Mehrheit entscheidet.
- Im Falle eines ausbleibenden Ratsbeschlusses entscheidet die Kommission.

8 Umsetzungsfristen und Revision der Verordnungspraxis

Die EG-Verordnung trat am 13. 7. 1993 Inkraft. Ihre generelle Gültigkeit und volle Funktionsfähigkeit in allen Mitgliedsstaaten der Gemeinschaft soll die EG-Regelung zum Umweltmanagement und Öko-Audit spätestens 21 Monate nach Inkrafttreten erlangen. Nach 5 Jahren ist eine Revision der Verordnungspraxis vorgesehen, um gegebenenfalls Korrekturen vorzunehmen. Besonders überprüft werden soll in diesem Zusammenhang die ursprünglich beabsichtigte Einführung eines Öko-Audit-Labels zur Kennzeichnung der Umweltleistung im Rahmen der Betriebsführung.

9 Anforderungen an die Umsetzung

Die vorliegende Verordnung für das Umweltmanagement und die Umweltbetriebsprüfung ist eine begrüßenswerte Initiative der EG zur Integration systematisierter Strukturen des Umweltschutzes auf allen Unternehmensebenen. Damit stellt sie sich ihrer in Artikel 130 r formulierten Gemeinschaftsaufgabe zum Schutz der Umwelt nach den postulierten Prinzipien der Vorsorge und der Vermeidung von Umweltbelastungen an der Quelle. Neben den bisherigen Schwerpunkten der technischen Bekämpfung von Umweltbelastungen rückt nun der Umweltschutz als integrierte Managementaufgabe in den Vordergrund. Im Rahmen der Verordnung werden die Verfahrensanforderungen für die Ausgestaltung des Umweltmanagements in den Unternehmen der EG-Mitgliedsstaaten angeglichen. Damit erfolgt ein wichtiger Schritt zur Einführung und Harmonisierung einer ökologieorientierten Betriebsführung.

Allerdings sind eine Reihe von Reglungen der EG-Verordnung in ihrer vorliegenden Fassung noch näher auszugestalten. Neben der erforderlichen Akzeptanz dieser – auf dem Grundsatz der unternehmerischen Eigenverantwortung und Freiwilligkeit beruhenden – Verordnung werden die Ergebnisse dieses Differenzierungsprozesses (Regelungsergänzungen) die Qualität des betrieblichen Umweltmanagements nachhaltig beeinflussen. Die anstehenden Normierungsbemühungen und deren konkrete Umsetzung werden sich an den Grundsätzen der Europäischen Gemeinschaftsaufgabe zur Vorbeugung von Umweltbeeinträchtigungen an ihrem Ursprung (Artikel 130 r) messen lassen müssen, ohne dabei die wirtschaftlichen Anforderungen aus den Augen zu verlieren.

9.1 Freiwilligkeit versus Teilnahmepflicht

Die Wirkung umweltgesetzlicher Bestimmungen hat ihre Grenzen, die sich nicht zuletzt in Vollzugsdefiziten und fehlenden Kontrollkapazitäten äußert. Die Tendenz zur Ergänzung des Umweltrechts durch ein aktives, eigenverantwortliches

Umweltmanagement zur Risikovorsorge und erfolgreichen Positionierung im Markt ist in einer Reihe innovationsorientierter Unternehmen deutlich erkennbar. Wie in der Einleitung bereits ausgeführt, wird das Prinzip der freiwilligen Umweltvorsorge und Risikominimierung im übrigen immer systematischer in strukturelle Rahmenbedingungen eingebettet, die eine veränderte unternehmerische Handlungsrationalität im Sinne eines optimierten Umweltmanagements bei gleichzeitigem Markterfolg voraussetzt [10, 11].

9.2 Anwendung auf breiter Ebene und KMU-Förderung

Die Verbreitung und Diffusionsgeschwindigkeit der EG-Regelung wird entscheidend von der Förderung wirksamer Umsetzungshilfen für kleine und mittelständische Unternehmen abhängen. Diese bilden einerseits das Gros der Unternehmen in den EG-Mitgliedstaaten, weisen andererseits jedoch im Vergleich zu Großunternehmen in vielen Fällen weniger günstige Voraussetzungen für eine Umsetzung der Regelung auf. Die EG-Verordnung stellt Anforderungen personeller, finanzieller und zeitlicher Art, die nicht jedes kleine bzw. mittlere Unternehmen erfüllen kann. Soll dieser strukturelle Nachteil gegenüber großindustriellen Komplexen abgebaut werden, sind nach einer Stellungnahme des Wirtschafts- und Sozialausschusses (WSA) die verantwortlichen staatlichen Institutionen ebenso gefordert wie die Industrie- und Fachverbände [12].

9.3 Einrichtung und Struktur der „zuständigen Stellen"

Die Mitgliedsstaaten der EG werden in Artikel 17 aufgefordert innerhalb eines Jahres nach Inkrafttreten der Verordnung die zuständige Stelle zur Durchführung der EG-Regelung zu benennen. Hinsichtlich der Auswahl, Aufgaben und Strukturen dieser Stellen bleiben noch zahlreiche Fragen offen, die einzelstaatlich zu regulieren sind.

Zunächst sind die Auswahlmodalitäten für die Schaffung einer neuen Institution bzw. die Erweiterung des Funktionsbereichs einer bestehenden Behörde zu klären. Dabei sollten die verschiedenen Interessengruppen berücksichtigt werden.

Regelungsbedürftig ist die Festlegung der Aufgabenbereiche und die Abgrenzung institutioneller Verantwortungsbereiche. So läßt der Verordnungstext die Frage unbeantwortet, ob die Zuständigkeit für die Eintragung bzw. Streichung in das vorgesehene Standortverzeichnis für teilnehmende Unternehmen einerseits und die Zulassung von Umweltprüfern andererseits in einer Institution konzentriert oder durch unterschiedliche Stellen vorgenommen werden. Generell dürfte die Aufgabenzuweisung insbesondere bezüglich anstehender Detailregelungen und Anpassungen noch nicht abgeschlossen sein; d.h. das Funktionsspektrum der zuständigen nationalen Stellen ist in den Umsetzungsgremien zu präzisieren.

Zur Vermeidung kostspieliger bürokratischer Parallelstrukturen einerseits und zur Gewährleistung zumutbarer Kontrollaufwendungen in Wirtschaftsunternehmen andererseits, sind die Aufgaben und Strukturen bestehender Überwachungsinstitutionen (z. B. Gewerbeaufsicht) im Lichte der EG-Verordnung zu überdenken und die Kooperationsbeziehungen für die Zukunft zu definieren. Während einerseits die öffentlichen Kontroll- und Sanktionsfunktionen zu gewährleisten sind, ist andererseits die Begrenzung des bürokratischen Überwachungsaufwands für eine breite Akzeptanz der Verordnung in der Wirtschaft von nicht zu unterschätzender Bedeutung.

9.4 Normierungs- und Zulassungssysteme

Die Qualität der Umsetzungsresultate hinsichtlich der Verordnungsziele wird in starkem Maße von der Ausgestaltung der Normierungsprozesse für Managementsysteme und Zulassungsmodi für Umweltgutachter abhängen. In diesem Kontext muß der Realisierungsprozeß der EG-Verordnung die nachstehend aufgeführten Fragen beantworten.

9.4.1 Zulassungskriterien für Umweltgutachter und ihre Aufgaben

Die EG-Verordnung gibt in Anhang III Grundanforderungen für die Zulassung von Umweltgutachtern vor (vgl. 6.2). Einige dieser Akkreditierungsvoraussetzungen bedürfen der einzelstaatlichen Konkretisierung. Dazu gehören beispielsweise die geforderte Form des Qualifikationsnachweises und dokumentierten Prüfungsverfahren, die die Zulassungsstelle als Beurteilungsunterlage vom Antragsteller verlangen kann.

Wie in dem Verordnungstext verdeutlicht, handelt es sich in der Regel um komplexe Prüfgegenstände. Aus diesem Grund ist auf die Sicherstellung der Interdisziplinarität im Rahmen der entstehenden Zulassungskriterien ein angemessenes Gewicht zu legen. Neben Kenntnissen über die Verordnungsbestimmungen, Rechtsvorschriften und technischen Teilaspekte sollten im Sinne des umfassenden Ansatzes der Regelung entsprechende Qualifikationsvoraussetzungen zu Umweltfragen und Techniken des Umweltmanagements gegeben sein. Vor dem Hintergrund der gegenwärtigen Bildungslandschaft in der Bundesrepublik dürfte das nachgefragte Know-How vor allem bei Antragstellern vorliegen, die eine querschnittsorientierte (Zusatz)Ausbildung für Instrumentarien des Umweltmanagements vorweisen können. Mit dem fachübergreifenden Charakter der Audittätigkeit verbunden werden, müßte eine Alternativregelung über die Erwartungen an Einzelprüfer einerseits und die Bildung von interdisziplinären Auditorenteams andererseits.

Von entscheidender Bedeutung für die Realisierung der vorausgesetzten Unabhängigkeit der Zulassungs- und Überwachungsstellen sowie der Umweltgutachter wird es sein, inwieweit es gelingt, den Proporz zwischen den unterschiedlichen Interessengruppen in den Expertengremien für die Ausarbeitung von Normen und Kriterien zur Zulassung von Umweltgutachtern herzustellen.

Im Kreis der Unternehmens- und Umweltberater sind Einschätzungen zu vernehmen, die bereits im Vorfeld eine mögliche Verstärkung bestehender korporativer Strukturen und Dominanzen ausmachen. Die folgende Stellungnahme eines Kritikers unterstreicht diese Prognose beispielhaft: „Es ist zu befürchten, daß ohne die Festlegung eines Beteiligungsverfahrens die vorgesehene Beteiligung gerade der Verbraucher- und Umweltverbände nicht hinreichend umgesetzt wird. “ [13].

Bis das Zulassungssystem funktionsfähig ist, wird eine Übergangsregelung für „Umweltgutachter“ zu schaffen sein, um die Durchführung von Öko-Audits in der wichtigen Initialphase zu gewährleisten.

Zusammenfassend läßt sich festhalten, daß die frühzeitige Sicherstellung adäquater Beteiligungsverfahren und Kooperationsformen der beste Garant für die geforderte Unabhängigkeit von Zulassungs- und Überwachungsstellen sowie Umweltgutachtern ist.

9.4.2 Normierung von Umweltmanagementsystemen und Zertifizierungsverfahren

Die EG-Verordnung läßt Raum (Art. 12) für die Anerkennung einzelstaatlicher Regelungen für Umweltmanagementsysteme und Öko-Audits auf der Grundlage von Normierungs- und Zertifizierungsverfahren, die von der EG-Kommission bei Einhaltung des vorgesehenen Verfahrens (s. o. Artikel 18) akzeptiert werden.

In Deutschland koordiniert der DIN e.V. die Normungsaktivitäten und die Beteiligung der „betroffenen Kreise“ an einer Arbeitsgruppe zur Vertretung der nationalen Interessen hinsichtlich des Fachgebiets „Umweltmanagement und Öko-Audit“. Im europäischen Rahmen hat sich bisher Großbritannien als treibende Kraft im Normierungsprozeß erwiesen. Die am 16.3.1992 in Kraft getretene British Standard 7750 beinhaltet die Spezifizierung eines Umweltmanagementsystems zur Sicherstellung der im Unternehmen dokumentierten Umweltpolitik, Umweltziele, organisatorischen Voraussetzungen und die Beteiligung an umweltorientierten Prüfprogrammen. Ein Vergleich des Verordnungstexts mit dem Inhalt der BS 7750 zeigt den Einfluß der Briten auf die EG-Regelung. Dieser Normierungsvorsprung könnte sich in den Augen von Insidern als Wettbewerbsvorteil für britische Unternehmen erweisen, zumal die praktische Umsetzung bereits in zahlreichen Projekten erprobt wird [14]. Während in der Bundesrepublik lange Zeit eine Tendenz zur vereinfachenden Übertragung der Qualitätssicherungsnormen (ISO 9000–9004) auf Systeme des Umweltmanagements zu erkennen war, beschränkt sich die BS 7750 auf einige Elemente dieses Normierungswerkes. Zur Gewährleistung umweltspezifischer Anforderungen werden zusätzliche Systembestandteile für unentbehrlich gehalten. In diesem Zusammenhang wird es von großem Interesse sein, wie sich der Normfindungsprozeß der im Mai 1993 neu konstituierten Arbeitsgruppe des DIN e.V. für Fragen des Umweltmanagements und Öko-Audits entwickeln wird.

Trotz der Aufforderung an die nationalen und europäischen Normierungs- und Zertifizierungsstellen zur Vereinheitlichung der Grundanforderungen existieren Befürchtungen, daß wettbewerbsverzerrende Unterschiede zwischen den

Mitgliedsstaaten zum Tragen kommen. Im Verordnungstext bleibt ungeklärt, welche Regelungstiefe und methodischen Implikationen die beabsichtigte Standardisierung von Umweltmanagementsystemen bzw. Öko-Audits annehmen kann. Ähnlich wie in der Diskussion über Öko-Bilanzen stellt sich beispielsweise hinsichtlich der Bewertung und Vergleichbarkeit von Umweltleistungen die Frage, inwieweit die Erhebungstiefe und Systemabgrenzung der zu untersuchenden Umwelt- und Unternehmensbereiche transparent zu machen oder der Aspekt der funktionalen Äquivalenz bei Vergleichen der Produktleistung zu berücksichtigen ist [15, 16].

Darüber hinaus ist die Möglichkeit einer Integration von Instrumenten wie der Öko-Bilanz, Produktlinienanalyse und des Öko-Controlling in die EG-Regelung zum Umweltmanagement und Öko-Audit abzuwägen. Sollte die Vereinbarkeit der genannten Instrumente mit den Bestimmungen der Verordnung anerkannt werden, wären entsprechende Anforderungsprofile im Rahmen des Normierungsprozesses zu erstellen.

9.5 Bewertung der Umweltleistung

Im Rahmen der kritischen Würdigung des ursprünglichen Verordnungsentwurfs der Kommission wurde bereits auf fehlende ökologische Standards hingewiesen, mit denen unternehmensbedingte Umweltwirkungen auf EG-Ebene bewertet und verglichen werden können. Da sich die EG-Regelung vornehmlich auf die Verfahrensweise zur Entwicklung eines Umweltmanagementinstrumentariums und die Durchführung von Umweltbetriebsprüfungen bezieht, besteht die Gefahr, daß die Beachtung von formalen Organisationsprinzipien eines „Umweltmanagementsystems“ und die als selbstverständlich zu betrachtende Wahrung von Umweltvorschriften prämiert wird. Abgesehen von der Einhaltung gültigen Umweltrechts beinhaltet der Verordnungsentwurf der Kommission keine vergleichbaren Maßstäbe oder Mindeststandards für die Bewertung der Umweltleistung [17]. Unter diesen Umständen ist die Verwässerung des Öko-Audits zu einem Prüfinstrument der Rechtsverträglichkeit mit minimalistischen Zusatzstandards nicht auszuschließen. Jedes Unternehmen kann die Höhe der darüber hinausgehenden „Umweltschutzhürde“ selbst bestimmen, ohne daß die von ihm ausgehenden ökologischen Belastungen in effektiver Weise abgebaut werden müssen. Vor dem Hintergrund der Tatsache, daß ein gutes Umweltmanagementsystem zwar eine „notwendige, aber sicherlich noch keine hinreichende Bedingung für eine hohe Umweltqualität eines Unternehmens“ sei, weist Umweltminister Töpfer auf die Bedeutung von Vergleichsstandards und Transparenzkriterien hin: „Notwendig sind standardisierte Analyse-, Bewertungs- und Darstellungsmethoden, die es den Unternehmen erlauben, die eigene Umweltleistung auch im Vergleich mit anderen Unternehmen zu bewerten und dies auch für die interessierte Öffentlichkeit transparent zu machen [18].“ Sofern der Verordnungstext nicht durch eine kontinuierlich voranschreitende Harmonisierung der Normierung mit Hilfe europaweit konsensfähiger Bewertungskriterien der Umweltleistung ergänzt wird, könnte das Niveau der beteiligten Firmen in Sachen Umweltschutz eine nicht vertretbare Variationsbreite aufweisen. Damit würde die Verordnung Standorte mit niedrigen Umweltschutzanforderungen begünstigen und zu Wettbewerbsverzerrungen führen [19]. Unter diesen Vorzeichen droht eine Entwicklung, in derem Rahmen die Verordnung auch an Glaubwürdigkeit beim Verbraucher verlieren und den erhofften Marketingeffekt einbüßen könnte.

Einen moderaten Schritt zur Integration weiterführender ökologischer Standards in die Verordnung unternahm die BRD mit ihrem Veränderungsvorschlag in Artikel 3, wonach die Umweltleistung am Stand der best verfügbaren Technologien zu messen sei. Diese Änderung ist allerdings mit Gesichtspunkten der Wirtschaftlichkeit abzuwägen.

Im Sinne der Verordnung sollte der Technologiebegriff in diesem Zusammenhang jedoch nicht ausschließlich auf die technische Entwicklung bezogen werden, sondern auch innovative methodologische und verfahrensbezogene Praktiken (Managementtechniken) einbeziehen. Dies gilt insbesondere für die Einlösung des Vorsorge- und Vermeidungsansatzes, denn sonst droht eine Umsetzungspraxis, die wiederum durch eine Konzentration auf nachsorgende „End of Pipe- Technologien" gekennzeichnet ist. Eine derartige Auslegung würde jedoch dem umfassenden Managementansatz der Verordnung zuwiderlaufen.

Die Einführung von einheitlichen Gütekriterien für die umweltorientierte Unternehemensleistung ist freilich mit dem Problem eines unterschiedlichen Entwicklungsniveaus zwischen den EG-Mitgliedsstaaten verknüpft. An Portugal, Spanien oder Griechenland können realistischerweise nicht die gleichen Schutzanforderungen hinsichtlich ihrer Umwelt gestellt werden wie an die wohlhabenden Industrienationen Europas. Vor diesem Hintergrund muß sich die Entwicklung rechtlicher und marktkonformer Umweltinstrumente auf EG-Ebene mit der Einbeziehung gestaffelter Normen und der Gewährung von Anpassungszeiten für die Staaten der EG-Peripherie beschäftigen.

9.6 Umweltberichterstattung

Auf der rechtlichen Grundlage der EG-Richtlinie 313/90 über den freien Zugang zu Umweltinformationen und des Umweltinformationsgesetzes der Bundesregierung werden sich Unternehmen in Zukunft in stärkerem Maße mit ihrer diesbezüglichen Umweltvorsorge- und Kommunikationspolitik auseinandersetzen müssen. Mit der Umwelterklärung enthält die EG-Regelung zum Umweltmanagement und Öko-Audit ein Element, das den Anforderungen an die Veröffentlichung umwelterheblicher Informationen entspricht. Allerdings fehlt im Rahmen der Verordnung eine deutliche Definition des Unterschieds zwischen dem internen Auditbericht und dem Charakter der Umwelterklärung sowie eine präzisere Fassung der Veröffentlichungsmodalitäten unter der gebotenen Wahrung von Betriebsgeheimnissen.

9.7 Branchenspezifische Konzepte

Bis dato existieren noch keine methodischen Konkretisierungen der EG-Aufforderung an die Mitgliedsstaaten zur Erarbeitung von Umsetzungsmodellen für kleine und mittelständische Anwender. Es zeichnet sich in diesem Kontext zunehmend die Aufgabe ab, durch die Entwicklung von branchenspezifischen Umweltinstrumenten und Auditprogrammen, diese Lücke zu schließen und für KMU mit ähnlichem Profil handhabbare Konzepte und methodische Hilfsmittel (Checklisten, Leitfäden) zur Umsetzung der Verordnungsanforderungen zu erarbeiten [20].

9.8 Sektorale Ausweitung

Die mögliche Ausdehnung der EG-Regelung auf andere ebenfalls umweltbelastende Wirtschaftssektoren überläßt die Verordnung zunächst den einzelnen EG-Mitgliedsstaaten, ohne auf ein einheitliches Vorgehen zu drängen. Hier stellt sich die Frage, inwieweit eine frühzeitige Einbeziehung der übrigen Sektoren nicht eine aufwendige, nachholende Harmonisierung individueller Entwicklungen vermeiden könnte.

9.9 Ausblick

Die Verordnung zum Umweltmanagement und Öko-Audit vom 23.3.1993 ist Teil einer neuen Generation marktorientierter EG-Umweltinstrumente. Sie bietet marktkonforme Rahmenregulierungen, die es mit Blick auf das Verordnungsziel eines integrierten und kontinuierlich verbesserten Umweltschutzes im Einklang mit ökonomischen Zielsetzungen zu konkretisieren gilt. Die Deutschen gehören im Gegensatz zu ihrem sonstigen Verständnis hinsichtlich des Umsetzungsprozesses dieser Verordnung nicht zu den Vorreitern des Umweltschutzes. Angesichts der sich abzeichnenden strukturellen Rahmenbedingungen und Marktentwicklungen sind sie jedoch dringend gefordert, vorsorgeorientierte Umweltmanagementsysteme und systematische Überprüfungen ihrer Funktionsfähigkeit in ihr Unternehmenskalkül aufzunehmen.

In den USA bereits eingeführt, gehört das Öko-Audit mit der vorausgesetzten Entwicklung eines geeigneten Umweltinstrumentariums zu den zukunftsweisenden Managementverfahren im internationalen Wettbewerb, um den umweltrechtlichen und marktwirtschaftlichen Anforderungen einer ökologisch ausgerichteten Produktion gerecht werden zu können. Die Vermeidung von Umweltrisiken aufgrund umweltgesetzlicher Auflagen und Haftungsregeln ist dabei nur eine Seite der Medaille. Die eigentliche Zukunftsaufgabe liegt in der eigenverantwortlichen Vorsorge und Nutzung von Optimierungspotentialen, um am Wachstumstrend eines umweltorientierten, nachhaltigen Wirtschaftens partizipieren zu können.

Literaturverzeichnis

1. Europäische Gemeinschaften (1993) Verordnung (EWG) Nr. 1836/93 des Rates über die freiwillige Beteiligung gewerblicher Unternehmen an einem Gemeinschaftssystem für das Umweltmanagement und die Umweltbetriebsprüfung vom 29.6.1993, Brüssel
2. Umwelthaftungsgesetz, Bundesgesetzblatt I (1990), S. 2634
3. Europäische Gemeinschaften (1992) Verordnung (EWG) des Rates vom 23.3.1992 betreffend ein geeinschaftliches System zur Vergabe eines Umweltzeichens, Amtsblatt L 99 (11.4.1992), Brüssel
4. Sietz M, Sondermann WD (1990) Umwelt-Audit und Umwelthaftung, Taunusstein
5. Meffert H, Kirchgeorg M (1993) Marktorientiertes Umweltmanagement, Stuttgart
6. Kommission der Europäischen Gemeinschaften (1992) Vorschlag für eine Verordnung (EWG) des Rates, die eine freiwillige Beteiligung gewerblicher Unternehmen an einem gemeinschaftlichen Öko-Audit-System ermöglicht, Kommission (91) 459 vom 5.3.1992, Brüssel
7. Oppermann T (1991) Europarecht, München, S. 743–750
8. Europäische Gemeinschaften (1990) Richtlinie des Rates (EWG) Nr. 313/90, Amtsblatt L 158, Brüssel
9. Europäische Gemeinschaften (1990) Verordnung des Rates (EWG) Nr. 3037/90, Amtsblatt L 293 vom 24.10.1990, Brüssel
10. Umweltbundesamt (1991) Umweltorientierte Unternehmensführung, Berichte 11/91, Berlin
11. Schulz E, Schulz W (1992) Betriebliches Umweltcontolling, Berlin
12. Europäische Gemeinschaften, wsa (1992) Stellungnahme vom 2.10.1992 zu dem Dokument KOM. (91) 459, Brüssel
13. Führ M, Sietz M (1992) in: Spindler EA (Hrsg.) Risiko-UVP, Bonn, S. 43–69
14. Powell M, v Saldern A (1992) in: Politische Ökologie Nr. 28, S. 50–53
15. Umweltbundesamt (1992) Ökobilanzen für Produkte. Bedeutung – Sachstand – Perspektiven, Berlin
16. Baumgartner T, Rubik F (1992) Evaluation Of Eco-Balances, Commission of the European Community, SAST-Project No. 7, Brüssel
17. Henn KP(1993) in: Müllmagazin Nr. 1, S. 10–13
18. Töpfer K (1992) in: Umwelt Nr. 11, S. 423
19. Henn KP (1993) in: UVP-report Nr. 2, S. 89
20. Sietz M (1992) Umweltbewußtes Management, Taunusstein

Literaturverzeichnis

Neuere Entwicklungen auf dem Gebiet des Umweltrechts, des Umweltunternehmensrechts und der Umweltschadenshaftung

Bettina Krems-Hemesath, Oldenburg

1 Umwelt(unternehmens)recht und Öko-Auditing – aktueller Entwicklungsstand, systematische Einordnung

Das bundesdeutsche Umweltrecht entwickelt sich rasant. Eine Bestandsanalyse seiner gegenwärtigen Entwicklung, seiner Stärken und Schwächen, gestaltet sich nicht einfach. Die verwickelte Diskussion um die sogenannte *Harmonisierung des Umweltrechts* anläßlich der Kodifikationsbestrebungen für ein zukünftiges Umweltgesetzbuch, das, nach dem Willen der Autoren, dem Wirtschaften im sozialen Rechtsstaat einen ökologischen Gesamtrahmen geben soll, demonstriert dies deutlich.

Umweltrecht im Industriestaat ist bisher Interessenrecht der Umweltnutzer, ist Umweltnutzungsverwaltung, erst in zweiter Linie ist es das Recht des Umweltschutzes, schon gar der reinen Ökologie.

Seine Funktionen werden unterschiedlich definiert und, je nach Interessenlage, seine Erfolge unterschiedlich bewertet. Mit Hinblick auf die bereits in der Substanz bedrohten Schutzgüter sprechen die einen vom „Totalversagen", die anderen beklagen die „prohibitive" Regelungsfülle sowie die Einengung der unternehmerischen Entscheidungs-, Innovations- und Investitionsfreiheit durch eine rigide polizei- und gewerberechtliche Tradition.

1.1 Grundsatzprobleme: zersplittertes Recht, unübersichtliche Entwicklung

Infolge des objektiven Problemdrucks, der zum Teil aus der rasanten Technikentwicklung, zum Teil aus den Versäumnissen der Vergangenheit herrührt, nimmt der ohnehin immense Rechtsstoff fast täglich an Umfang zu, ohne daß damit zugleich hinreichende Konsistenz und Systematik gewährleistet wären.

Obwohl objektiv eine echte Querschnittsmaterie und zunächst sehr elaboriert und detailgenau wirkend, ist das Umweltrecht nicht nur ein weit verstreutes, sondern auch immer noch ein äußerst unstimmiges, zersplittertes Recht mit vielen unzureichend bearbeiteten Feldern, Unschärfen, Widersprüchlichkeiten und Ballast. Einzelne Gesetze stellen ein vorbildlich hohes, andere ein bedenklich niedriges Schutzniveau ein.

Sietz/v. Saldern
Umweltschutz-Management und Öko-Auditing

Dort, wo unterschiedliche Regelungen sich auf die gleichen Instrumente beziehen, führen die üblichen juristischen Auslegungsregeln wie Umkehrschluß oder Plausibilitätskontrolle nicht selten neue Auslegungsnöte herbei.

Hinzu treten die traditionellen Grenzfindungsprobleme zwischen allgemeinem und besonderem Verwaltungsrecht, Verwaltungsverfahrensrecht und dem Polizei- und Ordnungsrecht der Gefahrenabwehr. Weichenstellende Begriffe des Umweltrechts wie „Gefahr" und „Risiko", „Drittschutz" und „Partizipation" unterliegen rapider Umformung. Nicht einmal mehr auf die begrenzenden Koordinaten des Gesamtsystems ist derzeit Verlaß.

1.2 Europa und Neue Bundesländer – die Komplexität des Umweltrechts nimmt weiter zu

Die Fülle der durch die deutsche Wiedervereinigung erforderlich gewordenen Überleitungs- und Anpassungsregelungen sowie der in den neuen Bundesländern mittlerweile neu geschaffene Umweltrechtsstoff lassen die Komplexität ebenso weiter steigen wie die nicht erst seit Öffnung des Binnenmarktes verstärkt zu beachtende internationale Ebene des Europa- und des Völkerrechts. Während im ersteren Falle die rechtliche Bewältigung der Altlastensituation, und die Neuplanung von Anlagen und Infrastruktureinrichtungen im Vordergrund stehen, verlangen auf der anderen Seite die Postulate des EG-Rechts hinsichtlich eines allgemeinen Bürgerrechts auf voraussetzungslosen Informationszugang zu Umweltdaten und die Umweltverträglichkeitsprüfung bei allen zukünftigen Regelungs- und Anwendungsfällen Beachtung. Das dem Prinzip der Aktenvertraulichkeit verpflichtete, tendentiell partizipationsfeindliche traditionelle deutsche Verwaltungsdenken steht hier nicht nur vor verwaltungspraktischen, sondern auch vor ungewohnten weltanschaulichen Herausforderungen.

1.3 Der negative Befund: Rückschritte vom erreichten Schutzniveau

Die augenblickliche Situation des bundesdeutschen Umweltrechts, dessen stets behauptete Vorbildfunktion für Europa nicht mehr unumstritten ist, ist durch eine Gemengelage sowohl positiver als auch negativer Zustände und Trends gekennzeichnet.

Als besonders negativ muß in diesem Zusammenhang der streckenweise bereits erfolgreiche Versuch gewertet werden, die angeblich zum schnelleren Aufbau Ost erforderlichen Lockerungen vom erreichten Schutzniveau auf die alten Bundesländer rückzuübertragen und damit die verhältnismäßig wenigen Erfolge im Kampf um ein effektives Umweltschutzrecht wieder aufzuheben.

Die gegenwärtige legislatorische Lage in der Bundesrepublik ist vordringlich dadurch geprägt, daß soeben erst eingeführte – und von der mit einigem Recht mittlerweile ratlosen und überforderten Vollzugsverwaltung infolge dessen auch erstmals implementierte – Instrumentarien und Einzelregelungen bis zur Unkenntlichkeit durchlöchert, umgeformt, zurückgenommen oder, wo dies noch nicht genug ist, von der Rechtsprechung in eine andere als die ursprünglich vermutete Richtung gelenkt werden.

Auf diese Weise kann sich keine entlastende Routine einstellen, tritt der materielle Umweltschutz auf der Stelle und werfen die zukünftig noch personal-, zeit- und kostenträchtigeren Umwelt-Reparaturaufgaben bereits ihre Schatten voraus.

Das Immissionsschutzrecht, das „Grundgesetz des Umweltschutzes", hat in jüngster Zeit eine Fülle von Änderungen erfahren, ohne daß der Gesetzgeber seinen seit langem erkannten systematischen Mängel zuleibe gerückt wäre.

Im öffentlichen Planungs- und Anlagengenehmigungsrecht haben wir es derzeit nicht mit einer behutsamen Fortentwicklung und Konsolidierung des Bewährten zu tun, sondern mit „spektakulären Struktureinbrüchen flankiert von nicht weniger auffälligen Landschaftsveränderungen im Verfahrensrecht" (Nebelsieck). Besonders umstritten und z.T. in Teilen der Literatur als verfassungswidrige Maßnahmegesetze bezeichnet, sind derzeit nach dem Vorgang des inzwischen in Kraft getretenen Verkehrsplanungsbeschleunigungsgesetzes das Investitions- und Wohnbaulandgesetz.

Die projektierte Verlagerung bisher abfallrechtlicher Planfeststellungsverfahren in das immissionsschutzrechtliche Genehmigungsverfahren, die das antiquierte gebundene Ermessen ohne Bedarfsermittlung und Planrechtfertigung auch im Abfallrecht zum Regelfall erheben will, statt im Immissionsschutzrecht die seit langem geforderte Befristung der Genehmigung zu installieren, ist ebenso problematisch wie die Rücknahme des §6a Raumordnungsgesetz (ROG), mit dem die Umweltverträglichkeitsprüfung erst 1989 in die Raumordnung eingefügt worden war und der im Sinne der EG-UVP-Richtlinie ja gerade eine frühzeitige Verfahrensanbindung der UVP sicherstellen sollte. Das Argument der Verfahrensverlängerung, Verteuerung und Überfrachtung hat bei korrekter Auslegung der Vorschrift, d.h. bei Beachtung der der jeweiligen Planungsebene anzupassenden Planungstiefe (keine detaillierten Unterlagen bei diesem Planungsschritt) keinen Anhalt am Inhalt der Norm.

Das Fachplanungsrecht hat in den letzten Jahren eine rasante Entwicklung genommmen, die hier nicht im einzelnen dargestellt werden kann, die jedoch eine Fülle von möglichen Nachteilen aus der Sicht des Umwelt- und Naturschutzes beinhaltet. Weitere Konfliktfelder sind u.a. das Verhältnis von Naturschutz- und Baurecht, das Gentechnikrecht, der Rückbau von Öffentlichkeitsbeteiligung im öffentlichen Verfahrensrecht, ebenfalls mit dem Argument der Verfahrensverzögerung (bei Verfahren, die 5 bis 10 Jahre dauern können, betragen die Fristen, während derer die Öffentlichkeit und die Nachbarn einbezogen werden, zusammen genommen sieben Wochen) und die nach wie vor nicht gelösten Fragen der summierten, ferntransportierten Immissionen, die Ausgangs- und Angelpunkt der Haftungsrechtsreform waren.

1.4 Der positive Befund: Vorsorge durch Kooperation, ein Prinzip gewinnt Konturen

Im Umweltrecht der Bundesrepublik besteht derzeit eine ausgeprägte Tendenz, stärer als bisher die Marktkräfte zu nutzen, vom command and control-System wegzukommen, weniger dirigistisch als fördernd und positiv verstärkend einzugreifen.

Das Vollzugsdefizit ist durch kooperatives (nicht konspiratives!) Verwaltungshandeln möglichst zu verkleinern. Damit kann nicht die Vergrößerung der der Kontrolle der Öffentlichkeit entzogenen informellen Behördenberatungen mit dem Betreiber gemeint sein: Vorsorge durch vernünftig strukturierte Kooperation heißt die Losung.

Dazu bedarf es eines kreativeren Risikohandlings als bisher von rechts wegen praktiziert. Es bedarf neuer Handlungsmodelle, die über die bisherigen ordnungs- und abgabenrechtlichen Eckdaten hinaus eine so wenig wie möglich ordnungsrechtlich geprägte, gleichwohl oder gerade deshalb hocheffektive marktwirtschaftliche Umweltpolitik vorantreiben.

Das Instrument des Öko-Auditing ist eine Konkretisierung dieses Ansatzes.

1.5 Unternehmerische Eigenüberwachung bei staatlicher Letztkontrolle: dynamisches Öko-Auditing liegt im Trend

Das Instrument des Öko-Auditings setzt konsequent auf die Selbststeuerungskräfte des Marktes und die Eigenverantwortung der Unternehmen, ohne dabei die tragenden Prinzipien des geltenden Umweltrechts zu verletzen.

Zum einen repräsentiert es ein System der über die reine Gefahrenabwehr hinausgehenden, vorausschauenden Verbesserung umweltorientierter Leistungen in Unternehmen (Verwirklichung des Vorsorgeprinzips), andererseits aktiviert es den Sachverstand der Wirtschaftssubjekte und private Interessenlagen zugunsten eines verbesserten Umweltschutzes, wobei die Letztverantwortlichkeit des Staates und seine Verpflichtung zur Überwachung der Rechtsbefolgung unangetastet bleiben (Verwirklichung des Kooperationsprinzips).

1.6 Öko-Audits dreifach wirksam: Tradition und Fortschritt im Umwelt-Unternehmensrecht

Das europarechtliche initiierte System des Öko-Audits verbindet Maßnahmen der unternehmerischen Eigenüberwachung, wie sie sich im bundesdeutschen Umweltrecht bereits seit langem in einer Vielzahl von betrieblichen Aufzeichnungs- und Dokumentationspflichten finden, mit, und das ist neu, behördlich kontrollierten Verfahren der Validierung sowie der öffentlichen Registrierung, gekoppelt mit einer symbolischen Anreizwirkung, die durch die klar regulierte Vergabe und Nutzung des Zertifikats erstrebt wird.

Nicht nur an die hierzulande vorhandenen Rechtsregeln über die betriebliche Datendokumentation zur Eigenüberwachung, sondern auch an vorhandene organisationsrechtliche Regelungen, insbesondere Rechtsregeln der den Umweltschutz sicherstellenden Betriebsorganisation sowie einschlägige personelle Regelungen (Betriebsbeauftragte), kann die Einführung und Umsetzung der Öko-Audit-Verordnung zukünftig anknüpfen.

Die organisationsrechtlichen Aus- und Rückwirkungen des Öko-Audits erfordern ein wesentlich professionelleres, vor allem umfassenderes, Umweltmanagement, als es das bisher geltende Recht vorschrieb.

1.7 Qualitative Verbesserungen auf traditioneller Umweltrechtsbasis

Ein entscheidender qualitativer Unterschied zum bisherigen Umweltrecht verdient hervorgehoben zu werden: das Öko-Audit zeichnet sich gerade dadurch aus, daß es keine, je nach Umweltrechtssektor mehr oder weniger differenzierten, medialen Situationserfassungen genügen läßt, sondern *integrierte Kontrollmaßnahmen* erfordert.

Ergebnis des Öko-Audits soll ja eine umfassende Bewertung des Maßes der Umweltverträglichkeit unternehmerischen Handelns an einer bestimmten Produktionsstätte ein, die bei einem Verfahren ausschließlich nach den bislang ohnehin Betreibern und Anwendern obliegenden Erfassungs- und Deklarationspflichten so nicht erreicht werden könnte.

1.8 Vollzugserleichterung und Dynamisierung durch ressourcenökonomischen Ansatz

Durch seinen über die reine Schadstoffdeklaration hinausweisenden, ressourcenökonomischen Ansatz sowie durch die wiederkehrende Fortschreibung des Soll-Ist-Vergleichs wird eine Dynamisierung hin zu einer ständigen Optimierung des Umwelthandelns erreicht, die sich aus der Befolgung der bisherigen, der Theorie nach ebenfalls dynamischen Grundpflichten der Betreiber (Vorsorge als Dauerpflicht), in der Praxis jedoch zumeist statisch angewandten Instrumente des herkömmlichen Umweltrechts nicht im angestrebten Maße ergeben hätte.

Periodisch wiederkehrende Öko-Audits führen damit zwangsläufig zum Abbau von „programmierten" Vollzugsdefiziten, die unter dem Druck der beständige anschwellenden Vorschriftenflut bereits zum Protest einzelner Umwelt-Sonderbehörden geführt haben, die sich zu einem wirksamen und flächendeckenden Vollzug der ihnen anvertrauten Umweltgesetze und -verordnungen immer weniger in der Lage sehen. Zwar überwälzen sie damit einen erheblichen Teil Bürokratie auf die Unternehmen. Diese sind damit jedoch vor einem „plötzlichen Vollzug" geschützt und können auch ihre Umweltmanagement-Ressourcen gezielt planen und einsetzen.

Öko-Audits zeigen Risiken und Chancen zugleich auf. Sie stellen sicher, daß der Betrieb die geltenden Anforderungen und gesetzlichen Vorhaben gegenwärtig und standortgebunden sicher erfüllt. Sie zeigen Wege zur Senkung der Umweltschutzkosten, begrenzen Haftungsrisiken, lassen erkennen, wo sich Potentiale für zukünftige positive Entwicklungen vorfinden und helfen schließlich, die Akzeptanz des Unternehmens nach innen und außen kontinuierlich zu verbessern.

Wesentliche Einzelbereiche des Umweltunternehmensrechts – gegenwärtiger Sachstand und Entwicklungen im Überblick

2 Immissionsschutzrecht

Das für die Neuerrichtung und den Betrieb von Industrieanlagen, insbesondere jedoch für Erweiterungen und Änderungen industrieller Anlagen grundlegende Bundes-Immissionsschutzgesetz vom 15.3.1973, konkretisiert durch 17 Rechtsverordnungen sowie die allgemeinen Verwaltungsvorschriften TA Luft und TA Lärm, wird nicht zu Unrecht als „Grundgesetz des Umweltschutzes" bezeichnet. Zahlreiche andere umweltrechtliche Regelwerke sind an ihm inhaltlich und systematisch orientiert.

Es hat in der jüngsten Vergangenheit eine Vielzahl von teils tiefgreifenden, teils klarstellenden Veränderungen und Erweiterungen erfahren, ohne im Kern verändert worden zu sein.

Insbesondere das Dritte Änderungsgesetz (BGBL. I. S. 880) hat die Akzente verschoben. In §1 BImSchG wurden der Boden, das Wasser und die *Atmosphäre* ausdrücklich in den Kreis der Schutzgüter aufgenommen. Der *Mensch* soll nunmehr innerhalb seiner *gesamten* Umwelt und, soweit es sich um genehmigungsbedürftige Anlagen handelt, auch vor Gefahren, erheblichen Nachteilen und erheblichen Belästigungen geschützt werden. Boden und Wasser waren zuvor lediglich als sonstige „Sachen" vom Schutzzweck des §1 BImSchG erfaßt. Hinsichtlich des Atmosphärenschutzes ergeben sich Rückwirkungen auf die Grundpflicht des Betreibers in §5 Abs. 1, BImSchG. Eine schädliche Umwelteinwirkung, die nach §5 Abs. 1, Nr. 1 BImSchG zu vermeiden oder gegen die nach §5 Abs. 1, Nr. 2 BImSchG Vorsorge zu treffen ist, ist nunmehr auch die schädigende Einwirkung auf die Atmosphäre.

Mit dem erklärten Ziel, es zu einem *„Eckpfeiler für die neue Sicherheitskultur"* im Industriestaat (Töpfer) auszubauen, hat vor allem das System der Genehmigung und Überwachung umweltgefährlicher Anlagen wesentliche Erweiterungen erfahren. Mit dem selben Ziel hat der Gesetzgeber den Katalog der Betreibergrundpflichten ausgebaut, vor allem die Schutzpflicht und die Entsorgungspflicht auf die Zeit nach der Betriebseinstellung ausgeweitet, Bestellung und Ausbildung des betrieblichen Störfallbeauftragten in das Gesetz aufgenommen sowie eine Störfallkommission (§51a BImSchG), und einen sog. Technischen Ausschuß Sicherheit (§31a BImSchG) beim Bundesumweltminister eingerichtet.

Ebenfalls Ausfluß des neuen Anlagen-Sicherheitsdenkens ist die Erweiterung der Verordnungsermächtigung in §7 BImSchG vor allem um detaillierte Regelungen zur betriebsinternen Überwachung (vgl. oben traditionelle umweltrechtliche Basis des Audits, Haftungsprophylaxe).

Die für das Gebiet der ehemaligen DDR geltenden besonderen Genehmigungsvoraussetzungen für Industrieanlagen in den neuen Bundesländern und die mittlerweile ergangene Judikatur können in diesem Beitrag nicht in extenso dargestellt werden. Sie sind gleichwohl zwingend zu beachten.

Zwei im Zusammenhang mit der Novellierung zum BImSchG ergangene Verordnungen, die zum einen das Genehmigungsverfahren regeln, zum anderen die Anforderungen an die Errichtung, die Beschaffenheit und den Betrieb von Abfallverbrennungsanlagen, die nach §6 oder 15 BImSchG in Verbindung mit Nummer 8.1. des Anhangs der 4. BImSchV genehmigungsbedürftig sind, bedürfen der gesonderten Darstellung. Beide Verordnungen dürfen als „milieuprägend" im derzeitigen Immissionsschutzrecht bewertet werden, ihre Interpretation und praktische Umsetzung als richtungsweisend für die nähere Zukunft.

Es handelt sich dabei zum einen um die neunte Verordnung zur Durchführung des Bundes-Immissionsschutzgesetzes (9. BImSchV), deren wesentliches Ziel es ist, die Anforderungen des UVP-Gesetzes in das Anlagen-Genehmigungsverfahren zu integrieren, zum anderen, um die siebzehnte Verordnung zur Durchführung des Bundes-Immissionsschutzgesetzes (17. BImSchV), Verordnung über Verbrennungsanlagen für Abfälle und ähnliche Stoffe) wegen der darin enthaltenen, hochkontroversen, Regelungen für die Abfall-Mitverbrennung in dazu *nicht* eigens genehmigten Anlagen. Beide Regelwerke sehen in engstem sachlichen Zusammenhang zum vorbeugenden Risikoschutz und damit zum sicherheitsrechtlichen Teil des Audits.

2.1 Erweiterung der Grundpflichten des Betreibers

2.1.1 Grundpflicht zur Abwärmenutzung

Neben der Grundpflicht, seine Anlage nur so zu errichten und zu betreiben, daß Schäden und Gefahren für die Nachbarschaft und die Allgemeinheit sicher vermieden werden, hat der Betreiber nunmehr auch die Pflicht zur Abwärmenutzung (Konkretisierung des Atmosphärenschutzes, §5 Abs. 1, Nr. 4 BImSchG). Genehmigungsbedürftige Anlagen sind nunmehr auch so zu errichten und zu betreiben, daß die entstehende Wärme entweder für Anlagen des Betreibers genutzt oder an abnahmewillige Dritte abgegeben werden muß, soweit dies technisch möglich und zumutbar ist.

2.1.2 Grundpflicht der Abfallbeseitigung

Reststoffe sind nunmehr zu vermeiden, es sei denn, sie werden ordnungsgemäß und schadlos verwertet oder, soweit Vermeidung und Verwertung technisch nicht möglich oder unzumutbar sind, als Abfälle ohne Beeinträchtigung des Wohls der Allgemeinheit *beseitigt*. Der bewußt gewählte Begriff *Beseitigung* (statt des im Abfallrecht gebräuchlichen Begriffs der *Entsorgung*) soll verdeutlichen, daß §5 Abs. 1, Nr. 3 BImSchG im Unterschied zum Abfallrecht nicht nur bewegliche Sachen, sondern auch Abwässer umfaßt.

2.1.3 Grundpflichten nach Betriebseinstellung

Nach §5 Abs. 3 hat der Betreiber *sicherzustellen*, daß auch nach einer Betriebseinstellung von der Anlage oder dem Anlagengrundstück keine schädlichen Umwelteinwirkungen und sonstige -gefahren, erhebliche Nachteile und erhebliche Belästigungen für die Allgemeinheit und die Nachbarschaft hervorgerufen werden können (Abs. 1) und daß vorhandene Reststoffe ordnungsgemäß und schadlos verwertet oder als Abfälle ohne Beeinträchtigung des Wohls der Allgemeinheit beseitigt werden (Abs. 2).

Hierin liegt *keine neue Grundpflicht*, sondern die Erweiterung bestehender Grundpflichten (Schutzpflicht, Entsorgungspflicht) auf die Zeit nach Betriebsaufgabe. Der Betreiber hat die Befolgung der Grundpflichten *sicherzustellen*, nämlich rechtzeitig vorher geeignete Vorkehrungen zu treffen und der Genehmigungs- bzw. Aufsichtsbehörde nachzuweisen. Dazu gehört die Einrichtung technischer Vorrichtungen ebenso wie das Nachweisen geeigneter Entsorgungswege. Im Falle der Gefahrenabwehr hat der Betreiber die von der stillgelegten Anlage ausgehenden Umwelteinwirkungen auf ein Niveau unterhalb der Gefahrenschwelle abzusenken. Eine Totalsanierung, wozu u. U. die vollständige Bodenwäsche und eine Renaturierung gehören würden, wäre unverhältnismäßig und kann aus der nachwaltenden Schutzpflicht nicht hergeleitet werden.

2.2 Erweiterung sonstiger Vorschriften

Die wesentlichen Regelungsbereiche sind hier die zu §7 BImSchG vorgesehenen Rechtsverordnungen als weitere untergesetzliche Konkretisierungen, zahlreiche und weitreichende Verfahrensregelungen, insbesondere §15a und §16 BImSchG, sowie die Kompensationsregelungen nach §17 Abs. 3a, BImSchG, durch die mehr Markt in der Immissionsschutzrecht [4] hineingebracht werden soll.

2.2.1 Rechtsverordnungen über Anforderungen an genehmigungsbedürftige Anlagen

Durch zustimmungsbedürftige Rechtsverordnungen können Regelungen getroffen werden

- im Hinblick auf Anforderungen an die Betriebseinstellung (§7 Abs. 1, Nr. 4 BImSchG)

- über Anforderungen an die betreibereigene Überwachung und die Hinzuziehung von Sachverständigen (§7 Abs. 1, Nr. 4 BImSchG)
- bezüglich der Erweiterung von Kompensationsmöglichkeiten innerhalb der Vorsorge (§7 Abs. 3 BImSchG)
- über die Erfüllung bindender Beschlüsse der Europäischen Gemeinschaften (§7 Abs. 4 BImSchG).

Besonders hervorgehoben werden muß hier die Erstreckung der Verordnungsermächtigung auf Vorschriften über die betreibereigene Überwachung der Anlage und die Hinzuziehung von Sachverständigen.

Intention des Gesetz- und Verordnungsgebers ist dabei, über Vorschriften der betreibereigenen Überwachung die begrenzten Möglichkeiten der hoheitlichen Überwachung zu unterstützen. Daneben geht es um die klare Zuordnung der Verantwortlichkeit im Schadensfalle.

Kompensationsmaßnahmen sind nicht Selbstzweck, sondern verfolgen das Ziel, „dem Entstehen schädlicher Umwelteinwirkungen *vorzubeugen*". Sie können daher zur Platz ergreifen, wenn keine nachträgliche Auflage oder Anordnung zur Emissionsminderung erlassen worden ist. Ist eine solche nach Lage der Dinge geboten, und zieht der Betreiber die Kompensationslösung vor, so hat er der Behörde einen Plan vorzulegen, aus dem hervorgeht, welche technischen Maßnahmen an eigenen und fremden Anlagen vorgenommen werden sollen, die zur Verminderung der Emissionen führen werden. Ein Ausgleich ist nur zwischen in ihrer Wirkung auf die Umwelt vergleichbaren oder denselben Stoffen zulässig. Räumliche und zeitliche Beschränkungen (Fristen/Gebiete) schreibt das Gesetz nicht vor, um den Vollzugsspielraum der Behörden nicht einzuschränken.

Neu ist der §7 IV BImSchG, mittels dessen die Umsetzung von EG-Richtlinien erleichtert werden soll, soweit sie sich auf bestimmte Betreiberpflichten beziehen wie z. B. die Richtlinie 88/610/EWG des Rates zur Änderung der Richtlinie 82/501/EWG über die Gefahren schwerer Unfälle bei bestimmten Industrietätigkeiten. *Danach muß die Öffentlichkeit über Sicherheitsmaßnahmen und das richtige Verhalten bei schweren Unfällen rechtzeitig und umfassend informiert werden.*

2.3 Die neunte Verordnung zur Durchführung des Bundes-Immissionsschutzgesetzes (Grundsätze des Genehmigungsverfahrens – 9. BImSchV) – hier: Umweltverträglichkeitsprüfung im immissionsschutzrechtlichen Genehmigungsverfahren

2.3.1 Rechtliche Voraussetzungen für eine UVP in der Anlagengenehmigung

Die neunte Verordnung zur Durchführung des Bundes-Immissionsschutzgesetzes (Grundsätze des Genehmigungsverfahrens – 9. BImSchV) mußte den Anforderungen des UVP-Gesetzes angepaßt und demgemäß novelliert werden. Dazu mußte zunächst §10 X BImSchG entsprechend geändert werden. Vor Inkrafttreten der novellierten Durchführungsverordnung (1.6.1992, i.d.F. der Bekanntmachung vom 19.5.1992) brauchte im immissionsschutzrechtlichen Anlagengenehmigungsverfahren keine UVP durchgeführt zu werden. Die seit 12 Jahren praktizierte Durchführungsverordnung hatte die oben partiell dargestellten mehr als 40 Neuerungen der 3. Novelle zum BImSchG zu berücksichtigen und das UVP-Gesetz mitsamt der ihm zugrundeliegenden EG-Richtlinie des Rates vom 27.6.1985 über die Umweltverträglichkeitsprüfung bei bestimmten öffentlichen und privaten Projekten (85/337/EWG) zu integrieren bzw. zu implementieren.

2.3.2 Anwendbarkeit in den neuen Bundesländern

Die 9. BImSchV gilt ohne Einschränkungen auch für die fünf neuen Bundesländer. Die dort durchgeführten Genehmigungsverfahren unterliegen den Ergänzungen der §§10, 10a und 67a BImSchG (vgl. unten 2.5).

2.3.3 Abweichungen vom bisherigen Rechtszustand

In Zukunft haben die *Antragsunterlagen* zu umfassen:

- Allgemeine Anforderungen und Angaben zum Naturschutz (§4 der 9. BImSchV)
- Anlagendaten (§4a der 9. BImSchV)
- Schutzmaßnahmen (§4b der 9. BImSchV)
- Reststoffplan (§4c der 9. BImSchV)
- Wärmenutzung (§4d der 9. BImSchV)
- Angaben für die Umweltverträglichkeitsprüfung (§4e der 9. BImSchV).

Die Grundpflicht zur *Abwärmenutzung* ist in §4d der 9. BImSchV umgesetzt. Danach sind der Genehmigungsbehörde gegenüber die erforderlichen Angaben darüber zu nachen, wie die in der Anlage entstehende Abwärme entweder in eigenen Anlagen des Betreibers oder durch Weitergabe an abnahmebereite Dritte weiter genutzt wird. Wie die Ausgangsnorm des §5 Abs. 1, Nr. 4 BImSchG (vgl. oben 2.1.1), kommt die Verwaltungsvorschrift erst nach Inkrafttreten der noch austehenden Rechtsverordnung nach §5 II BImSchG zum Tragen. Die Pflicht zur Abwärmenutzung wird daher derzeit noch nicht vollzogen. Dies wird jedoch in absehbarer Zukunft der Fall sein.

§4b Abs. 1, Nr. 4 setzt die mit dem Dritten Gesetz zur Änderung des Bundes-Immissionsschutzgesetzes eingeführte *nachwaltende Betreibergrundpflicht* (Nachsorgepflicht, §5 II BImSchG, vgl. oben 2.1.3), in das Verwaltungsverfahren um. *Nunmehr hat der Antragsteller darzutun, ob und welche Vorkehrungen er zur Gefahrenabwehr bei Betriebsstillegung nach §5 III, Nr. 1 BImSchG, z.B. durch bauliche oder sonstige Maßnahmen getroffen hat.*

Als verfahrenssteuernde und womöglich verfahrensbeschleunigende Neuerung neben einer erweiterten Beratungspflicht der Behörde (§2 II der 9. BImSchV) gegenüber dem Antragsteller ist im Hinblick auf die UVP ein neuer Verfahrensschritt zwischengeschaltet worden.

Er betrifft die Unterrichtung über den voraussichtlichen *Untersuchungsrahmen* bei UVP-pflichtigen Vorhaben. UVP-pflichtig sind nach §1 II der 9. BImSchV Vorhaben, wenn für sie nach Nummer 1 der Anlage zu §3 UVPG eine *Umweltverträglichkeitsprüfung* durchgeführt werden muß.

Durch die als scoping bezeichnete Vorstrukturierung sollen auch die Pflichten des Vorhabenträgers im Hinblick auf die beizubringenden Unterlagen und Gutachten frühzeitig abgesteckt werden (§2a I 3 der 9. BImSchV). Allerdings kommt das frühzeitige scoping, das ja vor der eigentlichen Antragstellung liegt, nur zustande, wenn der Antragsteller die Behörde von sich aus über das geplante Vorhaben vorab unterrichtet. Hierzu ist er nicht verpflichtet.

§2a Abs. 2 der 9. BImSchG bezieht sich auf §14 Abs. 1, S. 1 UVPG. Danach kann bei Vorhabenszulassung durch mehrere Behörden die Imissionsschutzbehörde nur in dem vorgestellten Sinne tätig werden, wenn sie durch das Land zur sog. federführenden Behörde bestimmt wurde.

§4 Abs. 2 der 9. BImSchV bezweckt die stärkere Einbindung der Belange des Naturschutzes und der Landschaftspflege in das immissionsschutzrechtliche Genehmigungsverfahren. Die Formulierung „soweit die Zulässigkeit oder die Ausführung des Vorhabens nach Vorschriften über Naturschutz und Landschaftspflege zu prüfen ist, sind die erforderlichen Unterlagen beizufügen" ist nicht gelungen, da es sich, man mag das bedauern oder nicht, bei den Anforderungen zum Naturschutz nicht um Genehmigungsvoraussetzungen i. S. des §6 Nr. 2 BImSchG handelt. Schon die Erwähnung der Mitwirkung der Naturschutzbehörden in §1 Abs. 3, S. 2 der 9. BImSchV sowie in §§2a Abs. 2 und 20 Abs. 1, S. 2 2. Halbs. der 9. BImSchV gibt Anlaß zu der Feststellung, daß hier kein eigenständiger Genehmigungsvorbehalt besteht, so daß die Naturschutzbehörde nicht „andere Zulassungsbehörde" sein kann. Der Ausgleich unvermeidbarer Beeinträchtigungen von Natur und Landschaft werden nach geltendem Naturschutzrecht noch immer lediglich als sog. „Huckepack"-Regelungen (§8 Abs. 2, S. 3 BNatSchG im Benehmen mit der sonst zuständigen Naturschutzbehörde getroffen, da naturschutzrechtliche Vorschriften nicht auf die Errichtung und den Betrieb genehmigungsbedürftiger Anlagen „bezogen" (§6 Nr. 2, BImSchG).

Infolgedessen ergehen Entscheidungen über zugunsten des Naturschutzes und der Landschaftspflege zu treffende Maßnahmen nicht im Rahmen, sondern aus Anlaß des Genehmigungsverfahrens. Sie stellen selbständige Verpflichtungen aufgrund naturschutzrechtlicher Vorschriften dar.

2.3.4 UVP-bezogene Regelungen der 9. BImSchV für das immissionsschutzrechtliche Genehmigungsverfahren

Mit den Regelungen des §4e der 9. BImSchV, durch die §6 Abs. 3, Nr. 4 und §6 Abs. 4, Nr. 2 bis 4 UVPG im Recht der Anlagengenehmigung verankert werden, setzt die Verordnung die mittlerweile notorische Eingrenzung der ursprünglichen UVP-Konzeption auf die gewohnten Bahnen des bundesdeutschen Verwaltungsrechts in einem weiteren entscheidenden Punkte fort. Eine Erweiterung des rechtlichen Blickwinkels auf bisher nicht unmittelbar prüfrelevante Bereiche von Rechtstatsachen im Umweltschutz wird so sicher vermieden. *Im*

Hinblick auf eine umfassende Risikovorsorge mittels eines über den absolut unverzichtbaren genehmigungsrechtlich beschriebenen und begrenzten Minimalstandard hinausweisenden, zukunftssichernden Anlagemanagements ist dies zu bedauern. Das Unternehmen hat im Rahmen des Audits nicht nur einen aktuellen Abgleich mit dem jeweils gerade geltenden Umweltrecht vorzunehmen, sondern auch einen *Zielkatalog Umweltschutz* zu entwerfen und klare Schritte zur Zielerreichung vorzugeben. Eine umfassend angelegte, nicht nur als rudimentäre Pflichtübung ausgestaltete UVP im Genehmigungsverfahren hätte hier wertvolle Daten und Perspektiven zuliefern können.

Statt dessen hat sich der bundesdeutsche Gesetzgeber wiederum auf den Standpunkt einer möglichst restriktiven Handhabung gestellt und geht nach wie vor davon aus, daß zum einen schon durch die mit der dritten Novelle vorgenommene Erweiterung der Schutzgüter ein medienübergreifender Schutzzweck des Immissionsschutzrechts in den §§1 und 3 Abs. 2 gewährleistet sei, zum anderen wird die Reichweite der UVP auf die für das Immissionsschutzrecht entscheidungserheblichen Kriterien der Anlagenzulassung beschränkt.

So hat der Antragsteller – wie zuvor – eine Beschreibung der Auswirkungen des Vorhabens auf die in §1a der 9, BImSchV genannten Schutzgüter einzureichen. Imissionsschutzrechtlich gewendet bedeutet dies die Verpflichtung zur Beibringung einer Immissionsprognose nach TA Luft. Damit ist sichergestellt, daß ausschließlich die Beurteilungskriterien sowie die dort vorgeschriebenen Meß- und Ermittlungsverfahren der Technischen Anleitung zur Reinhaltung der Luft zur Anwendung gelangen, die seit Jahren eindrücklicher Kritik unterliegen. Sie sind insbesondere nicht geeignet, die Gefährlichkeit oder Ungefährlichkeit einer Situation hinreichend abzubilden und gestatten keine verläßliche Aussage über die tatsächliche Gefährdung der betroffenen Rechtsgüter. Zudem sind sie nicht mehr Stand der Technik, da durch validere Verfahren überholt, die, empirisch nachprüfbar, wesentlich realistischere Gefahreinschätzungen erlauben (vgl. VDI-Richtlinie 3783, Bl. 6; Mathematische Verfahren statt Gauß-Modell: FITNAH i.V.m. LAGRANGE-Partikel-Modell). Die TA Luft als Basis für die amtliche Gefahrbeurteilung im immissionsschutzrechtlichen Verfahren ist äußerst kritisch zu bewerten, dies um so mehr, als sie zum einen ihren Schutzauftrag im engeren immissionsschutzrechtlichen Sinne (Gefahrenabwehr, Vorsorge) nur unzureichend erfüllt (prognostische Beurteilungen der Zusatzimmissionen nach TA Luft haben sich teils als völlig unzutreffend, teils als um das fünf- bis einhundertfache zu günstig erwiesen), den Anforderungen einer medienübergreifenden, multifaktoriellen Betrachtungsweise, wie eine materielle UVP sie voraussetzt, von ihrer Konstruktion her nicht gerecht werden kann.

2.4 Die siebzehnte Verordnung zur Durchführung des Bundes-Immissionsschutzgesetzes (Verordnung über Verbrennungsanlagen für Abfälle und ähnliche brennbare Stoffe; 17. BImSchV)

2.4.1 Zustandekommen Einordnung

Die mit der Änderung des Abfallgesetzes durch das 3. Gesetz zur Änderung des Bundes-Immissionsschutzgesetzes (BImSchG) vom 11.05.1990) (BGBl. I 1990, S. 870) erlassene 17. BImSchV verfolgt vorrangig das Ziel, die Durchführung von Genehmigungsverfahren für Verbrennungsanlagen zu vereinheitlichen, kalkulierbarer und damit gerichtsfester zu machen. Die auf §5 Abs. 2 und §7 Abs. 1 BImSchG gestützte Verordnung legalisierte darüber hinaus – last but not least – eine bis dahin gesetzlich nicht gedeckte Praxis der Abfallmitverbrennung bzw. die sogenannte thermische Nutzung von Reststoffen und Sekundärrohstoffen (vgl. dazu die Empfehlungen des Wirtschaftsausschusses des Bundesrates im Gesetzgebungsverfahren zur 17. BImSchV, BRDRS 303/90, S. 4ff) in dazu ursprünglich nicht genehmigten Verbrennungsanlagen.

Art. 2 des 3. ÄndG zum BImSchG ergänzte §4 Abs. 1, AbfG durch die nachstehende Bestimmung:

> „Daneben ist die Verwertung oder Behandlung von Abfällen in Anlagen zuverlässig, die überwiegend einem anderen Zweck als der Abfallentsorgung dienen und die einer Genehmigung in einem Verfahren unter Einbeziehung der Öffentlichkeit nach §4 des BImSchG bedürfen; in diesen Fällen finden die §§6 und 11 Abs. 3, sowie §13 entsprechende Anwendung.“

Aus der Tatsache, daß nach §4 Abs. 1, Satz 2 AbfG i. d. F. des Gesetzes zur Änderung des BImSchG in immissionsschutzrechtlich genehmigungsbedürftigen Anlagen – vgl. Ziffern 1.1 – 1.3 der Spalte 1 des Anhangs der 4. BImSchV – Abfälle mitverbrannt werden dürfen, wenn dadurch der Charakter dieser Anlagen nicht verändert wird, resultiert eine differenzierende Regelung des Anwendungsbereichs der Verordnung (Tabelle 1).

2.4.2 Regelungsinhalt der 17. BImSchV

Die 17. BImSchV trifft zum einen verbindliche Festlegungen der Betreiberpflichten in bezug auf den Stand der Immissionsminderungstechnik zum Zwecke der Vorsorge und konkretisiert zum anderen sowohl das Reststoffvermeidungs- und Verwertungsgebot sowie das Gebot der Nutzung der Abwärme. Zum Dritten konkretisiert sie das Minimierungsgebot nach Nr. 3.1.7 Abs. 7 der TA Luft hinsichtlich der Dioxinbegrenzung und ist wichtiger Bezugspunkt für Sanierungsregelungen für Altanlagen.

Sie ist anzuwenden für die Errichtung, die Beschaffenheit und den Betrieb von Anlagen,

Tabelle 1. CO-Begrenzung/Emissionsgrenzwerte nach der 17. BImSchV. (Nach Schulze-Rickmann; Bearbeitung Krems-Hemesath)

1. Tagesmittelwert	≤ 50 mg CO/m^3 Abgas
2. Stundenmittelwert	≤ 100 mg CO/m^3 Abgas
3. 90% aller innerhalb von 24 h vorgenommenen Messungen	≤ 150 mg CO/m^3 Abgas
Bezugs-O_2-Gehalt: 11% (bei ausschließlichem Altöleinsatz 3%)	
Abgasvolumen im Normzustand und trocken	
bisher gültige Emissionswerte nach TA *Luft*	
1. Tagesmittelwert	≤ 100 mg CO/m^3 Abgas
2. Halbstundenmittelwert	≤ 200 mg CO/m^3 Abgas
3. 97%-Höchstwert der Halbstundenmittelwerte	≤ 120 mg CO/m^3 Abgas
Emissionswerte nach EG	
1. Stundenmittelwert	≤ 100 mg CO/m^3 Abgas
2. Bei Anlagen mit einer Nennkapazität ≥ 1 t/h: 90% aller innerhalb von 24 h vorgenommenen Messungen	≤ 150 mg CO/m^3 Abgas

- in denen feste oder flüssige Stoffe verbrannt werden, die nicht in Ziff. 1.2 des Anhangs der 4. BImSchV aufgeführt sind, soweit diese Anlagen nach §4 BImSchG i.V.m. der 4. BImSchV genehmigungsbedürftig sind (§1 Abs. 1, Satz 1 Ziff. 2 der 17. BImSchV);
- wenn die Anlage überwiegend einem anderen Zwecke als der Verbrennung der in §1 Abs. 1, Satz 1 der 17. BImSchV aufgeführten Stoffe dient (§1 Abs. 1, Satz 2 1. Alt. der 17. BImSchV), oder
- wenn die Anlage als Teil oder Nebeneinrichtung einer anderen genehmigungsbedürftigen Anlage betrieben wird (§1 Abs. 1, Satz 2 2. Alt. der 17. BImSchV).

Auf genehmigungsbedürftige Anlagen i. S. d. §1 Abs. 1 der 17. BImSchV, in denen neben Stoffen nach Ziff. 1.2 des Anhangs der 4. BImSchV auch feste oder flüssige Abfälle oder andere in §1 Abs. 3 der 17. BImSchV nicht aufgeführte feste oder flüssige brennbare Stoffe eingesetzt werden, ist die 17. BImSchV nur mit Einschränkungen anwendbar.

Der eingeschränkte Geltungsbereich gilt in den Fällen, in denen der zulässigerweise eingesetzte Anteil der Abfälle oder der anderen o.a. Stoffe (incl. sog. Sekundärrohstoffe) an der jeweils erreichten *Feuerungswärmeleistung einer Verbrennungseinheit* einschließlich des für die Verbrennung benötigten zusätzlichen Brennstoffs 25% nicht übersteigt (§1 Abs. 2, Satz 1 der 17. BImSchV).

2.4.3 Anwendungsbereiche der 17. BImSchV im einzelnen

2.4.3.1 Regelanwendungen

Der Anwendungsbereich der Verordnung erstreckt sich daher auf

- Abfallverbrennungsanlagen (Ziff. 8.1, Spalte 12 des Anhangs der 4. BImSchV i.V. m. §7 Abs. 1, Satz 1, Abs. 3 AbfG)
- Reststoffverbrennungsanlagen als Feuerungsanlagen für den Einsatz anderer als der in Ziffer 1.2 des Anhangs der 4. BImSchV genannten festen, flüssigen

oder gasförmigen brennbaren Stoffe (Ziff. 1.3, Spalten 1 und 2 des Anhangs der 4. BImSchV)
- Kraftwerke, Heizkraftwerke, Heizwerke mit Feuerungsanlagen für den Einsatz von festen, flüssigen oder gasförmigen Brennstoffen i.S.d. Ziff. 1.1, Spalte 1 des Anhangs der 4. BImSchV, in denen neben „Normalbrennstoffen" Abfälle flüssiger oder fester Art mitverbrannt werden.

Zwischen Bundesregierung und Bundesrat bestanden zunächst erhebliche Auffassungsunterschiede hinsichtlich des Geltungsumfangs der Verordnung. Während die Bundesregierung nur Kraftwerke, Heizkraftwerke und Heizwerke der Nr. 1.1 des Anhangs zur 4. BImSch sowie Feuerungsanlagen für sonstige Brennstoffe, die sog. Reststoffverbrennungsanlagen (Nr. 1.3 des Anhangs der 4. BImSchV) sowie die gängigen Abfallverbrennungsanlagen (Nr. 8.1 des Anhangs der 4. BImSchV) von der 17. BImSchV umfaßt wissen wollte, faßte der Bundesrat, die Vertretung der Länder, einen hiervon abweichenden Beschluß.

Um einem Absenken der materiellen Anforderungen vorzubeugen, bestand er auf einer Erstreckung des Geltungsbereichs der 17. BImSchV auf *alle* nach dem BImSchG genehmigungsbedürftigen Anlagen, in denen feste oder flüssige oder ähnliche brennbare Stoffe, die nicht in der Stoffliste der Nr. 1.2 des Anhangs der 4. BImSchV enthalten sind, eingesetzt werden.

Durch die Intervention des Umweltausschusses des Bundesrates (BRDRS. 303/90, S. 3ff) und in Abweichung von der ursprünglichen Konzeption der Bundesregierung wurde dem §1 Abs. 1, 17. BImSchV ein Satz 2 hinzugefügt, wonach die Verordnung auch anzuwenden ist, wenn die Anlage überwiegend einem anderen Zweck als der Verbrennung der in §1 Abs. 1, Satz 1 der 17. BImSchV bezeichneten Stoffe dient oder wenn die Anlage lediglich als Teil oder Nebeneinrichtung einer anderen Anlage betrieben wird.

Sie ist demnach im Regelfall anzuwenden auf die Errichtung, die Beschaffenheit und den Betrieb von

- Zementwerken (Ziff. 2.3, Spalte 1 des Anhangs der 4. BImSchV),
- Kabelabbrennanlagen (Ziff. 8.3, Spalte 1 des Anhangs der 4. BImSchV),
- Gekrätze-Veraschungsöfen (Ziff. 8.3, Spalte 2 des Anhangs der 4. BImSchV),
- thermische Bodenreinigungsanlagen (Ziff. 8.4, Spalte 1 des Anhangs der 4. BImSchV,
- Faßreinigungsanlagen mit offener Flamme.

2.4.3.2 Anwendungen außerhalb des Regelfalles

Vom Geltungsbereich der 17. BImSchV *können* ausgenommen sein:

- Sekundärkupferhüttenanlagen (Ziff. 3.2, Spalte 1 des Anhangs der 4. BImSchV),
- Sekundäraluminiumgewinnungsanlagen,
- Sekundärbleigewinnungsanlagen,

dies allerdings nur unter zwei Bedingungen:

1. durch die Abfallmitverbrennung darf *keine merkliche Verminderung des erforderlichen Brennstoffeinsatzes* erfolgen und
2. darf hinsichtlich der zugeführten flüssigen oder festen Abfälle *keine Beseitigungsabsicht* bestehen.

Der Betreiber/Antragsteller hat das Vorliegen der Ausschlußgründe darzutun und zu beweisen.

Nur für den Fall, daß *weder* eine merkliche Verminderung des Brennstoffeinsatzes *noch* eine Beseitigungsabsicht tatsächlich gegeben sind, gilt für Metallrezyklierungsanlagen das allgemeine Minimierungsgebot nach TA-Luft 1986 (Ziff. 3.2 i.V.m. 3.1.7 TA-Luft).

Eindeutig nicht erfaßt werden von der 17. BImSchV Holzresteverbrennungen, Pyrolyseanlagen (§4 Abs. 2, Satz 5 der 17. BImSchV gilt nicht) sowie Anlagen der thermischen Nachverbrennung.

2.4.3.3 Risikovorsorge durch Emissionsminimierung im Abgas(teil)strom – rechtliche Anforderungen

Für den Fall des §1 Abs. 2, Satz 1 der 17. BImSchV (genehmigungsbedürftige Anlagen nach §1 Abs. 1 der 17. BImSchV, in denen neben Stoffen nach Ziffer 1.2 des Anhangs der 4. BImSchV auch feste oder flüssige Abfälle oder andere in §1 Abs. 3 der 17. BImSchV nicht aufgeführte feste oder flüssige brennbare Stoffe eingesetzt werden) gelten gem. §5 Abs. 3, Satz 1 der 17. BImSchV die Emissionsgrenzwerte des §5 Abs. 1 i.V.m. §5 Abs. 2 sowie die Begrenzung der Emissionen von Kohlenmonoxyd (vgl. Tabelle 1) nach §4 Abs. 6 der 17. BImSchV *nur für denjenigen Teil des Abgasstromes,* der bei der Verbrennung des höchstzulässigen Anteils der Abfälle bzw. Sekundärrohstoffe und des für die Verbrennung von Abfällen bzw. Sekundärrohstoffen *zusätzlich benötigten Brennstoffs oder der ähnlichen oder flüssigen brennbaren Stoffe entsteht.*

Für den verbleibenden Teil des Abgasstromes gelten gem. §5 Abs. 3, Satz 2 die hierfür jeweils verbindlichen Emissionsgrenzwerte und Emissionsbegrenzungen.

Daraus folgt, daß bei Einsatz von festen oder flüssigen Abfällen oder anderer brennbarer Stoffe bis maximal 25% der Feuerungswärmeleistung einer Verbrennungseinheit oder mehrerer Verbrennungseinheiten mit gemeinsamer Abgasreinigungseinrichtung auf den darauf entfallenden Anteil der Abgase die Emissionsgrenzwerte des §5 Abs. 1 der 17. BImSchV Anwendung finden.

Diese sind gegenüber den Anforderungen der TA Luft 1986 wesentlich verschärft und zum Teil um mehr als 50% herabgesetzt; so z.B. bei Staub mit einer Absenkung des Tagesmittelwertes von 30 auf 10 und für Chlorverbindungen von 50 auf 10 mg je Kubikmeter Abgas. Die über die Feuerung sicherzustellende Emissionsbegrenzung für CO ist beträchtlich. Neben dem Tagesmittelwert (50 mg CO/m^3 Abgas), der sich nur im bundesdeutschen Umweltrecht findet, existieren Stundenmittelwerte (100 mg CO/m³ Abgas sowie ein Wert, der sich aus 90% aller innerhalb von 24 h vorgenommenen Messungen zusammensetzt. Die beiden letzteren resultieren aus dem europäischen Umweltrecht bzw. aus den entsprechenden EG-Richtlinien, was für eventuelle Ausnahmeregelungen von Bedeutung ist. Für die Emissionsbegrenzungen für Schwermetalle sind Mittelwerte über eine Probennahme von mindestens einer halben Stunde bis zu zwei Stunden festgeschrieben worden.

Für Dioxine und Furane gilt ein Summenäquivalenzwert zur Emissionsbegrenzung von 0,1 Nanogramm je Kubikmeter Abgas (Tabelle 2). Die aufgeführten Dioxine und Furane sind einzeln zu bestimmen und mit Äquivalenzfaktoren zu multiplizieren. Für 2,3,7,8 TCDD beträgt dieser 1, weil hier das größte Toxizitätspotential vorhanden ist. Die übrigen Dioxine und Furane mit geringerer Toxizität werden über diese Faktoren entsprechend geringer bewertet. Der Emissionsgrenzwert ist als Mittelwert über ein Probenahmevolumen von mindestens 10 bis höchstens 20 Kubikmeter zu verstehen. Der Bezugssauerstoffgehalt beträgt 11%, bei ausschließlichem Altöleinsatz 3%.

Mit diesem gegenüber dem zuvor geltenden Grenzwert um den Faktor 100 schärferen Summenäquivalenzwert für Dioxine und Furane soll erreicht werden, daß die Gesamtemission aus Müllverbrennungsanlagen in der Bundesrepublik Deutschland (alt) von bisher ca. 400 Gramm Dioxin pro Jahr auf nunmehr 4 Gramm Dioxin pro Jahr aus dieser Anlagenart abgesenkt werden kann. Dies ist dringend erforderlich und rechtlich geboten.

Tabelle 2. Emissionsbegrenzungen für Dioxine. (Nach Schulze-Rickmann; Bearbeitung Krems-Hemesath)

Summenäquivalenzwert der nachstehenden Dioxine und Furane	0,1 ng/m³ Abgas
	Äquivalenzfaktor
2,3,7,8-Tetrachlordibenzodioxin (TCDD)	1
1,2,3,7,8-Pentachlordibenzodioxin (PeCDD)	0,5
1,2,3,4,7,8-Hexachlordibenzodioxin (HxCDD)	0,1
1,2,3,7,8,9-Hexachlordibenzodioxin (HxCDD)	0,1
1,2,3,6,7,8-Hexachlordibenzodioxin (HxCDD)	0,1
1,2,3,4,6,7,8-Heptachlordibenzodioxin (HpCDD)	0,01
Octachlordibenzodioxin (OCDD)	0,001
2,3,7,8-Tetrachlordibenzofuran (TCDF)	0,1
2,3,4,7,8-Pentachlordibenzofuran (PeCDF)	0,5
1,2,3,7,8-Pentachlordibenzofuran (PeCDF)	0,05
1,2,3,4,7,8-Hexachlordibenzofuran (HxCDF)	0,1
1,2,3,7,8,9-Hexachlordibenzofuran (HxCDF)	0,1
1,2,3,6,7,8-Hexachlordibenzofuran (HxCDF)	0,1
2,3,4,6,7,8-Hexachlordibenzofuran (HxCDF)	0,1
1,2,3,4,6,7,8-Heptachlordibenzofuran (HpCDF)	0,01
1,2,3,4,7,8,9-Heptachlordibenzofuran (HpCDF)	0,01
Octachlordibenzofuran (OCDF)	0,001

Der Emissionswert ist der Mittelwert über ein Probenahmevolumen von mindestens 10 m³ bis höchstens 20 m³. Der Bezugs-O_2-Gehalt beträgt 11% (bei ausschließlichem Altöleinsatz 3%). Das Abgasvolumen ist auf Normzustand und trocken zu beziehen.

Der Abgasstrom einer Verbrennungseinheit ist daher immissionsschutzrechtlich so zu behandeln und zu bewerten, als ob es sich um zwei voneinander getrennte Abgasströme handeln würde, für die je unterschiedliche Emissionsgrenzwerte gälten.

Aus dieser Konstruktion der Verordnung, deren erklärtes Ziel es ist, die scharfen Grenzwerte für das Abgas aus der Abfallverbrennung nicht zu verwässern, sondern gerade auch bei abfallmitverbrennenden Anlagen zur Geltung zu bringen, ergibt sich zwingend die Unzulässigkeit einer Kompensation von Emissionswerten zwischen den jeweiligen Abgasteilströmen.

Würden also z.B. in einer Sekundärmetallgewinnungsanlage Abfälle und Sekundärrohstoffe mit einem Anteil von 10% an der Feuerungswärmeleistung in Beseitigungsabsicht mitverbrannt, *so folgt daraus immissionsschutzrechtlich, daß anstelle des o.a. Summenäquivalenzwertes für Dioxine und Furane von 0,1 Nanogramm pro Kubikmeter Abgas ein Emissions-Vorsorgewert von 0,01 Nanogramm pro Kubikmeter Abgas einzuhalten wäre.* Erreichte bzw. überschritte der Einsatz der eingesetzten Abfälle bzw. Sekundärrohstoffe einen Anteil von 25% an der erreichten Feuerungswärmeleistung einer Verbrennungseinheit einschließlich des für die Verbrennung zusätzlich benötigten Brennstoffs, so wäre der Emissions-Vorsorgewert von 0,1 Nanogramm pro Kubikmeter Abgas für 100% der Emissionen aus der Gesamtanlage (gefaßte und diffuse Quellen) sicher einzuhalten.

2.4.4 Risikominimierung durch meßtechnische Steuerung und Anlagenüberwachung nach der 17. BImSchV

Hinsichtlich der Feuerung schreibt die 17. BImSchV vor, daß ein weitgehender Ausbrand sicherzustellen ist, ggf. durch Vorbehandlung der Einsatzstoffe (z.B. durch Zerkleinern von festen Abfällen, Mischen usw.). Die erforderlichen Mindesttemperaturen finden ihre Untergrenze in der EG-Richtlinie über Hausmüllverbrennungsanlagen. Bei Hausmüll und verwandten Stoffen, Klärschlamm, Krankenhausabfällen und halogenkohlenwasserstofffreien Einsatzstoffen müssen mindestens 850 °C nach der letzten Luftzuführung bei einer Verweildauer von mindestens zwei Sekunden und einem Sauerstoffgehalt von 6%, erreicht werden.

Bei der (Mit-)Verbrennung der übrigen Einsatzstoffe muß eine Mindesttemperatur von 1200 °C gefahren werden. Für ausschließlich flüssige Einsatzstoffe gilt ein Mindestsauerstoffgehalt von 3%.

Sofern nach Inbetriebnahme der Anlage nachgewiesen wird, daß tatsächlich keine höheren Emissionen, insbesondere an Dioxinen und Furanen, auftreten, was auch durch andere konstruktive Parameter, wie z.B. eine optimale Durchmischung oder Turbulenz erreicht werden kann, so kann die Genehmigungsbehörde von den bis zum Zeitpunkt des Nachweises verbindlichen Verbrennungsbedingungen Ausnahmen zulassen. Derartige Ausnahmebestimmungen sind, zusammen mit den Meßgutachten, der EG-Kommission vorzulegen.

Dem vielfach kritisierten Zustand, daß die TA Luft es erlaubte, in den Anfeuerungsphasen die festgelegten Grenzwerte nahezu beliebig zu überschreiten, ist in der 17. BImSchV dergestalt entgegengetreten worden, daß während des Anfahrens der Anlage die genannten Temperaturen durch Zusatzbrenner sicherzustellen sind. Während des Anfahrens und bei drohender Unterschreitung der Mindesttemperaturen sind die Zusatzbrenner mit relativ sauberen Brennstoffen, wie Erdgas, Flüssiggas, Heizöl EL oder diesen vergleichbaren Stoffen oder S-armer Kohle, zu betreiben und zwar so lange, bis sich keine Brennstoffe mehr im Feuerraum befinden. Daß eine Beschickung mit den genehmigten Einsatzstoffen (Abfallstoffen und Sekundärrohstoffe) nur bei Einhaltung der Mindesttemperatur und nur unter Einhaltung der Grenzwerte erfolgt, ist durch automatische Vorrichtungen einerseits zur Feuerungssteuerung, andererseits zur fortlaufenden Dokumentation der Emissionssituation, sicherzustellen.

Genaueres ist Tabelle 3 zu entnehmen, in der die umfangreichen Regelungen der 17. BImSchV zur Überwachung der Emissionssituation dargestellt sind. Überwiegend sind kontinuierliche Messungen vorgeschrieben.

Tabelle 3. Meßtechnische Überwachung nach 17. BImSchV. (Nach Schulze-Rickmann; Bearbeitung Krems-Hemesath)

Meßkomponenten	Kontinuierliche Messungen[a]	Einzelmessungen[c]		
		Nach Errichtung und Änderung	Jährliche Wiederholungsmessungen	Wöchentliche Ermittlung und Dokumentation
CO	X			
Gesamtstaub	X			
Σ C	X			
HCl	X			
HF	X[b]	X[b]	X[b]	
SO_x	X			
NO_x	X			
O_2	X			
Temperatur	X			
Betriebsgrößen (V, p, H_2O = usw.)	X			
Verbrennungsbedingungen (z. B. Verweilzeit)		X		
Schwermetalle		X	X	X[d]
Dioxine		X	X	
Abschaltungen Verriegelungen	X[e]			

[a] Bestehend aus kontinuierlicher Ermittlung, Registrierung und Auswertung
[b] Sofern Reinigungsstufen für HCl betrieben werden, muß HF lediglich durch Einzelmessungen überwacht werden
[c] Mindestens drei Messungen an je drei Tagen bei höchster Dauerbetriebsleistung
[d] Nur Einzelstoffe, die 20% der Emissionsgrenzwerte überschreiten können
[e] Nur Regel- und Registriereinrichtungen

Schwermetalle und Dioxine sind nach Errichtung oder Änderung der Anlage und sodann in jährlichen Abständen zu überprüfen. Hier sollte, vor allem in mit Dioxinen vorbelasteten (Kabelverschwelung, Bleiverhüttung) und mit Schwermetallen überlasteten Räumen, ein engerer Meßintervall in der Genehmigung festgeschrieben werden. Die Ergebnisse sind regelmäßig bekannt zu geben. Hierbei wäre es in Abweichung von der bisherigen Behördenübung erforderlich, die Rohdaten bekanntzugeben, da interpretierte Werte kaum Rückschlüsse auf die tatsächliche Gefährdungslage zulassen. Eine möglichst engmaschige Kontrolle und Dokumentation liegt, wie oben dargestellt, im wohlverstandenen Eigeninteresse des Betreibers.

Für Schwermetalle gilt darüber hinaus eine Besonderheit: Bei Überschreiten des Emissionswertes durch auch nur *eine* Komponente muß wöchentlich gemessen und müssen die Ergebnisse dokumentiert werden. An den vorzusehenden Abschalt- und Verriegelungsvorrichtungen sind Registrierungseinrichtungen zu installieren, die das Ansprechen der Sicherungssysteme dokumentieren.

Der Genehmigungsbescheid hat die Verpflichtung des Betreibers/Antragstellers zu dokumentieren, daß die Abgasreinigungseinrichtungen ständig mit maximaler Leistung zu fahren sind. Hierüber ist durch entsprechende Messungen Nachweis zu führen.

2.4.5 Altanlagen/Fristen

Die Anforderungen der 17. BImSchV gelten auch für Altanlagen, allerdings mit gewissen Übergangs- und Anpassungsfristen. Grundsätzlich haben bestehende Anlagen bis zum 1.3.1994 die Anforderungen der Verordnung zu erfüllen. In Abweichung davon besteht eine Frist bis zum 1.12.1996 für diejenigen Altanlagen, die bereits heute den Anforderungen der TA Luft 86 genügen *oder* für die eine unanfechtbare Verpflichtung besteht, den vorgenannten Verpflichtungen bis zum 1.12.1996 nachzukommen.

Bei Altanlagen, die außerstande sind, die vorgeschriebene Verweilzeit der Verbrennungsphase im Nachverbrennungsraum von 2 Sekunden infolge im Einzelfall darzulegender, unüberwindlicher technischer Probleme einzuhalten, kann dieser Teil der Anforderungen bis zur Neuerrichtung der betreffenden Verbrennungseinheit oder des Abhitzekessels ausgesetzt werden. Diese hat unverzüglich in die Wege geleitet und der Behörde nachgewiesen zu werden.

Letztens gilt eine Ausnahme für Altanlagen, in denen hochchlorierte Einsatzstoffe zur Verbrennung gelangen. In diesen Fällen sollen, etwa durch Mischen, vor der ersten Reinigungsstufe Massenkonzentrationen von 4 g HCl/m^3 Abgas möglichst nicht überschritten werden. Wird dieser Wert als Tagesmittelwert dennoch überschritten, finden die Emissionsgrenzwerte für HCl (Tagesmittelwert 10 mg/m^3, Halbstundenmittelwert 60 mg/m^3) keine Anwendung. Statt dessen gilt ein Tagesmittelwert von 65 mg HCl/m^3 und ein HCl-Emissionsgrad von 0,25%. Mit anderen Worten: die Abgasreinigung für HCl muß einen Mindestabscheidegrad von 99,75% einhalten.

3 Abfallrecht/Altlasten

3.1 Gegenwärtige Rechtsentwicklung

Die aktuelle Rechtslage im Bereich des Abfall – insbesondere des Altlastenrechts ist derzeit durch eine dynamische, wenngleich leider sehr uneinheitliche Entwicklung gekennzeichnet.

In den alten Bundesländern ist die durch das Sondergutachten des Sachverständigenrates für Umweltfragen von 1974 (BT–DS. 7/5014) angestoßene Diskussion um die Bewältigung der vielfältigen schädlichen Folgen jahrelanger unsachgemäßer Erfassung und Bewältigung der Folgeschäden, noch nicht zum Abschluß gekommen.

Schwierige Abgrenzungs- und Harmonisierungsprobleme ergeben sich zunehmend aus dem EG-Recht, z. B. im Bereich der Abfallbegriffe (subjektiver und objektiver Abfallbegriff) mit weitreichenden Folgen für Verwaltungspraxis und Judikatur. Eine umfassende materiell- und formellrechtliche Einführung in das Altlastenrecht kann an dieser Stelle nicht gegeben werden. Ausdrücklich verwiesen wird auf die diesbezüglichen Ausführungen von Sondermann, W.D. zu „Rechtliche Fragen und Öffentlichkeit" in: Weber, Neumaier (Hrsg:), *Altlasten,* – Erkennen, Bewerten, Sanieren; Berlin, Heidelberg, New York 1993, S. 5–38. Der nachstehende Beitrag beschränkt sich, ebenfalls mit Schwerpunkt Altlastenrecht, auf das Aufzeigen der wesentlichen Neuerungen und Entwicklungen des Abfallrechts auf dem Hintergrund der bundesdeutschen Wiedervereinigung als dynamische rechtliche Rahmenbedingungen und Vorfragen zum Audit).

Das *Abfallgesetz des Bundes* (Gesetz über die Vermeidung und Entsorgung von Abfällen – AbfG – vom 27.8.1986, BGBl. I. S. 1410/1501) wurde im Jahre 1990 wie folgt geändert bzw. ergänzt:

- Ergänzung des §7 AbfG dahin, daß bei der Neuplanung von Abfallentsorgungsanlagen deren Umweltverträglichkeit geprüft werden muß, beruhend auf Art. 2 des Gesetzes zur Umsetzung der Richtlinie des Rates vom 27.6.1985 über die Umweltverträglichkeitsprüfung bei bestimmten öffentlichen und privaten Projekten (UVPG, BGBl. I, 1990, 205, 211). Statt eines Planfeststellungsverfahrens nach §7 Abs. 2, Nr. 3 AbfG (mit Bedarfsprüfung, Planrechtfertigungsnotwendigkeit und eventuell befristeter Genehmigung) kann dann ein Genehmigungsverfahren genügen, wenn es sich um die Beantragung einer Abfallentsorgungsanlage handelt, in der neue Verfahren entwickelt und erprobt werden sollen. Dies gilt für 2 bis höchstens 3 Jahre. Nach Ablauf dieser Frist ist eine Planfeststellung mit UVP durchzuführen. Anlagen zur Verbrennung, zur chemischen Behandlung oder zur Ablagerung von Sonderabfällen müssen in jedem Fall einer UVP unterzogen werden.
- Infolge des Dritten Gesetzes zur Änderung des Bundes-Immissionsschutzgesetzes (vgl. 2./2.4ff). mußte §4 AbfG angepaßt werden. Wie bereits ausführlich dargestellt, ist danach seither die Verwertung oder Behandlung von Abfällen auch in Anlagen zulässig, die überwiegend einem anderen Zweck als der

Abfallbehandlung dienen und die nach §4 BImSchG als genehmigungsbedürftige Anlagen mit Öffentlichkeitsbeteiligung zu genehmigen sind.

- Durch den Einigungsvertrag wurden weitere Änderungen des AbfG erforderlich (31.8.1990, BGBl. II. S. 889, 1117). Nach §8a AbfG hat nunmehr die Planfeststellungsbehörde bei nach §7 I AbfG planfestzustellenden Anlagen, die im Bereich der in Art. 3 des Einigungsvertrages erwähnten Gebiete liegen, dem Antragsteller aufzugeben, eine Stellungnahme einer von ihr benannten, im bisherigen Geltungsbereich des Grundgesetzes liegenden Behörde zur Erfüllung der Genehmigungsvoraussetzungen einzuholen und beizubringen. §9a AbfG bestimmt für Abfallentsorgungsanlagen, die sich am 1.7.1990 in Betrieb befanden, sowie für Anlagen, mit deren Errichtung bereits begonnen worden war, daß die zuständige Behörde Befristungen, Auflagen und Bedingungen verfügen kann.

  §10a AbfG regelt die Stillegung von Anlagen in den fünf neuen Bundesländern. Sie ist der zuständigen Behörde *unverzüglich* anzuzeigen. Der Anzeige sind Angaben über Art, Umfang und Betriebsweise vorzulegen sowie Nachweise über die beabsichtigte Rekultivierung und Vorkehrungen zum Schutz der Allgemeinheit und der Nachbarschaft.
- Ergänzung des AbfG durch untergesetzliche Konkretisierungen, wie die Abfallbestimmungsverordnung (Verordnung zur Bestimmung von Abfällen nach §2 Abs. 2 AbfG), die Reststoffbestimmungsverordnung (Verordnung zur Bestimmung von Reststoffen nach §2 Abs. 3 AbfG) sowie die Verordnung über das Einsammeln und Befördern sowie die Überwachung von Abfällen und Reststoffen (Abfall- und Reststoffüberwachungsverordnung). (Die Verordnung über die Rücknahme und Pfanderhebung von Getränkeverpackungen aus Kunststoffen ist bereits seit 1988, die Verordnung über die Vermeidung von Verpackungsabfällen (Verpackungsverordnung) seit 1991 in Kraft).

Die gegenwärtig neben der rechtlichen und planerischen Bewältigung der Abfallbeseitigung (über die durch eine grundsätzlich veränderte Industrieproduktion von vornherein bewirkte, „kausale" Abfallvermeidung wird unter *rechtlichem* Aspekt bedauerlicherweise noch wenig nachgedacht: erste Ansätze dazu finden sich im sog. „Stoffstromrecht", das jedoch in der Vordiskussion der Fachkreise bisher wenig Zustimmung fand) vordringliche Frage des derzeit z.T. aus bundes-, überwiegend jedoch aus landesrechtlichen Vorschriften. Dies ist die Folge der Situation, daß eine bundesgesetzlich einheitliche Regelung zur Bewältigung des Altlastenproblems bisher nicht besteht.

Allerdings liegt seit dem 15.9.1992 der auf Art. 74, Nr. 11, 18 und 24 GG gestützte Referentenentwurf eines Gesetzes zum Schutz des Bodens (BodenSchG) vor, dessen §§17–26 (i.V.m. §5 Ziff. 3–7) sich mit Altlasten befassen. Geregelt werden dort Begriffsbestimmungen für altlastverdächtige Flächen, Altlasten, Dekontaminationsmaßnahmen, Sicherungs- und Beschränkungsmaßnahmen sowie Rekultivierungsmaßnahmen, die Erfassung, Untersuchung und Bewertung von Altlastverdachtsflächen sowie die Pflichten zur Beseitigung der Altlast oder der Herstellung gleichwertiger Sicherungsmaßnahmen, die Erstellung von Sanierungsplänen u.a.m.

Gegenwärtig ist jedoch auf die – hier nur in wenigen Stichworten darzustellenden – Ergebnisse vielfältiger Aktivitäten des Bundesgesetzgebers, einiger Länder sowie die umfangreiche zivil- und verwaltungsrechtliche Rechtsprechung zurückzugreifen.

Dabei sind von besonderer Bedeutung die mittlerweile in einigen der fünf neuen Bundesländer neu ergangenen Vorschriften aus Abfall- und Bodenschutzgesetzen, mit denen vordringlich das Ziel verfolgt wird, tragfähige Neuregelungen zu schaffen, die das für die Bewältigung des Altlastenproblems ursprünglich nicht bestimmte und daher wenig geeignete allgemeine Polizei- und Ordnungsrecht partiell entbehrlich machen.

3.2.1 Rechtsgrundlagen der Altlastensanierung

3.1.1.1 Alte Bundesländer

Vom *Abfallgesetz des Bundes* (Gesetz über Vermeidung und Entsorgung von Abfällen – AbfG – vom 27.8.1990 (BGBl. I, S. 1410/1501), geändert durch den Einigungsvertrag vom 31.8.1990 (BGBl. II, S. 889, 1117) werden die Rechtsfragen der Altlasten (Altanlagen, Uraltlasten, Erfassung, Sanierung, Überwachung) über die §§9, 10 Abs. 2, 11 Abs. 1, S. 2 und Abs. 4 geregelt. Das AbfG betrifft Anlagen, die nach 1972 stillgelegt worden sind.

Das *Wasserhaushaltsgesetz* (WHG) erfaßt die Lagerung und Ablagerung wassergefährlicher Stoffe (§§26 Abs. 2, 34 Abs. 2 WHG). Das BVerwG hat die Klarstellung getroffen, daß es einer zielgerichteten Handlung in Bezug auf eine Belastung z.B. des Grundwassers zur Tatbestandserfüllung nicht bedarf.

Beurteilungsgrundlage ist der sehr weitreichende wasserrechtliche *Besorgnisgrundsatz.* Sanierungsanordnungen können aufgrund des WHG nicht verfügt werden. Hier ist auf die entsprechenden landesrechtlichen Regelungen (s.u.) zurückzugreifen. Altablagerungen, die zwischen 1960 und 1972 vorgenommen wurden, unterfallen dem WHG.

Das allgemeine *Polizei- und Ordnungsrecht* steht als Auffangrecht dann ein, wenn sich weder aus Abfall- noch aus Wasserrecht eine öffentlich-rechtliche Verantwortung für die Altlastenbehandlung begründen läßt, die öffentliche Sicherheit und Ordnung jedoch gefährdet sind, z.B. bei Vorliegen sog. Uraltlasten (Breuer). In Einzelfällen kann auch das *Bergrecht* zur Anwendung kommen.

Das derzeit geltende *Bundesrecht* wird durch die nachstehend bekannten *landesrechtlichen Regelungen* ergänzt:

- Baden-Württemberg: Gesetz über die Vermeidung und Entsorgung von Abfällen und die Behandlung von Altlasten (LabfG), VO des Umweltministers über die Altlasten-Bewertungskommission;
- Bayern: Gesetz zur Vermeidung, Verwertung und sonstiger Entsorgung von Abfällen und zur Erfassung und Überwachung von Altlasten in Bayern (BayAbfAlG), §§26–28;
- Hessen: Gesetz über die Vermeidung, Verminderung, Verwertung und Beteiligung von Abfällen und die Sanierung von Altlasten (HAbfAG), §§16–25;

- Niedersachsen: Niedersächsisches Abfallgesetz (NAbfG);
- Nordrhein-Westfalen: Abfallgesetz des Landes Nordrhein-Westfalen (LAbffG), §§28–33; Gesetz über die Gründung des Abfallentsorgungs- und Altlastensanierungsverbandes NRW (GV. NW. S. 268, 355), §2 Abs. 2, §§3 und 28ff;
- Rheinland-Pfalz: Landesabfallwirtschafts- und Altlastengesetz (LAbfWAG) §§24–33, Abs. 2;

3.1.1.2 Neue Bundesländer

- Brandenburg: Vorschaltgesetz zum Abfallgesetz für das Land Brandenburg (Landesabfallvorschaltgesetz/LAbfVG), §§25–31;
- Mecklenburg-Vorpommern: Abfallwirtschafts- und Altlastengesetz für Mecklenburg-Vorpommern (AbfGlGM–V), §§22–25;
- Sachsen-Anhalt: Abfallgesetz des Landes Sachsen-Anhalt (LAbfGLSA), §§29–31, 34 Abs. 1;
- Thüringen: Gesetz über die Vermeidung, Verminderung, Verwertung und Beseitigung von Abfällen und die Sanierung von Altlasten (ThAbfAG), §§16–22;
- Sachsen: Erstes Gesetz zur Abfallwirtschaft und zum Bodenschutz im Freistaat Sachsen (EGAB), §8 Abs. 3, Ziff. 3.

Dazu kommen jüngere Gerichtsentscheidungen mit prägendem Charakter, wie die Entscheidung des BVerwG, NVwZ 1991, S. 475 (DÖV 1991, S. 428; UPR 1991, S. 192). Das Bundesverwaltungsgericht hatte sich hier mit der Frage der Abgrenzung der Haftung für eine Altlast auseinanderzusetzen. Eine Eingrenzung der Zustandsverantwortlichkeit des Grundstückseigentümers für eine Altlast sieht es dann, wenn die Heranziehung zur Gefahrbeseitigung „den privatnützigen Gebrauch der Sache ausschalten würde". Die Frage, ob aus Art. 14 GG überhaupt eine Beschränkung der nach allgemeinem Polizei- und Ordnungsrecht bestehenden Haftung abzuleiten sei, läßt das Gericht offen. Jedenfalls dann, wenn der Zustandsverantwortliche vom ordnungswidrigen Zustand des Grundstücks Kenntnis hatte oder ihm zumindest Tatsachen bekannt waren, aufgrund derer auf einen solchen Zustand hätte schließen können, fällt jede Haftungsbeschränkung fort.

Höchstrichterlich noch ungeklärt ist auch die Frage, wieweit eine Einstandspflicht besteht, wenn das Grundstück durch Fremdeinwirkung zur Gefahr für die öffentliche Sicherheit und Ordnung wird, z. B. durch das Umkippen eines Tanklastzuges, der eine landwirtschaftliche Nutzfläche kontaminiert.

3.2 Einzelbereiche des Altlasten(haftungs-)rechts

3.2.1 Definition Altlast

Das Sondergutachten (1974; BT-Drs. 7/5014) des Rates von Sachverständigen für Umweltfragen (RSU) definiert Altlasten als eine Altablagerung oder einen

Altstandort, von dem gegenwärtig Gefährdungen für die Umwelt, insbesondere für die menschliche Gesundheit, ausgehen oder für die Zukunft zu erwarten sind. In den landesrechtlichen Bestimmungen findet sich diese Definition im allgemeinen wieder (so in §25 Abs. 1, LAbfWAG Rheinland Pfalz, und §25 Abs. 1, LabfG Sachsen-Anhalt), allerdings mit teils erheblichen Differenzierungen.

Für Nordrhein-Westfalen bestimmt z. B. §28 Abs. 1, AbfGNW, daß eine Altlast nur dann gegeben sei, wenn und soweit von einer Altablagerung oder einem Altstandort nach den Erkenntnissen einer im Einzelfall vorzunehmenden Untersuchung und einer darauf beruhenden (behördlichen) Beurteilung eine Gefahr für die öffentliche Sicherheit und Ordnung ausgeht. Damit ist dem „Wildwuchs" der Anwendung des Altlastbegriffs auf jede bloße Verdachtsfläche vorgebeugt. Ähnliche Begriffsdefinitionen finden sich in den Bayerischen, Niedersächsischen, Brandenburgischen, Baden-Württembergischen, Hessischen und Saarländischen Landes-Abfallgesetzen. Das BayAbfAlG (§26) schreibt zusätzlich bzw. konkretisierend die Erforderlichkeit der Gefahrbeseitigung durch Sanierungsmaßnahmen zum Wohle der Allgemeinheit vor. In allen Fällen ist zwischen der Gefahrenabwehr und der Vorsorge zu unterscheiden, mit der Folge, daß bei der Feststellung einer Gefahr für die öffentliche Sicherheit und Ordnung eine verwaltungsgerichtlich überprüfbare, gebundene Entscheidung ohne Ermessensspielraum zugrunde liegt, bei der Feststellung der Beeinträchtigung des Wohls der Allgemeinheit eine behördliche Abwägungsentscheidung mit weiterem Ermessensspielraum.

3.2.2 Altlastverdachtsflächen/Altlast-Gefahrenerforschung

Altlastverdachtsflächen sind nach den einschlägigen Vorschriften aller Abfallrechte der Länder, mit Ausnahme Niedersachsens (vgl. §18 Abs. 1, LAbfGNS), Altablagerungen und Altstandorte, bei denen die *Besorgnis* besteht, daß durch sie das Wohl der Allgemeinheit beeinträchtigt wird (vgl.: §§22 Abs. 1, LAbFG BW, §16 Abs. 2, HAbfAG und ThAbfAG, §25 Abs. 4, LabfWAG, §29 Abs. 1, LAbfGLSA) bzw. Flächen, bei denen der hinreichende Verdacht besteht, daß von ihnen eine Gefahr für die öffentliche Sicherheit und Ordnung ausgeht oder ausgehen kann (vgl.: §22 Abs. 1, LAbfGNW, §25 Abs. 2, LAbfGVG, Art. 26 Abs. 3, BayAbfAlG).

Probleme bereitet dabei die Abgrenzung zwischen Altlast und Altlastverdachtsfläche. Dem begegnen einige Bundesländer (Vorbild Baden-Württemberg) mit der Entwicklung von standardisierten Bewertungsverfahren, die die Erstuntersuchung und Ergebnisbewertung im einzelnen regeln.

Weiterhin ist problematisch der unterschiedliche fachliche und rechtliche Ansatz bei Bewertung und rechtlicher Beurteilung. So setzt der Besorgnisgrundsatz des Wasserrechts z. B. die Schwelle für eine Umweltgefahr und damit einer relevanten Rechtsgutsverletzung im Vergleich zu anderen rechtlichen Wertungen relativ niedrig an. Hier macht sich die eingangs beklagte innere Unstimmigkeit des Umweltrechts im Anwendungsfall negativ bemerkbar. Dies hat unmittelbare fiskalische Konsequenzen, denn im Falle einer möglichen Wassergefährdung zum Zwecke der Abgrenzungsklärung vorzunehmende sog. *Gefahrerforschungseingriff* staatliche Aufgabe und deshalb in jedem Falle vom jeweiligen Bundesland zu finanzieren ist, während erst im zweiten Schritt der Inhaber der *Altlast*, mithin der Störungsverantwortliche, in der Regel ein Anlagenbetreiber bzw. Industriebetrieb, herangezogen werden kann. Eine praktische Konkordanz besteht in der Praxis darin, daß nach erfolgter Erstuntersuchung und im Falle, daß tatsächlich eine Altlast vorliegt, der Zustandsstörer ex post zur Haftung herangezogen werden kann, den Störungsverantwortlichen, sofern er sich tatsächlich als Inhaber einer Altlast erweist, im Ergebnis die gesamte Kostenlast sowohl der Erkundung als auch der Sanierung unter die Gefahrenschwelle trifft.

3.2.3 Sanierungszielbestimmung- und erreichung

Die Bestimmung der Ziele, auf die hin die Altlast dergestalt saniert werden soll, daß nicht nur der unmittelbaren Gefahrenabwehr, sondern auch dem Vorsorgeprinzip Rechnung getragen wird, bereitet u. U. ebensolche Schwierigkeiten, wie die Qualitätssicherung der Umweltverträglichkeitsprüfung ohne das Vorhandensein verläßlicher Umweltqualitätsziele.

Hier, jedoch auch im Genehmigungsrecht, wirkt sich das Fehlen allgemein verbindlicher Umweltstandards bzw. Grenz- und Richtwerte für die höchstzulässige Belastung eines Mediums oder eines Raumes besonders nachteilig aus. Die realistische Bewertung der Vor- und Zusatzbelastung, der Langzeit-, der Kombinations- und Wechselwirkungen ist so kaum operationalisierbar. Dieses, im Hinblick auf die materielle Umweltplanung fundamental wichtige, für das Öko-Audit eher randständige Problem kann hier nicht vertieft werden, es soll jedoch zumindest als solches und als wichtiges Aufgabenfeld des Umweltrechts Erwähnung finden.

3.2.3.1 Sanierungshaftung/Finanzierungsfragen

Die finanzielle Sanierungsverantwortlichkeit ist – last but not least – eine Zentralfrage des Altlastenrechts.

Die Ermittlung des für die Kostentragung Verantwortlichen richtet sich nach den einschlägigen bundes- und landesrechtlichen Vorschriften. Nach § 10 Abs. 2 AbfG ist der Inhaber einer Altlast zur Durchführung notwendiger Maßnahmen verpflichtet. Daneben besteht die Möglichkeit weiterer Inanspruchnahme als Handlungs- oder Zustandsstörer aus Polizei- und Ordnungsrecht. Eine Rechtsregel, etwa den Handlungsverantwortlichen vor dem Grundstückseigentümer zunächst heranzuziehen, besteht nicht, ebensowenig die Notwendigkeit, eine Mehrheit von Störern gesamtschuldnerisch heranzuziehen, damit ein Schadensausgleich im Innenverhältnis ermöglicht wird. In praxi bereitet bei Störermehrzahl die Auswahl nicht geringe Probleme. Im allgemeinen wird vordringlich derjenige herangezogen werden, der den erkennbar größten Anteil an der Verschmutzung hat und/oder dem Schaden am nächsten steht.

Sofern nach den Regelungen der Länderrechte oder nach §10 Abs. 2 AbfG bzw. den polizeirechtlichen Eingriffsermächtigungen der Länder Sanierungsmaßnahmen angeordnet und ggf. eine *Altlastensanierungsgenehmigung* als konzentriertes Behördenverfahren eingeleitet worden sind, muß die Inanspruchnahme des Inhabers der Altlast auf eine tragfähige Rechtsgrundlage gestellt werden. Hierbei kann sich erschwerend auswirken, daß die Zuständigkeit für die Anordnung von Sanierungsmaßnahmen und die Zuständigkeit für die Durchführung von Anlagenzulassungsverfahren auseinanderfallen. Hier kann eine *koordinierte Sanierungsplanung* abhelfen, wie sie §20 Abs. 4, HAbfAG, §19 Abs. 4 ThAbfAG und §19 Abs. 3 BodenschGE vorsehen.

Wichtig ist schließlich die *Reichweite der Haftung*, die im Grundsatz bei Grundstückseigentümern nicht eingeschränkt ist. Die bisher von seiten der Unternehmen häufig eingewandte Legalisierungswirkung einer vorliegenden behördlichen Genehmigung (oder der sog. aktiven Duldung) greift nur noch insoweit durch, wie der Geltungsbereich der Genehmigung tatsächlich reicht. Von der Ursprungsgenehmigung nicht gedeckte Folgewirkungen, Begleiterscheinungen oder in Überdehnung der gewerberechtlichen Erlaubnis erfolgte Umweltbelastungen entbinden nicht von der Verpflichtung zu Haftung und Sanierung.

Eine entscheidende Schwäche der im bestehenden Recht gegebenen Finanzierungsregelungen liegt darin, daß dort einzelfallgebunden gedacht und kodifiziert wurde. In der Rechtswirklichkeit handelt es sich jedoch um ein strukturprägendes Massenproblem, dem mit einheitlichen Normen und Verfahren zu begegnen wäre. Neben dem bestehenden Recht werden daher in den einzelnen Bundesländern mit steigender Tendenz sog. Altlastensanierungsfonds und Förderprogramme eingerichtet, die den größten Härten abhelfen und zu einem einigermaßen geordneten Vollzug verhelfen sollen, da sonst die kostenmäßige Kalkulierbarkeit für die dringend erforderliche industrielle bzw. gewerbliche Weiternutzung der Altlastflächen nicht gegeben wäre und ein erhebliches Investitionshemmnis darstellen würde.

4 Umweltschadensrecht

4.1 Die Haftung für Umweltschäden im Überblick

Die im Umweltbereich vorkommenden *Haftungssituationen* lassen sich im wesentlichen in vier große Bereiche unterteilen: die Haftung für Schäden aus Normalbetrieb, aus Störfall, aus Summations- und Distanzschäden sowie die Haftung für umweltbelastende oder gesundheitsschädliche Produkte.

Seit dem 1. 1. 1991 ist *neben* das unverändert weiterbestehende traditionelle Haftungsrecht für besondere Anwendungsbereiche das Recht der *Umwelt*schadenshaftung getreten. Analyse, Prognose, Steuerung und Abwehr von Umweltrisiken sind nur auf der Basis theoretischer und instrumenteller Kenntnisse beider Rechtsgebiete leistbar.

Nachfolgend wird zur Erstorientierung ein stichwortartiger Überblick durch die *vor* und die *seit* dem Umwelthaftungsgesetz bestehende Rechtslage gegeben. Sodann werden die einzelnen Haftungsbereiche unter Beachtung der „Schnittstellen" zum Audit, vertiefend dargestellt.

4.1.1 Die Rechtslage vor Inkrafttreten des Umwelthaftungsgesetzes (UmweltHG)

Vor Inkrafttreten des Umwelthaftungsgesetzes bestanden im wesentlichen folgende Anspruchsgrundlagen:

- §§823 ff. BGB; Haftung aus unerlaubter Handlung.
  Anspruchsvoraussetzungen: Schaden, Kausalität, Rechtswidrigkeit, Verschulden;
- §906 BGB; Gefährdungshaftung bei Immissionen auf fremde (Nachbar-) Grundstücke.
  Anspruchsvoraussetzungen: Zuführung von Gasen, Dämpfen, Gerüchen, Rauch, Ruß, Wärme, Geräusche, Erschütterungen, u.ä.m. Einwirkungen mußten erheblich sein, sonst Duldungspflicht des Beeinträchtigten. Haftung auch für das Entwicklungsrisiko. Bei §906 BGB keine Haftung für Gesundheitsschäden oder Schäden an beweglichen Sachen;
- §14 BImSchG; Gefährdungshaftung aus Immissionen für Grundstücksbeeinträchtigungen. Grundstücksbezogener Schutz der Luft. Bei bestandskräftiger (Anlagen-)Genehmigung keine Möglichkeit der Betriebsuntersagung, nur Schadenersatz möglich, wenn Vorkehrungen nach dem Stand der Technik nicht möglich oder wirtschaftlich nicht vertretbar sind. Anspruchsvoraussetzungen: Schaden durch benachteiligende Einwirkung von benachbarten Grundstücken auf ein anderes Grundstück.
- §22 WHG; Gefährdungshaftung für Gewässerverunreinigung.
  Anspruchsvoraussetzungen: Einbringen von Stoffen in ein Gewässer mit der Folge, daß die physikalische, chemische oder biologische Beschaffenheit des Wassers verändert wird und daraus *kausal* einem anderen ein Schaden entsteht. Haftung für Entwicklungsrisiko und allgemein menschliches Verhalten.
- Haftung des Warenproduzenten nach dem *Produkthaftungsgesetz* vom 1.10.1990.

4.1.2 Die Rechtslage seit Inkrafttreten des Umwelthaftungsgesetzes (UmweltHG)

Neben den bisherigen öffentlich-rechtlichen Umweltschutzgesetzen wie dem Bundes-Immissionsschutzgesetz (BImSchG), dem Wasserhaushaltsgesetz (WHG), dem Abfallgesetz (AbfallG) wird das private Haftungsrecht als Mittel der Umweltvorsorge bei Fortgeltung der bisherigen Haftungsgrundlagen (vgl. §18 Abs. 1, UmweltHG) ausgebaut.

Die bisher im Wasser- und im Nachbarrecht bestehende verschuldensunabhängige Gefährdungshaftung gilt seither nicht nur für den Störfall, sondern nunmehr auch für den genehmigungskonformen Normalbetrieb sowie für das sog. Entwicklungsrisiko, allerdings mit Haftungshöchstgrenzen.

Anspruchsvoraussetzung für die Gefährdungshaftung nach neuem Recht ist, daß ein Schaden durch eine Umwelteinwirkung, z.B. durch Stoffe, Gase, Dämpfe usw., die sich in Boden, Luft, Wasser oder anderen Trägern ausgebreitet haben, hervorgerufen worden ist.

Beweiserleichterung für Geschädigten durch Beweisvermutung bei *Eignung* des Betriebs, den konkreten Schaden zu verursachen. Haftung auch bei störungsfreiem und genehmigungskonformem Betrieb der Anlage, *allein* durch Verwirklichung des Gefahrenrisikos unter Einbezug von Verborgenheits- und Entwicklungsschäden.

Damit führt das UmweltHG die Gefährdungshaftung (verschuldensunabhängige Haftung) für *Individual*schäden als Folge von Umwelteinwirkungen ein.

Unmittelbare Schutzgüter sind das *Individuum* und sein Eigentum. Umweltgüter wie Luft, Boden, Wasser, erfahren nur mittelbaren, reflexartigen Schutz.

4.1.3 Die Ziele des neuen Umwelthaftungsrechts

Das neu geschaffene Umwelthaftungsrecht verfolgt die nachstehenden Ziele:

- Ermöglichung von Kompensationsleistungen für Geschädigte;
- Verbesserte Schadensprävention(-verhütung) dadurch, daß Geschädigte dem Schädiger kein Verschulden nachweisen müssen. Dieser wird daher erhöhte Anstrengungen unternehmen, um eine eventuelle verschuldensunabhängige Haftung von vornherein zu vermeiden;
- effiziente Produktion und Konsumation durch Verringerung der Differenz von Nutzen und Kosten für den Hersteller. Je geringer die Kosten für die Tragung des Risikos eventueller Umweltschäden sind, desto höher der Nutzen für den Herstellern. Umweltfreundlich erzeugte Produkte sollen so teurer, umweltverträglicher erzeugte in der Herstellung billiger werden.

Weitere Auswirkungen der neuen Rechtslage: der potentielle Schädiger hat für den Fall des Schadenseintritts Deckungsvorsorge zu tragen (Haftpflichtversicherung).

Sofern Natur und Landschaft in Mitleidenschaft gezogen worden sind, hat der Schädiger dem Geschädigten Ersatz der Aufwendungen zu leisten, die dieser zur Wiederherstellung des Vorzustands aufzuwenden hat (§17 UmweltHG, §51 Abs. 2, BGB).

Distanz- und Summationsschäden (Nordseeverschmutzung, Waldsterben), die eigentlich Auslöser für die Haftungsdebatte waren und aus Sicht des effektiven Rechtsschutzes im Umweltrecht dringlich zu rechtlichen Reformen hätten führen müssen, sind mit dem neuen wie mit dem alten Recht nicht zu bewältigen, da man das System der Individualhaftung als Ganzes nicht in Frage stellen will. Der überaus bedeutsame Bereich der Grenzwertfindung und -festsetzung bewegt sich nach wie vor im gerichts- und damit haftungsfreien Raum.

4.2 Die Haftung für Umweltschäden im einzelnen

Wie in der voraufgestellten Kurzübersicht dargelegt, resultiert die Haftung des Verursachers für einen Schaden, den die Umweltmedien Luft, Boden oder Wasser erleiden, nicht aus einer in sich geschlossenen und widerspruchsfreien Normenfolge, sondern aus einer Reihe unterschiedlicher, im Einzelfall aufzufindender Rechtsquellen.

Welche Rechtsgrundlage einschlägig ist, ergibt sich durch Einzelfallprüfung aus

1. der Art der emittierenden Anlage,
2. der Rechtsgrundlage, aufgrund deren sie genehmigt worden ist,
3. der Rechtmäßigkeit bzw. Rechtswidrigkeit des Anlagenbetriebs einschließlich der Binnenorganisation,
4. dem Umweltmedium, das den Schaden erlitten hat.

Umwelthaftung beruht zum einen auf den traditionellen Regelungen des bürgerlichen Rechts in Gestalt des Deliktsrechts (§823 BGB) sowie des *privaten* Nachbarrechts (§906 Abs. 2 BGB). Daneben existieren Anspruchssnormen aus dem *öffentlichen* Nachbarrecht (§14 BImSchG) sowie Ersatzansprüche gegen staatliche Organe, die sich aus Amtshaftung (§839 BGB i.V.m. Art. 34 GG) sowie dem staatlichen Entschädigungsrecht infolge eines enteignenden bzw. enteignungsgleichen Eingriffs ergeben können.

Der Haftungsumfang bestimmt sich wiederum nach der Rechtsgrundlage und reicht vom „angemessenen Ausgleich" i.S. einer eng gefaßten Enteignungsentschädigung bis hin zum vollen Schadensersatz, der auch den entgangenen Gewinn umfaßt.

Unter bestimmten Voraussetzungen kann neben bzw. statt der Haftungsansprüche auch ein Unterlassungsanspruch bestehen, der dazu berechtigt, auf Einstellung des emittierenden Betriebs zu klagen (§1004 BGB).

4.2.1 Schadenersatz aus §823 BGB

§823 Abs. 1 BGB stellt keine *Umwelthaftungsnorm* im engeren Sinne dar, sondern regelt allgemein die Schadensersatzpflicht für die Verletzung absoluter Rechte und Rechtsgüter, die unter dem Schutz der Rechtsordnung stehen wie Leben, Körper, Gesundheit, Freiheit, Eigentum und sonstige, im Rang vergleichbare Rechte (deliktischer Schadensersatzanspruch aus unerlaubter Handlung). Hieraus folgt, daß die Norm nicht speziell auf den Umweltschaden hin abgefaßt ist. In Umweltschutzzusammenhängen kann sie dennoch zur Anwendung gelangen, und zwar für den Fall, daß ein Dritter durch Beeinträchtigung der Umwelt einen Schaden erleidet.

In gleicher Weise haftet derjenige, der schuldhaft ein „den Schutz eines anderen bezweckendes Gesetz", nämlich eine sog. *Schutznorm* bzw. ein *Schutzgesetz,* verletzt (§813 Abs. 2 BGB). Als Schutzgesetz im Sinne der Vorschrift bezeichnet man eine Norm, die den Schutz bestimmter Rechtsgüter oder Individualinteressen vor Schäden bezweckt. Nicht nur „Gesetze" im formellen Sinne sind damit gemeint, sondern auch Verordnungen (z. B. die sog. Störfall-Verordnung oder die 17. Bundes-Immissionsschutzverordnung) und polizeiliche Vorschriften, sofern sie die genannten Kriterien erfüllen, sowie die meisten Vorschriften des Umweltstrafrechts.

Der Schaden muß durch eine *menschliche* Verletzungs*handlung* herbeigeführt, rechtswidrig (objektiver Tatbestand) und schuldhaft (subjektiver Tatbestand) verursacht sein. Das Verschulden ist nach den subjektiven Verhaltensweisen des Schädigers zu beurteilen, dem ein fahrlässiges oder vorsätzliches Verhalten zur Last gelegt werden muß.

Hieraus resultiert zweierlei: zum einen, daß die Norm von ihrer Konstruktion her *technisches* Versagen nicht in den Griff bekommt, zum anderen die – für den Geschädigten bisher meist unüberwindbaren – Beweisschwierigkeiten, denen der Bundesgerichtshof mit Urteil vom 18. 9. 1984 (Kupolofen) durch eine Akzentverschiebung bei der Verteilung der Darlegungs- und Beweislast zum Teil abgeholfen hat. In Abweichung von der vorherigen Rechtslage muß nunmehr der Betreiber beweisen, daß die erforderliche Sorgfalt beim Betrieb der Anlage beachtet worden sei.

Diese Teilumkehr der Beweislast beinhaltete, daß *mittels Beweisdokumenten* der Entlastungsbeweis darüber geführt werden kann, ob die Wartungsintervalle eingehalten und alle erforderlichen Weisungen hinsichtlich der Führung und Instandhaltung der Anlage sorgfältig und vollständig beachtet wurden.

Sofern ein Betrieb sich diesbezüglich nicht entlasten kann und ihm im Schadensfall sowohl widerrechtliches als auch schuldhaftes Verhalten nachgewiesen werden könnte, so hätte er nach §823 BGB *vollen Schadensersatz* nach den Bestimmungen der §§149ff BGB zu leisten. Zu ersetzen wäre demnach jeder mittelbar oder unmittelbar verursachte Schaden, der ohne die unerlaubte Handlung (z. B. eine unerlaubte Immission) nicht eingetreten wäre. Der volle Schadensersatz umfaßt somit auch den entgangenen Gewinn.

Betriebe sind deshalb gehalten, durch Dokumentation und Archivierung für den Konfliktfall *fortlaufend Beweisprophylaxe* zu treiben. Das Öko-Audit mit seinen dafür erforderlichen Vor- und Zuarbeiten bietet hierzu eine hervorragende Möglichkeit.

Der bloße Nachweis über die Einhaltung der geltenden Grenzwerte, z. B. einer untergesetzlichen Regelung (Schutzgesetz im weiteren Sinne) wie der Technischen Anleitung zur Reinhaltung der Luft (TA Luft) kann zwar vom Schuldvorwurf entlasten, muß es jedoch nicht.

Dies ist nach den Umständen des Einzelfalles zu ermitteln. Zum einen können die *konkreten Verhältnisse* anders liegen, als sie die TA Luft als allgemeiner Anhaltspunkt für die Ungefährlichkeit einer Emission sie beschreibt, und an diesen hat der Schädiger sich zu orientieren, vor allem dann, wenn ihm Umstände bekannt waren oder sein konnten, die zu Zweifeln darüber Anlaß geben mußten, ob die Beobachtung der Grenzwerte *allein* zur Gefahrenabwehr genügten. Das Vorliegen abweichender Verhältnisse sowie die besonderen Umstände des Einzelfalles hat der Geschädigte darzutun, jedoch nicht zu beweisen.

Weitere Verschuldenskriterien sind das Unterlassen von besonderen Verkehrssicherungs- und Organisationspflichten, typischerweise die Fehldelegation verantwortlicher Überwachungsaufgaben auf dazu nicht hinreichend taugliches Personal. Auch hier lohnt sich eine periodisch wiederholte betriebliche „Schwachstellen-Analyse" mit nachfolgenden Audit.

4.2.2 Umweltschäden durch Einwirkungen von einem anderen Grundstück (§906 BGB)

§906 BGB stellt die grundlegende Norm des *Umwelt-Nachbarrechts* dar. Daß sie innerhalb einer Abhandlung des Umwelthaftungsrechts erörtert wird, ist nicht selbstverständlich, denn §906 ist ursprünglich nicht als Haftungsvorschrift, sondern als Abgrenzungsregel bezüglich des Inhalts des Eigentums konzipiert, nach der sich bestimmt, was ein *Grundstückseigentümer* an Immissionen von einem anderen Grundstück dulden und ab wann er sie nach den Regeln des §1004 BGB (vgl. dort) untersagen kann.

Zur Abgrenzung werden die Kriterien der „Wesentlichkeit" und der „Ortsüblichkeit" herangezogen. Unwesentliche Einwirkungen müssen hingenommen, wesentliche Einwirkungen müssen dann geduldet werden, wenn sie ortsüblich und nicht durch technische, wirtschaftlich zumutbaare Maßnahmen verhindert werden könen (§906 Abs. 2, S. 1 BGB).

Bereits ein einzelnes Unternehmen, wenn es zu einem gebietsprägenden Faktor in seiner Umgebung geworden ist, soll die Ortsüblichkeit bestimmen können (BGHZ 15, 1476, 149, Schmelzöfen; BGHZ 30, 273, 277, Erzgrube; BGHZ 59, 378, 381, Militärflugplatz; BGHZ 69, 105, 111, Flughafen Düsseldorf; LG Kassel, VersR 1956, 459, Braunkohlenkraftwerk).

4.2.2.1 Wesentlichkeit

Das Wesentlichkeitskriterium ist nicht statisch und zudem der Einzelfallbewertung unterworfen. Umwelteinwirkungen, die in der Nachkriegszeit als unwesentlich angesehen werden durften, müssen bei verständiger Würdigung der zwischenzeitlich dramatisch veränderten gesamtökologischen Rahmenlage u. U. als wesentlich gewertet werden, wobei die Zweckbestimmung (Kindererholungsheim, biologisch wirtschaftender landwirtschaftlicher Betrieb, Kurpark) des betroffenen Grundstücks, seine Lage und Umgebung (Luftkurort oder Gewerbegebiet) sowie der Maßstab eines durchschnittlich empfindlichen Menschen weitere Kriterien abgeben. Auch hier muß wieder darauf hingewiesen werden, daß die Einhaltung von Emissions- oder Immissionsgrenzwerten *allein* keine Aussage darüber gestatten, ob eine Einwirkung als wesentlich anzusehen ist oder nicht.

4.2.2.2 Ortsüblichkeit

Untersagt werden kann die wesentliche Umwelteinwirkung nur dann, wenn sie orts*un*üblich ist. Auch hier handelt es sich wieder um ein flexibles, dem Wandel der Auffassungen unterworfenes Tatbestandsmerkmal, dem, da nur tatrichterlich auszufüllen, ein Rest an Unkalkulierbarkeit verbleibt.

Als ortsüblich gilt eine Benutzung des Grundstücks dann, wenn im maßgeblichen Vergleichsbezirk eine Mehrheit von Grundstücken nach Art und Umfang ihrer Nutzung annähernd gleich beeinträchtigend auf andere Grundstücke einwirken (BGHZ 54, 385, 387; BGH, NJW 1976, 1204, 1205; BGH, NJW 1983, 751).

Das Merkmal der Ortsüblichkeit hat eine stark *industriebezogene Komponente.* Diese ist gewerbehistorisch bedingt. Ausweislich der Gesetzesmaterialien (Mugdan, Die gesammten Materialien zum Bürgerlichen Gesetzbuch für das Deutsche Reich, Bd. III, 1899, S. 147) haben die Verfasser des BGB hier die flexible Beurteilung der beeinträchtigenden Immissionen ermöglichen wollen, zum Vorteil der Industrie und zum Nachteil der Natur und der Umwelt (RGZ 159, 129, 137–139: Autobahn). Erst in jüngerer Zeit hat die Rechtsprechung deutlich gegengesteuert (BGH, LM Nr. 6; BGH, LM Nr. 14 und BGH, LM Nr. 22 zu 906 BGB; Moselstaustufe).

Zum einen hat man erkannt, daß sich das Merkmal der Ortsüblichkeit z. B. immissionsschutzrechtlich kontraproduktiv auswirkt, indem es *Vorsorge als Dauerpflicht* systematisch verhindert, zum andern hat der öffentlich-rechtliche Immissionsschutz nachgerade die Oberhand gewonnen, dessen Ziel es ist, einer unkontrollierten Vermehrung der Emissionsquellen, wie §906 sie begünstigt, da sich jeder nachfolgende Betreiber auf die Vorverschmutzung zu seiner Rechtfertigung berufen darf, entgegenzuwirken.

Zum Dritten ist seit der Novellierung des §906 im Jahre 1959 nicht mehr allein die Ortsüblichkeit entscheidend, sondern die Vorschrift gestattet dem Eigentümer des beeinträchtigten Grundstücks zusätzlich vorzubringen, die Immission könne durch wirtschaftlich zumutbare Maßnahmen verhindert werden. Allerdings können über §906 z. B. Fehlprognosen des Genehmigungsverfahrens korrigiert werden.

In der praktischen Anwendung kann der beeinträchtigte Grundstückseigentümer z. B. den Bau emissionsmindernder, insbesondere schallmindernder Einrichtungen verlangen, so auch die Verlagerung bestimmter störender Handlungen. Sofern die Einwirkung nicht unter die Duldungsgrenze gedrückt werden kann, ist Ausleich in Geld für die Belastungsspitze zu leisten.

4.2.2.3 Haftungsansprüche aus § 14 S. 1, 2 BImSchG

Ansprüche, die aufgrund der allgemeinen nachbarrechtlichen Haftungsnorm des §906 BGB sowie nach §14 BImSchG geltend gemacht werden können, greifen maßgeblich ineinander. Eng verzahnt sind die Ausgleichs- und Ersatzansprüche beider Vorschriften zudem mit den in §1004 BGB geregelten Abwehrrechten gegen Störungen.

Die §§906 und 1004 BGB bestimmen zunächst die Frage, welche Einwirkungen Nachbarn abwehren könnten und welche sie ohne Abwehrmöglichkeit hinzunehmen haben. Andere als die Hinnehmbaren braucht der Eigentümer nur dann zu dulden, soweit sie durch wirtschaftlich zumutbare Maßnahmen nicht zu unterbinden sind. Die Bestimmungen des §906 Abs. 2, S. 1 BGB verschaffen somit dem Betroffenen eine *indirekte Handhabe*, zumutbare Maßnahmen, mittels derer die Emissionen vermindert werden könnten, zu erzwingen.

Für den Fall, daß die auf dem Nachbargrundstück freigesetzten Emissionen von einer genehmigungsbedürftigen Anlage herrühren, gewährt §14 S. 1, 2. Halbs. BImSchG danach einen durchsetzbaren Anspruch auf Schutzvorkehrungen. §14 S. 2 BImSchG setzt voraus, daß eine Anlage nach BImSchG genehmigt wurde und Vorkehrungen, die ihre benachteiligende Wirkung ausschließen, entweder technisch nicht durchführbar oder wirtschaftlich nicht vertretbar sind. Für nach BImSchG genehmigte Anlagen hebt §14 BImSchG den umfassenden Abwehranspruch des §1004 BGB auf.

Da §14 BImSchG in der unmittelbaren Tradition der §§26 a. F. Gewerbeordnung (GewO) steht, durch die dem von den Emissionen Betroffenen die sog. actio negatoria abgeschnitten wurde, sofern der Störer die Anlage mit obrigkeitlicher Genehmigung betrieb, kann aufgrund dieser Vorschrift nicht mehr die Stillegung der Anlage, sondern nur nachträgliche Vorkehrungen verlangt werden. Erst wenn diese nicht greifen, kommt es zu einem Schadenersatzanspruch in Geld (§14 S. 2 BImSchG), auf den die allgemeinen Vorschriften des Schadensersatzrechts, insbesondere die §§249 ff BGB anzuwenden sind (vgl. amtliche Begründung zum Entwurf des Bundes-Immissionsschutzgesetzes, BT-Drs. 7/179, S. 36; Stich/Porger, Immissionsschutzrecht des Bundes und der Länder, 9. Lfg. §14, Rdnr. 20). Anspruchsberechtigt sind in diesem Falle diejenigen Grundstückseigentümer (und ihnen gleichgestellte Personen), die im Genehmigungsverfahren zum Kreis der Beteiligten zählen.

4.2.3 Gefährdungshaftung für Gewässerverunreinigung: §22 WHG

Wie eingangs erwähnt, steht der *traditionellen Verschuldenshaftung*, wie sie zu §823 vorstehend erläutert wurde, eine ebenfalls *traditionelle Gefährdungshaftung* gegenüber. Sie findet sich im Wasserrecht, in §22 Wasserhaushaltsgesetz (WHG) und setzt bei der bloßen Gefährdung eines umweltbedeutsamen Gutes, nämlich des Wassers, an.

Nach §22 Abs. 1 WHG ist zum Ersatz des *daraus einem anderen* entstandenen Schadens verpflichtet, wer in ein Gewässer Stoffe einbringt oder einleitet oder wer auf ein Gewässer derart einwirkt, daß die physikalische, chemische oder biologische Beschaffenheit des Wasssers verändert wird. Haben mehrere Personen die Einwirkung vorgenommen, so haften sie als Gesamtschuldner.

Eine Haftung und damit die Verpflichtung zum Ausgleich eines Schadens nach §22 Abs. 2 WHG setzt voraus, daß aus einer Anlage, die dazu bestimmt ist, Stoffe herzustellen, zu verarbeiten, zu lagern, abzulagern, zu befördern oder wegzuleiten, derartige Stoffe in ein *Gewässer* (zum Begriff vgl. §1 WHG) gelangen, ohne in diese eingeleitet oder eingebracht worden zu sein. In Anspruch genommen werden kann jedermann, sofern er die Beschaffenheit eines Gewässers entweder durch Einbringen oder Einleiten von Stoffen oder aber durch Einwirken, verändert (§22 Abs. 1 WHG) sowie der Inhaber einer Anlage, aus der verändernde Stoffe in ein Gewässer gelangen (§22 Abs. 2 WHG).

Der sehr weit gefaßte Tatbestand des §22 WHG unterliegt, wenn dies auf den ersten Blick auch nicht unmittelbar erkennbar sein mag, verschiedenen Begrenzungen, auf die hier kurz einzugehen ist.

Nicht schlechthin jedes Verhalten, das eine Gewässerverschmutzung ursächlich herbeiführt, wird von der Vorschrift erfaßt. *Die Tatbestandsmerkmale „Einbringen", „Einleiten" und „Einwirken" erfordern jeweils eine Handlung, die auf das Gewässer gerichtet und entsprechend zweckbezogen ist* (vgl. Breuer, Öffentliches und privates Wasserrecht, 2. Aufl., 1987, Rn. 784, 786, S. 5224f; Gieseke-Widemann-Czychowski, Wasserhaushaltsgesetz, 4. Aufl., 1984, §22 Rn. 7, 16).

Umstritten ist ferner, ob ein Unternehmer auf der Grundlage des §22 WHG zur Haftung für die Handlungen seiner Hilfspersonen herangezogen werden kann (Breuer, a. a. O., Rn. 7, S. 533; Diederichsen, in: Altlasten und Umweltrecht, 1986, S. 117, 131; Gieseke-Wiedemann-Czychowski, a. a. O., §22 Rn. 6a/c).

Sofern mehrere Personen als Schädiger in betracht kommen, geht §830 Abs. 1, S. 2 BGB über den Rahmen des §22 Abs. 1, S. 2/Abs. 2, S. 1, 1. Halbs. WHG hinaus. Nach Wasserhaushaltsrecht ist gesamtschuldnerisch zu haften, wenn und soweit mehrere Personen auf das Gewässer eingewirkt haben. Voraussetzung nach Wasserhaushaltsrecht ist, daß feststeht, daß der in Anspruch Genommene auf das Gewässer eingewirkt *hat* bzw. aus einer Anlage Stoffe in das Gewässer *hat gelangen lassen.* Bei Anwendung des §830 Abs. 1, S. 2 BGB käme es zu einer Haftung bereits dann, wenn eine bliebige Handlung vorläge, die geeignet war, eine Einleitung oder Einwirkung auszulösen (vgl. Breuer, a. a. O., Rn 800, S. 538; Gieseke-Wiedemann-Czychowsky, a. a. O., §22 Rn. 40). Die Rechtsprechung hat sich bisher auf die Wasserrechtsnorm gestützt und die Erweiterung der Haftung über den §830 abgelehnt (vgl. BGHZ 57, 257, 261–264).

Zum Vorgehen: liegt ein Haftungsfall vor, so ist zunächst der *Anlagenbegriff* zu klären. Er ist weit gefaßt. Die in der Rechtsprechung als Anlage bezeichneten Einrichtungen sind sehr unterschiedlich und reichen vom Faß bis zum Großlager, vom Misthaufen über Kleingebinde eines wassergefährdenden Stoffes bis zum Tankschiff bzw. Tankwagen.

Wassergefährdend ist ein Stoff dann, wenn er zumindest geeignet ist, die Beschaffenheit des Wassers nachteilig zu verändern. *Hineingelangt* ist ein Stoff auch dann, wenn er z. B. über den Umweg Boden ins Grundwasser sickert oder zu sickern droht.

Zum Haftungsumfang: die zur Abwendung einer Gewässerschädigung erforderlichen Rettungskosten können nach §22 WHG geltend gemacht werden, z. B. Kosten für das Absperren von Bachläufen oder eines Bodenaushubs, der den Kontakt der Schadstoffe mit einem Gewässer verhindern soll (BGH, Beschl. vom 18. 11. 1982).

Anlageninhaber ist, wer nach außen hin verbindlich die Inhaberschaft über die Anlage ausweisen kann, sie wirtschaftlich beherrscht und Nutzen daraus zieht.

Hat der Inhaber die schädlichen Stoffe einem Dritten übergeben und gelangen sie über diesen ins Gewässer, so hat er bei der Auswahl des Beauftragten die im Verkehr erforderliche Sorgfalt walten zu lassen und Maßnahmen der Verkehrssicherung zu treffen. Die Sorgfaltspflichten des Anlageninhabers haben das Vorhersehbare zu umfassen.

Höhere Gewalt (BGHZ 7, 339), nämlich ein „außergewöhnliches, betriebsfremdes, von außen durch elementare Naturkräfte oder Handlungen dritter Personen herbeigeführtes Ereignis, das nach menschlicher Einsicht und Erfahrung unvorhersehbar ist und mit wirtschaftlichen Mitteln auch durch die vernünftigerweise zu erwartende Sorgfalt nicht verhütet werden oder unschädlich gemacht weren kann", entlastet von der Ersatzpflicht nur dann, wenn die sehr hoch angesetzten Forderungen nach Vorbeugung vom Anlageninhaber beweisbar (vgl. oben das zum beweisprophylaktischen Inhalt des Öko-Audits Gesagte) getroffen worden sind.

4.3 Das neue Recht der Umweltschadenshaftung

4.3.1 Gefährdungshaftung nach dem UmweltHG vom 11.12.1990

Die Haftung des Unternehmens für Schäden, die nach dem 1.1.1991 *verursacht* worden sind (§23 UmweltHG), wurde durch das Umwelthaftungsgesetz vom 11.12.1990 (BGBl. I, 2634) erheblich verschärft. Verursacht wurden sie dann, wenn die zur schädlichen Umwelteinwirkung führende Kausalkette mit oder nach dem genannten Stichtag in Gang gesetzt wurde, also z.B. eine Emission erfolgte. Für Schäden, die vor dem Stichtag verursacht wurden, haftet der Schädiger nicht nach dem neuen Umwelthaftungsrecht, sondern nach den vorstehend erläuterten traditionellen Haftungsnormen.

Zu Konzeption und Zielen des neuen Umwelthaftungsrechts vgl. vorstehend 4.1.2 und 4.1.3. Es besteht nunmehr eine Gefährdungshaftung für Personen und Sachschäden, die aus einer Umwelteinwirkung umweltgefährdender Anlagen herrühren. Dies gilt auch für Anlagen, die noch nicht fertiggestellt oder nicht mehr in Betrieb sind. Es haftet der im Zeitpunkt der Einstellung haftende Inhaber (§2 UmweltHG). Nach §16 Abs. 2 BImSchG ist die Betriebseinstellung der Genehmigungs- bzw. Gewerbeaufsichtsbehörde mitzuteilen.

4.3.2 Anlagen

Die in betracht kommenden *Anlagen* (ortsfeste Einrichtungen wie Betriebsstätten und Lager mit den dazu gehörigen Maschinen; Geräten und Fahrzeugen sowie ihren sonstigen technischen Einrichtungen und Nebeneinrichtungen, soweit sie mit der Anlage oder einem Anlagenteil in einem räumlichen oder betriebstechnischen Zusammenhang stehen und für das Entstehen von Umwelteinwirkungen von Bedeutung sein können) sind in Anhang I zu §1 UmweltHG abschließend aufgeführt. Die Auflistung orientiert sich weitgehend am Anhang zur 4. Bundes-Immissionsschutzverordnung (4. BImSchV), die die nach BImSch genehmigungsbedürftigen Anlagen enthält. Anhang I zu 1 UmweltHG umfaßt etwa 100 Anlagentypen aus den nachstehend aufgeführten Sektoren:

1. Wärmeerzeugung, Bergbau, Energie
2. Steine und Erden, Glas, Keramik, Baustoffe
3. Stahl, Eisen und sonstige Metalle einschließlich Verarbeitung
4. Chemische Erzeugnise, Arzneimittel, Mineralölraffination und -weiterverarbeitung
5. Oberflächenbehandlung mit organischen Stoffen, sonstige Verarbeitung von Harzen und Kunststoffen
6. Holz, Zellstoff
7. Nahrungs-, Genuß- und Futtermittel, landwirtschaftliche Erzeugnisse
8. Abfälle und Reststoffe
9. Lagerung, Be- und Entladen von Stoffen
10. Sonstiges.

4.3.3 Schäden/Rechtsgutsverletzung

Durch die Umwelteinwirkung der Anlage auf die Umweltmedien Wasser, Boden oder Luft muß jemand getötet, sein Körper oder seine Gesundheit verletzt oder eine Sache beschädigt worden sein. Die Gefährdungshaftung nach UmweltHG schützt die absoluten Rechte und ist damit enger gefaßt als der Kreis der nach §823 Abs. 1 BGB geschützten Rechtsgüter.

4.3.4 Haftung

4.3.4.1 Haftungsumfang

Der Schädiger haftet dem Geschädigten auf alle durch den Schaden hervorgerufenen Kosten. Es besteht kein Anspruch auf Schmerzensgeld. Auch Schäden an Natur und Landschaft sind durch Übernahme der Wiederherstellungskosten abzugelten und zwar in Abweichung von der vorherigen Rechtslage insbesondere auch dann, wenn die hierfür erforderlichen Aufwendungen höher sind als der Wert der Sache (§16 UmweltHG). Bei Vorliegen ökologischer Schäden konnte sich der Schädiger bisher mit der Einrede der Unverhältnismäßigkeit entlasten. Dies ist nach geltendem Recht nicht mehr möglich. Bei Mitverschulden des Geschädigten kommt §12 UmweltHG i.V.m. §254 BGB zur Anwendung (Schadensminderungspflicht des Geschädigten).

4.3.4.2 Haftungsbegrenzung

Nach §15 UmweltHG ist für Schäden, die aus einer einheitlichen Umwelteinwirkung herrühren, jeweils nur bis zu einem Höchstbetrag von 160 Mio. einzustehen. Dies gilt auch für den Fall, daß die Ansprüche mehrerer Geschädigter zusammengerechnet die Haftungshöchstbeträge übersteigen. Nach §15 S.2 UmweltHG ermäßigen sich die Ansprüche der einzelnen Geschädigten dann um den gleichen Prozentsatz so weit, daß der Höchstbetrag nicht überschritten wird.

Bei einem Umweltschaden mit Todesfolge haftet der Schädiger auf die Kosten der versuchten Heilung, auf den Vermögensnachteil infolge der Erwerbsunfähigkeit bzw. -minderung sowie auf Schadensersatz bei Bestehen von Unterhaltspflichten des Getöteten.

4.3.4.3 Deckungsvorsorge

Für die im Anhang 2 zum UmweltHG aufgeführten Anlagen hat der Anlagenbetreiber Deckungsvorsorge zu treffen (§ 19 UmweltHG). Darunter versteht man diejenigen rechtzeitigen Vorkehrungen, die zu treffen sind, um als Inhaber den aus einer Umwelteinwirkung aus einer Anlage herührenden Schäden an Leben, Körper oder Sachen finanziell nachkommen zu können. Sie betrifft auch nicht mehr betriebene Anlagen für die Dauer von bis zu zehn Jahren, wenn von ihnen besondere Umweltgefahren ausgehen können.

Sie gehört neben den Auskunftsansprüchen, der Haftung für den bestimmungsgemäßen Normalbetrieb und den Beweislastverteilungsregeln (Ursachenvermutungsregeln) zu den *wesentlichen Neuerungen* des Umweltschadensrechts. Ihre Vernachlässigung ist eigens unter Strafe gestellt (§21 UmweltHG). Die Deckungsvorsorge kann erbracht werden durch

- eine Haftpflichtversicherung bei einem im Geltungsbereich dieses Gesetzes zum Geschäftsbetrieb befugten Versicherungsunternehmen oder
- durch die Freistellungs- oder Gewährleistungsverpflichtung des Bundes oder eines Landes oder
- durch eine Freistellungs- oder Gewährleistungsverpflichtung eines im Geltungsbereich des Gesetzes zum Geschäftsbetrieb befugten Kreditinstituts, wenn gewährleistet ist, daß sie einer Haftpflichtversicherung vergleichbare Sicherheiten bietet.

4.3.4.4 Auskunftsansprüche

Das neue Umwelthaftungsrecht räumt den Geschädigten gegenüber dem Anlageninhaber gewisse Auskunftsansprüche ein, die ihm eine ordnungsgemäße Rechtsverfolgung erleichtern sollen. Daneben bestehen umfassende Auskunftsrechte nach der mittlerweile direkt geltenden Richtlinie 90/313/EWG vom 7. Juni 1990 (Umweltinformationsrichtlinie), nach der jedermann einen verfahrensunabhängigen und voraussetzungslosen Zugang zu den *bei den Behörden vorhandenen Umweltinformationen hat. Vom Inhaber der Anlage kann der Geschädigte Auskünfte verlangen über:*

- die verwendeten Einrichtungen,
- die Art und die Zusammensetzung der eingesetzten oder freigesetzten Stoffe,
- die sonst von der Anlage ausgehenden Wirkungen,
- die besonderen (öffentlich-rechtlichen) Betriebspflichten für die Anlage.

Wahlweise kann sich der Geschädigte auch an die Genehmigungsbehörde bzw. Gewerbeaufsicht wenden (§9 UmweltHG).

Der Anlageninhaber kann im Gegenzug vom Geschädigten Auskunft und Einsichtsgewährung verlangen, um sich über den eventuellen Umfang seiner Ersatzpflicht zu informieren. Darüber hinaus hat er ein Recht auf Auskunft gegenüber anderen Anlagenbetreibern, die zu dem eingetretenen Schaden beigetragen haben könnten, so daß ein Ausgleich im Innenverhältnis vorgenommen werden kann.

4.3.4.5 Haftung für den Normalbetrieb

Mit den neuen Haftungsvorschriften für den bestimmungsgemäßen Normalbetrieb ist ein Anreiz zur strikten Befolgung der durch das Umweltverwaltungsrecht rechtlich vorgeschriebenen Betriebsbedingungen gesetzt worden (indirekte Vollzugsunterstützung, Beweisprophylaxe).

Unter Normalbetrieb versteht man einen Betriebszustand, bei dem einerseits keine Störungen des Betriebsablaufes vorliegen und andererseits die sog. *besonderen Betriebspflichten* eingehalten werden (§6 Abs. 2 UmweltHG).

Bei bestimmungsgemäßem Gebrauch der Anlage ist der Ersatz für Sachschäden ausgeschlossen, sofern die Sache nur unwesentlich oder in einem Maße beeinträchtigt wird, das nach den örtlichen Verhältnissen zumutbar ist. Für Bagatell-Sachschäden haftet der Anlageninhaber bei Normalbetrieb demnach nicht, auch tritt die Ursachenvermutung (vgl. unten 4.3.4.6) zu Lasten der Anlage bei bestimmungsgemäßem Normalbetrieb nicht ein. Der Anlageninhaber muß darlegen und beweisen, daß der Normalbetrieb vorgelegen hat.

4.3.4.6 Beweislage/Ursachenvermutung

Sofern eine Anlage prinzipiell geeignet ist, den vorliegenden Schaden verursacht zu haben, wird unter Berücksichtigung der Umstände des Einzelfalles vermutet, daß sie den Schaden hervorgerufen *hat:* Die Eignung zur Schadensverursachung im Einzelfall bestimmt sich nach dem Betriebsablauf, den verwendeten Einrichtungen, der Art und Konzentration der eingesetzten und freigesetzten Stoffe, den meteorologischen Gegebenheiten, sowie nach Zeit und Ort des Schadenseintritts und nach dem Schadensbild, sowie allen sonstigen Gegebenheiten, die im Einzelfall für oder gegen die Schadensverursachung sprechen (§6 UmweltHG).

Die Ursachenvermutung greift nicht ein, sofern der Anlagenbetreiber das Vorliegen des bestimmungsgemäßen Normalbetriebs beweisen kann, wenn insbesondere keine Betriebspflichten verletzt wurden, wie sie sich z.B. aus der Beachtung der Verpflichtungen zur betrieblichen Eigenkontrolle nach BImSchG sowie sonstigen rechtlichen Auflagen, vollziehbaren Anordnungen u. dergl. ergeben.

Insbesondere sind die regelmäßig betriebsintern zu vollziehenden und zu protokollierenden Kontrollen nachzuweisen. Der Inhaber der Anlage hat die Beweisdokumente mindestens zehn (§6 Abs. 3, S. 4, 2.), wegen der dreißigjährigen Verjährung zweckmäßigerweise jedoch 30 Jahre aufzubewahren. §7 UmweltHG regelt den Ausschluß der Ursachenvermutung für den Fall, daß mehrere Anlagen zu einem vorliegenden Schaden beigetragen haben können. Er greift dann ein, wenn ein anderer Umstand nach den Gegebenheiten des Einzelfalles geeignet ist, den Schaden zu verursachen.

Ist aus einer Mehrzahl von Anlagen nur eine geeignet, den Schaden hervorzurufen, so gilt die Verursachungsvermutung dann nicht, wenn ein anderer Umstand nach den Gegebenheiten des Einzelfalls geeignet ist, den Schaden zu verursachen.

Literatur

Baumeister H, Schiller Th Das Paragraphendickicht, Management – Seminare 9/92, S. 76
Callies Ch, Wegener B (1992) Europäisches Umweltrecht als Chance, Taunusstein
Eckert RP (1992) Die Entwicklung des Abfallrechts, NVwZ 8/92, S. 725
Erbguth W (1992) Rechtliche Anforderungen an Alternativenprüfungen in (abfallrechtlichen) Planfeststellungsverfahren und vorgelagerten Verfahren, NVwZ 3/92, S. 209
Führ M (1989) Sanierung von Industrieanlagen – am Beispiel des Änderungsgenehmigungsverfahrens nach § 15 BImSchG. Düsseldorf
Gasser, Friedenstab, Dahnz, Elfgen, Ganse, Maas (Hrsg.) (1993) Umwelthaftung und ihre Auswirkung auf die Unternehmenspraxis, Köln
Günter I (1989) Betriebliches Umweltmanagement, Umweltmagazin 8/89, S. 18
Heilbronner K (1992) Stand und Perspektiven der EG-Umweltgesetzgebung, in: Callies, Wegener, S. 15–28, Taunusstein
Hofmann-Hoeppel J, (1992) Schriftliche Stellungnahme zur 17. BImSchV, BUND, Würzburg, Bonn
Hohmann H (1991) Wasserrechtliche Pflichten und Strafbarkeit der Wasserbehörden für unbefugte Gewässerverschmutzung durch Unterlassen. Ein Aspekt der Altlastensanierung. NUR 1/91, S. 8
Interministerielle Arbeitsgruppe Umwelthaftungs- und Umweltstrafrecht (1988) Bericht Umwelthaftungsrecht, Bonn
Jürg W (1993) Zu den Überleitungsregelungen des Umweltverwaltungsrechts und dem Aufbau der Umweltverwaltung in den neuen Bundesländern, LKV 4/93, S. 120
Knopp L (1992) Erstes Gesetz zur Abfallwirtschaft und zum Bodenschutz im Freistaat Sachsen, LKV, 7/92, S. 215
Krems-Hemesath B (1990) Bundesdeutsches Umweltrecht – Vorbild für europäische Luftreinhaltepolitik auf hohen Schutzniveau? Oldenburg
Krems-Hemesath B (1993) Schriftliche Stellungnahme zum Entwurf eines Umweltinformationsgesetzes (UIG-E), BBU, Bonn
Krems-Hemesath B (1992) Fortschritt, Stillstand und Rückschritt im deutschen und europäischen Umweltschutzrecht, BBU, Bonn
Krems-Hemesath B (1993) „Sonderabfall – Mitverbrennung" in einer Sekundärmetallhütte – (k)ein Fall für die 17. BImSchV? Gutachten i. Z. m. einer Änderungsgenehmigung nach § 15 BImSchG, BUND, Oldenburg/Hamm
Krems-Hemesath B, Krems B (1985) Grundlagen der Luftreinhaltung im Ballungsgebiet, Bonn
Kühling W (1986) Planungsrichtwerte für die Luftqualität, Dortmund
Kühling W (1989) Schriftliche Stellungnahme zum Dritten Gesetz zur Änderung des Bundes-Immissionsschutzgesetzes, BUND, Bonn
Kretz K (1993) Rechtsgrundlagen und Rechtsprobleme der Altlastensanierung in der Verwaltungspraxis, UPR 2/93, S. 41
Lummer R, Thiem V (1980) Rechte des Bürgers zur Verhütung und zum Ersatz von Umweltschäden, Berlin
Marburger P, Herrmann H (1986) Zur Verteilung der Darlegungs- und Beweislast bei der Haftung für Umweltschäden. – BGHZ 92, 143 – JuS (5) S. 354–359
Merz T (1992) Widersprüchlicher Konsens; Die großflächige Überschreitung der derzeitigen Grenzwerte für Dioxin erfordert eine drastische Dioxinminderung, Müllmagazin 3/92, S. 58

Müggenborg HJ (1992) Rechtliche Aspekte der Altlastenproblematik und der Freistellungsklausel, NVwZ 9/92, S. 845
Murl (Hrsg.) (1991) Neuere Entwicklungen im Immissionsschutzrecht, Umweltrechtstage, Düsseldorf
Nebelsieck V (1989) Wasserrechtliche Planung in bisheriger Praxis und rechtliche Instrumente zur Sicherung, Vorsorge und Planung, verf. Thesen, BUND, Bonn/Celle
Nick T (1985) Die Beweislastverteilung im zivilrechtlichen Umweltschutz. AgrarR, S. 343–348
Nickel FG (1987) Der Begriff des industriell verursachten Umweltschadens, WiVerw, S. 1236
Nießlein E (1988) Marktwirtschaftliche Instrumente – eine politische Vorgabe für das Umweltrecht. UTR (5) S. 71–102
Oerder M (1992) Ordnungspflichten und Altlasten, NVwZ 11/92, S. 1031
Pernice I (1990) Gestaltung und Vollzug des Umweltrechts im europäischen Binnenmarkt – Europäische Impulse und Zwänge für das deutsche Umweltrecht, NVwZ, 5/90, S. 414
Rebentisch M (1992) Neuerungen im Genehmigungsverfahren des BImSchG, NVwZ 10/92, S. 926
Reschke-Kessler u. a. (Hrsg.) (1992) Umwelt und Betrieb, Umweltrecht für die betriebliche Praxis, Regensburg, Münster
Rest A (1985) Neue Tendenzen im internationalen Umwelthaftungsrecht. NJW (35) S. 2153–2160
Salzwedel J, Reinhardt M (1991) Neuere Tendenzen im Wasserrecht, NVwZ, 91/10, S. 946
Schneider G, Sprenger RU (1984) Mehr Umweltschutz für weniger Geld. Einsatzmöglichkeiten und Erfolgschancen ökonomischer Anreizsysteme in der Umweltpolitik. IFO-Studien in der Umweltökonomie, Bd. 4
Schulze-Rickmann J (1991) Die Vorschriften der neuen 17. BImSchV, Entsorgungspraxis 3/91, S. 96–99
Seidel M (1993) Umweltrechtliche und wirtschaftslenkende Abgaben aus EG-Sicht, NVwZ 2/93, S. 105
Siebert H (1981) Instrumente der Umweltpolitik. Die ökonomische Perspektive. Beiträge zur Umweltgestaltung, Bd. B 14, S. 97–103
Simitis S (1972) Haftungsprobleme beim Umweltschutz, VersR (45) S. 1089–1095
Sietz M, Sondermann WD (1990) Umwelt-Audit und Umwelthaftung, Taunusstein
Spill E, Wingert E (Hrsg.) (1990) Brennpunkt Müll, Hamburg
Wahl R (1990) Entwicklung des Fachplanungsrechts, NVwZ 5/90, S. 426
Wallmann W (1987) Ausbau des Umwelthaftungsrechts. Umwelt (3), BMfUNR, S. 103–104
Weidner H (1987) Umweltschäden und Zivilrecht: Beispiele aus der Bundesrepublik und Japan. Kriminalsoziologische Bibliographie, S. 51
Wegener B (1992) Gutachten zur Umsetzung der EG-Richtlinie über den freien Zugang zu Informationen über die Umwelt, DNR, Bremen/Bonn

Vermeidung, Verwertung und Entsorgen von Abfällen

Hermann Müller, Magdeburg und Ralf Tuminski, Höxter

1 Einleitung

Das Abfallbeseitigungsgesetz des Bundes in seiner ursprünglichen Fassung vom 7. Juni 1972 befaßte sich zunächst mit der Abfallbeseitigung im engeren Sinne. Es ist seinem Charakter nach ein Organisations- und Planungsgesetz und bestimmt demgemäß:

Zur Abfallbeseitigung sind grundsätzlich die nach Landesrecht zuständigen Körperschaften öffentlichen Rechts verpflichtet (§3 Abs. 2, AbfG). Diese können Abfälle von ihrer Verpflichtung unter bestimmten Vorraussetzungen ausschließen (§3 Abs. 3, AbfG) mit der Folge, daß der Besitzer selbst zur Beseitigung verpflichtet ist (§3 Abs. 4, AbfG).

Abfälle dürfen grundsätzlich nur in abfallrechtlich zugelassenen Anlagen behandelt oder abgelagert werden (§4 Abs. 1, AbfG).

Es sind Pläne aufzustellen, in denen vor allem geeignete Standorte für Abfallbeseitigungsanlagen festzulegen sind (§6 AbfG).

Die gesamte Beseitigung unterliegt der Überwachung (§11 AbfG). Einsammlung und Beförderung sowie der Import von Abfällen wurden einer besonderen Genehmigungspflicht unterworfen (§§12 und 13 AbfG).

Die erste Novelle zum Abfallbeseitigungsgesetz vom 21. Juni 1976 diente der Verbesserung der Überwachung. Mit ihr wurden besondere Vorschriften zur behördlichen Überwachung der Sonderabfallbeseitigung (§§2 Abs. 2, 4 Abs. 3, 6, 11 Abs. 3, AbfG) und zur Bestellung von Betriebsbeauftragten für Abfall im Interesse der Verbesserung der Eigenüberwachung (§§11a ff. AbfG) geschaffen.

Mit der zweiten Novelle zum Abfallbeseitigungsgesetz vom 4. März 1982 wurden die Genehmigungspflichten für Abfalltransporte eingeschränkt und die gesetzlichen Voraussetzungen für eine umweltschonende Verwertung von Klärschlämmen vervollständigt. Die Landesregierungen wurden ermächtigt, Rechtsverordnungen für die Abgabe und das Aufbringen von Wirtschaftsdüngern zu erlassen.

Nach dem Abfallbeseitigungsgesetz in der ersten Fassung war nur Import von Abfallen genehmigungspflichtig. Mit der dritten Novelle vom 31. Januar 1985 wurde eine Genehmigungspflicht auch für Export und Transit der Abfälle eingeführt (§13a und 13c AbfG). Außerdem können nunmehr auch bestimmte

Sietz/v. Saldern
Umweltschutz-Management und Öko-Auditing

Reststoffe, die nicht Abfälle sind, den abfallrechtlichen Überwachungs-, Genehmigungs-, und Kennzeichnungsregelungen unterworfen werden (§2 Abs. 3, AbfG).

Schwerpunkte der vierten Novelle zum Abfallbeseitigungsgesetz vom 27. August 1986 sind Gebote und Verpflichtungen zur Vermeidung und Verwertung von Abfällen (§1a AbfG), eine besondere Regelung zum Erlaß einer TA Abfall (§4 Abs. 5, AbfG) sowie die Neuordnung der Altölentsorgung (§§5a, 5b und 30 AbfG). Außerdem wurde der Begriff Abfallbeseitigung duch den neuen Begriff Abfallentsorgung ersetzt und das bisherige Abfallbeseitigungsgesetz in Abfallgesetz umbenannt.

Schwerpunkte des Abfallgesetzes und des Landesabfallgesetzes

Abfall / Anwendungsbereich des Gesetzes

Der Begriff Abfall (§1 Abs. 1, AbfG) ist der Schlüssel zur Anwendung des Gesetzes. Er enthält als Tatbestände einen subjektiven: „bewegliche Sachen, deren sich der Besitzer entledigen will", und einen objektiven: „bewegliche Sachen, deren geordnete Beseitigung zur Wahrung des Wohls der Allgemeinheit, insbesondere des Schutzes der Umwelt, geboten ist".

Zu beachten ist, daß der Wille, sich einer Sache als Abfall entledigen zu wollen (subjektiver Tatbestand), nach §1a AbfG gesetzlichen Beschränkungen unterliegt. Nach dieser Vorschrift sind Abfälle unter den dort genannten Voraussetzungen zu vermeiden und zu verwerten.

Der objektive Tatbestand ist ein notwendiges Korrektiv, um in Einzelfällen auch gegen den Willen des Abfallbesitzers eine Sache, die dieser nicht als Abfall, sondern als Wirtschaftsgut ansieht, als Abfall entsorgen und nach abfallrechtlichen Vorschriften überwachen zu können.

Abfälle, die Körperschaften öffentlichen Rechts nach §3 Abs. 3, AbfG von ihrer Entsorgungspflicht ausgeschlossen haben, werden in der Regel als „Sonderabfälle" bezeichnet. Besonders überwachungsbedürftig sind die in der Verordnung zur Bestimmung von Abfällen nach §2 Abs. 2, AbfG (B II) aufgeführten Abfälle.

§1 Abs. 3, AbfG nennt die Bereiche, in denen das Abfallgesetz keine Anwendung findet. Über den von §1 Abs. 1 und 3, AbfG gekennzeichneten Geltungsbereich hinaus finden abfallrechtliche Vorschriften auch Anwendung für

a) Reststoffe
   Dies sind Stoffe, die im Produktionsbereich unerwünscht, aber unvermeidbar anfallen, ohne Abfall zu sein. Werden solche Stoffe in einer Rechtsverordnung nach §2 Abs. 2 und 3, AbfG aufgeführt, finden die in §2 Abs. 3 genannten Überwachungs-, Genehmigungs- und Kennzeichnungspflichten Anwendung.

Mit dieser Regelung ist die Konsequenz aus der Erkenntnis gezogen worden, daß es erhebliche Vollzugsschwierigkeiten bereitet, bestimmte Stoffe als Abfall oder als Wirtschaftsgut einzuordnen.

b) Anlagen, die der Lagerung oder Behandlung von Autowracks dienen (§5 Abs. 1, AbfG).

c) Altöle
Unabhängig von der Frage, ob Altöle Abfall i.S. von §1 Abs. 1, AbfG sind, finden grundsätzlich alle Vorschriften des Abfallrechts Anwendung §5a Abs. 1, AbfG) mit der Folge, daß Altöle auch in abfallrechtlich zugelassenen Anlagen zu entsorgen sind. Von diesem Grundsatz gibt es zwei Ausnahmen:
   1. Altöle werden in genehmigungsbedürftigen Anlagen i. S. von §4 des Bundesimmissionsschutzgesetzes verwertet: In diesem Fall finden nur abfallrechtliche Überwachungsvorschriften sowie §14 Abs. 1, AbfG Anwendung. Die Anlagen brauchen aber nicht zugelassen zu sein (§5a Abs. 2, S. 1 AbfG).
   2. Altöle werden der Aufarbeitung zugeführt: Dafür kommen jedoch nur Altölarten in Betracht, die nach Ausgangsprodukt und Anfallstelle Anforderungen genügen, die der in §5a Abs. 2, S. 2 vorgesehenen Rechtsverordnungen entsprechen.
   Die Vertreiber von Motoren-, und Getriebeölen haben Altöle in der dem Verkauf entsprechenden Menge kostenlos zurückzunehmen (§5b). Bis zum 31. Dezember 1989 gelten die Zuschußregelungen des Altölgesetzes (B VI) fort (§30 AbfG). Bis dahin haben die Beteiligten die Finanzierung ihrer ungedeckten Kosten von Zuschüssen aus dem Ausgleichsfonds auf die Erhebung kostendeckender Entgelte umzustellen.

d) das Aufbringen von Abwasser und ähnlichen Stoffen auf landwirtschaftlich genutzte Böden, vgl. dazu §15 AbfG und die aufgrund dieser Vorschrift erlassene Klärschlammverordnung.

Abfallvermeidung, Abfallverwertung

Das Abfallwirtschaftsprogramm der Bundesregierung aus dem Jahr 1975 zielte auf Verringerung bzw. Vermeidung der Abfallentstehung, gesteigerte Abfallverwertung der unvermeidbaren Abfälle und umweltverträgliche Beseitigung der unverwertbaren Abfälle hin.

Das Gebot zur Abfallvermeidung ist durch die Novelle in §1a Abs. 1, AbfG eingefügt worden. Die Vorschrift verweist auf die Pflichten der Betreiber genehmigungsbedürftiger Anlagen, Abfälle nach §5 Nr. 3 des Bundesimmissionsschutzgesetzes durch dem Einsatz reststoffarmer Verfahren oder durch Verwertung von Reststoffen zu vermeiden. Ferner dient der durch die 4. Novelle neugefaßte §14 AbfG der Verringerung der Schadstofffracht, der Verringerung der Abfallmenge, aber auch der Verbesserung der umweltverträglichen Entsorgung.

Vorrangiges Ziel dieser Vorschrift ist die Verringerung der Schadstofffracht durch den Erlaß entsprechender Verordnungen (§14 Abs. 1, AbfG). Der Verringerung der Abfallmengen, insbesondere von Verpackungen und Behältnissen im Getränkebereich, sollen Verordnungen zur Stützung des Mehrwegsystems und der Steigerung der Verwertung von Einwegverpackungen dienen (§14 Abs. 2, AbfG). Schließlich ist durch die 4. Novelle ein Gebot zur Abfallverwertung mit einem Vorrang vor der sonstigen Entsorgung für die entsorgungspflichtigen Körperschaften (§3 Abs. 2, AbfG) und die Besitzer ausgeschlossener Abfälle (§3 Abs. 4, AbfG) geschaffen worden (§1a Abs. 2, AbfG).

2 Grundlagen der Abfallwirtschaft

Die Verwirklichung abfallwirtschaftlicher Zielvorstellungen zur Vermeidung und Verwertung von Abfällen sowie Planungen und Entscheidungen erfordern einen umfassenden Überblick über die Grundlagen der Abfallwirtschaft und den Stand der für die Abfallwirtschaft bedeutsamen Technik.

Die dafür erforderlichen Daten werden von den abfallwirtschaftlichen Fachdienststellen (z.B. Landesamt für Wasser und Abfall, Staatliche Ämter für Wasser- und Abfallwirtschaft) ermittelt.

2.1 Abfallentsorgung

Das bis zur 4. Novelle geltende Abfallbeseitigungsgesetz verpflichtete zur Abfallbeseitigung und verstand darunter das Einsammeln, Befördern, Behandeln, Lagern und Ablagern der Abfälle. Das nunmehr geltende Abfallgesetz hat den Begriff der Abfallbeseitigung aufgegeben und durch Änderung von §1 Abs. 2, AbfG den neuen Begriff der Abfallentsorgung eingeführt. Darunter fällt die Verwertung und das Ablagern von Abfällen. Einsammeln, Befördern, Behandeln und Lagern sind Maßnahmen, die sowohl für die Verwertung als auch für die Ablagerung der Abfälle erforderlich sind.

Verwertung ist das Gewinnen von Stoffen und Energie. Eine Priorität der stofflichen Verwertung vor energetischer Nutzung hat das Abfallgesetz nicht festgesetzt. Jedoch hat die Abfallverwertung Vorrang vor der sonstigen Entsorgung. Dies gilt gleichermaßen für entsorgungspflichtige Körperschaften wie für Besitzer der nach §3 Abs. 3, AbfG ausgeschlossener Abfälle (§3 Abs. 2, Satz 3 und Abs. 4, AbfG).

2.1.1 Abfallentsorgungsplanung

Abfallentsorgung und dazu notwendige Entscheidungen erfordern einen langfristigen Überblick über Entsorgungskapazitäten. Die dazu im Interesse der Vorsorge geschaffene Vorschrift des §6 AbfG besagt, daß die Länder Abfallwirtschaftspläne zu erstellen haben.

2.1.2 Hausmüllentsorgung

Nach §3 Abs. 2, AbfG obliegt die Abfallentsorgung grundsätzlich Körperschaften öffentlichen Rechts, die das Land zu bestimmen hat. Danach sind die kreisfreien Städte und Kreise entsorgungspflichtig. Die kreisangehörigen Gemeinden haben Abfälle einzusammeln und zu befördern. Damit ist ihnen nur eine Teilaufgabe im Rahmen der Abfallentsorgung zugewiesen. Die kreisangehörigen Gemeinden müssen sich deshalb im Hinblick auf die umfassende an die Kreise nach deren Vorgaben, vor allem nach der Art ihrer Abfallentsorgungsanlagen richten. Mit ihrer Verpflichtung zur Abfallentsorgung können sich die Kommunen den üblichen Formen interkommunaler Zusammenarbeit bedienen. Damit können z.B. auch Abfallbeseitigungsverbände gebildet werden, in denen nicht nur Kommunen, sondern auch Besitzer ausgeschlossener Abfälle Mitglieder, und zwar auch Zwangsmitglieder sein können.

Daneben besteht die Möglichkeit, durch Verordnungen im Interesse des Wohls der Allgemeinheit die Entsorgungspflicht von der gesetzlich vorgesehenen auf eine andere Körperschaft des öffentlichen Rechts zu übertragen.

Die Kommunen regeln die Art der von ihnen durchzuführenden Abfallentsorgung durch Satzung und befinden auch darüber, ob ein Dritter nach §3 Abs. 2, Satz 2 AbfG mit der Abfallentsorgung zu beauftragen ist. Nordrhein-Westfalen hat z.B. Mustersatzungen für kreisfreie Städte, Kreise und kreisangehörige Gemeinden erlassen, in denen vor allem die Art der Überlassung und der Anschluß- und Benutzungszwang geregelt sind. Aus den kommunalen Satzungen ergibt sich auch, welche Abfälle von der Entsorgungspflicht der öffentlich-rechtlichen Körperschaft ausgeschlossen sind.

Zur Finanzierung der Abfallentsorgung können Kommunen aufgrund des Kommunalabgabengesetzes Gebühren und Beiträge erheben. Gleiches gilt für die Zweckverbände, die ebenso wie die Kreise die Abfallentsorgung auch über eine von ihren Mitgliedern aufzubringende Umlage finanzieren können.

Zur Einsammlungspflicht der Gemeinden gehört auch das Einsammeln der im Gemeindegebiet fortgeworfenen und verbotswidrig abgelagerten Abfälle von den der Allgemeinheit zugänglichen Grundstücken, wenn es nicht möglich ist, entsprechende Maßnahmen gegenüber Ordnungspflichtigen anzuordnen und durchzusetzen. Im Privatwald obliegt das Einsammeln dieser Abfalle in der Regel den Forstbehörden.

2.1.3 Die Organisation der Sonderabfallentsorgung

Schließen entsorgungspflichtige Körperschaften Abfälle von ihrer Entsorgungspflicht aus, ist der Besitzer nach §3 Abs. 4, AbfG selbst entsorgungspflichtig. Er kann sich dabei - wie die entsorgungspflichtigen Körperschaften – Dritter bedienen. Weitere organisatorische Regelungen hat der Bund nicht getroffen.

Die von den Ländern gewählten Organisationsformen sind unterschiedlich. In einigen Ländern bestehen privatrechtliche Entsorgungsgesellschaften auf Landesebene. In Bayern ist beispielhaft darüber hinaus ein verbindlicher Abfallentsorgungsplan erlassen worden, der dazu verpflichtet, die Anlagen der Gesellschaft zu benutzen. In Hessen wird dies mit einem besonders eingeführten Anschluß- und Benutzungszwang erreicht. Wie in anderen Ländern gibt es in Nordrhein-Westfalen eine solche Regelung nicht. Die in NRW bestehenden Deponien, Verbrennungsanlagen, Zwischenlager, Sammelstellen und Behandlungsanlagen, die privatwirtschaftlich ohne Beteiligung des Staates betrieben werden, sind im Vorläufigen Plan „Sonderabfälle" enthalten. Dieser Plan gibt Auskunft über betriebseigene Anlagen, die z.T. Dritten offenstehen, Verwerterbetriebe und anlagenspezifische Informationen über jeweils zugelassene Abfälle.

3 Abfallvermeidung

3.1 Einleitung und Definition Abfallvermeidung

Die besten Abfälle sind die erst gar nicht entstandenen, ist die bestechende Logik einer vielzitierten Aussage (Schenkel, U.B.A.).

Abfallbeseitigung ist out, es lebe die Abfallvermeidung und die Abfallverwertung, so ist es tagtäglich zu lesen.

Haben diese Forderungen und Appelle etwas bewirkt?

Sind die Abfallmengen zurückgegangen?

Zieht man die einschlägigen Statistiken zu Rate, muß man dies eindeutig verneinen.

Abfallvermeidung zu betreiben heißt:

1. Mit den Rohstoffmengen auch in Zukunft auskommen, die mittlerweile in die Bundesrepublik eingeführt werden.
2. weniger Rohstoffe einsetzen und weniger Güter neu herstellen.
3. vorhandene Produkte länger nutzen. Die Lebensdauer eines Produktes zu verdoppeln heißt den Rohstoffbedarf halbieren.
4. Produktherstellungsverfahren abfallarm gestalten.
5. alte Produkte stofflich nutzen. Dabei auf die Ausschleusung von Schadstoffen achten.
6. Dem Grundsatz folgen: weniger ist mehr. Reich ist nicht, wer viel hat, sondern wer wenig braucht. Es lebe die Rudologie (la rudologie – die Lehre vom Abfall) (Prof. und Direktor Schenkel Umweltbundesamt Berlin).

Die bereits im Abfallwirtschaftsprogramm der Bundesregierung der von 1975 festgelegten Grundlagen moderner Abfallwirtschaft

- Abfallvermeidung vor
- Abfallverwertung vor
- Abfallbeseitigung

haben mit der 4. Novellierung des Abfallgesetzes im Jahre 1986 auch den gesetzlichen Niederschlag gefunden. Im Abfallgesetz sind in den §1a, 3 und 14 konkretisierungsbedürftige Aussagen zur Abfallvermeidung und Abfallverwertung enthalten und zur Pflicht erhoben worden.

Die Abfallvermeidung kann nach §14 AbfG in konkreten Fällen durch Rechtsverordnungen und Verwaltungsvorschriften festgelegt werden.

Dies sind beispielhaft die Technische Anleitung Abfall mit den Teilen zu:

- Sonderabfällen
- Shredderabfällen
- Siedlungsabfällen.

Verwaltungsvorschriften zum Abfallgesetz und zum Bundes-Immissionsschutzgesetz (für z.B. Reststoffe und Sonderabfälle).

Schließlich sind noch ca. 26 Verordnungen nach §14 AbfG für die Abfallvermeidung zuständig, von denen beispielhaft die Verpackungsverordnung vom 12. Juni 1991 erwähnt sei.

Dazu kann unter anderem als Abfallvermeidungsstrategie bestimmt werden, daß

- Abfälle getrennt zu entsorgen sind,
- Erzeugnisse gekennzeichnet werden müssen,
- Erzeugnisse von Vertreibern zurückgenommen werden müssen,
- Erzeugnisse nach Gebrauch wiederverwertet oder verwertet werden müssen,
- Erzeugnisse nur in bestimmter Beschaffenheit für bestimmte Verwendung oder
- überhaupt nicht in den Verkehr gebracht werden dürfen (Prof. Dr. Fleischer, TU Berlin, Fachgebiet Abfallwirtschaft).

Begriffsdefinition

Der Begriff der Abfallvermeidung umfaßt die Handlungs- und Strategiemöglichkeiten, die ein Entstehen von Abfällen bereits beim Abfallproduzenten problemlos verhindern, bzw. den Abfall so gering wie möglich halten. Die Abfallvermeidung ist somit eng an die Produktions- und Verbraucherstrukturen geknüpft, die sowohl einen erheblichen Einfluß auf die Abfallproduktion ausübt als auch durch Vermeidungshandlungen verändert werden kann.

Die Abfallvermeidung ist in qualitativer und in quantitativer Hinsicht zu differenzieren. So ist unter qualitativer Abfallvermeidung eine Vermeidung kurzlebiger sowie problembehafteter Produkte zu verstehen, während mit quantitativer Abfallvermeidung eine Reduktion der noch zu verwertenden bzw. zu entsorgenden Abfälle gemeint ist.

Die Abb. 1 bis 4 zeigen eine Übersicht zum Abfallvermeidungsgebot und zum Abfallverwertungsgebot.

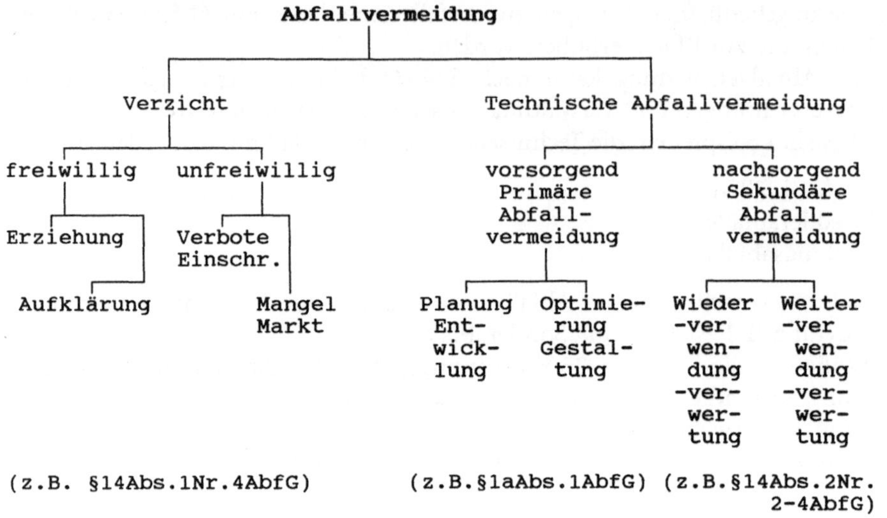

Abb. 1. Gliederung der Abfallvermeidung und -verminderung nach Fleischer (3, 4)

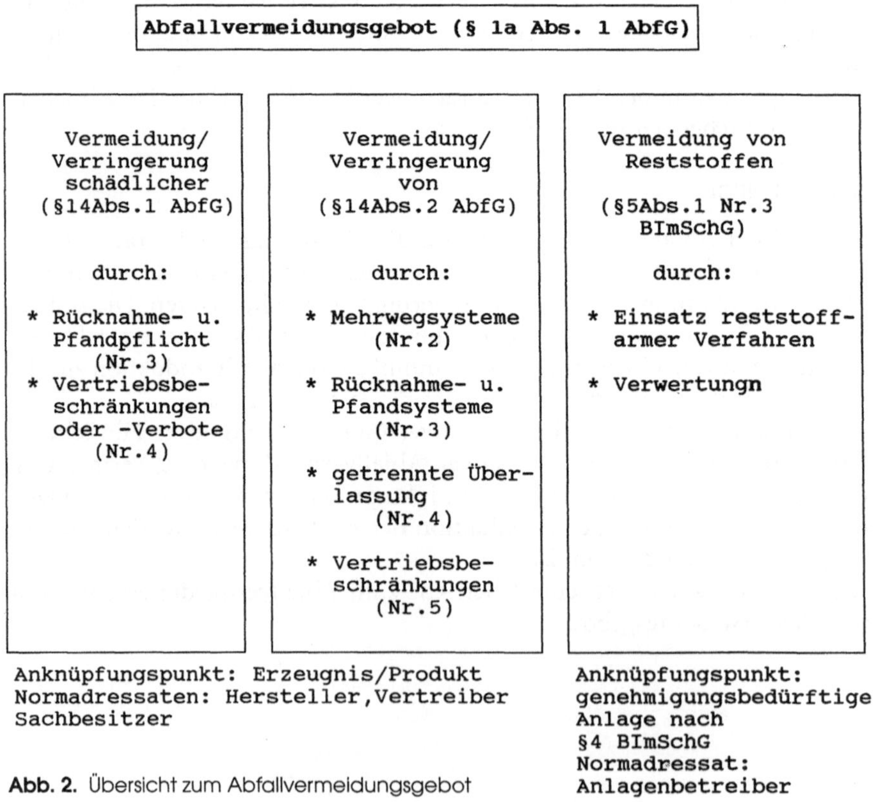
Abfallvermeidungsgebot (§ 1a Abs. 1 AbfG)
Vermeidung/
Verringerung
schädlicher
(§14Abs.1 AbfG)
durch:
* Rücknahme- u.
Pfandpflicht
(Nr.3)
* Vertriebsbe-
schränkungen
oder -Verbote
(Nr.4)
Vermeidung/
Verringerung
von
(§14Abs.2 AbfG)
durch:
* Mehrwegsysteme
(Nr.2)
* Rücknahme- u.
Pfandsysteme
(Nr.3)
* getrennte Über-
lassung
(Nr.4)
* Vertriebsbe-
schränkungen
(Nr.5)
Vermeidung von
Reststoffen
(§5Abs.1 Nr.3
BImSchG)
durch:
* Einsatz reststoff-
armer Verfahren
* Verwertungn
Anknüpfungspunkt: Erzeugnis/Produkt
Normadressaten: Hersteller,Vertreiber
Sachbesitzer
Anknüpfungspunkt:
genehmigungsbedürftige
Anlage nach
§4 BImSchG
Normadressat:
Anlagenbetreiber

Abb. 2. Übersicht zum Abfallvermeidungsgebot

3.2 Einflüsse verschiedener Akteure auf die Abfallvermeidung

Die prinzipiellen Möglichkeiten der Abfallvermeidung und man muß dazu auch die Abfallverminderung zählen zeigt Abb. 1.

Abfallvermeidung im Sinne des Wortes bedeutet das Verhindern der Entstehung von Abfällen überhaupt.

„Dies könnte das erste Gebot der Abfallvermeidungsstrategie sein."

Dies kann nur dann erreicht werden, wenn nicht produziert und konsumiert wird. Dagegen bedeutet Abfallverminderung, daß teilweise Abfälle vermieden werden, das heißt weniger Abfälle durch Produktion und Konsumenten erzeugt werden. Im Sprachgebrauch wird in beiden Fällen der Begriff Abfallvermeidung verwendet. Zwei weitere Bereiche (s. Abb. 1) sind der Verzicht und die technische Abfallvermeidung.

Verzicht auf Produktion und Konsumtion ist Abfallvermeidung im Sinne des Wortes und damit die effektivste Art. Verzicht kann freiwillig erfolgen. Bei dem erwachsenen Menschen der Industriegesellschaft, dem Wegwerfverhalten in der Vergangenheit anerzogen wurde, kann dieses Bewußtsein nur durch intensive Aufklärung erzeugt werden. Bei Kindern muß die Erziehung zu umweltbewußten Menschen bei den Eltern beginnen und im Kindergarten und in der Schule fortgesetzt werden. Dies bedeutet konkret, daß vorallem bewußter gelebt und damit bewußter mit der Umwelt umzugehen ist.

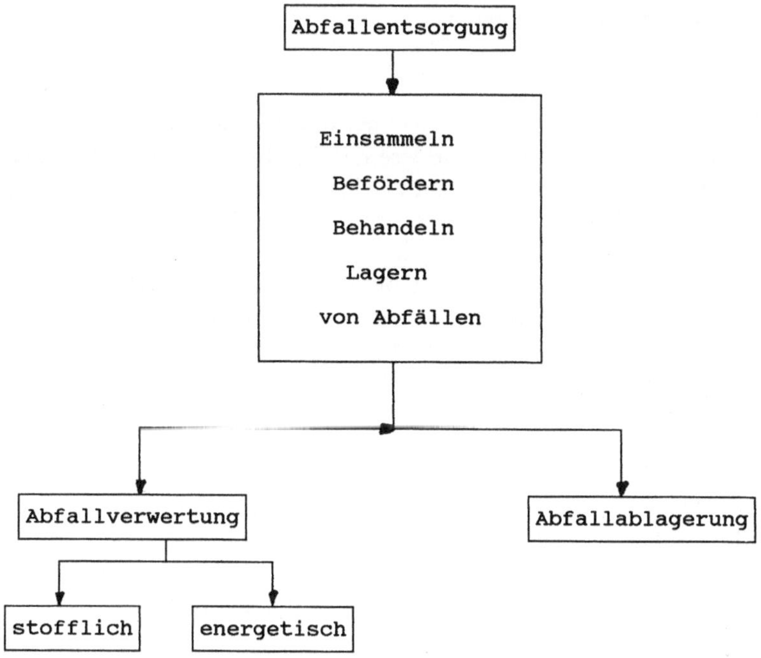

Abb. 3. Schematische Darstellung zu §1 Abs. 2, AbfG (neu)

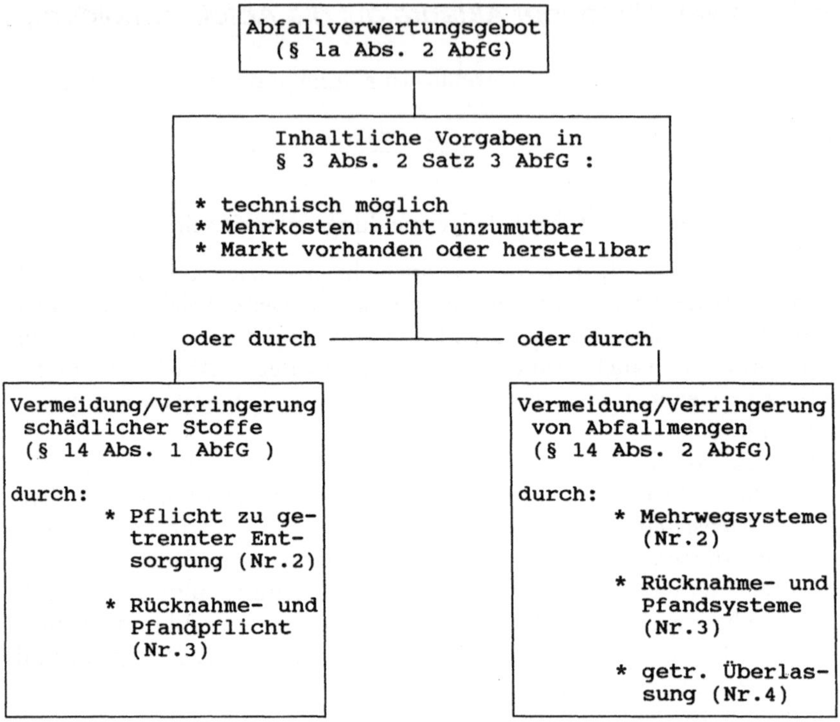

Abb. 4. Übersicht zum Abfallverwertungsgebot

Unfreiwillig wird dort verzichtet, wo Einschränkungen durch Verbote erzwungen werden. Dies betrifft insbesondere den Produzenten. Zum Beispiel gibt es in Dänemark ein Verbot von Bier und Erfrischungsgetränken in Einwegdosen. Oder die FCkW-Hallon-Verbotsverordnung vom 6.5.1991 bzw. die Batterie-Verordnung, welche die Reduzierung des Quecksilbergehaltes in Batterien zum Ziel hat. Unfreiwillig muß der Produzent aber dann verzichten, wenn der Markt bestimmte Stoffe nicht bereitstellt oder aber die Kosten dafür zu hoch sind. Beispiel: Erläuterung von Pfandflaschen (Wein-, Sektflaschen).

Technische Abfallvermeidung bedeutet die vorsorgende primäre Abfallvermeidung und die nachsorgend sekundäre Abfallvermeidung. Die technische Abfallvermeidung schließt die Vermeidung von Emissionen ein.

Die vorsorgende Abfallvermeidung wird u.a. durch Planung und Entwicklung sowie der Gestaltung von neuen Produkten und Anlagen erreicht.

Die sekundäre Abfallvermeidung ist das Verhindern, daß Produkte, Produktionsreststoffe und Altstoffe zu Abfall werden oder bleiben.

Die VDI-Richtlinie 2243 unterscheidet hier zwischen den Begriffen der

- Wiederverwendung,
- Weiterverwendung,

– Wiederverwertung,
– Weiterverwertung.

Wiederverwendung ist die erneute Nutzung eines gebrauchten Produkts für den gleichen Verwendungszweck, für den es ursprünglich hergestellt wurde.

Weiterverwendung ist die erneute Verwendung eines gebrauchten Produkts für einen anderen Verwendungszweck, für den es ursprünglich nicht hergestellt wurde.

Bei der Wieder- und Weiterverwendung bleibt die Gestalt des Produkts erhalten.

Wiederverwertung ist der wiederholte Einsatz von Altstoffen und Produktionsreststoffen in einem gleichartigen wie dem bereits durchlaufenen Produktionsprozeß.

Weiterverwertung ist der Einsatz von Altstoffen und Produktionsreststoffen in einem von diesen noch nicht durchlaufenen Produktionsprozeß.

Bei der Wieder- und Weiterverwertung wird die Produktgestalt aufgelöst.

Die im Bereich der Abfallproduktion Handelnden können in die Bereiche der direkten Akteure und indirekten Akteure unterteilt werden [2].

Zu den direkten Akteuren zählen:

– Haushalte und Dienstleistungsbereiche
– Handel
– Produzierendes Gewerbe und Industrie.

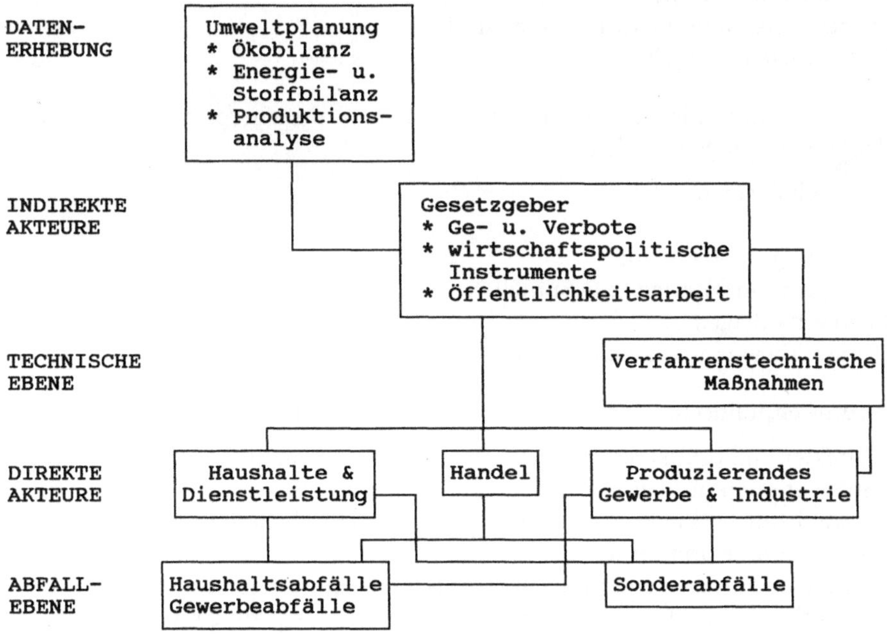

Abb. 5. Wirkungsbeziehungen zwischen den verschiedenen Akteuren und Ebenen der Abfallwirtschaft (2)

Die indirekten Akteure werden vom Gesetzgeber (Europäische Gemeinschaft, Bund, etc.) und den ausführenden Organen der Gesetzgebung, wie z. B. Landes- oder Kommunalbehörden gebildet. Die Wirkungsbeziehungen zeigt Abb. 5 [2].

Jeder Vorgang bei der Produktionsherstellung ist dabei mit spezifischen Umweltbelastungen verbunden. Erhebungsmethoden für eine Qualitative Gesamtbilanz sind z. B.:

- Ökobilanzen,
- Stoff- und Energiebilanzen,
- Produktionsanalysen.

Durch Ökobilanzen kann beispielhaft die Beeinflussung der Umwelt bei der Produktion eines Rohstoffes bzw. eines Produktes erfaßt werden. Die sich hieraus resultierenden Erkenntnisse können als Forderungen gelten das eine oder andere Produkt überhaupt erst nicht herzustellen bzw. durch ein umweltfreundliches Produktionsverfahren zu erzeugen.

Da weder Stoffe noch Energie verloren gehen, sondern lediglich umgewandelt werden, dienen diese Bilanzen als sinnvolle Grundlage zur Erstellung technischer und struktureller Planungsaussagen.

Die Produktionsanalyse gibt Auskunft über den Lebenszyklus eines Produktes.

Die indirekten Akteure bedienen sich somit folgender Instrumente zur Abfallvermeidung:

- Gebote und Verbote,
- wirtschaftspolitische Instrumente und
- Öffentlichkeitsarbeit.

Als umweltpolitische Instrumente nach dem Verursacherprinzip können vor allem unterschieden werden

1. Umweltabgaben
2. Umweltlizenzen
3. Freiwillige Instrumente
4. Kooperationslösungen für Branchen
5. Umweltauflagen
6. Umweltbewußte staatliche Beschaffungspolitik.

Die umweltpolitischen Instrumente nach dem Gemeinlastprinzip sind:

1. Direkter und indirekter staatlicher Umweltschutz mittels Steuerfinanzierung
2. Subventionen für den Verzicht auf Umweltschädigungen
3. Umweltsubventionen zur Förderung umweltfreundlicher Produktionsverfahren, Produkte und Einsatzstoffe
4. Staatliche Förderung der umwelttechnischen Innovation
5. Öffentliche Ausgaben zur nachträglichen Beseitigung von Umweltschäden.

Abbildung 6 zeigt schematisch einen Überblick der umweltpolitischen Instrumente. Nach Fleischer [3, 4] kann die technische Abfallvermeidung auch als

Funktion des Produkt-Lebenszyklus dargestellt werden. Hierbei wird zwischen den Personen, den Abfällen und deren Emissionen als auch zwischen dem Schädigungspotential, der Nutzungsdauer und der Recyclingfähigkeit unterschieden (Abb. 7 und 8).

Die umweltpolitischen Maßnahmen können auch zugeordnet werden durch:

1. Eingreifende Maßnahmen wie z. B. Ge- und Verbote
2. Leistende Maßnahmen, die von öffentlichen Einrichtungen, Förderungen, Beratungen oder Ersatzleistungen ausgehen
3. Planende Maßnahmen auf Grundlage von Programmen.

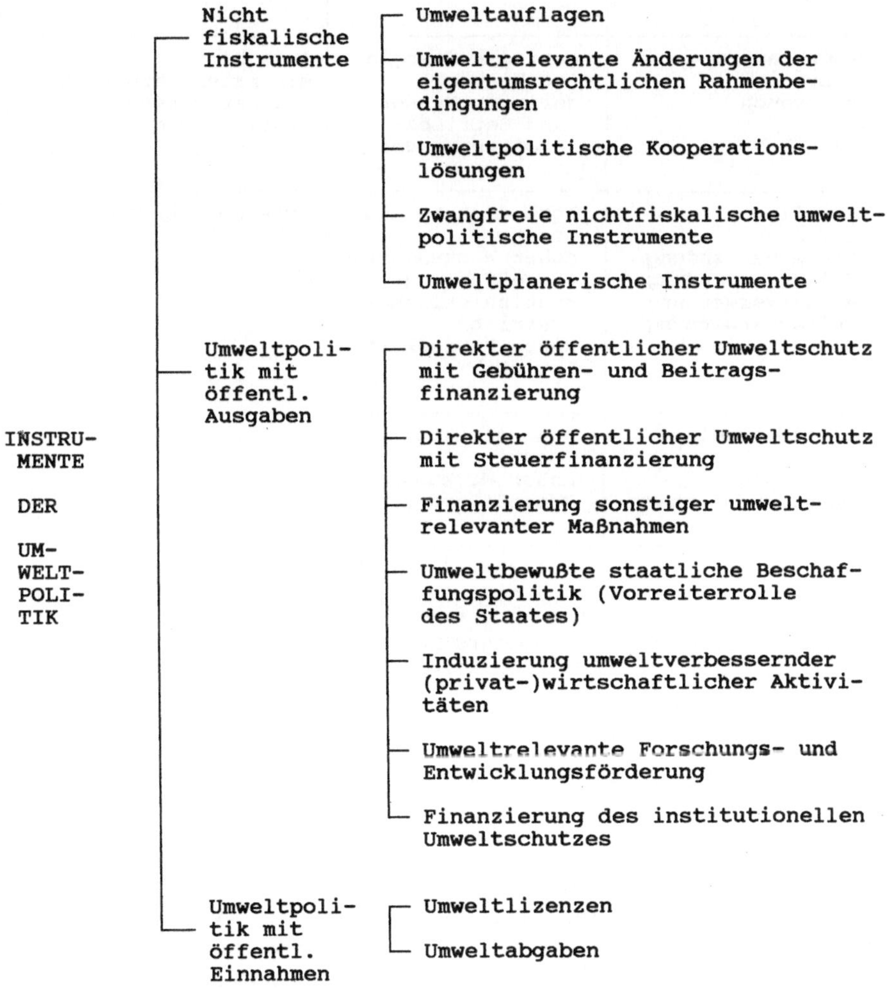

Abb. 6. Gesamtüberblick über die umweltpolitischen Instrumente

Elemente der Abfallvermeidung Lebenszyklus	**Ressourcen** (Rohstoffe und Energie) (Verbrauch)	**Abfälle u. Emissionen** (Entstehung)
Herstellung Rohstoffgewinnung Werkstofferzeugung Fertigproduktherstellung Distribution	hohe direkte Ausbeute hoher Wirkungsgrad Prozeßführung kontinuierlicher Betrieb kurze Prozeßketten gute Kreislauffähigkeit Leichtbauweise Logistik wenig Verpackung	(wie Ressourcen) + hohe Konzentrationen geringe Dissipation
Produktnutzung Gebrauch Verbrauch	geringer Energieverbrauch geringer Wasser- und Betriebsstoffverbrauch	Auswahl minimaler Verbrauch zielgerichtete Entledigung
Recycling Erfassung Wiederverwendung Weiterverwendung Wiederverwertung Weiterverwertung Distribution	hohe direkte Ausbeute hoher Wirkungsgrad Prozeßführung kontinuierlicher Betrieb kurze Prozeßketten Logistik	(wie Ressourcen)
Abfallbehandlung Erfassung phys.,chem.,therm.	hohe direkte Ausbeute hoher Wirkungsgrad Prozeßführung	(wie Ressourcen) Logistik
Ablagerung	Volumenreduzierung	(wie Ressourcen)

Abb. 7. Struktur der Technischen Abfallvermeidung: Bereiche und Möglichkeiten der Abfallvermeidung als Funktion des Produkt-Lebenszyklus (3, 4)

3.2.1 Maßnahmen indirekter Akteure

Gebote und Verbote

Das am 1. November 1986 in Kraft getretene neue Abfallgesetz des Bundes hat eine grundlegende Wende im Abfallrecht gebracht, nämlich von der Beseitigung hin zur Abfallwirtschaft. Statt bisher „Gesetz über die Beseitigung von Abfällen" heißt es nunmehr „Gesetz über die Vermeidung, Verwertung und Entsorgung von Abfällen".

Schädigungspotential	**Nutzungsdauer**	**Recyclingfähigkeit**
schadstoffarme Prozesse und Einsatzstoffe regenerierbare Ressourcen Prozeßführung additiver Umweltschutz	Funktionserfüllung Betriebssicherheit geeigneter Werkstoff haltbare Verbindung dauerhafte Konstruktion: stabil verschleiß- und korrosionsbeständig, Verbundwerkstoffe Werkstoffverträglichkeit Prozesse	demontage-, aufarbeitungsgerechte Konstruktion, wenig Werkstoffe, Altstoffverträglichkeit, keine Verbundwerkstoffe, keine/lösbare Verbunde Identifikationsmöglichkeit Modulare Systeme
Auswahl minimaler Verbrauch	Nutzungsgerechter Ge- und Verbrauch, Wartung und Pflege	
schadstoffarme Prozesse und Einsatzstoffe Prozeßführung additiver Umweltschutz	schonendes Handling schonende Reinigung und Demontage geeignete Aufarbeitungsprozesse	
Einsatzstoffe Prozeßführung additiver Umweltschutz		
Immobilisierung Kapselung/Abdichtung		

Abb. 8. Struktur der Technischen Abfallvermeidung: Bereiche und Möglichkeiten der Abfallvermeidung als Funktion des Produkt-Lebenszyklus

In diesem Gesetz werden insbesondere Vorschriften und Erlasse aufgezeigt, die Anforderungen enthalten an eine rückstandsarme und schadstoffarme Kreislaufwirtschaft, um Abfälle zu vermeiden und natürliche Ressourcen zu schonen.

Die zukünftige TA-Abfall soll dazu dienen, die Umsetzung der angestrebten Strategien zur Abfallvermeidung und -verwertung als zentrales Element der Abfallwirtschaft einzuführen. Hierzu zählt beispielhaft das Verbot bestimmter Beseitigungswege für potentiell verwert- oder vermeidbarer Abfälle und Reststoffe. Mögliche Instrumente sind die vorgeschriebenen Entsorgungswege der TA-Siedlungs- und TA-Sonderabfall.

Abfallvermeidung durch wirtschaftliche Instrumente. Hier seien beispielhaft zwei Instrumente aufgeführt:

Wirtschaftsförderung und ökonomische Anreize

Die Wirtschaftsförderung bietet vielseitige Möglichkeiten zur Einflußnahme auf das Verhalten von Industrie und Gewerbe. Instrumente für eine umweltorientierte Wirtschaftspolitik können sein:

- Finanzierungshilfen,
- Steuer- und Tarifpolitik,
- Infrastrukturpolitik,
- Baugenehmigungspraxis,
- Umweltrelevante Forschungs- und Entwicklungsförderung,
- Informationen und Beratung.

Ökonomische Anreize auf der Stufe der Rohstoff- und Güterproduzenten werden als erfolgversprechende Maßnahmen zur Verminderung des Abfallaufkommens angesehen, da die Vermeidungszielsetzung für industrielle Produzenten auf marktwirtschaftlichen Überlegungen liegen. Der Produzent kalkuliert in alternativen Investitionsrechnungen durch, wie ersparte Umweltschutzausgaben zu Buche schlagen.

Weitere Anreize sind Subventionen für den Verzicht auf Umweltschädigungen.

Öffentlichkeitsarbeit

Adressaten der Öffentlichkeitsarbeit sind die Bürger, der Handel und das Gewerbe sowie die kommunale Verwaltung. Ziele der Öffentlichkeitsarbeit sind:

- Veränderung des Kaufverhaltens (abfallarmer und umweltbewußter Einkauf)
- Förderung der Eigenkompostierung
- Umstrukturierung der Angebotspalette für langlebige, reparatur- und umweltfreundliche Produkte
- Förderung der Umweltpädagogik.

Die Öffentlichkeitsarbeit sollte professionell durchgeführt werden, da sie zum Teil mit der abfallfördernden Industrie konkurriert.

3.2.2 Direkte Akteure

Zu den direkten Akteuren zählen das produzierende Gewerbe, der Handel und die Haushalte und Dienstleistungen.

Das produzierende Gewerbe könnte durch das verstärkte Anbieten verpackungsarmer Produkte, aber auch gezielt langlebiger Gebrauchsgüter einen ganz erheblichen Beitrag zur Abfallvermeidung leisten. Gerade die Problematik der Einweg/Mehrwegverpackungen läßt eher vermuten, daß nur gesetzliche bzw. ordnungsrechtliche Regelungen hier eine Veränderung bewirken können.

Der Handel, hier vorallem der Einzelhandel, steht bei der Abfallvermeidung in einer wichtigen Mittlerrolle zwischen warenproduzierenden Gewerbe und dem konsumierenden und abfallerzeugenden Verbraucher. Er kann beispeilhaft durch verstärkte Angebote von umweltfreundlichen Produkten Einflußnahme auf den Produktabsatz und somit auf den Produzenten nehmen.

Im Haushalts- und Dienstleistungsbereich sind überwiegend die

- Verwaltungen, Behörden, Banken, Versicherungen
- Schulen, Hochschulen und sozialen Einrichtungen
- Gaststätten, Hotels und Kantinen, sowie
- private Haushalte

als abfallerzeugende Verbraucher zu nennen.

Den privaten Haushalten kommt die besondere Rolle zu, am Ende der Produktions- und Konsumkette zu stehen und damit unmittelbarer Abfallerzeuger zu sein. Ihr Abfallverhalten und natürlich auch ihr Konsumverhalten wirkt entsprechend auf alle Versuche der Abfallvermeidung; eine Abfallvermeidung ohne Mithilfe des Endverbrauchers ist praktisch nicht möglich.

So laute eine Forderung an zukünftige Abfallkonzepte, die öffentliche Kontrolle der Abfallproduktion verbindlich festzuschreiben.

4 Hausmüll-Vermeidung

4.1 Möglichkeiten der Abfallvermeidung im Haushalt

Zur Umsetzung von Abfallvermeidungsmaßnahmen im Haushalt können folgende Bereiche unterschieden werden:

- Verminderung von Verpackungsabfällen
- Verminderung von Gebrauchs- und Verbrauchsgütern
- Schadstofforientierte Vermeidung
- Vermeidungsorientierte Haushaltsführung.

Deutlich wird, daß Abfallvermeidung primär durch die Förderung der Eigenkompostierung realisiert werden kann. (65% des Vermeidungspotentials von 125 kg/E. a...

Weitere wichtige Maßnahmen betreffen das bewußte Einkaufen und die Vermeidung von Verpackungsabfällen. Am wirkungsvollsten in diesem Sektor dürfte das „Zurücklassen von Verpackungen im Geschäft“, die „Annahmeverweigerung von Hauswurfsendungen“ und die Reduktion des Verbrauchs von Hygienepapieren wirken. Wer sich einmal eine umweltfreundliche Einkaufsmethode angewöhnt hat, wird zukünftig in allen Sektoren abfallvermeidend tätig sein.

4.2 Modellversuche

In Hamburg-Harburg wurde im Jahr 1987 ein Modellversuch zur Abfallvermeidung unternommen [2]. Hierbei wurden 81 Haushalte unterschiedlicher Wohnstruktur ausgewählt und die Haushalte während des gesamten Versuchszeitraumes in Form von persönlichen Gesprächen, größeren Gesprächsrunden und Informationsblätter über Vermeidungsmöglichkeiten informiert. Weiterhin wurden konkrete Vermeidungsmaßnahmen genannt, wie z. B:

- Papiere und Pappen, die mit anderen Materialien verbunden sind, sollen vermieden werden. Für Getränkeverpackungen bietet sich Glas, insbesondere Pfandflaschen an,
- auf Wegwerfartikel, Pappbecher, Pappteller etc. sollte verzichtet werden.
- Pfandflaschen sind zu bevorzugen, da diese bis zu 60mal wiederverwendet werden können.
- Sämtliche Dosenverpackungen sind zu vermeiden, etc.

Als Ergebnis konnte festgestellt werden, daß über 35% des ursprünglichen Haushaltsabfalls vermieden werden konnte. Ähnliche Versuche wurden auch Mitte der 80iger Jahre in Berlin durchgeführt und führten zu ähnlichen Ergebnissen. Durch gezielte Abfallvermeidung im Haushalt könnte der Restmüll um ca. 30% reduziert werden. Die Verringerung des Restmüllaufkommens ist dabei im Wesentlichen durch die Abnahme der Vegetabilen bedingt.

4.3 Energieeinsparung durch Abfallvermeidung

Die Veränderung des Energiebedarfs durch Vermeidung und Verminderung von Abfällen im Verhältnis zur Wiederverwertung von Werkstoffen ist einer der notwendig zu untersuchenden Gesichtspunkte im Hinblick auf eine Neustrukturierung der Abfallwirtschaft.

Einen Überblick über Energieeinsparungspotentiale [2] zeigt Tabelle 1:

Tabelle 1. Energieeinsparpotentiale bei der Vermeidung und Wiederverwertung von Wertstoffen

Fraktionen	Enerieeinsparung GJ/Mg	
	Vermeidung	Wiederverwertung
Papier	20,2	5,7
Glas	14,0	6,6
Metalle		
- Eisen	19,5	18,0
- Aluminium	220,0	208,0[a]
Kunststoffe		
- Polyethylen	70,0	
- Polystyrol	82,2	wesentliches[b]
- PVC	53,0	Einsparungspotential

[a] Die Wiederverwertung von Aluminium aus Hausmüll ist problematisch, da es zumeist als Verbundwerkstoff eingesetzt wird und nur sehr schwer aufzubereiten ist.

[b] Für eine Wiederverwertung ist eine saubere und sortenreine Erfassung der Einzelkomponenten erforderlich, was i. A. jedoch nicht praktikabel ist, da im Haushalt zu viele Kunststoffe und Verbundstoffe eingesetzt werden.

Mögliche Energieeinsparungen durch die Wertstoffvermeidung sind denen aus der Wertstoffrückgewinnung deutlich überlegen da der Hauptenergiebedarf im Bereich der Trocknung (Papier) und des Schmelzens (Glas) anfällt, bzw. einige Stoffe sich aufgrund ihres Einsatzes als Verbundstoffe (Aluminium, Kunststoffe, etc.) kaum wiederverwerten lassen.

5 Zusammenfassung grundlegender Ansätze der Abfallwirtschaft

Mit dem Entwurf der TA-Siedlungsabfall und der Novellierung des Abfallgesetzes hat der Gesetzgeber eine Grundlage geschaffen mit der im §14 des Gesetzes zur Vermeidung von Rückständen, Verwertung von Sekundärrohstoffen und Entsorgung von Abfällen die Entwicklung der Kreislaufwirtschaft und Sicherung der Entsorgung von Abfällen zum ersten Mal konkret bestimmt und angeordnet wird.

Hierzu zählen beispielhaft:

1. daß Planungen für Maßnahmen zur Vermeidung und Verwertung von Rückständen sowie zur Entsorgung von Abfällen darzulegen sind,
2. mit der Einführung der Verpackungsverordnung sind im Rahmen des DSD-System Verwertungsquoten festgelegt worden, die die Vermeidungsstrategien festhalten,
3. Rückstände sollen dem Produktionsprozeß wieder zugeführt und somit der Kreislaufwirtschaft wieder zugeführt werden,
4. die Abfallvermeidung hat Vorrang vor der Abfallververwertung und der Abfallentsorgung,
5. Sonderabfälle sind im Rahmen der Abfallvermeidung unbedingt zu verhindern und im Rahmen der UVU zu beurteilen.

Am Beispiel der Verpackungsverordnung lassen sich die Ansätze der Abfallwirtschaft am besten darstellen.

Mit der Zustimmung des Bundesrates am 19.04.1991 ist die „Verordnung zur Vermeidung von Verpackungsabfällen" VVO rechtskräftig geworden.

Die Verpackungsverordnung zielt auf die „Produktverantwortung von Herstellern und Vertreibern für den gesammten Lebenszyklus von Produkten".

Der Bundesminister für Umwelt, Naturschutz und Reaktorsicherheit hat mit der Verpackungsverordnung große Teile der Wirtschaft speziell aus dem Bereich der Verpackungsindustrie sowie deren Roh- und Halbstofflieferanten unter Druck gesetzt, endlich die Abfallvermeidung als integrales Teil der Warenverteilung zu akzeptieren und ein Rücknahmesystem und damit ein Packmittel- bzw. Stoffkreislauf zu installieren. Die Wirtschaft hat auf die Ankündigung und Realisierung der Verordnung mit der Vorstellung und Installation eines Abfallvermeidungssystems reagiert.

Diese – Duales System – genannte Ordnung hat letztlich zum Ziel, Abfälle zu vermeiden, d.h. beim Design eines Produktes die Wiederverwendung bzw. –

verwertung bereits einzuplanen. Dabei sollen nicht staatliche Ordnungsvorstellungen zum Motor des Handelns werden, sondern die Einsicht, daß ein weiterer Mißbrauch von Ressourcen zum Kollaps unserer Gesellschaft führt.

Die derzeit aufgeführten Lösungsansätze weisen zunächst auf die Ausweitung des bisher bekannten Recyclingsystems bei gleichzeitiger Absicherung der Sekundärrohstoffmärkte hin. Dabei werden zunächst alle recyclefähigen – nicht schadstoffbelasteten Verkaufsverpackungen in die Rücknahme integriert und durch die Einbeziehung von Großverbrauchern auch ein entsprechender Anteil von Transportverpackungen in diese eingeschlossen.

Die erste Aufgabe, der am Dualen System beteiligten Unternehmen, ist die Steigerung der Erfassungs- und Verwertungsquote der klassischen weiter- und wiederverwendungsfähigen Verpackungsmaterialien. Diese Steigerung ist nur möglich mit einer parallel durchgeführten Strukturierung von Arten und Sorten und einer damit verbundenen Verbesserung von Qualitäten für Sekundärrohstoffe.

Die zweite wichtige Aufgabe ist die Förderung neuer Verwertungstechniken für die klassischen Sekundärrohstoffe wie z. B. Papier und Pappe, um Übermengen, die nicht im klassischen Marktsegment placiert werden können, einer Verwertung zuzuführen.

Für weitere Sekundärrohstoffe, die zwar nicht vom Gewicht, dafür aber vom Volumen, bzw. auch vom Rohstoffpotential her der Wiederverwertung erschlossen werden müssen wie z. B. die Fraktion der unterschiedlichen Kunststoffarten, sind Sortier- und Aufbereitungsverfahren so zu entwickeln, daß möglichst artreine Stoffe zur Verfügung stehen; für diese Stoffe sind ebenfalls Qualitätskriterien und Märkte zu entwickeln. Diese Märkte sind so zu gestalten, daß möglichst hochwertige Produkte aus dem bspw. Regranulat hergestellt werden. Gleiches gilt für Verbundfraktionen aus dem Bereich z. B. von Milch- und Saftkartonagen.

Sind die Grundvoraussetzungen für die Realisierung des Dualen Systems geschaffen, so ist es aus abfallwirtschaftlicher Sicht unabdingbar notwendig, weitere potentielle Sekundärrohstoffmassen über die Verordnungen schrittweise mit in das Verantwortungssystem einzubeziehen; dieses gilt vor allem für Druckerzeugnisse, Transportverpackungen, Umverpackungen von schadstoffhaltigen Produkten, „Weiße" Küchenware, Unterhaltungselektronik usw. bis hin zu Kraftfahrzeugen.

Als wichtigster Schritt ist begleitend zu den reinen Abfallwirtschaftsmaßnahmen die Planung von Weiter- und Wiederverwendungs- und -verwertungsschritten bei der Gestaltung von Konsum- aber auch Investitionsgütern bei gleichzeitiger Minimierung der Umweltauswirkungen solcher Systeme auf Produktion, Vertrieb- und Rückhollogistik zu fordern.

Die Diskussion des Dualen Systems, die auch innovative Ansätze für eine neue Ordnung bei der Abfallentsorgung beleuchtet, ergibt die Forderung, die Ansprüche eines zu schaffenden Ressourcengesetzes im Hinblick auf Stoffkreisläufe zu formulieren. Nicht ordnungsrechtliche Prinzipien des 19. Jahrhunderts, die die schadlose Beseitigung von Stoffen maximieren, sind gefragt, sondern ökonomisch/ökologisch formulierte und geplante Stoffflüsse, die den bekannten Einsichten des „Club of Rome" entsprechen.

Erst wenn die o.g. Einsicht zum Maßstab des Handelns aller an der Abfallentstehung Beteiligten wird, unterliegt der Absatz von Sekundärrohstoffen nicht mehr dem Wettbewerb zwischen Primär- und Sekundärrohstoffen, der häufig zusätzlich vom Wettbewerb auf Rohstoffmärkten geprägt wird, sondern der Erkenntnis unserer Industriegesellschaft, mit knappen Gütern entsprechend volkswirtschaftlich und ökologischer Einsichten haushalten zu müssen.

6 Abfallvermeidung und Abfallverwertung am Beispiel von Transportverpackungen

6.1 Abfallvermeidung

Aus ökologischer Sicht hat die Abfallvermeidung wie bereits angeführt grundsätzlich Vorrang vor der Verwertung. Eine ganzheitliche effektive Vermeidung von Verpackungsabfall zu betreiben bedeutet:

- Rohstoffe einzusparen,
- weniger Verpackungen herzustellen,
- die Herstellung abfallarm zu gestalten,
- Schadstoffe zu minimieren,
- langlebige Verpackungen herzustellen, die mehrfach nutzbar sind.

Auf Verpackungen oder einzelne Verpackungselemente zu verzichten und nicht notwendige Verpackungen wegzulassen, erspart die Herstellung von Verpackungen und damit sowohl den Einsatz von Rohstoffen als auch von Abfallbehandlungskapazitäten.

Eines der wichtigsten Mittel der Vermeidung von Verpackungsabfällen ist die systematische Mehrfachnutzung und damit der Verzicht auf Einweg- und Einmalprodukte. Mehrwegsysteme haben sich in fast allen Untersuchungen bei realistischen Umlaufzahlen den Einwegsystemen im Hinblick auf Energieverbrauch und Umweltbelastung als überlegen erwiesen. Besonders im Bereich der Transportverpackungen ist ein deutlicher Trend zu Mehrweg-Transport-Systemen erkennbar.

Das bewährteste und gleichermaßen bekannteste Mehrweg-Transportsystem ist der Flaschenkasten. Er dient sowohl als Transportmittel zwischen Industrie, Handel und Konsument als auch als Verkaufspackung. Folgende Beispiele zeigen, daß der Einsatz eines intelligenten Mehrwegsystems sowohl ökologisch als auch ökonomisch effizient sein kann.

Mehrweg-Transportbehälter-Systeme werden in unterschiedlichen Größen und Ausführungen angeboten. Sie dienen nicht nur als Transport- und

Schutzeinheit beim Transport verschiedenster Güter, sondern auch der Produktpräsentation ohne Auspacken.

Die dem Benutzer mitverkaufte Dienstleistung (Behältergestellung, Rücktransport, Reparatur, Wartung, Unterhaltung, Logistik) ermöglicht hohe Rücklaufzahlen und gewährleistet eine relativ sortenreine Rückgabe der Verpackung.

Die Herstellung der Verpackung aus einheitlichen Materialien wie z. B. Kunststoff ermöglichen ein relativ problemloses Recycling und die Neuproduktion aus dem Recyclat.

Schon 15–20 Umläufe eines Mehrweg-Transportbehälters können zu wirksamen Umweltvorteilen gegenüber Einwegverpackungen führen. Bei einer Lebensdauer von bis zu 10 Jahren werden ca. 60 Umläufe erreicht.

Mehrweggebinde im Chemikalienhandel

Als Mehrweggebinde für den Transport von Lösungsmitteln ersetzten Edelstahl-Behälter Glasflaschen, die häufig als Einwegartikel benutzt werden. Die Metallgebinde haben eine für organische Lösungsmittel inerte Oberfläche, durch eine optimierte Form können die Behälter fast vollständig entleert werden, so daß eine Resteverschleppung in die Konditionierung der Gebinde minimiert wird. Ab einer Gebindegröße von 10 l erweisen sich die neuen Gebinde als wirtschaftliche Alternative.

Recyclingsystem für Blechverpackungen

Stahlblechverpackungen in Form von Fässern u. a. werden nach Reinigung bzw. Rekonditionierung heute schon mehrfach genutzt. Auf Grund von technischen Einwirkungen ist die Umlaufhäufigkeit solcher Verpackungen stark begrenzt, daher bauen die Verbände Metallverpackungen und Stahlblechverpackungen zusammen mit der Schrott-Recyclingwirtschaft ein Recyclingssystem für Blechverpackungen von chemisch-technischen Füllgütern auf. Erfaßt werden sollen alle Blechverpackungen – also auch Transportverpackungen –, die nicht rekonditioniert werden können und damit nicht in die heute schon bestehenden Aufbereitungs- und Weiterverwendungssysteme passen. Das System berücksichtigt die Reinigung der Behälter von festen und pastösen, fettigen sowie anderen Anhaftungen vor dem Einsatz der Stahlbleche als Sekundärrohstoff.

Recycling für Kunststoffverpackungen

Ein ähnliches System wie für Stahlblechverpackungen wird derzeit von Unternehmen der Kunststoff- und Kunststoffverpackungsmittelindustrie ausgearbeitet. Dabei ist es Ziel, nach Reinigung der Transportbehälter eine Weiterverwendung zu überprüfen bzw. Kunststoff zu regranulieren und als Sekundärmaterial bei geeigneten Produkten einzusetzen.

Weitere Beispiele für Abfallvermeidung durch Mehrwegsysteme bieten z. Z. folgende Unternehmen:

- Transport-Mehrweg-Container für Brillengläser
  (Fa. Rupp & Hubrach, Bauberg)

- Mehrweg-Farbeimer (Continental Lack- und Farbenwerke F.W. Wiegand Söhne GmbH, Oberhausen)
- Mehrweg Fruit Container (IFCO-International Fruit Container Organisation GmbH, Düsseldorf).

6.2 Abfallverwertung

Können Verpackungen nicht vermieden werden, ist zu prüfen, inwieweit die Möglichkeit einer sinnvollen Verwertung besteht.

Voraussetzung für erste Verwertungsschritte ist die Sammlung möglichst großer Mengen sortenreiner Wertstoffe. Das Erfassungssystem und die Vorsortierung müssen den Qualitätsanforderungen der Abnehmer gerecht werden, um eine Weiterverarbeitung zu Sekundärrohstoffen zu ermöglichen.

Eine Verwertung von Verpackungen kann im einzelnen durch folgende Maßnahmen unterstützt werden:

- Kennzeichnung der Verpackungsmaterialien, z. B. Kunststoffe.
- Verzicht auf Verbundmaterialien.
- Verzicht auf schwer wiederverwertbare Verpackungen.
- Vereinheitlichung des Materials, z. B. die Beschränkung auf eine Kunststoffart pro Verpackung.
- Einführung eines geeigneten Sammelsystems für die getrennte Erfassung verschiedener Verpackungsstoffe.

Die Verwertung von Transportverpackungen beschränkt sich hauptsächlich auf die Fraktionen Papier und Pappe, Holz, Kunststoffe und Metalle. Der Störstoffanteil bei getrennter Sammlung solcher Fraktionen beträgt ca. 5% und beruht vorwiegend auf Fehlwürfe und eine teilweise unzureichende Vorsortierung.

Kompostierbare Verpackungsmaterialien sind nur dann sinnvoll, wenn sie auch getrennt erfaßt und kompostiert werden können. Biologisch abbaubare Transportverpackungen und Verpackungen aus nachwachsenden Rohstoffen, wie Füll-Chips aus Kartoffelstärke, Popcorn als Füllmaterial, Flips aus Maisgrieß in PE bzw. Jute-Säcken als Transportverpackung oder biologisch abbaubare Kunststoffe können in bestimmten Einzelfällen (wie z. B. Holzschliffschalen) sinnvoll eingesetzt werden, sind aber im allgemeinen nur als unterstützende bzw. ergänzende alternative Verpackungsmöglichkeit zu verstehen.

Die thermische bzw. energetische Verwertung stellt aus ökologischer Sicht eine eher unbefriedigende Lösung dar. Aufgrund der weitreichenden Themenkomplexität und der begrenzten Vertragszeit, soll die Verbrennung als Verwertungsmöglichkeit für Verpackungsmaterialien hier nicht eingehend diskutiert werden. Es ist aber davon auszugehen, daß auch zukünftig ein Anteil des Verpackungsabfalls thermisch genutzt wird, vor allem wenn Kontaminationen eine stoffliche Verwertung verhindern.

6.3 Verwertung bzw. Entsorgung von Transportverpackungen

6.3.1 Erfassungssystem

Zur Erfassung von Transportverpackungen werden eine Vielzahl von Sammelsystemen eingesetzt. Prinzipiell wird wie in der herkömmlichen Haus- und Gewerbemüllabfuhr zwischen Hol- und Bringsystemen unterschieden, wobei in der Praxis der Transportverpackungen das Holsystem weitaus häufiger anzutreffen ist. Dabei ist eine Vorsortierung am Anfallort für die spätere Verwendung wünschenswert.

Das „Just in Time"-System bietet sich als weitere Lösungsmöglichkeit an. Die Sammelbehälter werden direkt am Anfallort beladen und sofort abtransportiert.

Das in der Praxis eingesetzte Erfassungssystem sowie dessen konkrete Ausgestaltung (Behältersystem, Preßcontainer, Mulden, Absetzbehälter, Umleersysteme etc.) ist den jeweils spezifischen Gegebenheiten vor Ort anzupassen.

6.3.2 Verpackungswege und -möglichkeiten der getrennt erfaßten Fraktionen

Wie bereits angeführt, besteht der zu verwertende Anteil am Transportverpackungsabfall aus folgenden Fraktionen:

- Papier, Pappe, Kartonagen,
- Holz,
- Kunststoffen,
- Metallen.

Papier/Pappe/Kartonagen

Im Vergleich zu anderen Stoffen erfolgt das Recycling von Papier, Pappe und Kartonagen bereits mit beachtlich hohen Einsatzquoten. Altpapier kann sowohl beigemischt, als auch zu Recycling-Produkten aus 100% Altpapier umgewandelt werden.

Das Recycling von Papier ist jedoch nur begrenzt möglich, da von Vorgang zu Vorgang die Fasern spröder und kürzer werden (Fasern können ca. 5–7mal im Kreislauf geführt werden), d.h. die Papierindustrie ist darauf angewiesen, ständig Rohstoffe in Form von Primärfasern einzusetzen. Weiterhin wird Papierrecycling durch Verunreinigungen gestört, so können z.B. Durchschreibpapier, Kleber, Wachse oder Bitumen Altpapierchargen unbrauchbar machen.

Da der Markt für gemischtes Altpapier oft gesättigt ist, sind mindere Papierqualitäten nur schlecht abzusetzen. Für die Absatzchancen von Altpapieren aus Transportverpackungen, die vorwiegend aus Pappen und Kartonagen und somit vor allem aus Papiersorten mit hohem Altpapieranteil bestehen, bedeutet eine gründliche Vorsortierung, Vermeidung von anhaftenden Verschmutzungen und eine Trennung der verschiedenen Papierqualitäten eine gute Chance, um sie dann je nach Qualität einer Verwertung zuführen zu können.

Endprodukte aus der Wiederverwertung von Papieren/Pappen sind überwiegend Wellpappen und Kartonagen, die erneut im Verpackungsbereich eingesetzt werden.

Allerdings sind aufgrund der eingeschränkten Absatzchancen auf dem Altpapiermarkt infolge steigender Rückführquoten alternative Verwertungsmöglichkeiten zu suchen.

Holz

Unter Recyclingholz werden alle für Verpackungen verwandte herkömmliche Holzarten verstanden, die frei von Fäule, Schimmel und Verstockung sind, wie z.B. vorgebrochene Paletten, Balken, Kisten, Bretter, unbeschichtete Spanplatten. Recyclinghölzer sollten grundsätzlich von Störstoffen wie Glas, Dämmstoffe, grobe Metallteile, Kunststoffe, usw. frei sein. Holz wie Rindenabfälle, behandeltes oder kunststoffbeschichtetes Holz ist nicht abnahme- bzw. recyclingfähig.

In der Regel wird Altholz über Muldensysteme getrennt erfaßt und transportiert.

Zur Optimierung der Transportauslastung ist aufgrund des relativ geringen spezifischen Gewichts eine Vorzerkleinerung wünschenswert. Das Herstellen von für die Vermarktung geeignete Recyclingspäne in einer Altholzaufbereitungsanlage erreicht bei Mischholz folgende Verwertungsquoten:

Input:	100%
Output:	85%–93%
Recyclingspäne:	80%–90%
Metallrecycling:	3%–5%
Reststoffanteile:	2%–5%
Feingut:	2%–5%

Mögliche Verwertungstechnologien stehen grundsätzlich im stofflichen und thermischen Bereich zur Verfügung.

Der überwiegende Altholzanteil aus Transportverpackungen wird der Spanplattenindustrie zugeführt. Weitere Einsatzbereiche zur stofflichen Verwertung sind z.B. im Streu- und Einstreubereich oder in der Papierindustrie zu finden.

Bei der Verwertung von Holzsteigen bietet seit Herbst 1991 die GROW – Group of Wood eine interessante Verwertungsgarantie. Die Hersteller von Holzsteigen aus Europa, Nordafrika und Südamerika, in der GROW zusammengeschlossen, arbeiten unter anderem mit der INTERSEROH AG zusammen und geben eine Verwertungsgarantie, bei der die Steigen als Mehrwegverpackungen wiederverwertet, zerkleinert und zu Spanrohstoffen verarbeitet, teilweise sogar als Kompostrohstoff verwertet werden; auch die Verwendung als Energieträger in thermischen Verwertungsanlagen ist möglich. Um diese Verwendungs- und Verwertungspfade zu ermöglichen wird von der GROW ein Gütezeichen vergeben, welches signalisiert:

- daß das Holz der Steigen naturbelassen ist,
- daß die verwendeten Druckfarben keine Schwermetalle oder giftige Substanzen enthalten,
- daß eine Zulassung für den Lebensmittelkontakt besteht,
- daß keine NE-Metalle zur Verbindung des Holzes genutzt werden,
- daß soweit Sperrholz Verwendung findet, der verwendete Leim umweltfreundlich und lebensmittelverträglich ist.

Im Wettbewerb zu den GROW-gesteuerten Aktivitäten sind die Erfassungssysteme der altholzerfassenden Unternehmen der klassischen Spanverwerter zu sehen, die auf Basis von Verwertungsverträgen mit Gewerbeunternehmen sowohl aus dem Erzeuger, wie auch dem Erfasserbereich ein breites Verwertungsangebot bieten.

Gleiche Aktivitäten wie für Steigen werden für Produkte wie Paletten, Kisten und andere Transport- und Packsysteme angeboten.

Beispielhaft für die Annahmekriterien von Altholzverwertern können die GROW-Bedingungen genannt werden (außer der GROW-Markierung):

- die Packmittel müssen voll entleert sein,
- es dürfen keine stofffremden Anhaftungen außer Qualitätsklassifizierungen aus Papier vorhanden sein,
- kontaminierte Hölzer, Neonschrott, Hartfasermaterialien u. a. holzfremde Stoffe dürfen ebenso nicht abgegeben werden.

Kunststoffe

Um eine effektive Verwertung von Kunststoffen verwirklichen zu können, müssen Sammlung, Aufbereitung und Wiederverwendung aufeinander abgestimmt sein.

Am günstigsten wäre es, jede Sort von wiederaufbereitbaren Kunststoffen sortenrein zurückzugewinnen und einer geeigneten Aufbereitung zuzuführen, um ein qualitativ verwertvolles Recyclat zu erzeugen.

Die einzige Forderung der Kunststoffverarbeiter bezieht sich auf eine Vorsortierung der Kunststoffe aus Verpackungsabfall in die Fraktionen:

- Hohlkörper,
- Folien, Folienverbund,
- Becher, Blister,
- Geschäumte Kunststoffe.

Der in Transportverpackungen enthaltene Kunststoffanteil beschränkt sich vorwiegend auf Folien, Hohlkörper und geschäumte Kunststoffe, eine Vorsortierung ist mit relativ geringem Aufwand zu leisten. Soweit möglich, werden die anfallenden Folien nach ihrer Zusammensetzung (HDPE, LDPE, PVC usw.) vorsortiert, ist der Sortieraufwand (oder aufgrund fehlender Kennzeichnung) zu hoch, wird ein Kunststoffgemisch an die Verwertung weitergereicht.

Hohlkörper und geschäumte Kunststoffe sollten getrennt erfaßt werden.

Der Kunststoff wird zu Granulat verarbeitet und als Recyclat zur Weiterverwendung eingesetzt. Die Qualität des Regranulats wird durch die Qualität und Sortenreinheit des Inputmaterials bestimmt, d.h. durch die Verwendung einheitlicher Materialien und Farben wäre eine effizientere Verwertung möglich.

Bestrebungen dieser Art sind im Transportverpackungsbereich von Seiten der Industrie feststellbar.

Metalle

Die Aufbereitung von vorsortierten Nichteisen- und Eisenmetallen ist ohne größere Probleme möglich. Der relativ geringe Metallanteil im Transportverpackungsabfall von 0,24% kann zur Aufbereitung an die metallverarbeitende Industrie abgegeben werden.

6.4 Rechtslage und Vorgehensweise bei der Rücknahme von Transportverpackungen (§4 Verpackungsverordnung)

Lieferanten von Transportverpackungen müssen diese nach Gebrauch nicht selbst zurücknehmen, sie können auch dafür sorgen, daß sie unmittelbar von der Anfallstelle einer Verwertung zugeführt werden, die von der Verpackungsverordnung gedeckt ist. Damit werden häufig ökologische und ökonomische Randbedingungen erfüllt, die der Wiederverwertung Sinn geben.

Dem Kunden kann die Verantwortung für die Absicherung der Wiederverwertung nur übertragen werden, wenn dieser diese freiwillig übernimmt und die Transportverpackung einem Entsorger als Dritten, des verpflichteten Lieferanten im Sinne des §11 VVO übergibt. Die Verpflichtung der Hersteller und Vertreiber von Transportverpackungen endet erst, wenn diese einer stofflichen Verwertung zugeführt wurden. Im allgemeinen kommt es bei Übernahme der Verwertungsbereitstellung durch den Kunden zu Verrechnungsgutschriften für diese Aktivität. In jedem Fall ist es die freie Entscheidung des Kunden, ob er die Entsorgung und Verwertung der Transportverpackungen einleitet oder den Lieferanten zur Rücknahme auffordert.

Situation bei der Rücknahme gebrauchter Transportmittel

Partner bei der Entsorgung sind z.Z. die klassischen Unternehmen der privaten Städtereinigung, des Altstoffhandels sowie zunehmend Speditionsunternehmen, die Leergut als Rückfracht mitnehmen und dabei die Packsysteme soweit als möglich durch Falten usw. im Volumen reduzieren.

Einige Branchen haben Verträge mit der INTERSEROH AG abgeschlossen, so der Sanitär- und Heizungshandel wie auch Teile des Möbelhandels. Diese Branchen werden von INTERSEROH-beauftragten Unternehmen entsorgt.

Parallel zum DSD soll die gesamthaftende Rücknahme und die Verwertung von Transportverpackungen von der RVT realisiert werden (RVT, Gesellschaft zur Rücknahme und Verwertung von Transportverpackungen m.b.H.). Verständigt haben sich auf diese Gesellschaft die abpackende/abfüllende Industrie, der Handel (einschließlich der landwirtschaftlichen Vertriebsorganisation) sowie Packmittelhersteller.

Die RVT will die Anfallstellen im Handel, in der Dienstleistung, im Handwerk und Gewerbe von Entsorgungsunternehmen entsorgen lassen. Dabei werden alle anfallenden Transportverpackungen erfaßt. Voraussetzung für die Entsorgung ist die getrennte Bereitstellung einzelner Arten und Fraktionen. Die vorfinanzierte Basisentsorgung gründet auf der Standartentsorgung eines 20 cbm-Containers; die Anfallstelle übernimmt dabei, die Gestellungskosten für den Behälter zu tragen. Es können auch Kleinanfallstellen entsorgt werden, auch hier sind Kosten anteilig zu übernehmen.

Soweit bereits Branchen Rahmenverträge abgeschlossen haben, können diese in RVT-Verträge überführt werden.

Der Start des operativen Geschäftes der RVT soll ab Mitte 1993 erfolgen, da noch konkrete Fragen der Entsorgung und Verwertung zu klären sind. Diskutiert wird die Zusammenarbeit bei der Verwertung zwischen der Gesellschaft für Papierrecycling - Ges Pa Rec - und der RVT, aber auch eine enge Kooperation mit der Dualen System Deutschland GmbH, die letztere Zusammenarbeit soll in jedem Fall durchgeführt werden, dabei werden die Kostensysteme aber auf jeden Fall getrennt. Wesentlich für die Entscheidung, welche Kooperationen auch z. B. mit der INTERSEROH AG getragen werden können, ist die Auffassung des Bundeskartellamtes, bezüglich der Zulässigkeit solcher Kooperationen, entsprechende Entscheidungen stehen derzeit noch aus.

Pappen und Papiere aus dem Bereich Transportverpackungen

Die DSD GMBH ist im Bereich Pappe/Papier aktiv geworden und berücksichtigt bei der Abrechnung von Leistungen bei der Verpackungs-Entsorgung im Bereich Papier/Pappe einen Anteil von 25% der erfaßten Menge, die aus dem gewerblich/industriellen Bereich und damit auch verstärkt aus dem Transportverpackungsbereich stammen darf.

7 Möglichkeiten der Entsorgung fester, pastöser und flüssiger Stoffe am Beispiel besonders überwachungsbedürftiger Abfälle

7.1 Vorbemerkung

Bevor die Möglichkeiten der Entsorgung der angeführten Stoffe aufgezeigt werden, müssen diese zunächst einmal in ein Ordnungsschema eingebracht werden, welches technische und rechtliche Vorgaben nennt, nach denen die Entsorgung vorzunehmen ist.

Popular ausgedrück werden diese Stoffe „Sonderabfallstoffe“ oder „Sonderabfälle“ genannt.

Im Abfallgesetz (AbfG) wird der Begriff 'Sonderabfälle' nicht verwendet. Das AbfG hebt aber direkt einige Abfälle aus den anderen heraus, die in der Praxis dem Begriff „Sonderabfälle" zugeordnet werden. Dies sind: Abfälle, die nach §2 Abs. 2, AbfG zusätzlichen Anforderungen unterliegen.

An die Entsorgung von Abfällen aus gewerblichen oder sonstigen wirtschaftlichen Unternehmen oder öffentlichen Einrichtungen, die nach Art, Beschaffenheit oder Menge in besonderem Maße gesundheits-, luft- oder wassergefährdend, explosiv oder brennbar sind oder Erreger übertragbarer Krankheiten enthalten oder hervorbringen können, sind nach Maßgabe dieses Gesetzes zusätzliche Anforderungen zu stellen. Abfälle im Sinne von Satz 1 werden von der Bundesregierung durch Rechtsverordnung mit Zustimmung des Bundesrates bestimmt.

Abfälle, die den Anforderungen nach §2 Abs. 2, AbfG unterliegen, sind in der Abfallbestimmungsverordnung aufgelistet, die Auflistung gilt bundeseinheitlich.

Daneben sind die von den Ländern zusätzlich genannten Stoffe zu berücksichtigen. Auch kann die Genehmigungsbehörde nach §11 AbfG im Einzelfalle für bestimmte Abfälle eine Nachweispflicht vorschreiben.

Abfälle, für die entsorgungspflichtige Körperschaften wie Kreise und kreisfreie Städte keine Entsorgungsmöglichkeiten haben, die aber ursprünglich ihrer Entsorgungspflicht unterliegen, können über die Entsorgungssatzung dieser Körperschaften und mit Zustimmung der zuständigen Aufsichtsbehörde (Regierungspräsident u.gl.) nach §3 Abs. 3, AbfG von der Beseitigung in Anlagen dieser Körperschaften ausgeschlossen werden und müssen entsprechend der Nachweispflicht entsorgt werden.

7.2 Zu entsorgende Mengen

Die Gesamtmenge an zu entsorgenden Sonderabfallstoffen in den alten Bundesländern der Bundesrepublik Deutschland liegt bei ca. 24,0 Mio Tonnen pro Jahr.

Hiervon werden ca. 7,5 Mio. Tonnen pro Jahr einem Recycling zugeführt. Das entsprach einem Anteil von ca. 31%.

In betriebseigenen Sonderabfall-Beseitigungsanlagen wurden ca. 6,0 Mio. Tonnen pro Jahr, entsprechend 25,4% beseitigt. Die gewerblichen Sonderabfallbeseitigungsanlagen übernahmen jährlich 10,5 Mio. Tonnen, dieses waren 44,05% der Gesamtmenge.

Für die Zukunft sind Verwertungsraten um ca. 50% geplant. Die Zahl ist optimistisch, aber durchaus erreichbar. Aus den aktuellen Daten und Prognosen für die zukünftige Entwicklung der Sonderabfallmengen ist abzuleiten, daß ca. bis zu max. 12 neue Abfallverwertungs- d.h. Verbrennungsanlagen in Zukunft in der BRD realisiert werden müssen, will man eine Entsorgungssicherheit garantieren.

Seit 1972 gibt es Planungsvorschriften für Abfallbehandlungsanlagen, die bisher nur ein grobes Spektrum mehr im rechtlichen Rahmen umfassen. Im

Rahmen der TA-Abfall werden nunmehr eindeutige Planungsparameter vorgegeben, die die rechtliche Einordnung und damit die Durchführbarkeit von Anlagenprojekten a.g. von technischen Vorgaben erleichtert.

7.3 Analyse, Identifikation und Deklaration von Sonderabfällen

Als wichtigste Voraussetzung für eine ordnungsgemäße Entsorgung von Abfällen gilt die Analyse dieser Stoffe. Das Problem der Identifikation und der Deklaration konzentriert sich auf die Frage – Worauf soll analysiert werden – zu beachten ist, daß nur das mit der Analyse zu finden ist, was gesucht wird.

Die Analyse untersucht folgenden Einflüsse:

- Ökologische, umweltbezogene Wirkungen der Stoffe.
- Eignung zur Behandlung, anlagenbezogene Wirkung der Stoffe.
- Gefährlichkeit der Stoffe, bezogen auf Handling, Transport und Behandlung.

Die bekannten, umweltgefährdenden Schadstoffe, die in einzelnen Abfallarten enthalten sind, bzw. mit Schadstoffen kontaminierte Abfälle, sind einheitlich in den Sonderabfallkatalogen der einzelnen Bundesländer nach Gruppen zusammengefaßt und benannt. Diese Listen sind nicht endgültig, da durch verfeinerte Meßmethoden bzw. neue Analysetechniken immer wieder Stoffe, die im Abfall vorhanden sind, als umweltrelevant entdeckt werden. Weiterhin erscheint es problematisch, Abfallstoffe so zu katalogisieren, daß z.B. bei gewerblichen bzw. industriellen Abfällen nur einzelne Obergruppen genannt weden, da aufgrund individueller Situationen in Produktionen, diese oft mit zusätzlichen und oft wesentlich problematischeren Stoffen kontaminiert werden können.

Beispiel: Altlaugen, Altsäueren oder auch Altöle, die teilweise, wenn auch nur im ppm-Bereich mit Schwermetallen, toxischen Salzen oder chlorierten Kohlenwasserstoffen verunreinigt sind.

Wichtig für die Deklaration des Abfalls ist die Relevanz der Inhaltsstoffe für die Entsorgung zu erkennen, so daß diese nicht behindert wird.

7.4 Übersicht über den Stand der „Sonderabfallbeseitigung"

Die Beseitigung von „Sonderabfall" erfolgt im Wesentlichen durch folgende Verfahren:

- thermische Behandlung von „Sonderabfall"
- chemisch physikalische Behandlung
  - von vorwiegend organisch belasteten „wässerigen" Abfallstoffen
  - von vorwiegend anorganisch belasteten „wässerigen" Abfallstoffen
- Deponierung von Sonderabfällen
  - in Sondermülldeponien
  - in Untertagedeponien
  - in unterirdischen Hohlräumen.

Vor den Beseitigungsverfahren sind zunächst

- Vermeidungstrategien und -technologien sowie
- Wiederverwertungsmöglichkeiten

vorrangig zu prüfen.

7.4.1 Thermische Verfahren

Die bekannten Verbrennungsverfahren mit ihren Nachbehandlungsschritten werden heute sowohl bei Sondermüll- wie auch bei modernen Hausmüllverbrennungsanlagen eingesetzt.

Die derzeit diskutierten und teilweise verfügbaren thermischen Verfahren sind:

- Verbrennung in geschmolzenem Glas
- Verbrennung in geschmolzenem Salz
- Plasma-Waste-Verfahren
- Wirbelschichtfeuerung
- Elektro-Reaktor-Drehrohr-Ofentechnik
- Hochturbulenz-Reaktor
- Infrarot-Durchlaufofen
- Thermoselect-Verfahren.

Die Bewertung der Einsetzbarkeit muß nach den üblichen Verfahren mit Kriterienbewertung und -gewichtung und der abfallspezifischen Zuordnung der Technologien durchgeführt werden.

Bei der thermischen Entsorgung finden vier grundlegend verschiedene Abgasreinigungsverfahren Anwendung.

1. Behandlung der Rauchgase durch Zugabe von festförmigen Calziumoxiden bzw. Carbonaten und Abscheidung als Feststoffe zusammen mit Flugasche.
   Reststoffe:
   - Feststoffe: Schlacke, Asche, Salzrückstände und Flugasche.
2. Behandlung der Rauchgase nach Flugaschenabscheidung über Staubfilter in mit Natronlauge gefahrenen Naßwäschern;
   Dabei Abscheidung von Reststäuben-Schwermetalloxiden, -hydroxiden sowie Sulfiden.
   Reststoffe:
   - Feststoffe: Schlacke, Asche, Flugasche
   - Rauchgaswaschwasser:
     - als Abwasser
     - gegebenenfalls nach Verdampfung des Wassers als Salzrückstand.
3. Behandlung der alkalischen Rauchgaswaschwässer (NaOH; $Ca(OH)_2$) sowie des Wassers aus der Quenche in Sprühtrocknern mit flugstaubhaltigen Rauchgasen wenn notwendig unter weiterer $Ca(OH)_2$ Zugabe und Abscheidung in Filtern.

Rückstände:
- Feststoffe: Schlacke, Asche, Flugasche einschl. Na- und Ca-Salzen.

4. Behandlung der Rohrauchgase in Sprühtrocknern mit alkalischen, meist calziumhaltigen Lösungen bzw. Suspensionen. Anschließend Reinigung der Gase über Filter.
   Rückstände:
   - Feststoffe: Schlacke, Asche, Flugasche + Salze (Calziumsalze).

Mit der Sonderabfallverbrennung sollen die folgenden umweltrelevanten Ziele erreicht werden:

1. weitestgehende Verringerung des Gefährdungs- und Schadstoffpotentials der Abfälle, vor allem durch sichere Zerstörung der organisch-chemischen Substanzen.
2. Erhebliche Reduzierung von Menge und Volumen der Abfälle.
3. Aufbereitung anfallender Rückstände in eine verwertbare oder ablagerungsfähige Form.
4. Überführung der anfallenden flüssigen und gasförmigen Rückstände in eine umweltverträgliche Form.
5. Nutzung freiwerdender Energie.

Von den beschriebenen thermischen Behandlungsverfahren hat sich aufgrund der heterogenen Art der verschiedenen Sonderabfälle das Drehrohr mit spezieller Nachverbrennung mit seinem Ruf als Allesfresser durchgesetzt.

Neuentwicklungen wie z. B. die Plasmaverbrennung sind nur für bestimmte Einsatzstoffe geeignet, können aber in konventionelle Anlagentechniken integriert werden.

7.4.2 Chemisch - physikalische Verfahren

Die chemisch – physikalischen Behandlungsverfahren können als endgültige, aber auch als vorbereitende Behandlungsverfahren charakterisiert werden. Zu unterscheiden sind aber zwei Arten von Abfallgruppen, die der – vorwiegend *organisch* belasteten „wässerigen" Sonderabfälle und die der vorwiegend *anorganisch* belasteten „wässerigen" Sonderabfälle.

7.4.2.1 Organisch belastete Stoffe

Als ein Beispiel zur Behandlung solcher Stoffe soll die Emulsionsspaltung genannt werden. Während früher Emulgatoren genutzt wurden, die durch einfache chemisch – physikalische Effekte ihre Wirkung aufgaben, werden heute sehr stabile Emulgatoren mit hohen Standzeiten genutzt, die schwer zu spalten sind; dieses hat seine Auswirkung auf die Art der Behandlung, aber auch auf die Qualität und Quantität der Reststoffe aus der Behandlung.

So wird die thermische Behandlung im Rahmen der Emulsionsspaltung heute immer häufiger notwendig, da mit der reinen Spaltung keine ausreichenden Ergebnisse zu erzielen sind.

Eine weitere Behandlungsart im Rahmen der Emulsionsspaltung stellt die Destillation dar, wobei deren Rückstände thermisch zu behandeln sind. Die Verschiebung der Aufbereitungsbedingungen infolge des Qualitätsanstieges der Emulsionen hat heute zu einem immer höheren Energieaufwand bei der Behandlung und zu geringen aber hochkonzentrierten Restabfällen geführt.

7.4.2.2 Anorganisch belastete Stoffe

Als Beispiel für die physikalisch-chemischen Prozesse der Aufbereitung o.g. Stoffe, kann die Behandlung von Schlämmen aus galvanischen Prozessen genannt werden. Hierbei sind in Abhängigkeit von den eingesetzten Stoffen in den häufig nur zu entwässernden Schlämmen stabile Komplexverbindungen zu erwarten, die für die Schlämme eine Entsorgung in Sonderabfalldeponien ermöglichen.

7.5 Sonderabfalldeponien

7.5.1 Allgemeines

Die Sonderabfalldeponien dienen zur Einlagerung von anorganischen, fest gefügten Substanzen, d.h. zur Ablagerung der festen Reststoffe aus den thermischen Behandlungsverfahren oder mineralischen Abfällen, wobei deren Konsistenz eine Eluation von Inhaltsstoffen nicht zulassen sollte. Lösliche Salze sollten von der Deponierung ausgeschlossen werden, wenn nicht gewährleistet ist, daß ein Übergang in Lösung ausgeschlossen ist.

Die Verfestigung von Sonderabfällen als Ergänzung zur thermischen Behandlung hat das Ziel, die Abfälle in eine optimierte Ablagerungsform (Festigkeit und Eluationsbeständigkeit) zu überführen, dabei kann die Verfestigung von Sonderabfällen im Multi-Barrieren-Konzept von Deponien eine Barriere herstellen.

Die Verfestigung von Abfällen kann wie folgt vorgenommen werden:

- Filtration und Verfestigung,
- thermische Behandlung und Verfestigung,
- Veränderung des Zustandes durch Verfestigung.

Zielgruppen der Verfestigung sind im wesentlichen:

- Rauchgasreinigungsschlämme,
- anorganische Schlämme,
- metallhaltige Schlämme,
- Industrieschlämme.

8 Überprüfen eines Unternehmens im Bereich Abfallwirtschaft

8.1 Allgemeines

Um die Forderungen einer zeitgemäßen und gesetzeskonformen Abfallwirtschaft erfüllen zu können, ist es für ein Unternehmen von großer Wichtigkeit, seine Produktion, Dienstleistung und Distribution sowie seine Produkte bwz. Dienstleistungsangebote und weitere Aktivitäten auf Umweltrelevanz zu überprüfen. Hierzu können unter anderem Checklisten herangezogen werden, die beispielhaft im folgenden dargestellt sind. Die Listen sollen aber auch helfen, die Organisation der Entsorgung zu verbessern.

8.2 Checklisten

Die Checklisten sind als Kopf dargestellt und können entsprechend den individuellen Anforderungen geändert werden, so z.B. bezogen auf die Mengeneinheiten wie auch auf den Anfallort, evtl. auch bezogen auf Produkte:

- Mg/a .../mon .../w .../d .../h
- m^3/a usw.
- Werk, Niederlassung, Zweigstelle, Maschine, Gerät
- Kg/Mg Produkt, kg/Dienstleistungseinheit.

Checklisten Abfall

1. Genehmigungsunterlagen zum Betrieb der Anlagen mit Hinweisen auf den Umgang mit abfallrelevanten Stoffen

1.1	Produktion		
	Genehmigung nicht erforderlich	Grund	Bemerkung
	Genehmigung erteilt auf Grundlage von ...	Bescheid/ Genehmigung	Bemerkung
	Sonderregelung im Rahmen von Versuchs- und Pilotanlagenbetrieb u. ä.	Bescheid/ Genehmigung, Befristung	Bemerkung
	Genehmigung beantragt	Antrag, Zwischenbescheid vom...	Bemerkung

1.2 Wasseraufbereitung, Abwasser-, Abfall und Abluftbehandlung

Wasser	Genehmigung nicht erforderlich	Grund	Bemerkung
	Genehmigung erteilt auf Grundlage von ...	Bescheid Genehmigung	Bemerkung
	Sonderregelung im Rahmen von Versuchs- und Pilotanlagenbetr.	Bescheid/ Genehmigung Befristung	Bemerkung
	Genehmigung beantragt	Antrag, Zwischen-bescheid vom ...	Bemerkung
Abwasser	s.o.	s.o.	s.o.
Abfall	s.o.	s.o.	s.o.
Abluft	s.o.	s.o.	s.o.

1.3 Verantwortlich für Genehmigungen

1.3.1 im Haus

- rechtlich	Name, Abteilung	Bemerkung
- technisch	Name, Abteilung	Bemerkung
- organisatorisch	Name, Abteilung	Bemerkung

1.3.2 extern

- rechtlich	Name, Kanzlei	Bemerkung
- technisch	Name, Büro	Bemerkung
- organisatorisch	Name, Büro	Bemerkung

1.3.3 Behörden

- Bauaufsicht	Name, Amt	Bemerkung
- Gewerbeaufsicht	Name, Amt	Bemerkung
- Brandschutzbehörde	Name	Bemerkung
- STAWA	Name	Bemerkung
- RP	Name	Bemerkung
- Naturschutzbehörde	Name	Bemerkung
- weitere	Name	Bemerkung

2. Abfallrelevante Substanzen (m. Sicherheitsdatenblättern)

2.1 Einsatzstoffe in der Produktion

- die zu Reststoffen bzw. Abfällen führen
- die die Quantität bzw. Qualität o. g. Stoffe beeinflussen
- die den Bereich Wasser, Abwasser, Abfall und Abluft berühren und im Rahmen von entsprechend nachgeschalteten Aufbereitungs- und Reinigungsprozessen zu Reststoffen und Abfällen führen.

- Rohstoffe - Hilfsstoffe	Art Art	Menge Menge	Werk Werk
Benennung	Benennung	Einheit	Benennung

2.2 Einsatzstoffe in der Wasseraufbereitung, Abwasser-, Abfall- und Abluftbehandlung

- Wasser - Abwasser - Abfall - Abluft	Art Art Art Art	Menge Menge Menge Menge	Werk Werk Werk Werk
Benennung	Art	Einheit	Benennung

3. Reststoffe/Abfälle (mit Deklarationen)

3.1 Reststoffe/Abfälle aus der Produktion

- Reststoffe - Abfälle	Art Art	Abfall- schlüsselnr. Abfall-Nr.	Menge Menge	Werk Werk
Benennung	Benennung	Nr.	Einheit	Benennung

3.2 Reststoffe/Abfälle aus der Wasseraufbereitung, Abfall-, Abwasser- und Abluftbehandlung

- Wasser - Abwasser - Abfall - Abluft	Art Art Art Art	Abfall- schlüsselnr. Abfall-Nr. Abfall-Nr. Abfall-Nr.	Menge Menge Menge Menge	Werk Werk Werk Werk
Benennung	Benennung	Nr.	Einheit	Benennung

4. Reststoff/Abfallbehandlungs- und -entsorgungswege

4.1 Interne Reststoff-/Abfallbehandlung und -entsorgung
4.1.1 Reststoff-/Abfallsammlung
4.1.2 Reststoff-/Abfallzwischentransporte
4.1.3 Reststoff-/Abfallbereitstellung
4.1.4 Reststoff-/Abfalltransporte
4.1.5 Reststoff-/Abfallbehandlung
4.1.6 Reststoffverwertung
4.1.7 Abfallbeseitigung

Für alle Positionen sind entsprechend der individuellen Erfordernisse Listen zu erstellen, die Aussagen zu Bereitstellungsorten, Mengen, Qualitäten, Organisation, Art der Behandlung usw. machen.

4.1.5 Reststoffbehandlung (Beispiel)

	Art/Menge	Verfahren	Wirkungsgrad	Restabfälle
mechanisch phys.-chem. chemisch biologisch thermisch				

4.2 Externe Reststoff-/Abfallbehandlung und -entsorgung

4.2.1 Reststoff-/Abfallsammlung
4.2.2 Reststoff-/Abfallzwischentransporte
4.2.3 Reststoff-/Abfallbereitstellung
4.2.4 Reststoff-/Abfalltransporte
4.2.5 Reststoff-/Abfallbehandlung
4.2.6 Reststoffverwertung
4.2.7 Abfallbeseitigung

Um die externe Entsorgung sicher zu gestalten, sollte folgende Vorgehensweise beschritten werden:

4.3 Abwicklung von Entsorgungen am Beispiel von Abfällen

4.3.1 Anfrage beim Abfallentsorger/-transporteur
(Die rechtlich getrennten Positionen des Entsorgers und Transporteurs sind praxisorientiert zusammengefaßt)
dabei:

- Angabe über die Art der Bereitstellung Menge, Analyse, Abfallart, Abfallschlüssel-Nr., Abgabe der Verantwortlichen-Erklärung.

4.3.2 Kontrolle der Erzeugerangaben durch den Abfallentsorger/-transporteur
dabei:

- soweit die Erzeugerangaben nicht richtig sind, wird durch eine Betriebsbesichtigung durch den Entsorger/Transporteur beratend eingegriffen

4.3.3 Einordnen der Abfälle durch den Entsorger/Transporteur
dabei:

- Prüfung, ob der Abfall nachweispflichtig ist (§ 2 Abs. 2 AbfG, Ländergesetze)

4.3.4 Einordnen der Abfälle durch den Entsorger/Transporteur
dabei:

- Prüfung, ob der Abfall der GGVS (Gefahrengutverordnung Straße) unterliegt
- Prüfung, ob entsprechend der GGVS entsprechende Fahrzeuge und Behältnisse vorhanden sind

4.3.5 Ermittlung des Entsorgungsweges
dabei:

- Beantragen einer Einverständniserklärung der Entsorgungsanlage oder des Zwischenlagers (Entsorger)
- Prüfen, ob der Transporteur die erforderliche Beförderungsgenehmigung hat (Transporteur)

4.3.6 Abwicklung der Entsorgung
dabei:

- Festlegen der Termine zur Entsorgung und ggfs. zur Anlieferung im Zwischenlager bzw. der Behandlungs- oder Beseitigungsanlage
- Zusammenstellen der Begleitpapiere[1] bzw. Überprüfung auf Vollständigkeit

[1] Die Begleitpapiere werden im wesentlichen in der nachstehenden Liste genannt.

Begleitpapiere

1. Abfallgesetz (AbfG)
   - Begleitschein gemäß Abfallnachweis-Verordnung.
   - Beförderungsgenehmigung gemäß §12 AbfG.
2. Gefahrgutverordnung Straße (GGVS)
   - Beförderungspapier nach Rn. 2002 Abs. 3 und 4 GGVS
   - Schriftliche Weisungen nach Rn. 10 385 GGVS.
   - Prüfbescheinigung für Tankfahrzeuge/Aufsetztanks/Gefäßbatterien gemäß GGVS.
   - Bescheinigung der besonderen Zulassung, Anlage B, Anhang B.3 ADR
   - Fahrzeugschein, gegebenenfalls mit Vermerk „Baumuster zugelassen nach GGVS" oder „geprüft nach §6 Abs. 4 GGVS"
   - Fahrzeugschein vom Anhänger gemäß §6 Abs.7 GGVS
   - Bescheinigung über Fahrzeugführerschulung zum Führen von Tankfahrzeugen, zur Beförderung von Tanks oder Tankcontainern gemäß Rn. 10 315 GGGVS.
   - Erlaubnisbescheid der Straßenverkehrsbehörde gemäß §7 GGVS. Erforderlich beim Transport besonders gefährlicher Güter, sogenannter Listengüter.
   - Bescheid über eine Ausnahmegenehmigung gemäß §5 GGVS.

5. Betriebliche Maßnahmen zur Reduzierung von Hilfsstoffen und Abfallanfall

5.1 Aufbereitungs- und Behandlungsanlagen

	Ist-Zustand	Potential	Werk
- Wasser - Abfall - Abluft			

5.2 Abfall- und emissionsmindernde Produktionsverfahren

	Ist-Zustand	Potential	Werk
Einsatz von Rohstoffen Einsatz von Hilfsstoffen Substitution gefährlicher Stoffe im Sinne unterschiedlichster Verordnungen Mehrfachnutzung von abfallrelevanten Stoffen Verwendung von produktionsinternen Aufbereitungssystemen Mehrfachnutzung von Hilfsstoffen			

5.2 Abfall- und emissionsmindernde Produktionsverfahren

	Ist-Zustand	Potential	Werk
Rückgewinnung von Rohstoffen Einsatz von Reinigungsgeräten, die zielgerichtet auf die Stoffrückgewinnung ausgelegt sind			

5.3 Einbeziehung der Mitarbeiter

	Ist-Zustand	Potential	Werk
Sparsame Verwendung von Hilfs- und Betriebsstoffen Betriebsbeauftragter Abfall mit Eingriffsmöglichkeiten Schulungsmaßnahmen zur betrieblichen Abfallproblematik Prämiierung von Vorschlägen zur Abfallvermeidung- und verwertung			

6. Störfallvorsorge

6.1 Unterlagen

Unterlagen	Vorhanden	Bemerkung
Lagerkataster von gefährlichen Stoffen im Betrieb Genehmigungsunterlagen u. Sicherheitsanalysen für Anlagen, in denen gefährliche Stoffe eingesetzt werden Notfallpläne von Rückhaltebecken für Löschwasser und Lockagen Sofortmaßnahmenkatalog bei Störungen der Reststoff-/Abfallbehandlungsanlage Sofortmaßnahmenkatalog bei Grundwasserverunreinigungen Störfallberichte		

6.2 Abfallanfall bei Störfällen

	Bereich/Werk	Maximale Menge	Inhaltsstoffe
Produktionsstörung Brand, Explosion Hochwasser			

6.3 Abfallbehandlung/ Rückhaltung bei Störfällen

	Bereich/Werk	Maßnahme	Bemerkung
Produktionsstörung Brand, Explosion Hochwasser			

6.4 Betriebliche Kontrolle von Belastungen/Emissionen bei Störfällen im Abfallbereich

	Bereich/Werk	Parameter	Bemerkung
Boden-, Luft- und Grundwasserüberwachung im Betriebsbereich Vorfluterüberwachung bei Störungen der Abwasserbehandlung Überwachung von Überläufen aus Rückhaltebecken			

9 Vorbemerkungen zur Organisation einer Werksentsorgung durch ein beauftragtes externes Unternehmen

Als Vorbemerkungen für z.B. die Ausschreibung einer Werksentsorgung durch ein Fremdunternehmen sollen folgende Positionen genannt werden, die entsprechend der allgemeinen Anforderungen jedoch auch für eine werksinterne organisierte Entsorgung gelten.

9.1 Behälter

- Alle Sammel- und Transportbehältnisse sind vom AN (Auftragnehmer) zu stellen.
- Alle für den Betrieb einer Abfallbereitstellungsfläche (ABF) erforderlichen Behältnisse sind vom AN zu stellen.
- Der AN liefert, montiert und verteilt alle erforderlichen Behälter an den dafür vorgesehenen Standorten und der ABF.

- Die Reinigung, Wartung, Pflege, Reparatur und Unterhaltung obliegt dem AN.
- Der AN garantiert das Vorhalten von ausreichend Behältervolumen. Spitzenzeiten und eventuell auftretende Störfälle mit erhöhtem Abfallaufkommen sind zu berücksichtigen.
- Der Ersatz unbrauchbar gewordener Gefäße und die Neugestellung von Behältnissen einschließlich deren Montage und Auslieferung an den jeweiligen Standort erfolgen durch den AN.
- Die unbrauchbar gewordenen Behältnisse sind Eigentum des AN. Die Verwertung und Entsorgung dieser Behälter ist in den angegebenen Kosten enthalten.
- Die Behälter und Behälterstandorte sind vom AN sauberzuhalten.
- Alle Behältnisse sind so zu kennzeichnen, daß für jedermann verständlich und einwandfrei erkennbar ist, welche Reststoffe dort abgelegt werden können und damit eine sortenreine Erfassung möglich ist.
- Der AN garantiert, daß die eingesetzten Behälter zum Sammeln, Lagern und Transportieren von flüssigen bzw. pastösen Gefahrgütern den einschlägigen gesetzlichen Vorschriften für brennbare, und wassergefährdende (brennbare und nicht brennbare) Flüssigkeiten sowie den gesetzlichen Regelungen über die Beförderung gefährlicher Güter entsprechen.
- Die Behälter zum Sammeln, Lagern und Transportieren von Gefahrgütern müssen ein anerkanntes baurechtliches Prüfzeichen besitzen, daß dem Auftraggeber auf Verlangen vorzulegen ist.
- Alle Behälter sind vom AN präzise zu beschreiben.
- Der AN ist für die Sicherheitsüberprüfung der gestellten Behälter verantwortlich.
- Der AN garantiert, daß er bei Ausfall seiner eingesetzten Behälter auf seine Kosten unverzüglich Ersatz stellen, damit die ordnungsgemäße Entsorgung des Werkes und der ABF gesichert ist.
- Der AN verpflichtet sich, die Ablagerung artfremder Stoffe umgehend dem Auftraggeber zu melden.
- Der AN garantiert die regelmäßige, vollständige Entleerung der Behälter. Eine Zwischenlagerung der Reststoffe auf den Bereitstellungsflächen ist untersagt.

9.2 Sammlung

- Der AN übernimmt die Sammlung der anfallenden Reststoffe ab Anfallstelle.
- Die Sammlung innerhalb der Produktionshallen ist soweit notwendig mit elektrobetriebenen und explosionsgeschützten Fahrzeugen durchzuführen.
- Die für die Sammlung eingesetzten Fahrzeuge und Behälter sind vom AN zu stellen.
- Die Reinigung, Reparatur, Wartung und Unterhaltung der Sammelfahrzeuge obliegt dem AN.
- Durch die Sammlung entstehende Nebenarbeiten sind grundsätzlich vom AN auszuführen.

- Die Organisation der Sammlung und alle damit verbundenen Nebenarbeiten sind vom AN mit den Verantwortlichen des AG (Auftraggebers) bzw. dessen Beauftragten zu besprechen.
- Vom AN ist das für die Sammlung notwendige qualifizierte Personal einschließlich der Lohn-, Lohnnebenkosten und Auslösung zu stellen.
- Der AN ist für die termingerechte Sammlung und Entleerung verantwortlich.
- Der Produktionsablauf darf vom AN aufgrund seiner dort zu vollbringenden Leistungen nicht gestört werden.
- Der vom AN ausgearbeitete Sammel- und Abfuhrplan ist mit dem Werk abzustimmen und in regelmäßigen Abständen neu zu überarbeiten.
- Auf Verlangen ist dem AG ein detaillierter Organisationsplan durch den AN zu übergeben.
- Die in den Produktionshallen gesammelten Reststoffe sind auf dem direkten Weg zur ABF bzw. aus dem Werk zu transportieren.
- Ein Abstellen oder Lagern von Abfällen außerhalb der dafür ausgewiesenen Flächen ist unzulässig, bzw. nur nach Rücksprache auf besondere Anweisung des Auftraggebers zulässig.
- Der AN ist für die Sammlung der ausgewiesenen Abfälle allein verantwortlich.

9.3 Transporte

- Vor Verlassen des Werkes sind alle Transportfahrzeuge zu verwiegen und mit den vom Gesetzgeber vorgeschriebenen Begleitpapieren und Kennzeichnungen der Fahrzeuge zu versehen.
- Die Transporte sind auf Grundlage der einschlägigen gesetzlichen Bestimmungen durchzuführen.
- Auf Verlangen sind dem Auftraggeber die erforderlichen Transportgenehmigungsunterlagen vorzulegen.
- Während der Transporte vom Werk zur Verwertung bzw. Entsorgung sind Zuladungen jeglicher Art unzulässig.
- Der AN ist für die Erfüllung aller Abfalltransportbestimmungen verantwortlich.
- Der AN hat die Transportwege aufzuführen.
- Der AN hat alle eingesetzten Transportbehälter, -fahrzeuge, -systeme usw. präzise zu beschreiben.
- Der AN stellt das für den gesicherten Transport erforderliche qualifizierte Personal und Transportmittel, die Lohn-, Lohnnebenkosten, Auslösung und Fahrgeld sind in den Preis einzukalkulieren.
- Der AN hat dafür Sorge zu tragen, daß Gefährdungen z.B. durch über den Behälter hinausragende Gegenstände vermieden werden.
- Die Verladung der Güter hat unter Beachtung bestehender Sicherheitsvorschriften, wie z.B. beim Transport gefährlicher Güter zu erfolgen.
- Der AN ist als Beförderer nachweispflichtiger Reststoffe verpflichtet, vor Durchfürhung der Leistung die hierzu erforderlichen behördlichen Genehmi-

gungen einzuholen und zu gewährleisten, daß bei der Durchführung die einschlägigen gesetzlichen und behördlichen Bestimmungen und Auflagen erfüllt werden.

- Durch den Transport entstehende Nebenarbeiten sind grundsätzlich vom AN auszuführen.
- Der AN ist für die Sicherheitsüberprüfung der Transportbehälter und Transportfahrzeuge verantwortlich.
- Die Reinigung, Reparatur, Wartung und Unterhaltung der Transportfahrzeuge und -behälter obliegt dem AN.
- Der AN garantiert den Einsatz von Transportfahrzeugen, die den gesetzlichen und ordnungsrechtlichen Bedingungen entsprechen.
- Der AN garantiert den termingerechten Transport.
- Der AN erklärt, daß er bei Ausfall seiner eingesetzten Fahrzeuge, Geräte und Behälter auf seine Kosten unverzüglich Ersatz stellt, damit die ordnungsgemäße Entsorgung des Werkes und der ABF gesichert ist.

9.4 Verwertung bzw. Entsorgung

- Der AN gewährleistet eine ordnungsgemäße, den einschlägigen gesetzlichen Bestimmungen entsprechende Verwertung bzw. Entsorgung, die damit verbundenen Transporte und Nebenleistung.
- Vom AN sind vor der Abfall*entsorgung* alle Möglichkeiten der Reststoff*verwertung* eingehend zu prüfen und sinnvoll einzusetzen.
- Der AN ist verpflichtet, permanent den Nachweis über den Verbleib und Verwendung der eingesammelten Reststoffe zu führen.
- Der AN verpflichtet sich, die gewonnenen und verwertbaren Reststoffe in den Wirtschaftkreislauf zurückzuführen. Die nicht verwertbaren Reststoffe sind in dafür zugelassenen Anlagen zu entsorgen.
- Der AN verpflichtet sich, Entsorgungsnachweise über die Wert- bzw. Reststoffe zu führen, die Nachweise darüber sind dem AG vorzulegen.
- Der AN ist verpflichtet, jeweils zwei mögliche Verwertungs- bzw. Entsorgungswege aufzuzeigen.
- Der AN ist verpflichtet, dem Auftraggeber die aufgezeigten Verwertungs- bzw. Entsorgungsanlagen, in welchen die aus dem Werk stammenden Reststoffe behandelt werden, für Kontrollbesuche zu öffnen bzw. diese zu ermöglichen.
- Entsprechen die vom AN aufgeführten Anlagen trotz bestehender Genehmigungen bezüglich Arbeitsschutz, Arbeitssicherheit und Umweltschutz nicht dem Stand der Technik bzw. vom Auftraggeber erwarteten Qualitäten der Entsorgung, so kann der AG die Nutzung der Anlage zur Behandlung der vom AG stammenden Reststoffe untersagen, wenn keine Maßnahmen zur Verbesserung der Situation getroffen werden.
- Der AG ist berechtigt, jederzeit Stichproben der zur Verwertung bzw. Entsorgung bereitgestellten Reststoffe zu nehmen und ggf. die vom AN angegebenen Zahlen zu berichtigen.

- Der AN ist verpflichtet, durch geeignete Maßnahmen, wie z.B. Rückstellproben der Abfallarten sicherzustellen, daß die Herkunft und Entsorgung der Reststoffe jederzeit nachvollziehbar ist.
- Der AN ist verpflichtet, Nachweise über die ordnungsgemäße Verwertung und Vermarktung der Reststoffe zu erbringen.
- Der AN ist verpflichtet, die Verwertung und Vermarktung der Reststoffe nach dem Gebot der Wirtschaftlichkeit durchzuführen.
- Der AN gewährleistet eine Verwertungs- bzw. Entsorgungssicherheit für die Vertragslaufzeit.
- Durch den Auftraggeber vorgegebene Verwertungs- bzw. Entsorgungsmöglichkeiten sind vorrangig zu verfolgen und vom AN in sein Konzept mit aufzunehmen.

9.5 Gesetzliche und technische Vorschriften

Über die Betriebmittelvorschriften hinaus sind alle gesetzlichen Vorschriften zu berücksichtigen, die durch die vom Auftragnehmer zu erbringenden Leistungen berührt werden.

Insbesondere sind zu beachten:

- das Abfallgesetz (AbfG)
- die Verordnungen zum AbfG in der jeweils gültigen Fassung, insbesondere:
  - die Abfall-Nachweis-Verordnung
  - die Abfallbestimmungs-Verordnung
  - die Reststoffbestimmungs-Verordnung
  - die Abfall- und Reststoffüberwachungs-Verordnung
- das Wasserhaushaltsgesetz (WHG)
- Verordnung über Anlagen zum Lagern, Abfüllen und Umschlagen wassergefährdender Stoffe (VAWS)
- die Verordnung über brennbare Flüssigkeiten (VbF)
- die technischen Regeln für brennbare Flüssigkeiten (TRbF)
- die Gefahrgutverordnung für Straßen- und Eisenbahntransporte (GGV-S, GGVE)
- die Technische Regeln für Gefahrstoffe (TRGS)
- die Unfallverhütungsvorschrift (UVV)

  und die einschlägigen Vorschriften, Regeln, Merkblätter der DIN, des Emissionsschutzes, die Arbeitsstättenrichtlinien, das Gesetz über technische Arbeitsmittel (Gerätesicherheitsgesetz) und alle hier nicht besonders aufgeführten gesetzlichen Vorschriften, die durch die vom Auftragnehmer zu erbringende Leistung berührt werden.

10 Konzeptionelle Abfallvermeidung und Schlußbemerkung

In der Diskussion sind derzeit verschiedenste Lösungsansätze zur Realisierung der Aballvermeidung, die in der Checkliste 5. „Betriebliche Maßnahmen zur Reduzierung von Hilfsstoffen und Abfallanfall" angesprochen ist.

Qualitativ wirken Abfälle unterschiedlich auf unsere Umwelt ein, vorbeugender Umweltschutz verhindert, daß Gefahren, die von diesen Abfällen ausgehen, für unsere Umwelt relevant werden.

Ziel der Abfallvermeidung ist, sowohl die Produktion wie auch das Produkt umweltfreundlich zu gestalten.

In der Praxis von gewerblichen und industriellen Produktionen heißt dieses:

- Verbund von Produktionen
- Schaffung von innerbetrieblichen Stoffkreisläufen
- Minimierung des Einsatzes von Hilfs- und Verbrauchsstoffen
- Substitution von Schad- und Giftstoffen
- Einsatz von Sekundärrohstoffen über gezielte Rücknahmesysteme
- u. ä.

Abfallvermeidung bedeutet, daß gleichzeitig mit der Gestaltung von Produkten über deren Funktionalität, Qualität und Lebensdauer für die Gebrauchsphase sowie deren Verbleib im Anschluß an diese nachzudenken ist; d. h. es ist ein Zusammenhang zwischen dem Produkt und seiner möglichen

- Wiederverwendung (Mehrweg, Second Hand)
- Wiederverwertung (Recycling, u, re, down)
- Weiterverwendung (mit stoffl. Umwandlung)
- notwendigen Behandlung und
- endgültigen Ablagerung

in diese Überlegung mit einzubeziehen.

Sind Wiederverwertungsvorgänge Ziel einer abfallwirtschaftlichen Planung, so ist bei der Produktplanung dieses Ziel mit einzubeziehen, d. h. es sind beim Produkt selbst, aber im wesentlichen auch bei seiner Ausstattung die qualitativen Anforderungen der Wiederverwertung zu berücksichtigen.

Bei der Weiterverwendung von Abfällen geht es in erster Linie um die qualitative Abfallvermeidung, d. h. Reduzierung von Stoffen, die negativ auf das Weiterverwendungsverfahren, sein Produkt oder seine Reststoffe wirken.

Folgt man den aufgezeigten Wegen, so läßt sich festhalten, daß die Ansprüche einer diskutierten Kreislaufwirtschaft erfüllt werden können. Dazu sind aber noch größere Veränderungen in unserem Wirtschaftssystem notwendig. Nicht nur die Änderungen von Qualitätsdefinitionen beim Einsatz von Sekundärrohstoffen erscheint wichtig, auch die Akzeptanz des Marktes für Recyclingprodukte ist noch nicht wie notwendig entwickelt.

Eine weitere Entwicklung muß in dieses Kalkül mit einbezogen werden; erste Anzeichen deuten darauf hin, daß Modell- bzw. Produktzyklen infolge Qualität, Haltbarkeit aber auch zeitloser Gestaltung länger werden. Für den Umweltbereich bedeutet diese Entwicklungstendenz, daß Produktionsstätten und Produkte infolge einer längeren Betriebs- bzw. Modelldauer ökologisch besser durchplant und angepaßt werden können.

Literatur

1. Abfallrecht Nordrhein-Westfalen, Verkehrsverlag J. Fischer, Düsseldorf, 1986, S. 1–216.
2. Bilitewski B, Härdtle G, Marek K, Abfallwirtschaft, Eine Einführung, Springer Verlag, 1990, S. 1–634.
3. Fleischer G, Abfallvermeidung in der Abfallwirtschaft, in: Entsorgungspraxis Nr. 11, Bertelsmann Fachzeitschriftenverlag, Gütersloh (1989).
4. Fleischer G, Elemente der vorsorgenden Abfallwirtschaft, Abfallwirtschafts-Journal 1, 1989, Nr. 1, S. 18–23.

Umweltaudit aus der Sicht des Bodenschutzes

Beate Lassonczyk, Hamburg und Marianne Grupe, Höxter

1 Einleitung

Das Umweltaudit als ökologische Betriebsanalyse beinhaltet eine Anleitung zur betrieblichen Vorsorge bei den wachsenden Anforderungen zum Umweltschutz. Die im Betrieb vorgefundenen Umweltbedingungen werden beim Auditing erfaßt. Es wird überprüft, inwieweit der Produktionsablauf und das Produkt selbst den Zielen des Umweltschutzes genügen.

Die zu schützenden Umweltmedien sind Boden, Wasser und Luft. Basis für das Umweltaudit ist das gültige Umweltrecht, daß jedoch bisher nur dem Schutz der Medien Wasser und Luft in speziellen Gesetzen und Verordnungen Rechnung trägt. Dies hatte die Konsequenz, daß auch beim Umweltaudit der Bodenschutz nur indirekt Berücksichtigung fand. So betreffen die einschlägiger Literatur zu entnehmenden Checklisten [1, 2] nur die Schiene Abwasser, Abfall und Abluft. Eine Checkliste Boden existiert nicht.

Der Boden wird nicht als selbständiges Medium erkannt, sondern häufig nur als „Standort" oder „Fläche für Ablagerungen" angesehen. Er gelangt erst dann in den Blickpunkt des Interesses, wenn Schadstoffkontaminationen des Bodens Schäden von Grund- und/oder Oberflächenwasser erwarten lassen oder bei vorhandenen leichtflüchtigen Schadstoffen eine negative Beeinflussung der Luft möglich ist.

Der Boden muß auch beim Umweltaudit aus sich selbst heraus als Schutzgut gelten. Er darf nicht nur in seiner Funktion als „Träger" (Standort) betrachtet werden. Es muß grundsätzlich bewußt werden, daß der Boden im Ökosystem unverzichtbare Funktionen erfüllt; so ist er z. B. Puffer, Transformator, Lebensraum und Wasser- und Nährstoffspeicher. Diese Funktionen hat der Boden während seiner jahrtausendlangen Entwicklungszeit durch Verwitterung, Mineralneubildung, Humus- und Gefügebildung sowie durch Verlagerungsprozesse erhalten. Eine Störung oder Zerstörung des natürlichen Bodens mit seinen Funktionen bedeutet damit immer einen unwiederbringlichen Verlust, da eine Wiederherstellung des Bodens durch eine Sanierung nicht möglich ist. Ein Umweltaudit ohne Vorsorgefunktion zum Bodenschutz kann daher immer nur ein Fragment sein.

Sietz/v. Saldern
Umweltschutz-Management und Öko-Auditing

2 Gesetzliche Grundlagen

Eine Bodenschutzgesetzgebung erfolgte bisher nur durch die Länder Baden-Württemberg und Sachsen. Zum Bundesbodenschutzgesetz existiert zur Zeit nur ein Referentenentwurf. Die Verabschiedung des Bodenschutzgesetzes soll entsprechend der Koalitionsvereinbarung noch in dieser Legislaturperiode des Deutschen Bundestages erfolgen. Das neue Bodenschutzgesetz hat direkt den Boden als Schutzgut zum Inhalt. Bisher sind Gesetze, Verordnungen bzw. Vorschriften relevant, die nur indirekt bodenschützende Ziele verfolgen.

Die wichtigsten Gesetze, Verordnungen bzw. Vorschriften die für ein Umweltaudit Berücksichtigung finden müssen werden im folgenden aufgeführt. Eine vollständige Auflistung ist z.B. Blume [3] und der Bodenschutzkonzeption [4] zu entnehmen.

Aus dem *Wasserhaushaltsgesetz (WHG)* ergibt sich ein mittelbarer Bodenschutz dadurch, daß Gewässerschutz entscheidend von der Beschaffenheit des Bodens in seiner Funktion als Puffer und Transformator abhängig ist. Grundwasserschutz ist nur durch Bodenschutz erreichbar.

Das *Abfallgesetz (AbfG)* beinhaltet, daß durch die Abfallentsorgung das Wohl der Allgemeinheit nicht gefährdet und insbesondere Gewässer, Böden und Nutzpflanzen nicht schädlich beeinträchtigt werden. Bodenschutz ist somit auch Ziel des Abfallgesetzes.

Das *Bundesimmissionschutzgesetz (BImSchG)* hat die Aufgabe, die Reinhaltung der Luft zu gewährleisten. Da Immissionen zu Kontaminationen des Bodens mit Schadstoffen führen können, wirkt das Gesetz auch im Sinne des Bodenschutzes.

Ziel des *Chemikaliengesetzes (ChemG)* ist es, den Menschen und die Umwelt vor schädlicher Einwirkung gefährlicher Stoffe zu schützen. Der Begriff Umwelt schließt dabei auch den Boden ein.

Das *Bundesnaturschutzgesetz (BNatSchG)* sieht den Boden vorwiegend als Teil des Naturhaushaltes und der Landschaft. So bedeutet z.B. die Erhaltung der Leistungsfähigkeit des Naturhaushaltes, sparsame Nutzung der Naturgüter, Vermeidung der Vernichtung wertvoller Landschaftsbestandteile auch Bodenschutz.

Das *Raumordnungsgesetz (ROG)* schützt die Landschaft vor ökologisch schädlicher Inanspruchnahme. Es beugt damit übermäßigem Bodenverbrauch vor und dient damit dem Bodenschutz. Gleiches gilt für das *Baugesetzbuch (BauGB)*, das einen sparsamen Umgang mit Grund und Boden verlangt.

Das *Bundeswaldgesetz (BWaldG)* schreibt ein ausreichendes Mindestareal für Waldflächen vor und verlangt eine Ausweisung genügender Waldflächen für Schutz- und Erholungszwecke. Es schützt dadurch mittelbar den Boden vor Versiegelung und Flächenverbrauch. Aus allen gesetzlichen Bestimmungen ist abzuleiten, daß übermäßiger Flächenverbrauch und schädliche Bodenveränderungen zu vermeiden sind.

Diese Forderung muß auch Basis für ein Umweltaudit sein.

Der Entwurf des künftigen Bundesbodenschutzbesetzes sowie die Bodenschutzgesetze der Länder Baden-Württemberg (BodSchG) und Sachsen (EGAB) [5] haben zum Ziel, den Boden in seinen Funktionen zu erhalten und vor Belastungen zu schützen. Dabei ist eine Verpflichtung zum Bodenschutz vorgeschrieben. Dies bedeutet, daß jeder sich so zu verhalten hat, daß schädliche Bodenveränderungen nicht hervorgerufen werden. Besondere Pflichten treffen Eigentümer und Besitzer hinsichtlich des Zustandes ihrer Grundstücke. Schädliche Bodenveränderungen sind im Rahmen des Möglichen und Zumutbaren zu sanieren. Hierzu sind auch Folgenbeseitungsmaßnahmen (einschließlich der Maßnahme zur Entsiegelung von Flächen) durchzuführen.

Betriebe können ihrer Verpflichtung zum Schutz des Bodens durch ein Umweltaudit nachkommen. Die Ergebnisse von Umweltaudits können in ein Bodenzustandskataster, wie es z. B. vom Bodenschutzgesetz in Baden-Württemberg gefordert wird, eingehen.

Zur Zeit gibt es noch keine Rechtsverordnungen und allgemeine Verwaltungsvorschriften, die die gesetzlichen Bestimmungen zum Bodenschutz regeln. Für ein Umweltaudit bedeutet dies, daß Bodenbelastungen nicht an festgelegten Prüf- und/oder Grenzwerten festgemacht werden können. Es empfiehlt sich Bodenbelastungen auf ihre Vermeidbarkeit hin zu überprüfen, bzw. bei vorhandenen Kontaminationen die einschlägigen Bewertungslisten der Länder oder die Nutzungs- und schutzgutbezogenen Orientierungswerte für (Schad-)Stoffe in Böden [6] heranzuziehen.

3 Beeinträchtigungen des Bodens durch betriebliche Nutzung

Die Beeinträchtigungen des Bodens durch betriebliche Nutzungen können vielfältig sein. Diese Schädigungen bleiben häufig nicht nur auf das eigentliche Betriebsgelände beschränkt, sondern können sich auch regional bzw. überregional auswirken.

Bei der Ausweisung von Gewerbeflächen wird meist großzügig mit dem Schutzgut Boden umgegangen. Diese gewerbeanlockende Geste führt zu hohen Bodenverlusten durch Flächenverbrauch.

Die im Zuge von Infrastrukturmaßnahmen geschaffene Ausweitung der Verkehrsflächen haben zudem eine Isolierung des Bodens durch die Bedeckung mit Bitumen oder Beton zur Folge, wodurch ein Wasser- und Gasaustausch unterbunden wird.

3.1 Beeinträchtigungen des Bodens auf dem Betriebsgelände

3.1.1 Physikalische Bodenbelastungen

Baumaßnahmen auf dem Betriebsgelände haben eine Zerstörung des natürlichen Bodens durch *Aushub* von Baugruben oder Schächten für die Verlegung von Leitungen und anderer Ver- und Entsorgungseinrichtungen zur Folge. Andere Flächen werden eingeebnet oder aufgehöht. Im Zuge dieser Maßnahmen findet häufig ein Bodenaustausch dadurch statt, daß anstehende Böden abgetragen und gegen Substrate unterschiedlichster Art (Sand, Bauschutt etc.) ersetzt werden. Damit gehen alle natürlichen Bodenfunktionen verloren.

Die Errichtung von Gebäuden und die Anlage von Verkehrswegen, Parkplätzen usw. bedeutet *Bodenversiegelung*. Dabei verliert der Boden seine Funktion als Lebensraum für Organismen, als Pflanzenstandort, Filter, Puffer und Transformator (Ab- und Umbau von Stoffen). Der Oberflächenabfluß wird erhöht und die Grundwasserneubildung verringert. Großflächige Versiegelung bewirkt eine Veränderung der klimatischen Bedingungen (Stadtklima).

Bodenverdichtungen können auf dem Betriebsgelände durch Befahren mit schwerem Gerät sowie durch Auftrag und Kompression von Auffüllungsmaterialien auftreten. Verdichtungen bewirken eine Herabsetzung des Porenvolumens insbesondere zu Ungunsten der Grobporen und damit eine Beeinträchtigung des Luft- und Wasserhaushaltes. Negative Beeinflussungen des Bodenlebens und des Pflanzenwachstums sind gegeben. Extrem verdichtete Böden können, wie versiegelte Böden, eine Erhöhung des Oberflächenabflusses hervorrufen.

Auf unversiegelten, vegetationsfreien Flächen kann bei entsprechender Hangneigung *Erosion* stattfinden. Verschlämmung und Zerstörung des natürlichen Oberbodens verstärken Erosionsprozesse.

3.1.2 Chemische Bodenbelastungen

Unter chemischen Belastungen ist die *Kontamination des Bodens mit Schadstoffen* zu verstehen. Das Schadstoffpotential ist häufig branchentypisch und mit dem Produktionsablauf eng verknüpft. Es betrifft eingesetzte Stoffe (Chemikalien), Abbauprodukte sowie produzierte Abfälle und Abwässer. Häufige Schadensursachen sind Unfälle, die bei der Lagerung oder beim Transport von Chemikalien auftreten. Faßleckagen, Überfüllung von Lagerbehältern oder Tropfverluste beim Befüllen führen bei nicht ausreichenden Sicherheitsvorkehrungen zu Bodenkontaminationen. Daneben können größere Unfälle (Explosionen, Brände etc.) eine erhebliche Freisetzung von Schadstoffen bewirken. Durch Emissionen freigesetzte Stoffe (Stäube, Aerosole und Gase) gelangen z.T. noch auf dem Betriebsgelände durch trockene oder nasse Deposition auf den Boden und führen zu einer Kontamination der obersten Bodenschichten.

Je nach Art des Betriebes fallen Abfälle bzw. Produktionsrückstände unterschiedlichster Art und Menge an (z.B. Industrieschlämme, Öl, Papier, Kunststoff, Gummi, Schrott). Sie werden z.T. noch auf dem Betriebsgelände abgelagert (betriebseigene Abfalldeponie) oder bis zum Abtransport zwischengelagert. Dabei kann es sich auch um Stoffe handeln, die mit der betrieblichen Produktion oder Fertigung in keinem Zusammenhang stehen, wie z.B. bei Renovierungsarbeiten anfallende asbesthaltige Baustoffe oder Farbreste. Bodenkontaminationen können dann auftreten, wenn eine geeignete Bodenabdichtung fehlt und flüssige Schadstoffe oder mit Schadstoffen belastete Sickerwässer aus dem Abfallkörper austreten. Das Ausmaß des Schadens ist abhängig von der Art der abgelagerten Stoffe, ihren Bindungsformen und ihrer Mobilität.

Abwässer aus Betrieben werden je nach Zusammensetzung entweder direkt abgeleitet, auf dem Betriebsgelände vorgeklärt oder durch spezielle Aufbereitungsanlagen gereinigt. Durch z.B. defekte Rohrleitungen, offene Gräben oder Versickerung auf dem Gelände können durch schadstoffbelastete Abwässer Bodenkontaminationen hervorgerufen werden.

Bodenkontaminationen auf dem Betriebsgelände müssen nicht immer „hausgemacht", sondern können auch durch die Vornutzung bedingt sein. Gemeint sind sogenannte Altstandorte, auf denen in der Vergangenheit mit umweltgefährdenden Stoffen gearbeitet wurde. Die Ablagerung von Abfällen und Produktionsrückständen erfolgte früher häufig auf dem Betriebsgelände selbst durch Verfüllung von Geländevertiefungen oder Aufschüttungen. Ferner ist zu berücksichtigen, daß auch die ehemals bei Geländemodelierung eingesetzten Substrate (Bauschutt, Schlacken etc.) ein erhöhtes Schadstoffpotential aufweisen können.

3.1.3 Biologische Bodenschäden

Biologische Bodenschäden sind Folgereaktionen auf physikalische und/oder chemische Belastungen. Bodenveränderungen durch Aushub, Auf- oder Abtrag und Bodenversiegelungen führen zu Änderungen des Artenspektrums bis hin zum völligen Verlust des Lebensraums für Organismen. Bei mechanischen Belastungen wie z.B. bei Verdichtungen wird der Gasaustausch behindert und es kommt durch Verringerung der Wasserleitfähigkeit zu Reduktionsprozessen, die die mikrobielle Tätigkeit stark herabsetzten.

Bodenkontaminationen mit Schadstoffen bewirken eine Änderung des Artenspektrums. Empfindliche oder nicht adaptierte Organismen sterben ab, andere werden dominierend. Stark toxische Stoffe bewirken ein Absterben der Bodenlebewesen.

3.2 Bodenbelastungen außerhalb des Betriebsgeländes

Die Böden außerhalb des Betriebsgeländes können vor allem durch den Eintrag von Stäuben und Aerosolen belastet sein. So sind dies z.B. im Bereich von Zement-, Kalk und Magnesitwerken alkalisch wirkende Carbonatstäube. In der chemischen Industrie fallen naturgemäß sehr unterschiedlich zusammengesetzte Stäube an, die je nach Produktion As, Pb, Cd, Ni oder auch organische Schadstoffe enthalten können. Auch ist z.B. in der Umgebung von Müllverbrennungsanlagen, der Keramikindustrie, Holzschutzmittelherstellung, Kokereien, Kraftwerken und Teerfabriken mit schadstoffhaltigen Stäuben zu rechnen. Diese mehr oder weniger schadstoffhaltigen Stäube nehmen in der Regel expotentiell mit der Entfernung vom Emittenten ab. Durch die „Politik der hohen Schornsteine" werden Schadstoffe aber auch ubiquitär verteilt, so daß heute selbst in Reinluftgebieten eine erhöhte Grundbelastung anzutreffen ist.

Ein Schadstoffexport findet auch durch die Deponierung von Abfällen statt. So belasten betriebseigene Schadstoffe oft mehrere hundert Kilometer entfernt liegende Böden im Bereich von Abfalldeponien. Ebenso sind Bodenbelastungen durch Verbringung von Abfällen auf landwirtschaftlichen Nutzflächen möglich. Dies trifft beispielsweise für Abfälle von Wollkämmereien oder aus der Papierindustrie zu.

Gelangen gewerbliche mit Schadstoffen belastete Abwässer in Oberflächengewässer, so können deren Sedimente und die bei Überflutung betroffenen Auenbereiche kontaminiert werden.

4 Ablauf eines Ökoaudits Boden

4.1 Erkundung des Ist-Zustandes

Ein Ökoaudit Boden muß sich an den aufgeführten Belastungsmöglichkeiten orientieren. Dies geschieht am besten mit Hilfe einer Checkliste. Dabei ergeben sich selbstverständlich Überschneidungen mit der Checkliste Luft, Abfall und Abwasser. Ein Beispiel für ein entsprechende Checkliste ist der Tab. 1 zu entnehmen.

Die aufgeführte Liste ist als Vorschlag zu werten; sie muß von dem jeweiligen Audit-Gutachter an die speziellen Probleme des zu analysierenden Betriebes angepaßt werden.

Der Audit-Gutachter hat die Ergebnisse in Form eines betriebseigenen Bodenkatasters aufzunehmen. Die gesammelten Informationen können in Bodenkarten, die den Belastungsgrad charakterisieren, dargestellt werden. Bei größeren Betrieben kann auch eine Bodendatenbank sinnvoll sein.

Es wird vorgeschlagen den Ist-Zustand zu folgenden Themen in Belastungskarten aufzunehmen:

1. Karte: Versiegelung, Überbauung.
2. Karte: Bereiche natürlicher und anthropogen veränderter Böden (Aushub, Verfüllung, Auf- und Abtrag).
3. Karte: Bodenbelastung aus Vornutzungen (Vorliegende Ergebnisse von Geländeerkundungen, Kartierungen und Labordaten sind einzubeziehen).
4. Karte: Bodenbelastung durch die derzeitige betriebliche Nutzung. Hierbei sind punktuelle Belastungen (Lager, Abfüllstationen) von flächigen Belastungen (Immissionen) zu unterscheiden. (Vorliegende Ergebnisse von Geländeerkundungen, Kartierungen und Labordaten sind einzubeziehen).
5. Karte: Bodenempfindlichkeitskarte (Böden mit geringer Pufferkapazität, hoher Erosionsanfälligkeit).

Tabelle 1. Checkliste Boden

1. Innerbetriebliche Bodenbelastungen

a) Physikalische Bodenbelastungen (Flächenverbrauch, Aushub, Verfüllung, Verdichtung, Erosion, Versiegelung)

- Wie groß ist die Betriebsfläche?
- Wie groß ist das Verhältnis natürlicher Böden zu anthropogen veränderten Böden (Aushub, Verfüllung, Auf- und Abtrag)?
- Wie groß ist der Überbauungsgrad?
- Wie hoch ist der Anteil versiegelter Freiflächen (Parkplätze, Verkehrswege usw.)?
- Wie hoch ist der Versiegelungsgrad insgesamt?
- Wie hoch ist das Entsiegelungspotential (Anteil der Flächen, wo eine Beseitigung der vorhandenen Versiegelung möglich scheint)?
- Wie sind die verwendeten Versiegelungsmaterialien bezüglich ihrer Durchlässigkeit (Porosität) zu bewerten?
- Wo ist ein Austausch des vorhandenen Belages durch poröse Materialien (z. B. Mosaik- und Kleinpflaster mit großen Fugen, Schotterung usw.) möglich?
- Wo treten Bodenverdichtungen auf?
- Wo tritt Bodenverschlämmung auf?
- Welche Bereiche sind erosionsgefährdet?

b) Chemische Bodenbelastungen (Schadstoffkontaminationen)

- Gibt es Bodenbelastungen durch die Vornutzung (Altstandort)?
- In welchem Bereich des Geländes gibt es Verfüllungen oder Aufschüttungen?
- Liegen zu den betrieblichen Vorschäden bereits Erkundungsuntersuchungen (historische Erkundung, Sondierungen) oder Gutachten vor?
- Wo werden oder wurden Chemikalien bzw. eingesetzte Gefahrenstoffe gelagert? Kam es in diesen Bereichen zu Unfällen; liegen Ergebnisse aus Bodenuntersuchungen dazu vor?
- Wo werden oder wurden Abfälle bzw. Produktionsrückstände gelagert oder zwischengelagert?
  Sind Bodenkontaminationen in den Bereichen möglich; liegen Untersuchungsergebnisse vor?
- Wo gibt es auf dem Betriebsgelände wilde Müllkippen?
- Wo hat es betriebliche Unfälle gegeben, bei denen es zur Freisetzung von Schadstoffen kam?
- Welche Schadstoffe werden durch Emission in welcher Größenordnung freigesetzt?
- Sind Kontaminationen durch Immissionen wahrscheinlich? Liegen für das Betriebsgelände Untersuchungen der obersten Bodenschicht vor?
- Welche Abwasserströme verlassen den Betrieb? Kommt es dabei zu Kontakten mit dem Bodenkörper?

2. Außerbetriebliche Bodenbelastungen

- Welche Schadstoffe werden durch Emission freigesetzt und in welcher Größenordnung? Gibt es Hinweise (Untersuchungen) zu Immisionsbelastungen in der Umgebung?
- Wieviel und welche Schadstoffe werden durch Deponierung oder Abwässer exportiert? Wohin geht der Schadstofffluß?
- Wo sind Bodenbelastungen durch exportierte Schadstoffe möglich bzw. bereits bekannt?
- Können die im Betrieb hergestellten Produkte bei ihrer Verwendung oder Entsorgung Bodenbelastungen hervorrufen?

Die Bodenempflindlichkeitskarte hat Vorsorgefunktion. Sie kann eine Grundlage für die spätere Ableitung eines betriebsbezogenen Bodenschutzkonzeptes sein (vgl. Kapitel 4.3).

Der Schadstoffexport aus dem Betrieb kann in Form eines Flußdiagramms dargestellt werden. Es zeigt, wo Bodenbelastungen mit welchen Schadstoffen möglich bzw. bereits aufgetreten sind.

4.2 Bewertung

Die Erkundung und die Bewertung des bei einem Ökoaudit festgestellten Ist-Zustandes kann nur durch einen Fachgutachter (Bodenkundler oder Gutachter mit bodenkundlichen Kenntnissen) erfolgen. Er hat für jeden der in Kapitel 3 aufgeführten anthropogenen Bodenveränderungen den jeweiligen Belastungsgrad festzustellen. Bezüglich der chemischen Belastungen durch Schadstoffe kann sich die Bewertung an die bei Altstandorten oder Altlasten gebräuchliche Methodik der Gefährdungsabschätzung anlehnen. Die üblichen Bewertungslisten mit Grenz-, Orientierungs- und Schwellenwerten können dabei eine Hilfe sein. Es ist jedoch darauf hinzuweisen, daß das Ökoaudit eine Einzelfallbetrachtung ist und vorhandene Schadstoffkontaminationen selbstverständlich nur in Verbindung mit den jeweiligen Gegebenheiten (Geologie, Hydrologie, Schadstoffmobilität etc.) zu bewerten sind.

Bodenkontaminationen sind danach zu differenzieren, ob die Schadstoffakkumulation abgeschlossen ist wie z.B. bei schlackenhaltigen Verfüllungen und Bodenkontaminationen durch Unfälle oder ob die Schadstoffzufuhr noch andauert (z.B. Immissionen, Sickerwässer aus Deponien etc.). In letzterem Fall ist die Schadstoffbelastung auf ihre Vermeidbarkeit hin zu überprüfen.

Der Belastungsgrad durch physikalische Bodenveränderungen kann vom Gutachter mit Hilfe von Vergleichs- und Erfahrungswerten beurteilt werden. Überbauung und Versiegelung sind nach der Größe der betroffenen Fläche bzw. der Relation zur Gesamtfläche zu bewerten. Auch bei Verdichtungs-, Verschlämmungs- und Erosionserscheinungen ist nach der betroffenen Flächengröße vorzugehen.

Der Grad der Belastung kann, wenn keine Meßwerte, vorliegen mit Hilfe bodenkundlicher Schätzmethoden (z.B. Ableiten der Erosionsgefährdung nach der Bodenkundlichen Kartieranleitung [7] etc.) erfolgen. Das Kriterium der Vermeidbarkeit muß auch bei der Bewertung der physikalischen Bodenbelastungen stets mit einbezogen werden.

4.3 Ableitung eines betriebsbezogenen Bodenschutzkonzeptes

Durch die Bewertung des vorgefundenen Ist-Zustandes werden betriebliche Mängel im Bodenschutz sichbar. Aufgabe des Audit-Gutachtens ist es nun ein betriebliches Bodenschutzkonzept zu erarbeiten. Dies darf nicht isoliert erfolgen sondern muß in Verbindung und im steten Austausch mit den anderen Audit-Fachbereichen (Luft, Wasser, Abfall usw.) erfolgen. Das Bodenschutzkonzept enthält Vorschläge bzw. Maßnahmen zur Vermeidung, Begrenzung oder Beseitigung von Bodenbelastungen. Diese Maßnahmen sind auf ihre Machbarkeit zu überprüfen und nach ihrer kurz-, mittel- und langfristigen Umsetzbarkeit hin zu gliedern. Das Bodenschutzkonzept kann beispielsweise folgende Vorschläge und Maßnahmen umfassen:

- Maßnahmen zum Rückbau von Betiebsflächen
- Vorschläge, wo eine Entsiegelung bzw. Änderung des Belages möglich und sinnvoll ist (z.B. Parkplätze, Wege)
- Vorschläge zur Beseitigung von Verdichtungen durch Bodenlockerung
- Maßnahmen zur Herabsetzung der Verschlämmungsneigung und Erosionsgefährdung (z.B. Vegetationsbedeckung, Zufuhr von organischer Substanz etc.)
- bei vorgefundenen erheblichen Gefährdungspotentialen durch Schadstoffe, Angaben zu notwendigen Sicherungs- oder Sanierungsmaßnahmen
- bauliche und technische Maßnahmen zur Vermeidung von Bodenkontaminationen durch Leckagen, Tropfverluste und Lagerung von Abfällen etc.
- Maßnahmen zur Herabsetzung der Emissionen, Verminderung der Produktionsabfällen usw.

5 Ausblick

Das Umweltaudit ist seit 1993 Inhalt einer EG-Verordnung. Sie regelt die freiwillige Beteiligung gewerblicher Unternehmen an einem gemeinschaftlichen Ökoauditsystem. Sie gilt ab dem 1. Juli 1994 verbindlich für jeden Mitgliedstaat, so daß das Umweltaudit in absehbarer Zeit auch in der Bundesrepublik Deutschland zu einem Regelverfahren wird. Das Boden-Audit sollte ein eigenständiger Bestandteil des Umweltaudits sein. Damit können die Betriebe ihrer im Bodenschutzgesetz festgelegten Verpflichtung zum Bodenschutz nachkommen.

Für einige Städte existieren bereits Bodenkataster und Bodenschutzkonzepte. Die Ergebnisse des Ökoaudits Boden können in solche regionalen Bodenkataster eingehen und damit Teil eines hierarchisch aufgebauten Bodenschutzkonzeptes sein.

6 Literatur

1. Sietz M, Sondermann D (1990) Umwelt-Audit und Umwelthaftung. Anleitung zur Risikominderung, Vorsorge und Produktqualitätssicherung in der Betriebspraxis. Eberhard Blottner Verlag, Taunusstein
2. Pflug H (Hrsg. 1992) Checkliste Umweltschutz. Fragenkatalog zur Erkennung von Schwachstellen im betrieblichen Umweltschutz. Erich Schmidt, Berlin
3. Blume HP (Hrsg. 1992) Handbuch des Bodenschutzes. Bodenökologie und -belastung. Vorbeugende und abwehrende Schutzmaßnahmen. Ecomed Verlagsgesellschaft mgH, Landsberg/Lech
4. BMI (1985) Bodenschutzkonzeption der Bundesregierung. W Kohlhammer, Stuttgart
5. Rosenkranz D, Einsele G und Harreß HM (Hrsg. 1988) Bodenschutz. Ergänzbares Handbuch der Maßnahmen und Empfehlungen für Schutz, Pflege und Sanierung von Böden, Landschaft und Grundwasser. Erich Schmidt Verlag, Berlin
6. Eikmann T, Kloke A (1991) Nutzungs- und schutzsgutbezogene Orientierungsdaten für (Schad)-Stoffe in Böden. Mitteilungen VDLUFA Sonderdruck Heft 1
7. AG Bodenkunde (1982) Bodenkundliche Kartieranleitung. 3. Aufl., Schweizerbart, Stuttgart

Sanierungsaudit als umfassendes Instrument der Bewertung und Beseitigung von Umweltkontaminationen

Steffen Stubenrauch und Reinhold Hempfling, Taunusstein

Einleitung

Die Diskussion der Gesundheitsgefährdung durch Umweltchemikalien erweist sich in den letzten Jahren immer mehr als ein Thema unseres alltäglichen Lebens. Emissionen von Straßenverkehr, Industrie und Kraftwerken, Pestizide in der Landwirtschaft, Nährstoffe und toxische Substanzen in Grund- und Oberflächengewässern, Schadstoffe in Bau- und Arbeitsmaterialien, kontaminierte Böden und Gebäude auf ehemaligen und aktuell genutzten Industriestandorten sind Schlagworte mit denen wir immer häufiger konfrontiert werden.

Nur eine geringe Auswahl aller etwa 100 000 Einzelstoffe, die derzeit für verschiedenste Anwendungszwecke auf dem Markt sind, ist bisher ausreichend im Hinblick auf ihre Auswirkungen auf Leben oder Gesundheit von Menschen, Tieren und Pflanzen untersucht. Jährlich kommen etwa 500 neue Stoffe hinzu. Die nationale Liste der gefährlichen Arbeitsstoffe (Anhang VI der Gefahrstoff-Verordnung) umfaßt zur Zeit rund 1500 Substanzen. Aufgrund tierexperimenteller Erkenntnisse oder Erfahrungen am Menschen sind für etwa 400 Arbeitsstoffe Grenzwerte der Arbeitsplatzkonzentration (MAK, TRK-Werte) festgesetzt worden. Als gesichert krebserzeugend gelten rund 40 Arbeitsstoffe. Welche Bedeutung diesen gesundheitsgefährdenden Verbindungen zukommt, zeigt schließlich auch die Tatsache, daß von den 55 in der Bundesrepublik anerkannten Berufskrankheiten 37 auf die Wirkung von solchen Stoffen zurückzuführen sind.

Die Vielzahl der unterschiedlichen Substanzen ist nur noch schwer überschaubar und nur bedingt auf ihre Umwelt- und Gesundheitsauswirkungen zu bewerten. Schwellenwerte, Grenzwerte, Richtwerte oder Orientierungswerte, Abkürzungen wie MAK, TRK, BAT, ADI, NOAEL und Angaben zu Gesundheitsbeeinträchtigungen wie malig, teratogen, kanzerogen oder Hepatotoxizität und Nephrotoxizität führen zu einer Verwirrung, die es selbst für Fachleute schwierig macht, einen Überblick zu bewahren. Für viele Stoffe und Verbindungen liegen zudem nur unzureichende Informationen über Eigenschaften, Umweltverhalten und Toxizität vor. Genau diese Informationen sind jedoch die notwendige Vorraussetzung um Gefährdungen abschätzen zu können und die notwendigen Maßnahmen für eine Sanierung oder Gefahrenvermeidung zu ergreifen. Dabei erfordert die breite Palette von Schadstoffen mit ihren unterschiedlichen Eigen-

Sietz/v. Saldern
Umweltschutz-Management und Öko-Auditing

schaften, Wechselwirkungen und Metabolismen umfassende Erfahrungen und fundierte Detailkenntnisse, um die geeigneten Maßnahmen auszuwählen.

Die Bewertung, Behandlung, Beseitigung oder Sanierung von Schadstoffen gewinnt aus den genannten Gründen immer mehr an Bedeutung. Umweltbelastungen durch Altlasten, Wohnraumbelastungen durch Asbest oder Formaldehyd sowie Brände oder Betriebsunfälle, bei denen Schadstoffe in die Umwelt gelangen, machen den zunehmenden Umfang dieser Thematik deutlich. Im Rahmen der Bearbeitung und Lösung der sensiblen Probleme ist deshalb eine sorgfältig geplante Vorgehensweise auszuwählen.

Zunächst muß eine Gefährdungsabschätzung vorgenommen werden, um Art, Ausmaß und Wirkung der Schadstoffbelastung beurteilen zu können. Ist im Anschluß daran eine Entscheidung bezüglich der Notwendigkeit und Art der zu ergreifenden Sanierungsmaßnahmen getroffen, sind weitere Schritte zu konkretisieren. Neben juristischen und genehmigungsrechtlichen Problemen erfordern Sanierungsmaßnahmen die Beachtung umfangreicher Arbeitsschutzbestimmungen, die Klärung von Fragen bezüglich der Begleitanalytik und die Sicherung der Entsorgung der kontaminierten Materialien.

Durch eine zielgerichtete Planung der kompletten Sanierung und durch das rechtzeitige Ergreifen der notwendigen Schritte lassen sich entscheidende Zeit- und Kostenvorteile erzielen. Hier stellt sich z. B. die Frage, ob durch den Einsatz spezieller Sanierungstechniken bzw. deren Abstimmung auf Art und Ausmaß der Kontamination Sanierungs- und Entsorgungskosten gespart werden können. Handelt es sich etwa um ein schadstoffbelastetes Industriegebäude, kann Ort und Ausmaß der Kontamination durch eine gezielte Beprobung und Analytik erfaßt werden. Mit Hilfe der differenzierten Datengrundlage kann daraufhin eine problemspezifische Sanierungskonzeption erarbeitet werden, die nicht von vorneherein darauf ausgerichtet ist, das komplette Gebäude abzutragen und zu entsorgen. Die Kosten für aufwendigere Untersuchungen werden hierbei über die geringeren Entsorgungskosten mehr als abgedeckt und die ohnehin knappen Deponiekapazitäten entlastet.

Das Instrument „Sanierungsaudit"

Um die Vielzahl an Problemen und Fragen, die im Zusammenhang mit Kontaminationen von Böden oder Gebäuden und daraus resultierenden Maßnahmen anfallen beantworten und lösen zu können, sind Experten spezifischer Fachgebiete alleine häufig überfordert. Zu den angesprochenen allgemeinen Problemen kommt hinzu, daß fast jede Sanierung eigene Probleme und Fragestellungen aufwirft und somit jeder Fall individuelle Lösungen verlangt. Um alle Ansprüche auf einem möglichst hohen Qualitätsniveau erfüllen zu können, bietet sich das „Sanierungsaudit" als wirksames Hilfsinstrument an.

Das Sanierungsaudit ist ein Instrument der Projektabwicklung und des Projektmanagements, welches im Rahmen der Beseitigung von Umweltkontaminationen die komplexen Aufgaben der Auswahl der Schadstoffanalytik, der

Gefährdungsabschätzung, der Auswahl der angemessenen Sanierungstechnologie und des Sanierungsunternehmens, der Beachtung geltender Arbeitsschutzbestimmungen, der Öffentlichkeitsbeteiligung und der Kontrolle der Sanierungseffektivität durchführt oder koordiniert und begleitet. Die umfassenden Arbeiten werden hierbei in der Regel von einem interdisziplinären Team bewältigt. Durch die zentrale Koordinierung der kompletten Sanierung können Abstimmungsschwierigkeiten und dadurch bedingte Mehraufwendungen und Zeitverzögerungen auf einem niedrigen Niveau gehalten werden. Ferner ermöglicht eine derart gestaltete Projektorganisation das Arbeiten auf einem höheren Qualitätsniveau und kann häufig vorkommenden Ablaufschwierigkeiten wirksam entgegentreten. Ablauf und Inhalte eines Sanierungsaudits sind in Abb. 1 zusammengefaßt.

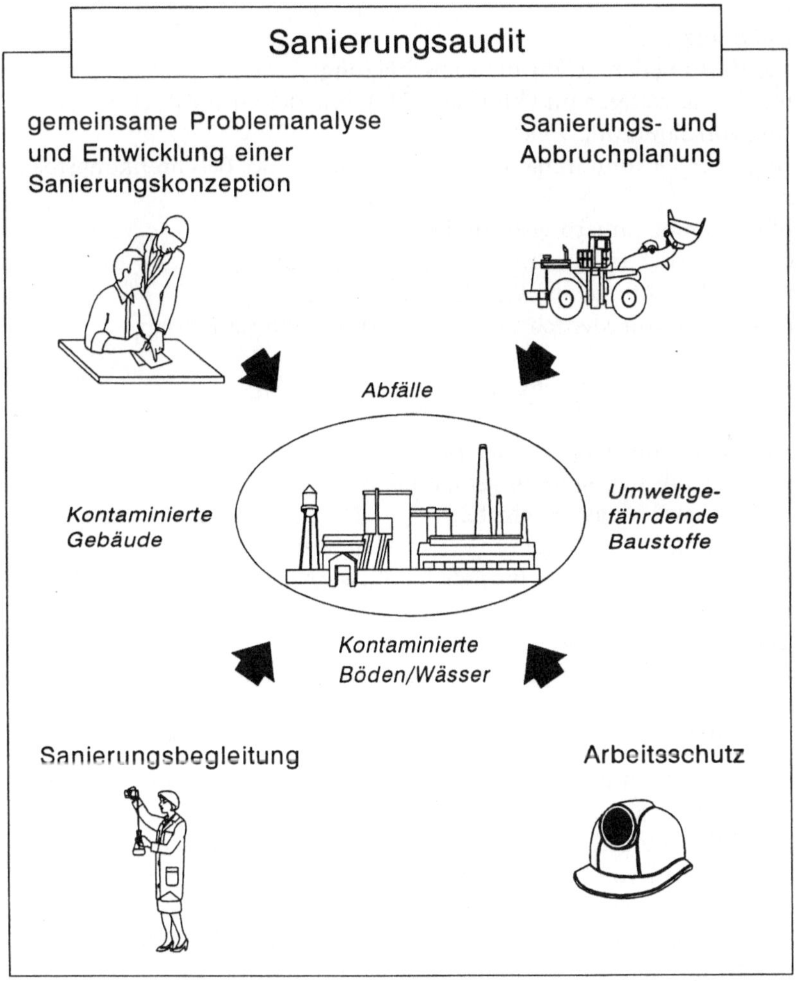

Abb. 1. Ablauf und Inhalte eines Sanierungsaudit

Bezogen auf die abschließende Gefährdungsabschätzung, die Erstellung eines Sanierungsplanes (inkl. einer Sanierungskonzeption), die Begleitung der Durchführung der Sanierung und die Kontrolle des Sanierungserfolges als Teilaufgaben eines Sanierungsaudits sind im einzelnen die folgenden Arbeitsschritte durchzuführen:

Gefährdungsabschätzung
- Charakterisierung der Nutzung;
- Erfassung möglicher Expositionspfade;
- Ermittlung der Exposition (Dosisrate);
- Ermittlung toxikologisch begründeter Vergleichswerte;
- Abgleich mit Vergleichswerten;
- Ableitung von Handlungsanleitungen.

Sanierungsplanung
- Zusammenfassung der Gefährdungsabschätzung;
- Erfassung der derzeitigen und künftigen Nutzung des Grundstücks;
- Abklärung von Sanierungszielen;
- Festlegung von Dekontaminations-, Sicherungs- und Beschränkungsmaßnahmen;
- Auswahl relevanter Sanierungstechniken;
- Angaben zur zeitlichen Durchführung der Maßnahmen;
- Vorgaben zur Beachtung von Arbeitsschutzmaßnahmen;
- Beeinträchtigung von Mensch und Umwelt durch die Sanierung;
- Kostenabschätzung;
- Planung möglicher Öffentlichkeitsarbeit.

Begleitung der Durchführung der Sanierung
- Optische Kontrolle der Sanierungsmaßnahmen;
- Kontrolle des Sanierungsfortschritts;
- Kontrollmessungen von kontaminiertem Material;
- Überwachung der Vorgaben bezüglich Emissionschutz, Arbeitsschutz und Anwohnerschutz;
- Überwachung der Gelände- bzw Gebäudesicherung;
- aktive Öffentlichkeitsarbeit zur Information der betroffenen Bevölkerung.

Prüfung des Sanierungserfolges und Überwachung in der Nachsorgephase

- Nachuntersuchungen sanierter Bereiche (Restkonzentrationsüberwachung);
- Hinweise auf Nachsorgeaufgaben;
- Langzeitstabilitätskontrolle von Sicherungsmaßnahmen;
- Funktionskontrolle von Sicherungslementen;
- Emissionskontrolle und Monitoringmaßnahmen;
- Nutzungskontrolle und evtl. Hinweise auf Nutzungseinschränkungen;
- arbeitsmedizinische Untersuchung von Beschäftigten;
- Untersuchung von betroffenen Anwohnern.

Die Auflistung verdeutlicht die vielfältigen Fragestellungen die bei Sanierungsmaßnahmen zu beachten sind. Abbildung 2 zeigt mit welchen Maßnahmen ein Sanierungsaudit in Schadstoff- und Sanierungsprobleme eingreift.

Eine im Rahmen der Sanierung zentrale Frage bildet die Festlegung von Art und Umfang der zu ergreifenden Maßnahmen in Form des Sanierungszieles. Die Randbedingungen, unter denen Sanierungsziele formuliert werden können, gibt die Auflistung auf S. 120 wider.

In Abhängigkeit von Art und Ausmaß einer Schadstoffbelastung ist die Einbeziehung betroffener Bevölkerungsgruppen oder Mitarbeiter in den Sanierungasablauf abzuwägen. Die ständig neuen Nachrichten über Umweltverschmutzung, Altlastenproblematik und Unfälle in Chemieunternehmen führten zu einer erhöhten Sensibilisierung der Bevölkerung für Umweltprobleme. Dies

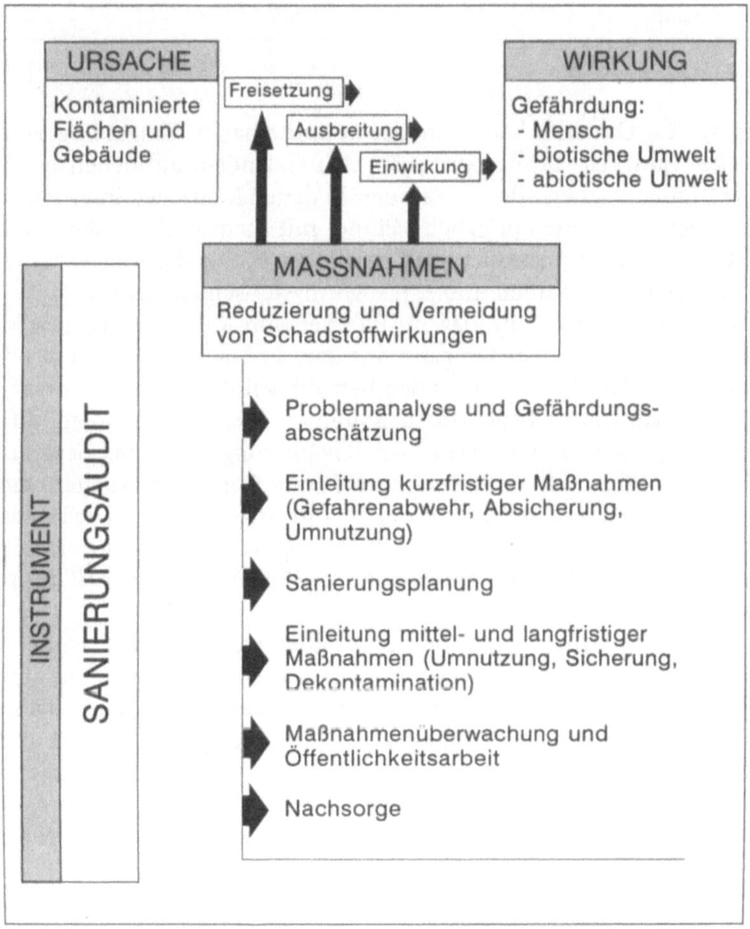

Abb. 2. Sanierungsaudit als Instrument der Maßnahmensteuerung bei Umweltkontaminationen

Sanierungsziele

nutzungsunabhängige Sanierungsziele

Die sanierten Bereiche sind anschließend für alle Nutzungen geeignet (Multifunktionalität).

nutzungsabhängige Sanierungsziele

Die sanierten Bereiche sind anschließend nur für bestimmte Nutzungen geeignet (Nutzungseinschränkung).

technische Machbarkeit

Die Sanierung erfolgt soweit wie es unter den gegebenen Bedingungen technisch möglich ist.

Wirtschaftlichkeit

Die Sanierung erfolgt in einem Rahmen der mit vertretbarem wirtschaftlichen Aufwand erreicht werden kann.

gilt insbesondere für Umweltschäden in der unmittelbaren Umgebung von Wohn-, Gewerbe- und Verwaltungsbereichen. Auf Geländen, auf denen noch vor kurzem die Kinder spielten oder in Räumen in denen Menschen ihrer täglichen Arbeit nachgehen, arbeiten plötzlich Männer mit Atemschutzmasken und Schutzanzug. Es erscheint verständlich, daß in solchen Fällen die Anlieger und Bewohner häufig Angst bekommen und z. T. sogar hysterisch reagieren.

Es verwundert daher auch nicht, daß im Rahmen von Altlastensanierungen und im Zusammenhang mit dem Umgang mit kontaminierten Gebäuden oft wenig Akzeptanz und viel Mißtrauen bei den betroffenen Personenkreisen vorhanden ist. Dieses Mißtrauen liegt jedoch häufig in einer mangelnden Aufklärung und einer „Verschleierungstaktik" der Bevölkerung gegenüber begründet. Bisher ist es häufig nicht üblich vor größeren Sanierungsarbeiten die Anwohner zu informieren und in die Problematik mit einzubeziehen. Die Praxis war (und ist) durch eine ungenügende Rückkopplung und Abstimmung zwischen technischen, ökologischen, sozioökonomischen und rechtlichen Komponenten gekennzeichnet.

Aus den genannten Gründen erscheint es daher wichtig, die betroffene Öffentlichkeit bereits in einem frühen Sanierungsstadium zu informieren, aufzuklären und in den gesamten Sanierungsablauf mit einzubeziehen. Dabei kann sowohl die Organisation, als auch die Mitwirkung an der Festlegung von Art und Umfang der zu ergreifenden Öffentlichkeitsmaßnahmen Teil eines umfassenden Sanierungsaudits sein.

Inhalte und Möglichkeiten einer solchen Einbeziehung könnten beispielsweise

- Informationsveranstaltungen,
- Rundbriefe,
- Information durch die örtliche Presse,

– Sorgentelefone oder
– Ortsbegehungen
sein.

Zur Einbeziehung der Bevölkerung und zur Verhinderung unnötiger Ängste und Sorgen ist jedoch während des gesamten Sanierungsverlaufs eine erhöhte Sorgfalt im Umgang mit Presse, Anwohnern und Behörden notwendig.

Durch eine gezielte Berücksichtigung der Interessen der betroffenen Menschen kann die Akzeptanz der Bevölkerung gegenüber einer Sanierungsmaßnahme wesentlich erhöht werden und letzlich auch ein reibungsloserer Sanierungsablauf gewährleistet werden.

Die Einsatzmöglichkeiten eines Sanierungsaudit

Sanierungsaudit in der Altlastenproblematik

Altlasten, Altablagerungen und Altstandorte sind Begriffe für Umweltbelastungen, die zunehmendes Interesse in der Öffentlichkeit hervorrufen. Spektakuläre Fälle wie Georgswerder oder Bielefeld Brake führten zu einer verstärkten Sensibilisierung von Bevölkerung und Politikern für dieses Thema und zeigten einen enormen Handlungsbedarf auf.

Bis in die 70er Jahre dieses Jahrhunderts hinein war es allgemein üblich, sich der Abfälle fast ausnahmslos ohne ausreichende Rücksicht auf Böden, Anstehendes und Grundwasser zu entledigen, indem man diese an Berghänge, auf Halden oder in natürliche und künstlich geschaffene Vertiefungen kippte bzw. sie auf dem eigenem Betriebsgelände vergrub. Weitere altlastenverdächtige Flächen entstanden durch Bodenverunreinigungen beim sorglosen Umgang mit umweltgefährdenden Stoffen auf den Grundstücken von Industrie, Gewerbe und öffentlichen Einrichtungen.

Ein besonderes Problem bilden die ehemaligen Rüstungsbetriebe, bei denen die Kriegszerstörungen und die Beseitigung dieser Anlagen nach dem Krieg besonders zur Entstehung altlastenverdächtiger Flächen beigetragen haben (Rüstungsaltlasten). Auch die zahlreichen Standorte der Allierten, der Bundeswehr und der ehemaligen NVA (Nationale Volksarmee), die mit dem Begriff „militärische Altlasten" umschrieben werden, beinhalten ein hohes Gefährdungspotential für Mensch und Umwelt.

Nach SRU (1989) gelten im Zusammenhang mit Altlasten insbesondere die Gesundheit des Menschen, die Umweltmedien Wasser, Boden und Luft, pflanzliche und tierische Lebewesen mit ihren Ökosystemen und Sachgüter wie Bauwerke oder Ver- und Entsorgungsleitungen als Objekte, die eines Schutzes bedürfen. Ausgehend von bereits aufgetretenen und besonders offensichtlichen Gefährdungen wurden zunächst vor allem die Umweltmedien Wasser und Luft als Güter mit überragender Bedeutung für die Allgemeinheit in speziellen, medial ausgerichteten Gesetzen erfaßt. Obwohl die Bundesregierung bereits 1971 den Boden als schützenswertes drittes Medium in ihr Umweltprogramm aufnahm, existiert noch kein vergleichbares medienspezifisches Gesetz, das den Schutz des Bodens zum Inhalt hat.

Bei Vorliegen einer Altlast sind im Rahmen eines Sanierungsaudits, die aus der Gefährdungsabschätzung hervorgegangenen notwendigen Maßnahmen in einem Maßnahmenkatalog zu konkretisieren, um das geplante Nutzungskonzept umzusetzen. Dabei ist zwischen Altablagerungen und Altstandorten zu unterscheiden. Während bei Altstandorten die Wiederaufbereitung der Fläche für neue Nutzungen im Vordergrund steht, hat für die Sanierung von Altablagerungen der langfristige Schutz der menschlichen Gesundheit und der Umwelt einen vorrangigen Stellenwert.

Da es bei Altlastensanierungen häufig weder technisch noch unter dem Gesichtspunkt der Verhältnismäßigkeit möglich ist, zu einer Nullbelastung nach der Durchführung der Sanierung zu kommen, sind Nutzungseinschränkungen vorprogrammiert. Der Forderung „keine Gefährdung des Menschen auf der Altlast nach der Wiedernutzung“ und „Verhinderung eines Schadstoffaustrages“ werden in erster Linie multifunktionale Sanierungskonzepte, die aus mehreren voneinander unabhängigen Komponenten bestehen, gerecht. Dabei ist anzustreben, diese Sanierungskonzepte auf flächenspezifische Kontaminationstypen auszurichten, die sich vom Schadstoffinventar, der Kontaminationstiefe oder auch von der zukünftigen Nutzung her unterscheiden.

Der umfangreiche Rahmen der Altlastenproblematik macht deutlich, daß Maßnahmen der Altlastensanierung einer umfassenden Projektkoordination bzw. eines zielorientierten Projektmanagements im Rahmen des Sanierungsaudits bedürfen. Gerade bei der Sanierungsplanung ergeben sich eine Vielzahl von Teilaufgaben hinsichtlich der technischen Planung, der Genehmigungsplanung und der finanziellen Planung, die zeitlich parallel verlaufen. Im einzelnen sind dabei insbesondere die folgenden Teilschritte zu beachten:

- Festlegung der an der Sanierung beteiligten Personen und Institutionen;
- Ausweisung von Sanierungszonen, welche durch spezifische Kontaminationen und/oder spezifische Nutzungen charakterisiert sind;
- Durchführung von Sanierungsuntersuchungen in den ausgewiesenen Sanierungszonen zur genauen Festlegung des Sanierungsvolumens für Boden und Grundwasser;
- Festlegung der Sanierungsziele in Abgängigkeit von der zukünftigen Nutzung und unter Berücksichtigung der Interessen der Beteiligten;
- Festlegung der Institution, welche die Endkontrolle des Sanierungserfolges durchführen soll;
- Erarbeitung einer Sanierungskonzeption für die ausgewiesenen Sanierungszonen (diese Konzeption sollte multifunktional ausgerichtet sein, Lösungsalternativen beinhalten und auf der Basis der theoretischen Machbarkeit auch technische Angaben sowie Kosten- und Zeitabschätzungen enthalten);
- Überprüfung der technischen Machbarkeit der Sanierungsvorschläge durch Versuche im Labor oder im halbtechnischen Maßstab und Auswertung der Versuchsergebnisse im Rahmen einer Machbarkeitsstudie;

- Technische Detailplanung inklusive detaillierter Kostenabschätzung;
- Planung der Genehmigung (um die Genehmigungen für die Sanierungstätigkeiten in einem akzeptablen Zeitrahmen zu erreichen, sollte die zuständige Behörde bereits in die technische Detailplanung miteinbezogen werden, damit die technische Detailplanung weitgehend zeitgleich mit der Genehmigungsplanung verlaufen kann);
- Begleitende Maßnahmen wie z.B. die Planung von Kontrollmessungen oder die Konzeption von Arbeitsschutzmaßnahmen;
- Detaillierte Zeitplanung, detaillierte Finanzplanung und Einreichung der Genehmigung für die Durchführung der Sanierung;
- Leistungsausschreibung für die Durchführung der Sanierung und der begleitenden Maßnahmen.

Die aufgeführten Tätigkeiten sind im Rahmen des Sanierungsaudits zu koordinieren, wobei das Projektmanagement als Vermittler zwischen Auftraggeber und zuständiger Behörde zu betrachten ist.

Im Zusammenhang mit der Genehmigungsplanung stellt sich mit der Auswahl der technischen Sanierungsverfahren die Frage, ob und welche umweltrechtlichen Verwaltungsverfahren für die Zulassung der Sanierungsmaßnahmen geboten sind. Dabei finden je nach Sanierungstechnik folgende Gesetze auf das umweltrechtliche Zulassungsverfahren Anwendung:

- *Abfallgesetz (AbfG)*, Gesetz über die Vermeidung und Entsorgung von Abfällen;
- *Bundes-Immissionsschutzgesetz (BImSchG)*, Gesetz zum Schutz vor schädlichen Umwelteinwirkungen durch Luftverunreinigungen, Geräusche, Erschütterungen und ähnlichen Vorgängen;
- *Wasserhaushaltsgesetz (WHG)*, Gesetz zur Ordnung des Wasserhaushaltes.

Grundsätzlich sind für alle Verfahren der Altlastensanierung nach Aushub des verunreinigten Bodens die abfallrechtlichen Vorschriften anzuwenden, da es sich bei kontaminiertem Boden um Abfall handelt, sobald der Boden vom gewachsenen Erdreich getrennt ist und eine bewegliche Sache darstellt. Für die umweltrechtliche Genehmigung der Sanierung ist in der Regel eine Zulassung nach BImSchG und WHG erforderlich.

Die Überprüfung der technischen Machbarkeit von Sanierungsvorschlägen im Rahmen einer Machbarkeitsstudie soll hier am Beispiel der Sanierung einer Mülldeponie veranschaulicht werden. Dabei wurden folgende Ziele verfolgt:

- Ermittlung der Datenlage und Feststellung von Datenlücken, die zur erfolgreichen Durchführung des Projektes geschlossen werden müssen;
- Überprüfung der Sanierungsvorschläge im Hinblick auf logischen Aufbau, Plausibilität und technischen Stand des Wissens zur Abschätzung der Durchführung;
- Datenrecherche und Vergleich ähnlicher Projekte zur Abschätzung der Durchführbarkeit;

- Aufklärung der Randbedingungen, die für eine erfolgreiche Durchführung des Projektes notwendig sind;
- Entwicklung eines schrittweisen Projektplanes, der grobstrukturiert inhaltliche Module und Arbeitsziele formuliert sowie eine erste Kosten- und Zeitübersicht gibt.

Ausgehend von der Sammlung von Unterlagen hinsichtlich Standortbedingungen, Müllablagerungen und Schadstoffinventar der Deponie und einer Darstellung des Deponieaufbaus, der Abschätzung der Müll- und Schadstoffmengen, der Auswertung vorliegender Grundwasseranalysen, der Beschreibung der Milieubedingungen in der Deponie sowie der wahrscheinlichen Auswirkung der Sanierungsmaßnahme erfolgte eine Konzeptevaluierung sowie Aussagen zu rele-

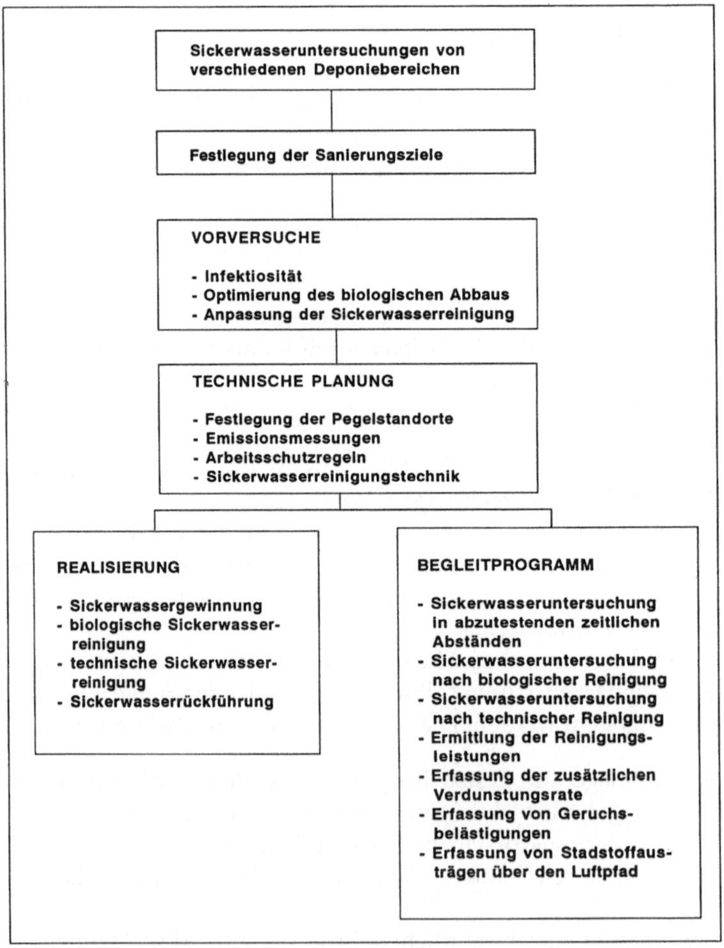

Abb. 3. Auszüge eines Projektplanes für die Sanierung einer Mülldeponie

vanten Randbedingungen für die Machbarkeit. Auf der Basis dieser Kenntnisse wurde schließlich ein Projektplan erstellt, der in Auszügen in Abb. 3 wiedergegeben ist.

Auf der Basis der Ergebnisse einer Machbarkeitsstudie erfolgt die Entwicklung des Sanierungskonzeptes. Ein multifunktionales Sanierungskonzept für einen ehemaligen Kokereistandort könnte z. B. aus den folgenden Bausteinen bestehen:

- Sicherung durch Abwehrbrunnen im Grundwasserstrom;
- Bodenluftabsaugungen und in-situ-Strippen zur Beseitigung leichtflüchtiger, lösungsvermittelnder Monoaromate;
- Einkapselung von großflächigen Schadensherden;
- Grundwasserabsenkung in der Einkapselung;
- Abdeckung der oberflächig anstehenden Kontaminationen im Bereich der Einkapselung;
- Mikrobiologische on-site Sanierung (wo möglich);
- Thermische off-site Behandlung (wo notwendig).

Alle mit der Sanierung vor Ort Beschäftigten müssen nach einem vorher zu erarbeitenden Konzept vor gesundheitlichen Schäden geschützt werden. Neben der Art und Konzentration der Schadstoffe in Boden, Grundwasser und Bodenluft stehen dabei die möglichen Expositionspfade im Vordergrund. Das notwendige Arbeitsschutzkonzept muß im Bedarfsfall gemeinsam mit der Berufsgenossenschaft, dem medizinischen Dienst, den anzuordnenden Behörden (Gewerbeaufsichtsamt), der ausführenden Firma und dem Auftraggeber erarbeitet werden. Zu Beginn hat das beauftragte Unternehmen den entsprechenden Sicherheitsstand für die zu bearbeitenden Stoffe nachzuweisen. Dazu gehören erweiterte Sachkenntnisse, erhöhter Sicherheitsstandard sowie die entsprechenden betrieblichen Ausrüstungen und das dazugehörige Personal.

Sanierungsaudit bei Kontaminationen auf aktuell genutzten Standorten

Ein Sanierungsaudit muß sich nicht auf die Altlastenproblematik beschränken. Auch Gebäude oder Flächen mit aktueller Nutzung sind häufig durch Schadstoffe kontaminiert. Gerade bei schadstoffbelasteten Gebäuden ist erst in jüngerer Zeit deutlich geworden, welche vielfältigen Probleme und welcher enorme Handlungsbedarf sich dahinter verbirgt.
Die Ursachen für Schadstoffbelastungen in Gebäuden und aktuell genutzten Flächen können hierbei auf unterschiedliche Ursachen zurückzuführen sein:

- Verarbeitung von Baumaterialien und Einrichtungsgegenständen mit gesundheitsgefährdenden Inhaltsstoffen, wie Asbest (z. B. als Isoliermaterial), PCP (z. B. in Holzschutzmitteln), PCB (z. B. in Dichtungsmassen), Formaldehyd (z. B. in Spanplatten);

- Kontamination durch giftige Produktionsrückstände industrieller Prozesse, wie z.B. durch schlecht gewartete oder unsauber arbeitende chemische Produktionsprozesse;
- Schadstoffbelastungen durch Unfälle oder Brände wie z.B. durch das Austreten giftiger Substanzen oder durch Kabelbrände (Dioxinbelastungen);
- Schadstoffverfrachtungen innerhalb der Gebäude und Produktionsanlagen etwa durch Klimaanlagen, Wind oder Maschinen;
- Boden- und Grundwasserbelastungen durch Schadstofffreisetzungen aus Betriebs- oder Lagerflächen;
- großflächige Schadstoffbelastungen durch Emissionen nahegelegener industrieller Anlagen und Produktionsstätten.

Die intensiv diskutierte Asbestproblematik und die in jüngerer Zeit immer häufiger aufgedeckten Gefährdungen durch PCB, Holzschutzmittel oder Formaldehyd spiegeln das Problem gesundheitsgefährdender Baumaterialien in seinem Ausmaß wider. Ebenso existieren aktuelle gewerbliche und industrielle Nutzungen, die zu Schadstoffbelastungen der genutzten Flächen und Gebäude führen können. Im Gegensatz zu Altlasten ergeben sich bei der Behandlung von in Nutzung befindlichen Flächen und Gebäuden spezifische Probleme:

- alle zu ergreifenden Maßnahmen sollten die aktuelle Nutzung so wenig wie möglich beeinträchtigen;
- bedingt durch die aktuelle Nutzung können bauliche und technische Komplikationen entstehen;
- i.d.R. liegt eine erhöhte Dringlichkeit und ein verkürzter Zeitrahmen für die Sanierungsmaßnahme vor;
- es ist mit einer erhöhten Sensibilität von Mitarbeitern und betroffener Öffentlichkeit zu rechnen.

Der Ablauf eines Sanierungsaudits bei Gebäudekontaminationen soll im folgenden beispielhaft am Fall chemischer Reinigungen dargestellt werden. Chemische Reinigungen weisen meist hohe Innenraumluftbelastungen durch chlorhaltige Lösemittel wie Trichlorethylen (Tri) oder Perchlorethylen (Per) auf. Durch Handhabungsverluste, undichte Maschinenteile oder unsachgemäße Lagerung kommt es zur Freisetzung von z.T. erheblichen Mengen an Lösemitteln, die auch in Baumaterialien und Einrichtungsgegenstände eindringen können. Diese Kontaminationen führen auch nach der Einstellung des Reinigungsbetriebes noch zu erhöhten Innenraumluftbelastungen. In den Boden einsickernde Lösemittel können in Abhängigkeit der Standortbedingungen Grundwasserbelastungen mit sich bringen.

Im Rahmen eines Sanierungsaudit werden Maßnahmen ergriffen, die sich in folgende Teilschritte gliedern:

- Abschätzung der möglichen Gefährdungen durch Grundwassereinträge oder Belastungen von Angestellten und Anwohnern, Interpretation von Meßergebnissen durch vorliegende Richt- oder Vergleichsdaten sowie durch Abschätzungen der Exposition;

- Lokalisation der maßgebenden Schadstoffherde durch gezielte Beprobung und Analytik (Proben aus Wandputz, Boden, Decke und bestimmten Einrichtungsgegenständen);
- Überprüfung möglicher Grundwasserbelastungen durch die Entnahme von Bodenluftproben;
- Erarbeitung einer den relevanten Schadstoffen angepaßten Sanierungskonzeption unter der Berücksichtigung einer Minimierung von Arbeits- und Entsorgungskosten sowie den Auflagen des Arbeits- und Emissionsschutzes (z.B. Entfernung kontaminierter Einrichtungsgegenstände, Abtragung von Wand-, Boden oder/und Deckenmaterialien, Anstrich mit porenversiegelnden Farben und Lacken);
- Auswahl eines geeigneten Sanierungsunternehmens und Abklärung der Einschaltung der zu beteiligenden Behörden und Personengruppen (Auswahlkriterien der Sanierungsfirma nach Qualität, Preis/Leistung, technische Möglichkeiten, vorgegebenem Zeitrahmen etc.);
- Diskussion und Abgleichung der Sanierungsplanung mit Auftraggeber, Sanierungsunternehmen, Behörden (Wasserwirtschaftsämter, Gewerbeaufsichtsämter, etc.) und betroffenen Personengruppen;
- Begleitung und Überwachung der Sanierungsmaßnahmen einschließlich des Arbeits- und Emissionsschutzes;
- Nach- und Freimessungen zur Kontrolle des Sanierungserfolges (Kurzzeit- und Langzeitmessungen nach BImSchG);
- Begleitung und Regelung der Entsorgung der angefallenen kontaminierten Materialien.

Sollen die Nutzungen die zu Schadstoffbelastungen geführt haben weiterhin fortgeführt werden, so können im Rahmen des Sanierungsaudits Vorschläge für technische und organisatorische Maßnahmen entworfen werden, um für die Zukunft Schadstoffemissionen zu verringern bzw. zu vermeiden. Solche Maßnahmen könnten z.B.

- Veränderungen von Betriebs- und Arbeitsabläufen,
- bauliche Maßnahmen,
- technische Maßnahmen,
- Umstellung auf das Arbeiten mit weniger gefährlichen Substanzen sowie,
- die Schulung von Mitarbeiten zur Förderung eines problembewußten Umgangs mit Gefahrstoffen,

sein.

Schlußbemerkung

Die Ausführungen machen deutlich, daß die zunehmenden Probleme durch Umweltkontaminationen nur im Rahmen einer umfassenden Betrachtungsweise auf eine zufriedenstellende Art und Weise gelöst werden können. Das

Instrument „Sanierungsaudit" bildet hierbei einen Ansatz um die vielfältigen und sehr spezifischen Fragestellungen auf einem möglichst hohen Qualitätsniveau lösen zu können.

Literatur

SRU (Der Rat der Sachverständigen für Umweltfragen) (1989) Sondergutachten Altlasten, Stuttgart: Metzler-Pöschel, 1990

Akquisitionsaudits

Beatrix Michels und Joachim Glaser, Taunusstein-Neuhof

1 Einführung

Die Anforderungen an eine inner- und außerbetriebliche Umweltschutzpolitik sind in den letzten Jahren durch Initiativen der Gesetzgeber in nationalem und internationalem Umfeld erheblich gestiegen. Dies ist nicht zuletzt auf die Konfrontation mit immer neuen Umweltkatastrophen und deren Darstellung in den Medien, aber auch auf die zunehmende Erkenntnis zurückzuführen, daß die jahrhundertelange Ausbeutung natürlicher Ressourcen in den Kompartimenten Boden, Wasser und Luft nicht weiterhin ungestraft geschehen kann.

Es zeichnet sich nun eine Entwicklung zum präventiven Umweltschutz ab. Um diesem Tatbestand Rechnung zu tragen, wurden Management-Instrumente wie beispielsweise das Umwelt-Auditing (Öko-Auditing) entwickelt, welche die Effizienz des betrieblichen Umweltschutzes überprüfen sollen.

Die Situation des betrieblichen Umweltschutzes wird hier durch die Feststellung des „Status Quo" dokumentiert und durch kompetente Auditoren mit den gesetzlichen und firmeninternen Anforderungen verglichen (Abb. 1).

Ziel dieser Schwachstellenanalyse ist die Erstellung und Umsetzung einer Prioritätenliste

- zum Aufbau eines Umweltmanagementsystems im Unternehmen;
- zur Einhaltung der vorhandenen und geplanten gesetzlichen Anforderungen;
- zur Beseitigung vorhandener und Vermeidung zukünftiger potentieller Schwachstellen;
- zur systematischen, objektiven und regelmäßigen Bewertung der Leistung dieser Instrumente;
- zur Kosteneinsparung durch effizienten Einsatz von Rohstoffen und Energie;
- zur Unterrichtung der Öffentlichkeit über umweltorientierte Leistungen.

2 Begriffserläuterung

Ein Akquisitionsaudit ist in seiner Form ebenfalls ein Instrument, mit dessen Hilfe der Umweltzustand von Liegenschaften (Gebäude, Flächen, Anlagen etc.) und damit verbundene Haftungsrisiken abgeschätzt werden können.

Sietz/v. Saldern
Umweltschutz-Management und Öko-Auditing

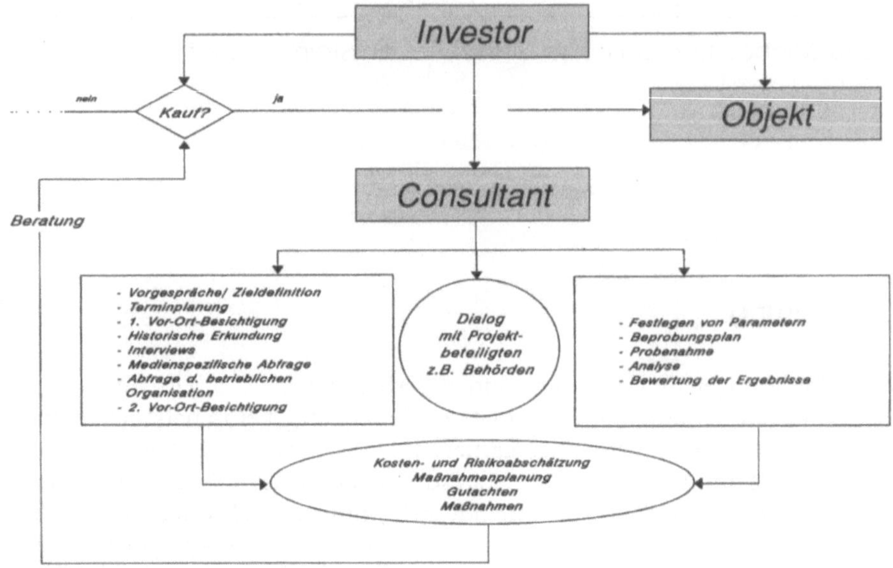

Abb. 1. Ablauf eines Akquisitionsaudits

Dies bewährt sich in besonders aktueller Hinsicht gerade in Osteuropa, welches durch die verschiedenartigsten politischen Entwicklungen zunehmend in den Blickpunkt des wirtschaftlichen, aber auch des umweltpolitischen Geschehens gerückt ist.

Westliche Investoren drängen auf den östlichen Markt, um sich den Osten kommerziell zu erschließen und bereits etablierte Produktionstätten zu erwerben. Kontaminierte Flächen oder umweltgefährdende Produktions- und Lagereinheiten können auch hier zu Umsatzeinbußen durch Stillegung bzw. zu totalem Wertverlust der Liegenschaft führen. Dieser Aspekt gewinnt im Zuge der Privatisierung besondere Bedeutung.

Der Kaufpreis und das Haftungsrisiko wird jedoch nicht nur bestimmt durch Produktionsart und -technologie, Marktanteile und den Wert der Gebäude, sondern im wesentlichen durch Investitionen, die getätigt werden müssen, um beim Betrieb der Anlage umweltgesetzlichen Anforderungen zum bestehenden und zukünftigen Zeitpunkt zu genügen.

Umweltrisiken, welche durch die bestehenden Produktionseinrichtungen, das Grundstück oder ähnliche Einrichtungen entstanden sind bzw. in Zukunft entstehen könnten, werden aufgezeigt und im Hinblick auf die Sanierungskosten abgeschätzt. Desweiteren werden Haftungsrisiken definiert und die daraus resultierenden Kosten abgeschätzt.

Zwei wesentliche Problembereiche stellen bei den Akquisitionsaudits zum einen die sog. „off-site-areas“ wie z. B. „wilde Sondermüllkippen“ dar, auf welchen oft jahrzehntelang völlig unkontrolliert gefährliche Stoffe und Produkte in hierfür geeigneten Gruben, Sandminen, Steinbrüchen etc. abgelagert wurden und heute für Boden und Wasser eine Art Zeitbombe darstellen oder bereits visuell festzustellende Schäden hervorgerufen haben (z.B. Absterben von Pflanzen auf dem Gelände). Die Anzahl der Deponien ist im Regelfall nur noch annäherungsweise durch eine historische Recherche und die Zusammensetzung des Ablagerungsmaterials nur durch aufwendige Probennahme und Analytik zu ermitteln.

Zum anderen spielen die sog. „on-site-areas", d.h. auf dem tatsächlichen Produktionsgelände und allgemein als Altlasten bezeichnet, eine entscheidende Rolle. Im Sinne des Akquisitionsaudits sind Altlasten Schadstoffanreicherungen in Boden und Grundwasser, welche ihren Ursprung in umweltgefährdenden Aktivitäten bei industrieller Produktion oder Nachwirkungen aus den beiden Weltkriegen haben.

Wertmindernd, d.h. für den Käufer kostenträchtig, wird die Altlast, sobald von ihr Gefahren für die Umwelt und Sicherheit entstehen und aus diesem Grunde Auflagen von den Ordnungsbehörden unmittelbar bevorstehen.

Bestanden entsprechende Auflagen bereits vorher und wurden diese seitens des Verkäufers nicht eingehalten, steht dem Käufer im Ernstfall sogar eine Komplettsanierung des kontaminierten Bereiches zu, welche zu Lasten des Verkäufers durchgeführt wird. Um diese haftungsrechtlichen Fragen und Kostenzuweisungen vorab zu bewerten, bietet das Akquisitionsaudit eine fundierte Risikobewertung und Kostenabschätzung.

3 Ziel des Akquisitionsaudits

Ziel der Durchführung eines Akquisitionsaudits ist die Erstellung von Kostenabschätzungen und Maßnahmeplänen.

Hierbei sind nachfolgende Grundaspekte relevant:

- Sanierung der durch die Liegenschaften verursachten Umweltschäden, wozu beispielsweise sowohl der Ersatz von gefährlichen (z.B. Asbest) als auch defekten Baumaterialien (z.B. Abwasserrohre) zählt. Dazu gehört auch die Reinigung von kontaminiertem Boden und Grundwasser, die in der Regel durch die Art der Produktion und Altablagerungen (z.B. „Wilde Deponien") hervorgerufen worden sind.
- Investitionen in Sicherheits- und Umwelttechnologie, wie beispielsweise moderne Produktionsanlagen (Abfall-/Abwasserminimierung), Abluft- und Abwasserreinigungsanlagen bzw. Optimierung der bereits vorhandenen Einrichtungen und die Installation von korrespondierenden Kontroll-, Warn- und Sicherheitseinrichtungen zur Vermeidung und Meldung von Unfällen und Störfällen.
- Investitionen für den Aufbau und die Verbesserung eines effizienten innerbetrieblichen Umweltmanagementssystems mit dazugehörigen Kommunikationsstrukturen. Wesentliche Aspekte sind in diesem Zusammenhang die Reorganisation, Abfallwirtschafts- und Energieeinsparpläne sowie die Mo-

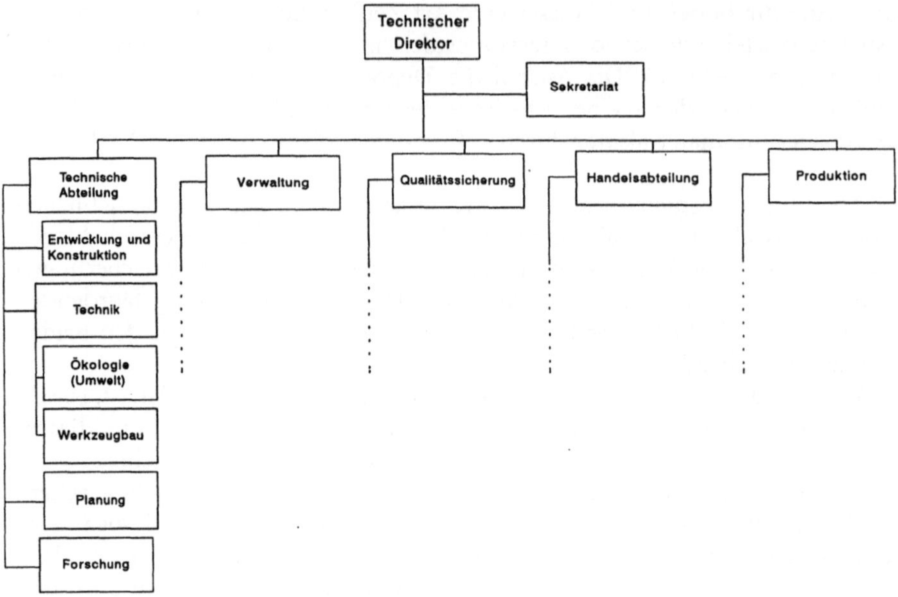

Abb. 2. Ermittlung der umweltrelevanten betrieblichen Organisation

tivation und Fortbildung der Mitarbeiter unter dem Motto „Umweltschutz" in allen Ebenen (Abb. 2).

4 Vorgehensweise

Ein Akquisitionsaudit gliedert sich grundsätzlich in mehrere, nachfolgend detailliert dargestellte Phasen.

Phase I: Festlegung des Umfanges der Studie und exakte Zieldefinition

Zur Vermeidung von unnötigen kostenträchtigen Schritten oder Vernachlässigung wichtiger Details, wird zunächst im Dialog mit dem Käufer/Investor das an seinen Bedürfnissen orientierte Ziel festlegt. Hierbei sind nachfolgende Aspekte zu beachten:

- Kostenabschätzungen für „Ad-hoc" Maßnahmen, um eine Anlage im Hinblick zur bestehenden Gesetzeslage ohne Probleme betreiben zu können.
  Dabei sind Ausblicke auf die Gesetzgebung der nächsten Jahre unabdingbar, gerade unter Berücksichtigung von EG-Aktivitäten („Vereinigtes Europa") und deren Orientierung nach Osteuropa.
  In der ersten Phase sollten der exakte Zeitplan, die Methoden und nicht zuletzt die Bewertungsmaßstäbe festgelegt werden, um im nachhinein Dis-

kussionen in diese Richtung zu vermeiden. Der Kontakt mit zuständigen behördlichen oder Privatisierungsinstitutionen ist hier von immanenter Bedeutung.
Bewertungen erfolgen nach kommunalen oder länderspezifischen Regelwerken, vorhandenen oder notwendigen Genehmigungen und unternehmenspezifischen Richtlinien. Nutzungs- und expositionsabhängige Grenzwerte und Schwellenwerte (ggf. international), Richtwerte (A–B–C Werte der sog. Holland-Liste), aber auch Risikoabschätzungsmodelle werden herangezogen, wenn keine anderen qualitativen und quantitativen Bewertungsmaßstäbe vorliegen. Hierbei muß die umweltorientierte politische Entwicklung des jeweiligen Landes ständig berücksichtigt werden.

Phase 2: Erhebung der Daten

Erste Daten erhält der Auditor beim Akquisitionsaudit durch die Sichtung und Bewertung von allen relevanten Betriebsdokumenten. Hierzu zählen Pläne, Organigramme und Aufzeichnungen jeder Art. Diese „historische Recherche" bietet die Möglichkeit, den produktionsgeschichtlichen Hintergrund aufzudecken und damit frühere und gegenwärtige Produktionsprozesse und Chemikalien/Produkte aufzuzeigen. Genehmigungen, Unfälle und auch bauliche Veränderungen (z.B. Lagerbereiche), welche im Laufe der Produktionsgeschichte auftraten, werden aufgezeigt, dokumentiert und letztlich als Bewertungsgrundlage herangezogen. Darauf aufbauend bieten ausführliche Dialoge mit Mitarbeitern jeder Hierarchiestufe (Geschäftsleitung → Arbeiter) von heute und aus früheren Zeiten eine weitere Informationsquelle zur Identifizierung von Problembereichen, Störfällen und (potentiellen) Kontaminationsquellen.

Mit Verfügbarkeit dieser Informationen erfolgt dann die visuelle Inspektion des (Betriebs-) Geländes (on-site/off-site) durch einen oder mehrere erfahrene Auditoren, welche im Anschluß auf der Basis ermittelter oder vermuteter Kontaminationsquellen /-herde ein Probenahme- und Analysenprogramm erstellen. Dieser Schritt ermöglicht die chemische Charakterisierung von Kontaminationen und die Möglichkeit der Eingrenzung von bestimmten Bereichen.

Phase 3: Bewertung

Mit Hilfe der in Phase 2 ermittelten Daten ist es bereits teilweise möglich, Kontaminationsquellen zu entdecken, indem Input/Output-Bilanzen erstellt werden. Hierbei werden beispielsweise alle die Chemikalien und Stoffe aufgelistet, welche für den Produktionsprozeß notwendig sind. Lagerlisten, Einkäufe und – soweit vorhanden – Entsorgungsnachweise liefern u.a. die notwendigen Informationen.

Eine solche Bilanz kann beispielsweise verdeutlichen, daß große Mengen an Trichlorethylen und Ölen eingesetzt werden, aber nahezu Mengen gleicher Größenordnung sozusagen verschwinden. Eine anschließende Inspektion bestätigte im konkreten Fall die hieraus resultierenden Verdachtsmomente der Bodenkontaminationen bzw. Evaporation.

Bestätigt wurden diese visuellen Eindrücke weiterhin durch das anschließende Probenahme- und Analysenprogramm, welches hohe Konzentrationen von Trichlorethylen, Kohlenwasserstoffen (Öl) und deren Abbauprodukten in den Kompartimenten Boden und Wasser nachweisen konnte.

Abwasser/Wasserbilanzen können gleichermaßen auf Leckagen hinweisen, welche zu Kontaminationen des Grundwassers führen können. Video-Kamera-Checks bzw. Druckprüfungen können hier letztlich definitiven Aufschluß geben und die Kontaminationquelle(n) festlegen und eingrenzen.

Die Bewertung anhand bereits festgelegter Methoden und Maßstäbe (Phase 2) ermöglicht die Definition von Kontaminationszonen und Bereichen, welche anschließend analog der Problemstellung saniert werden müssen, um zukünftig Sicherheit für Mensch und Umwelt zu gewährleisten.

Phase 4: Maßnahmenplanung und Prioritätenliste

Auf der Basis des in den vorherigen Phasen erreichten Informationstandes und der erhobenen Daten bietet sich die Möglichkeit, entsprechende Sofort- bzw. langfristige Maßnahmen zu erarbeiten und umzusetzen. Diese müssen es dem Betrieb/ der Produktionsanlage auch im Hinblick auf zukünftige Gesetzesentwicklungen ermöglichen, den Anforderungen und Auflagen entsprechend konform zu arbeiten.

Ansatzpunkte für einen Maßnahmenplan können die betriebsinternen Organisationsstrukturen, die Modifizierung der (des) Produktionsprozesses, die Verbesserung der Abluft- und Abwassersituation und korrespondierender Reinigungs- und Filtersysteme, des Abfallmanagements, die Sanierung von Altablagerungen, die Konzeption und Anpassung von Lagerflächen an Gefahrenpotential und Lagermengen (vgl. Abb. 3) und die Optimierung der Arbeitssicherheitsmaßnahmen sein. Maßnahmen können aber auch gezielte Hinweise auf den Nichterwerb von Liegenschaften bzw. Flächen sein, welche aufgrund gezielter Recherche und Analytik ein für die Zukunft nicht abzuschätzendes Risiko darstellen. Dazu gehören beispielsweise Deponien für schwermetallhaltige Neutralisationsschlämme auf unter ungeklärten Bedingungen gepachtetem Land (vgl. Abb. 4).

Unter Berücksichtigung von firmeninternen Strukturen und relevanten Leitlinien, von Auflagen und direkten Gefährdungen muß für diesen Maßnahmenkatalog eine Prioritätenliste erstellt werden, der jede Aktivität zugeordnet wird. Hierdurch soll sowohl ein zeitlich durchorganisierter Ablauf als auch eine der potentiellen oder akuten Gefährdung entsprechende größtmögliche Effektivität erreicht werden. Dabei muß das vorhandene Potential des Betriebes optimal genutzt und in die neu zu schaffenden Strukturen integriert werden. Alle Maßnahmen sind nach Möglichkeit in einem vorgegeben Zeitraum umzusetzen und durch kompetente und autorisierte Personen regelmäßig auf ihren Erfolg hin zu überprüfen.

Nicht zu unterschätzen ist bei aller Reorganisation und technischer Optimierung die Motivation und Weiterbildung der Mitarbeiter. Verbesserungen sind in der Regel wenig erfolgreich oder werden sogar im Keim erstickt, wenn die

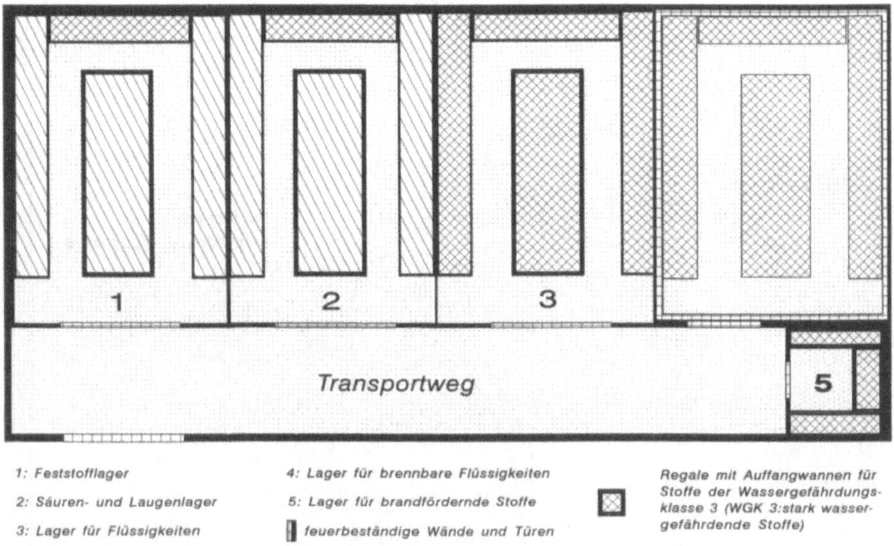

Abb. 3. Planung eines Rohstoff- und Gefahrstofflagers

Belegschaft eines Unternehmens die geplanten Maßnahmen nicht oder nur unzureichend mitträgt, da Verständnis oder Identifikation mit der Problematik fehlen. Eigenverantwortung und Engagement sind u.a. die Schlüssel für ein effektives Umweltmanagement.

Phase 5: Kostenabschätzung

Analog dem in Phase 4 erstellten Maßnahmenkatalog erfolgt eine Kostenabschätzung für die geplanten Aktivitäten.

Diese Kostenabschätzung erfolgt auf Wunsch des Investors/ Käufers in der entsprechenden Währung (z.B. ECU, DM, US-Dollar etc.) und kann – soweit als möglich – parallel davon auch mit dem jeweils landesüblichen Preisniveau für aufgelistete Aktivitäten verglichen werden.

5 Nutzen eines Akquisitionsaudits

Wesentlicher Nutzen eines Akquisitionsaudits ist die Gesamtkostenabschätzung aller Sanierungsaktivitäten. Sie erlaubt dem Investor bereits vorab die Folgekosten für den Erwerb der Liegenschaft in die Vertragsverhandlungen mit einfließen zu lassen und in seinem Sinne zu beeinflussen.

Desweitern ermöglicht dieses durch kompetente Auditoren durchgeführte Audit, die Haftungsfrage für erkannte Altlasten zu regeln, d.h. beispielsweise über den Kaufpreis Lösungen anzustreben.

Lageplan

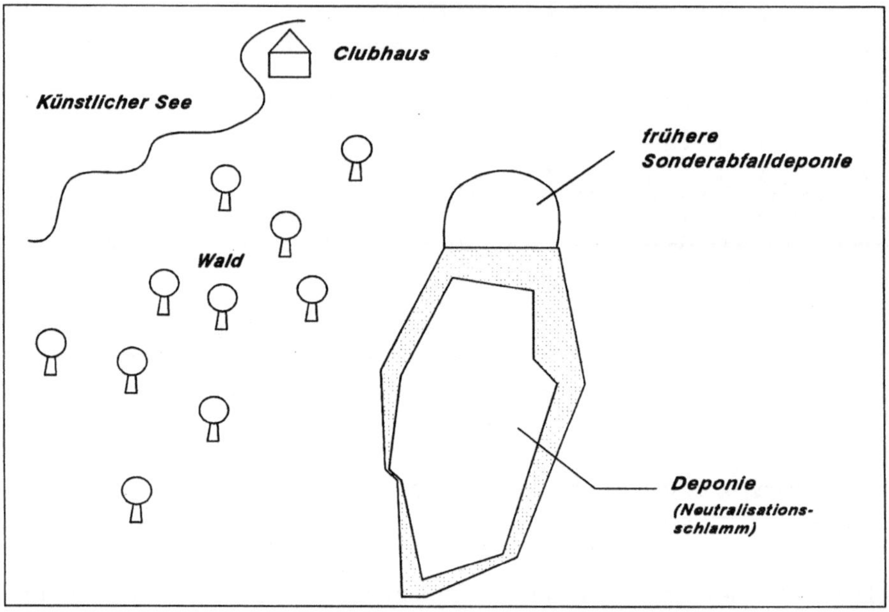

Querschnitt

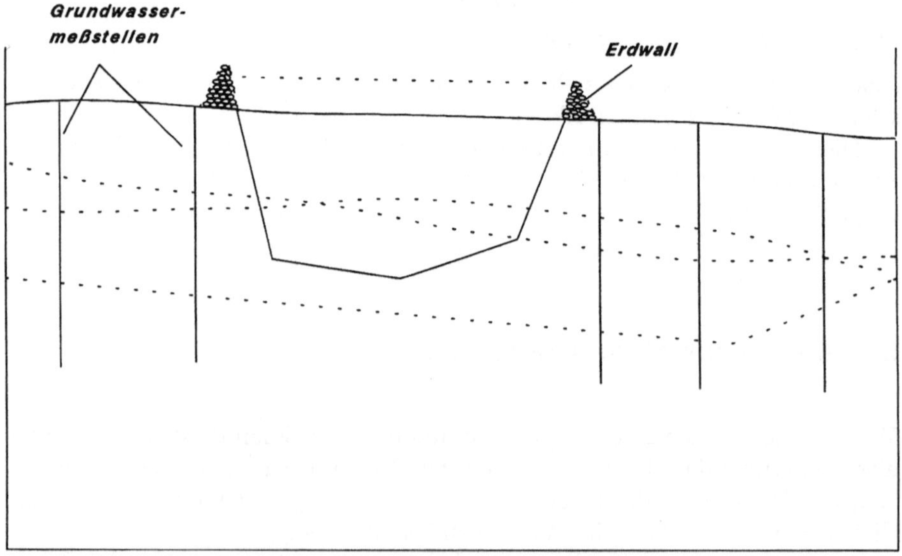

Abb. 4. Wilde Sondermülldeponie in Querschnitt und Draufsicht. Darstellung von verschiedenen Gesteinsformen, Grundwasserniveau in und unter der Deponie und Meßpunkte (CDX, ff.)

Weitere Nutzen sind das Erkennen von Schwachstellen, die Einführung rohstoff- und energiesparender Betriebsabläufe, die Entwicklung und Etablierung umweltfreundlicher Produktionsverfahren und Produkte sowie die Motivation der Mitarbeiter.

Abschließend bleibt festzustellen, daß der Kauf von Liegenschaften jedweder Art mit Hilfe eines Akquisitionsaudits erhebliche Risiken vermeidet bzw. einschränkt.

6 Literatur

Hempfling R, Mathews T, Simmleit N, Doetsch P, Entwicklung eines Bewertungsmodells zur Gefahrenbeurteilung bei Altlasten. In: F. Arendt, M. Hinsenveld, W. J. van den Brink (Hrsg.) Altlastensanierung 90, Kluwer Academic Publishers, Dordrecht, 321–332, 1990

ICC-Publikation 483: Guide to Effective Environmental Auditing, 1991

ICC-Publikation 468: Umweltschutz-Audits

Kommissionsvorschlag 5218/92 ENV 64 KOM(91) 459, Vorschlag für eine Verordnung des Rates über die freiwillige Beteiligung gewerblicher Unternehmen an einer gemeinschaftlichen Umweltmanagement- und Betriebsprüfungsregelung („Öko-Audit"), Dez. 1992

Ladd H Greeno, Gilbert S. Hedstrom, Maryanne DiBerto „Environmental Auditing-Fundamentals and Techniques", Arthur D. Little, Inc., Cambrigde, Mass., 1985, 2. Auflage 1987

JW van Lindth de Jeude, Bodensanierung in den Niederlanden – verwaltungstechnische, rechtliche und finanzielle Aspekte. UBA-Materialien 1/85, 147–168, 1985

Schlemminger H, Die Gestaltung von Grundstückskaufverträgen bei festgestellten Altlasten oder Altlastenverdacht. Betriebs-Berater, Heft 21, 1433–1439, 1991

Sietz M, Sondermann WD, Umwelt-Audit und Umwelthaftung, Anleitung zur Risikominderung, Vorsorge und Produktqualitätssicherung in der Betriebspraxis, Blottner-Verlag, Taunusstein 1990

Steger U, Umwelt-Auditing, Ein neues Instrument der Risikovorsorge, Frankfurt a. M., Frankfurter Allgemeine Zeitung, Verl.-Bereich Wirtschaftsbücher, 1991

Tagungsband „Öko-Auditing in der betrieblichen Praxis", München, 27.–28. Jan. 1993

Wartenberg D, Chess C, Risky business – the inexact art of hazard assessment. The Sciences, 17–21, March/April 1992

Woudenberg F, van der Torn P, Emergency exposure limits: a guide to quality assurance and safety. Qual. Ass. 1(4), 249–293, 1992

Erkennen von Schwachpunkten in der Immissionssituation eines Betriebes

Hermann Müller, Magdeburg

1 Einleitung

Aktiver und vorsorgender Umweltschutz gewinnt in den Unternehmen zunehmend an Bedeutung. Dem positiven Bewußtheitswandel in den Unternehmen steht jedoch oft genug eine über die Grenzen des Unternehmens hinweg weitreichende Konzeptionslosigkeit entgegen. Ein Bereich der die Emissions- und Immissionssituation in Unternehmen betrifft ist beispielhaft der Luftpfad bei der Produktion und deren integrierten und nachgeschalteten Anlagen. Hier besteht die Möglichkeit mittels Schwachstellenanalyse die einzelnen Produktionsbereiche hinsichtlich des Luftpfades zu untersuchen.

Bei größeren Anlagen wird beispielhaft durch wiederkehrende Messungen, die im Rahmen von Genehmigungsverfahren festgelegt werden, durch Meßstellen nach 26 BImSchG emissionsrelevante Produktionsanlageteile einschließlich deren Nebenanlagen auf deren Grenzwerte hin überprüft. Kleinere Feuerungsanlagen werden durch das Schornsteinfegerhandwerk jährlich emissions- und energieseitig kontrolliert.

Mit Hilfe von erhobenen Daten ggf. unter der Inanspruchnahme von meßtechnischen Untersuchungen kann eine emissions- und luftseitige Schwachstellenanalyse erstellt werden, die sowohl die betrieblichen, umwelttechnischen und ökologischen Problemfelder charakterisiert, als auch die Informationsdefizite im Unternehmen aufdeckt. Parallel dazu können Handlungsvorschläge und soweit möglich Alternativen aufgezeigt werden.

2 Technische Maßnahmen zur Luftreinhaltung

Um schädliche Wirkungen durch luftverunreinigende Stoffe auf Menschen, Tiere, Pflanzen und Materialien wirkungsvoll auszuschließen, sind technische Maßnahmen zur Reinhaltung der Luft auf der Emittentenseite durchzuführen. Um welche Maßnahmen es sich handelt, richtet sich nach dem sogenannten „Stand der Technik“, der nach der Technischen Anleitung zur Reinhaltung der Luft (TA Luft) definiert ist:

- Dem Stand der Technik entsprechen insbesondere fortschrittliche Maßnahmen zur Begrenzung von Emissionen, die mit Erfolg im Betrieb erprobt worden sind.

Sietz/v. Saldern
Umweltschutz-Management und Öko-Auditing

- In begründeten Fällen können auch noch nicht für den jeweiligen Anwendungsfall abschließend betriebserprobte Maßnahmen als dem Stand der Technik entsprechend angesehen werden, z.B. wenn diese in einem solchen Maße erprobt worden sind, daß die vorgesehene Anwendung ohne zumutbares Risiko möglich ist.
- Bei der Bestimmung des Standes der Technik für den jeweiligen Anwendungsfall sind insbesondere vergleichbare Verfahren, Einrichtungen oder Betriebsweisen heranzuziehen; fehlt es an derartige Verfahren, Einrichtungen oder Betriebsweisen, so sind an die Prüfung, ob die praktische Eignung der Maßnahmen zur Begrenzung von Emissionen gesichert erscheint, besonders strenge Anforderungen zu stellen.

In dieser Definition des Standes der Technik liegt die Möglichkeit der Fortentwicklung technischer Verfahren zur Minderung von Emissionen begründet. Gleichzeitig bietet sich für den Betreiber einer Anlage einen Schutz, daß keine unsinnigen Anforderungen hinsichtlich Luftreinhaltung gestellt werden. Als Grundprinzip für die Anwendung technischer Maßnahmen zur Reinhaltung der Luft gilt: So weit wie möglich, nicht so weit wie nötig!

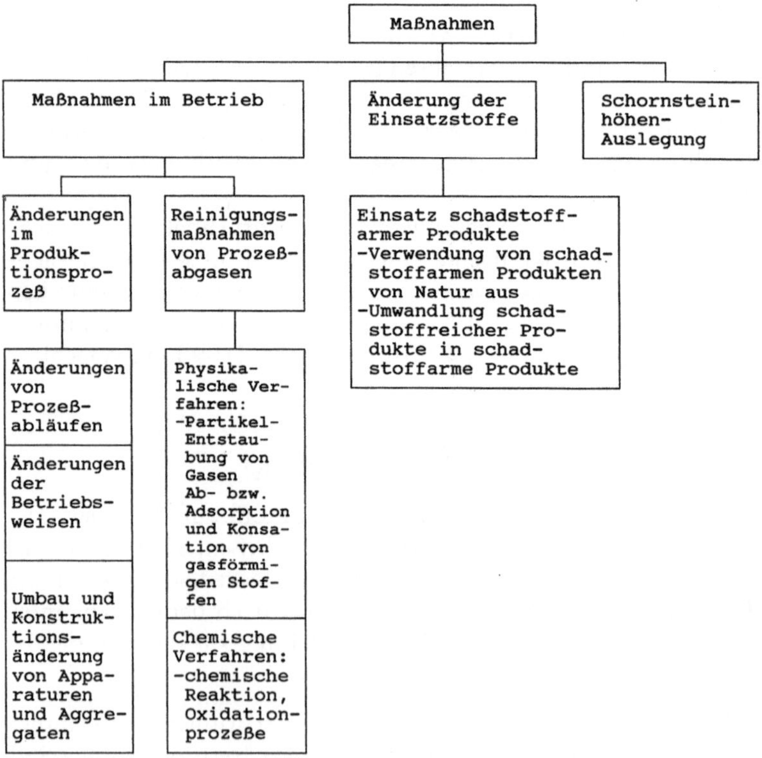

Abb. 1. Technische Maßnahmen zur Reinhaltung der Luft

Würde man nämlich nur vom Zusammenhang zwischen Emission, Transmission und Immission ausgehen, so würden – unter der Forderung der Grenzwertunterschreitung auf der Immissionsseite – wegen der starken Verdünnung während der Transmission rückwirkend auf der Emissionsseite keine oder nur wenige technische Maßnahmen zur Reinhaltung der Luft erforderlich werden. Der Einsatz emissionsmindernder Verfahren nach dem Stand der Technik läßt aber allgemein von vornherein eine wesentliche Unterschreitung der über Immissionen und Transmissionen berechneten, erforderlichen Emissionswerte erwarten. Aus diesem Grunde liegen auch die gesetzlichen geforderten Grenzwerte für Emissionen entsprechend niedrig.

Die wichtigsten technischen Maßnahmen zur Reinhaltung der Luft sind in Abb. 1 schematisch zusammengestellt. Dabei sind die linksstehenden Maßnahmen (Maßnahmen im Betrieb) den rechtsstehenden Maßnahmen (Schornsteinhöhen) vorzuziehen. Abbildung 2 zeigt einen Überblick über luftrelevante Vorschriften im Rahmen des Bundesimmissionsschutzgesetzes (BImSchG).

2.1 Maßnahmen im Betrieb

2.1.1 Änderung im Produktionsprozeß

In der Technik konnten sich in den vergangenen Jahren Verfahren durchsetzen, die sich mehrfacher Weise als vorteilhaft erwiesen haben: Einerseits haben sie nach Einführung und optimaler Anwendung zu einem erheblichen technischen Fortschritt geführt und dem Betreiber wirtschaftliche Vorteile gebracht und andererseits die Technik der Luftreinhaltung vorangetrieben. Hierdurch ist insbesondere eine Senkung der Emissionen luftverunreinigender Stoffe bewirkt worden.

2.2 Reinigungsmaßnahmen für Prozeßabgase

2.2.1 Allgemeine Betrachtungen

Sind alle Möglichkeiten der Änderung im Produktionsprozeß ausgeschöpft worden und ist zu erwarten, daß in unzulässiger Weise luftverunreinigende Stoffe emittiert werden, so sind als nächste Stufe Reinigungsmaßnahmen für Prozeßabgase zu erörtern. Die in Abb. 1 in der zweiten Spalte aufgeführten Reinigungsmaßnahmen sind in Abb. 3 und 4 erweitert dargestellt.

2.2.2 Emissionsanalyse von Emittenten

In Punkt 2 wurden die wesentlichen Maßnahmen im technischen Umweltschutz weitgehend wertfrei von Emissionen beschrieben. Die eigentlichen Aufgabe im technischen Umweltschutz besteht nun darin, für den jeweils zu errichtenden oder in Betrieb befindlichen Anlagetyp die spezifischen Emissionen zu erkennen und ihnen gegebenfalls geeignete Maßnahmen zuzuordnen. Die Eignung der Maßnahmen richtet sich nach dem Stand der Technik.

Die Herstellung, Aufbereitung und Bearbeitung industrieller Produkte mit Hilfe mechanischer, thermischer oder chemischer Verfahren ist häufig mit der Entstehung von emissionsrelevanten Vorgängen verbunden. So vielfältig die industriellen Verfahren und ihre Produkte sind, so vielfältig sind dabei die Möglichkeiten des Auftretens solcher emissionsverursachender Vorgänge.

Während bei den Quellengruppen Hausbrand/Kleingewerbe und Verkehr innerhalb jeder Quellengruppe die emissionsverursachenden Vorgänge sich ähneln, wechseln diese bei der Quellengruppe Industrie mit jedem Verfahren; im allgemeinen bringt sogar jedes Verfahren eine Kombination derartiger Vorgänge hervor.

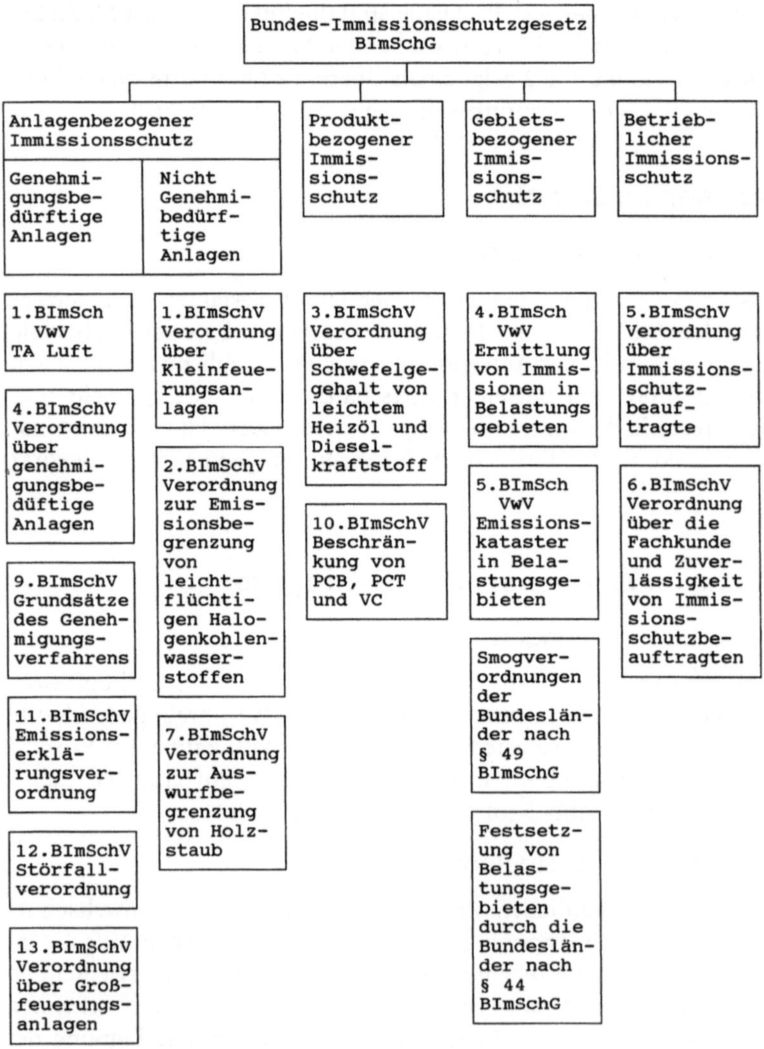

Abb. 2. Luftrelevante Vorschriften zum BImSchG

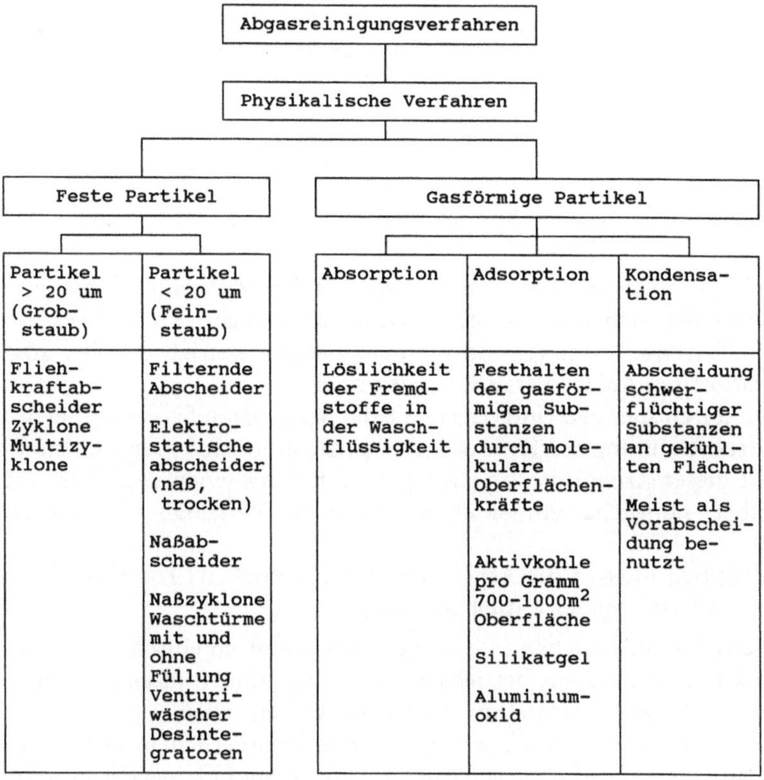

Abb. 3. Übersicht über physikalische Abgasreinigungsverfahren

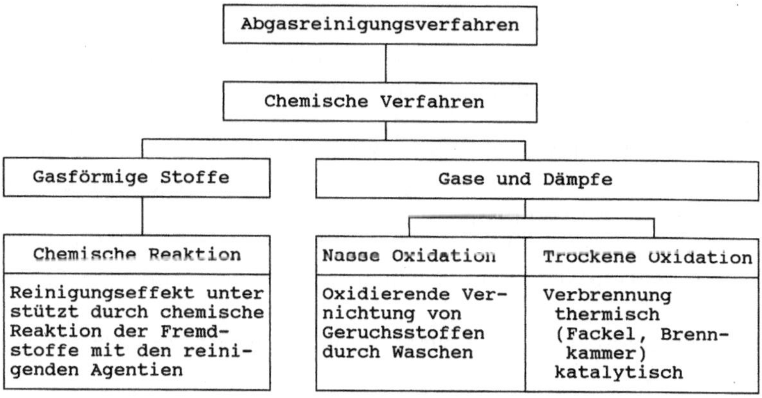

Abb. 4. Übersicht über chemische Abgasreinigungsverfahren

Aufgabe der Emissionsanalyse im industriellen Bereich ist, jedes Verfahren unter dem Gesichtspunkt der Ermittlung und Beschreibung aller mit ihm verbundenen emissionverursachenden Vorgänge speziell zu untersuchen.

Ziele der Emissionsanalyse im industriellen Bereich sind

- alle Emissionsquellen zu erfassen,
- eine Analyse der Emissionen dieser Quelle vorzunehmen und
- daraus eventuell erforderliche Maßnahmen zur Emissionsminderung abzuleiten.

Für Untersuchungen jedes einzelnen Verfahrens mit dem Ziel seiner Emissionsbeschreibung werden Arbeitsunterlagen benötigt, die ohnehin zum Zweck der Entwicklung, Planung, Montage und für den späteren Betrieb der fast ausschließlich stationären Anlagen erstellt werden müssen.

Sie werden durch spezielle Unterlagen, die der besonderen Fragestellung des Umweltschutzes Rechnung tragen müssen, ergänzt. Insgesamt muß der Informationsinhalt dieser Arbeitunterlage ausreichen, hieraus einen geschlossenen Überblick über sämtliche emissionsverursachende Vorgänge ableiten zu können.

Welche Angaben müssen die Arbeitsunterlagen enthalten? Die Unterlagen müssen insbesondere Angaben enthalten über:

- die zum Betrieb erforderlichen technischen Einrichtungen einschließlich der Nebeneinrichtungen, die aus betriebstechnischen Gründen in einem räumlichen Zusammenhang errichtet und betrieben werden sollen,
- das vorgesehene Verfahren einschließlich der erforderlichen Daten zur Kennzeichnung des Verfahrens, wie Angaben zu Art und Menge der Einsatzstoffe, der Zwischen-, Neben- und Endprodukte sowie der anfallenden Reststoffe,
- mögliche Nebenreaktionen und -produkte bei Störungen im Verfahrensablauf,
- Art und Ausmaß der Emissionen, die voraussichtlich von der Anlage ausgehen werden, die Art, Lage und Abmessungen der Emissionsquellen, die räumliche und zeitliche Verteilung der Emissionen sowie über die Austrittsbedingungen,
- die vorgesehenen Maßnahmen zum Schutz vor schädlichen Umwelteinwirkungen, insbesondere zur Verminderung der Emissionen, sowie zur Messung von Emissionen und Immissionen,
- die vorgesehenen Maßnahmen zum Schutz der Allgemeinheit und der Nachbarschaft vor sonstigen Gefahren, erheblichen Nachteilen und erheblichen Belästigungen,
- die vorgesehenen Maßnahmen zur Verwertung der Reststoffe oder zur Beseitigung als Abfälle,
- die vorgesehenen Maßnahmen zum Arbeitsschutz.

Als Unterlagen dienen insbesondere Übersichts- und Lagepläne, Betriebs- und Verfahrensbeschreibungen, Fließbildschemen, Angaben zu den orographischen und meterologischen Standortverhältnissen.

Tabelle 1. Mögliche emissionsverursachende Situationen

Betriebszustand	emissionsverursachende Situation
Normalbetrieb	Änderung der Verfahrensschritte, Variation der Rohstoffe, Zuschläge und Produkte, Wechsel der Lastzustände.
Spezielle Betriebsvorgänge	Vorbereitung des Normalbetriebes (Anfahren), Übergangsphase zwischen verschiedenen Normalzuständen, Wartungs- und Kontrollvorgänge, Regenerierungsvorgänge, Reinigen während des Betriebes, Außerbetriebnahme (Abfahren), Entleeren und Reinigen im Stillstand.
Störfälle	Ausfall oder Versagen von Meß- und Regeleinrichtungen, Ausfall oder Versagen von Versorgungseinrichtungen, Schäden an Anlagenteilen, Bedienungsfehler.

In den Beschreibungen kommt es darauf an, den Verfahrensablauf Schritt für Schritt zu erläutern, und zwar den gesamten Fertigungsprozeß von den Einsatzprodukten bis zu den Fertigprodukten. Dabei sollten den Vorgängen, mit denen die Entstehung von Emissionen verbunden ist, besondere Aufmerksamkeit geschenkt werden. Die emissionsverursachenden Vorgänge sollten dabei so ausführlich beschrieben werden, daß hieraus die gewünschten Informationen über die Art, das Ausmaß, die Häufigkeit und die Dauer der Emissionen zu gewinnen sind. Hierzu gehören auch solche Vorgänge die nur indirekt das Emissionsverhalten beeinflussen oder beeinflussen können. Die Verfahrensbeschreibung muß also über den Normalbetrieb hinaus u. U. auch Ausnahmebedingungen und Störsituationen enthalten, soweit diese ein vom Normalbetrieb abweichendes Emissionsverhalten auslösen. Mögliche emissionsverursachende Situationen sind in Tabelle 1 zusammengefaßt.

Betriebs- und Verfahrensbeschreibung sollen beispielhaft folgende Angaben enthalten:

- Menge und Zusammensetzung aller Einsatz-, Zwischen- und Endprodukte,
- Reaktionsbedingungen (Temperatur, Druck usw.) der einzelnen Verarbeitungsvorgänge,
- Gesamtabluftmenge (m^3/h), Schadstoffkonzentration (mg/m^3) und Gesamtschadstoffmenge (kg/h), aufgeschlüsselt nach den verschiedenen Emissionsquellen wie Kaminen, Abluftstutzen, Prozeßanlagen und Nebenanlagen einschließlich innerbetrieblicher Abwasserreinigungsanlagen und aufgeschlüsselt nach Schadstoffarten,
- Auslegungsdaten von Schornsteinen und Abluftstutzen (Höhe über Erdgleiche, obere lichte Weite, Mündungstemperatur),
- technische Angaben zu Geräten und Maschinen wie Pumpen, Kompressoren, Sicherheitsventilen, Abfüllvorrichtungen, Ventilatoren zur Raumbelüftung etc.,
- Schalleistungspegel von lärmabstrahlenden Maschinen und Anlageteilen in dB(A),
- vorgesehene Maßnahmen zur Verhinderung oder Minderung luftverunreinigender Emissionen,

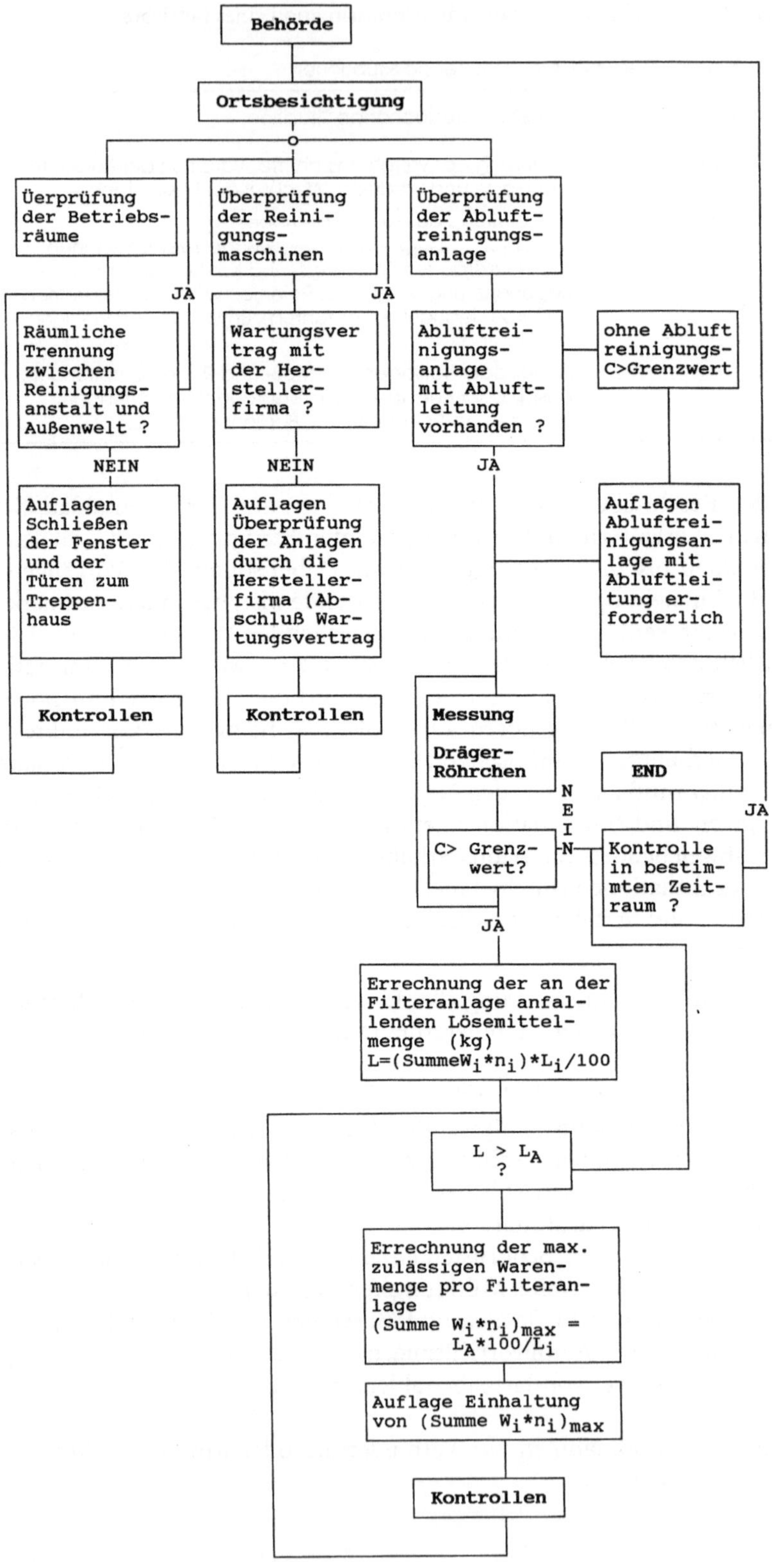
Behörde
Ortsbesichtigung
Üerprüfung der Betriebsräume
Überprüfung der Reinigungsmaschinen
Überprüfung der Abluftreinigungsanlage
JA
JA
Räumliche Trennung zwischen Reinigungsanstalt und Außenwelt ?
Wartungsvertrag mit der Herstellerfirma ?
Abluftreinigungsanlage mit Abluftleitung vorhanden ?
ohne Abluftreinigungs C>Grenzwert
NEIN
NEIN
JA
Auflagen Schließen der Fenster und der Türen zum Treppenhaus
Auflagen Überprüfung der Anlagen durch die Herstellerfirma (Abschluß Wartungsvertrag
Auflagen Abluftreinigungsanlage mit Abluftleitung erforderlich
Kontrollen
Kontrollen
Messung
Dräger-Röhrchen
END
NEIN
JA
C> Grenzwert?
Kontrolle in bestimmten Zeitraum ?
JA
Errechnung der an der Filteranlage anfallenden Lösemittelmenge (kg)
L=(SummeW_i*n_i)*L_i/100
L > L_A ?
Errechnung der max. zulässigen Warenmenge pro Filteranlage
(Summe W_i*n_i)_max = L_A*100/L_i
Auflage Einhaltung von (Summe W_i*n_i)_max
Kontrollen

- vorgesehene Schallschutzmaßnahmen, insbesondere Schalldämm-Maße von Bauelementen,
- vorgesehene Einrichtungen zur Ermittlung und Aufzeichnung von Emissionen und Immissionen,
- Betriebszeiten und Betriebsablauf, Art und Umfang des Werk- und Lieferverkehrs,
- Art, Menge und Zusammensetzung der Reststoffe sowie ihre vorgesehene Verwertung bzw. die Beseitigung der Abfälle.

Art und Umfang der Betriebs- und Verfahrensbeschreibung werden in der Praxis eng mit dem Anlagentyp in Verbindung stehen. So ist für große Anlagen (z.B. Raffinerien, petrochemische Anlagen etc.) mit einer wesentlich detaillierteren Beschreibung zu rechnen als für kleine Anlagen (z.B. grobkeramischer Betrieb, Säurepoliererei, Lackiererei etc.). Abbildung 5 zeigt am Beispiel einer chemischen Reinigungsanlage die systematische Überprüfung des Emissionsverhaltens.

3 Emissionsgrenzwerte nach TA-Luft und 1. BImSchV

In den Tabellen 2, 3, 4 und 5 sind die wesentlichen Emissionsgrenzwerte von Feuerungsanlagen nach TA-Luft, die immissionsschutzrechtlichen Vorschriften für Gasfeuerungsanlagen und die Emissionsbegrenzungen und Abgasverluste nach der 1. BImSchV dargestellt.

Abb. 5. Systematische Überprüfung des Emissionsverhaltens von Chemischreinigungsanlagen nach Baum und Hager (1).

C Lösemittelkonzentration an Tri oder Per in der Abluft in (ppm)
W_i Warenmenge pro Charge in (kg)
n_i Zahl der Chargen*
L_i an der Filteranlage anfallende Lösemittelmengen in (%)
L an der Filteranlage anfallende Lösemittelmengen in (kg)*
L_A maximal adsorbierbare Lösemittelmenge im Filter in (kg)
* von Regeneration zu Regeneration.

Tabelle 2. Wesentliche Emissionsgrenzwerte von Feuerungsanlagen nach TA-Luft (in mg/m³ Abgas für den Einsatz unterschiedlicher Brennstoffe)

Brennstoff	Geltungsbereich	Staub	SO_2	CO	NOX
fest (7% O_2) hier: Kohle	1–50 MW	50 (≥ 5 MW) 150 (< 5 MW)	2000 400 [b]	250	500 300 [a]
flüssig (3% O_2)	1–50 MW (Heizöle ausgenommen HEI) 5-50 MW (HEI)	80 50 [c]	1700 (≤ 5 MW) nur HEI ca. 330 [d]	170	450 250 (HEI)
gasförmig	10–100 MW	5	35	100	200

[a] Stationäre Wirbelschichtfeuerung größer 20 MW oder Wirbelschichtfeuerung mit zirkulierender Wirbelschicht.
[b] Wert gilt für Wirbelschichtfeuerung, alternativ auch max. 25% Schwefelemissionsgrad.
[c] Wert gilt für ≥ 5 MW und bei Einsatz von Heizölen mit mehr als 1% Schwefel.
[d] entsprechend 0,2% S ab 1.3.1988.

Tabelle 3. Systematik der immissionsschutzrechtlichen Vorschriften für Gasfeuerungsanlagen (a)

<table>
<tr><th>Rechtsnatur</th><th colspan="3">Bezeichnung</th><th>Funktion</th></tr>
<tr><td>Gesetz</td><td colspan="3">BImSchG
Bundes-Immissionsschutzgesetz

Gesetz zum Schutz vor schädlichen Umwelteinwirkungen durch Luftverunreinigungen, Geräusche, Erschütterungen, und ähnliche Vorgänge</td><td>Rechtsgrundlage grundsätzliche Anforderungen</td></tr>
<tr><td rowspan="2">Rechtsverordnungen</td><td colspan="3">Erwähnung der Anlage in der
4. BImSchV Verordnung über genehmigungsbedürftige Anlagen
nein ja</td><td rowspan="2">formelle Verfahrenszuweisung</td></tr>
<tr><td>nicht

genehmigungsbedürftige Anlagen

(< 10 MW)</td><td colspan="2">genehmigungsbedürftige Anlagen</td></tr>
<tr><td></td><td></td><td>vereinfachtes Genehmigungsverfahren

(10 MW – <100 MW)</td><td>Genehmigungsverfahren mit Öffentlichkeitsbeteiligung
(ab 100 MW)</td><td></td></tr>
<tr><td></td><td>1. BImSchV
Verordnung über Kleinfeueranlagen</td><td></td><td>13. BImSchV
Verordnung über Großfeuerungsanlagen</td><td rowspan="2">konkrete Anforderungen</td></tr>
<tr><td>Verwaltungsvorschrift</td><td></td><td colspan="2">TA Luft
Technische Anleitung zur Reinhaltung der Luft</td></tr>
</table>

[a] Gase der öffentlichen Gasversorgung gem. DVGW-Arbeitsblatt G 260/I.

Tabelle 4. Systematik der Emissionsbegrenzungen der 1. BImSchV ([a])

Brenn-Stoffart (Regelungsbereich)	Verschärfung der Anforderungen und erstmalig auch abschließende Auflistung der einsetzbaren Brennstoffe	Begrenzung der nicht gasförmigen Bestandteile im Abgas (Staub, Ruß, Öldiverate)	Begrenzung der Kohlenmonoxid-. bzw. Stickstoffoxid-Emissonen	Einhalten von Mindestwirkungsgraden
Kohle (<1MW)	Massegehalt im Brennstoff < 1% (entspricht ca. 1700 mg SO_2/m^3 im Abgas	Abgasfahne heller als Grauwert 1 der Ringelmann-Skala		keine Anforderungen weil Messung nicht praktikabel
naturbelassenes Holz (< 1 MW)	Einsatz in handbeschickten Feuerungsanlagen nur im lufttrockenen Zustand. (Gilt für die meisten offenen Kamine, die zudem nur gelegentlich betrieben werden dürfen.)	Grenzwerte für Staub: < 0,15 g/m^3 im Abgas *Überwachung*	Begrenzung der Kohlenmonoxid-Emissionen in Abhängigkeit von der Anlagengröße z.B. bis 50 KW ≤ 4 g CO/m^3 in Abgas *Überwachung*	
Heizöl EL (<5 MW)	Heizöl EL mit max. 0,2 Gew.-% Schwefel gem 3.BImSchV entspricht ca. 330 mg SO_2/m^3 im Abgas	Zerstäubungsbrenner: Rußzahl ≤ 1 Verdampfungsbrenner: Rußzahl ≤ 2 Abgas frei von Ölderivaten *Überwachung*	allgemeine Minimierungspflicht für die Emissionen an Stickstoffoxiden für Öl- und Gasfeuerstätten	Abgasverlustgrenzwerte: über 4 bis 25 kW: 12% bis 50 kW: 11% über 50 kW: 10% *Überwachung*
Erdgas < 10 MW)	Gase der öffentlichen Gasversorgung gemäß DVGW-Arbeitsblatt G260I G260I (Praxiswert für SO_2: 2 mg SO_2/m^3 im Abgas	Keine Anforderungen weil frei von festen Bestandteilen	Adressat: Gerätehersteller	

[a] Sofern Grenzwerte angegeben sind beziehen sie sich auf Neuanlagen.

Tabelle 5. Grenzwerte für die Abgasverluste von Öl- und Gasfeuerungsanlagen in v. H. (nach der 1. BImSchV vom 15. Juli 1988)

(1)	(2)	(3)	(4)[a]	(5)	(6)
Nennwärme-leistung	bis 31.12.1978 errichtet	ab 01.01.1979 bis 31.12.1982 errichtet	bis 31.12.1982 errichtet	ab 01.01.1983 bis 30.09.1988 errichtet	ab 01.10.1988 errichtet oder wesentlich geändert
über 4 kW bis 25 kW	18	16	15	14	12
über 25 kW bis 50 kW	17	15	14	13	11
über 50 kW bis 120 kW	16	14	13	12	10
über 120 kW	15	13	—	—	—

[a] Ersetzt ab 1. Oktober 1993 nach einer Übergangsfrist von 5 Jahren (2) und (3).

Checkliste Luftpfad

Checkliste Luftpfad	Art	Menge	Häufigkeit	Emissionsklasse, Werte für die maximale Arbeitsplatzkonzentrationen („MAK") bzw. Technische Richtkonzentrationen („TRK"), Listung als krebserzeugender bzw. krebsverdächtiger Stoff, Toxizitätsmerkmale, Verhalten in der Umwelt
Welche Rohstoffe und Materialien incl. Verpackungen kauft der Betrieb ein? Welche Produkte stellt der Betrieb her? Welche Zwischen-, Neben- und Abfallprodukte fallen wo an? In welchen Anlagen des Betriebes werden Stoffe nach Anlage II Störfall-Verordnung eingesetzt, produziert bzw. können entstehen?				

Checkliste Luftpfad (Fortsetzung)

Checkliste Luftpfad	Art	Menge	Häufigkeit	Emissionsklasse, Werte für die maximale Arbeitsplatzkonzentrationen („MAK") bzw. Technische Richtkonzentrationen („TRK"), Listung als krebserzeugender bzw. krebsverdächtiger Stoff, Toxizitätsmerkmale, Verhalten in der Umwelt
Welche gasförmigen Emissionen und Immissionen werden an im Betrieb vorhandenen bzw. zum Betrieb gehörenden Abfalldeponien bzw. Altlasten geprüft? Welche flüchtigen Stoffe werden in welchem Ausmaß z. B. an einer thermischen Nachverbrennungsanlage bzw. Aktivkohlefilterung reduziert? Werden chlorierte Lösungsmittel oder FCKW-haltige Gase im Betrieb verwendet?				

Checkliste Luftpfad

Checkliste Luftpfad	Menge pro Jahr	Parameter (Stoffe) die im Normalbetrieb emittiert werden und deren Konzentrationsbereiche in der Abluft	Parameter (Stoffe) die im Störfall emittiert werden können und deren abzuschätzende Konzentrationsbereiche in der Abluft	Welche Vorteile, Nachteile (Risiken), ergeben sich daraus für den Betrieb?
Welche Parameter (Stoffe) werden an welchen Stellen emittiert? 1. Produktionsanlagen 2. Stellen thermischer Produktvor- bzw. -nachbehandlung				

Checkliste Luftpfad (Fortsetzung)

Checkliste Luftpfad	Menge pro Jahr	Parameter (Stoffe) die im Normalbetrieb emittiert werden und deren Konzentrationsbereiche in der Abluft	Parameter (Stoffe) die im Störfall emittiert werden können und deren abzuschätzende Konzentrationsbereiche in der Abluft	Welche Vorteile, Nachteile (Risiken), ergeben sich daraus für den Betrieb?
3. Betriebsschornsteine 4. Abluftsammelanlagen 5. Abluftfilter 6. Leitungen mit flüchtigen Stoffen Welche Abluftströme verlassen den Betrieb? Welche Immissionen wirken auf den Betrieb ein, z. B. durch Nachbarbetriebe, Verkehrswege etc.? Für welche der emittierten Schadstoffe sind Immissionswerte festgelegt? Welche Abluftströme beeinträchtigen die Luft an den Arbeitsplätzen, z.B. durch Undichtigkeiten bzw. schlechte Absaugung? Über welche Stoffe gibt es Anwohnerbeschwerden wegen Geruchsbelästigung? Über welche Stoffe gibt es Mitarbeiterbeschwerden am Arbeitsplatz? Welche Emissionen können nach Aktivkohlefilterung und destillativer Reinigung als Rohstoff- oder Lösungsmittel der Produktion wieder zugeführt werden?				

Checkliste Luftpfad

Kann die Abluftbelastung des Betriebes reduziert werden durch:	mögliche Verringerung der Abluftbelastung pro Jahr	zusätzlich erforderliche gerätetechnischen Investitionen	Welche Verbesserungen der Luft an Arbeitsplätzen sind zu erwarten?	Welche Vorteile ergeben sich daraus für den Betrieb?
Anwendung einer verbesserten Filtertechnik, z.B. durch Einbau von Absorptionsfiltern bzw. Staubfiltern etc.				
Änderung des Produktionsvervahrens und Vermeidung der möglichen Emissionen direkt am Entstehungsort, d.h. den jeweiligen Anlagen (z.B. durch „Verkapselung" von Anlagen)				
Kreisführung von Prozeßluft (evtl. unter Wärmerückgewinnung)				
Austausch stark flüchtiger, mit kleinem MAK- oder TRK-Werten versehener und in Anlage II der Störfallverordnung genannter Stoffe gegen weniger flüchtige und weniger toxische Stoffe in den Bereichen Einkauf, F+E, Labor sowie Produktion				
Ausarbeitung von Abluft-Notfallplänen bzw. Sicherheitsanalysen für Leckagen und Brand-, Explosions- sowie Hochwasserfälle				
kontinuierliche Dokumentation, z.B. in Halbstunden- oder Tagesmittelwerten ausgewählter Schadstoffparameter in der Abluft (Stickoxide, Kohlenmonoxide, Gesamtorganischer Kohlenstoff etc.)				
Einführung eines Betriebsbeauftragten für Immission mit entsprechenden Eingriffsmöglichkeiten				

Checkliste Luftpfad (Fortsetzung)

Kann die Abluftbelastung des Betriebes reduziert werden durch:	mögliche Verringerung der Abluftbelastung pro Jahr	zusätzlich erforderliche gerätetechnischen Investitionen	Welche Verbesserungen der Luft an Arbeitsplätzen sind zu erwarten?	Welche Vorteile ergeben sich daraus für den Betrieb?
Innerbetriebliche Prämierung von Abluftentlastungsvorschlägen Durchführung regelmäßiger Schulungen zum besseren Verständnis der betrieblichen Ablaufproblematik				

Schema des Ablaufs von Arbeitsplatzmessungen beispielhaft dargestellt [3].

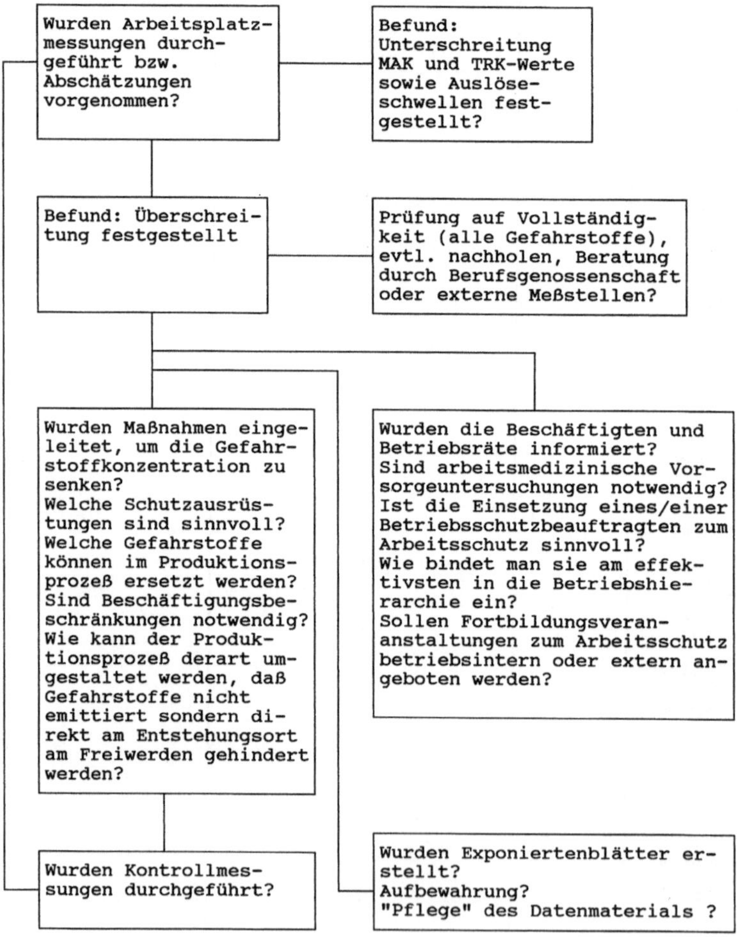

4 Zusammenfassung

Für kleine und mittlere Unternehmen ist das Erkennen von Schwachpunkten im Emissions- und Immissionsbereich ihres Unternehmens von großer Bedeutung. Durch die verschärfte Gesetzgebung stellt sich für den Betrieb oft die Frage ob die produktbezogenen und anlagenrelevanten Umweltrisiken eingehalten werden.

Viele Immissionsschutzbeauftragte und sonstige Beauftragten innerhalb eines Betriebes sind durch ihr umfangreiches Aufgabenfeld oft überfordert. Unter der Inanspruchnahme von Checklisten kann die tägliche Arbeit erleichtert werden. Die in diesem Beitrag dargestellten Ansätze zum Erkennen von Schwachpunkten im Immissionsschutzbereich eines Betriebes stellt keine Vollständigkeit dar. Hier bedarf es einer langjährigen Erfahrung um eine optimale Schwachpunktanalyse durchzuführen.

5 Literatur

1. Baum F, Hager I, Beurteilung der Emissionen von Chemischreinigungsanlagen. Gesundheits-Ingenieur, 96 (1975), H.12, S. 348–352
2. Müller H, Technik der Rauchgasreinigung, Umweltschutz-Berater. Handbuch für wirtschaftliches Umweltmanagment im Unternehmen, Deutscher Wirtschaftsdienst, Kapitel 8.3.3.2.2
3. Sietz M, Umweltbewußtes Management (Hrsg.):, Umwelt-Checklisten, Umweltqualitätsziele und Risikoanalyse, Organisationsentwicklung, Umwelt-Auditing, Umweltrecht, Umwelthaftung, UVP, Abfallmanagement, Umwelt-Marketing. Eberhard Blottner Verlag 1992, S. 1–227
4. Sietz M, Sondermann WD, Umwelt-Audit und Umwelthaftung. Eberhard Blottner Verlag 1990, S. 1–108

Umwelt-Audit und Klima

Helmut Bangert, Paderborn

Definitionen

Der Begriff „Klima" wird von Meyer (1987) wie folgt definiert: *Klima ist die Zusammenfassung der Wettererscheinungen, die den mittleren Zustand der Atmosphäre an einem bestimmten Ort der Erdoberfläche charakterisieren, repräsentiert durch die statistischen Gesamteigenschaften (Mittelwerte, Häufigkeit extremer Ereignisse, Andauerwerte, u.a.) über eine genügend lange Periode.* Das Klima und seine unterschiedlichen Ausprägungen entstehen unter dem Einfluß natürlicher und anthropogener klimatologischer Wirkungsfaktoren.

Die Unterteilung des Klimas richtet sich nach der Größenordnung der klimatologisch untersuchten Gebiete. Unterteilt wird in Makroklima, Mesoklima und Mikroklima.

Das Makroklima hängt in seiner globalen Gliederung (Länder, Kontinente) in erster Linie von der allgemeinen Zirkulation der Atmosphäre ab.

Das Arbeitsgebiet der Mesoklimatologie beschränkt sich auf Phänomene, die sich auf Areale von etwa 1 km bis 100 km Durchmesser beziehen. Diese räumlich begrenzten Klimabesonderheiten lassen sich auf Einflüsse der Topographie zurückführen. Schwerpunkte dieses Arbeitsfeldes stellen die Stadt- und Geländeklimatologie dar.

Unter dem Mikro- oder Kleinklima versteht man das Klima der bodennahen Luftschicht bis zu einer Höhe von etwa 2 m und Areale, deren Durchmesser 1cm bis etwa 100 m beträgt. Es wird im weiteren nicht diskutiert werden.

Makroklima

Beobachtungen innerhalb der letzten 30 bis 50 Jahre weisen eindeutig auf eine beginnende Umstellung des globalen Klimas hin. Diese äußert sich in folgenden, sich gegenseitig bestätigenden Beobachtungen (Enquete-Kommission Schutz der Erdatmosphäre, 1992):

- Zunahme der Oberflächentemperatur der tropischen Ozeane um 0,5 Grad Celsius
- Zunahme der Wasserdampfgehaltes in der Troposphäre der Tropen

Sietz/v. Saldern
Umweltschutz-Management und Öko-Auditing

- vermehrt freiwerdende gebundene Wärme in den mittleren Schichten der tropischen Troposphäre
- Verstärkung des Temperaturgefälles zwischen Äquator und den polaren Breiten
- Erhöhung der mittleren Windgeschwindigkeit
- Vertiefung der quasi stationären Tiefdruckgebiete über dem Nordatlantik und Nordpazifik

Die globale Mitteltemperatur liegt heute um etwa 0,7 Grad Celsius über dem Wert von 1860. Innerhalb desselben Zeitraumes hat die Masse der Inlandgletscher in den Alpen um etwa 50 Prozent abgenommen. Immer mehr Indizien machen deutlich, daß es einen anthropogen verursachten Treibhauseffekt gibt. Das wichtigste vom Menschen produzierte Treibhausgas ist das Kohlendioxid. Mit Abstand folgen die Fluorkohlenwasserstoffe, Methan, troposphärisches Ozon, Distickstoff und stratosphärischer Wasserdampf. Die Hauptverursacher für die Emission dieser Gase sind der Energiebereich und die Landwirtschaft. Hinzu kommen die Folgen der großflächigen Waldrodung. Aktuelle Untersuchungen über die möglichen Auswirkungen machen das mit dieser globalen Klimaveränderung verbundene Gefährdungspotential deutlich. Im einzelnen sind dies:

- Häufung klimabedingter Katastrophen (z.B. Zunahme und Intensivierung tropischer Wirbelstürme, langanhaltende Dürren im Wechsel mit kurzfristigen Starkniederschlägen)
- Anstieg des Meeresspiegel um bis zu 100 cm im nächsten Jahrhundert
- großflächiger Zusammenbruch der vorhandenen Ökosysteme als Folge der Schnelligkeit der globalen Klimaveränderungen.

In der Summe ist mit drastischen ökologischen und sozioökonomischen Folgen zu rechnen. Obwohl die Industrieländer Hauptverursacher der drohenden Klimakatastrophe sind, werden in erster Linie die Entwicklungsländer unter den Folgen der Klimaveränderungen zu leiden haben. Das Ziel der Verhinderung globaler Klimamodifikationen kann nur erreicht werden, wenn einzelne Länder von sich aus demonstrieren, daß und wie es erreichbar ist. Die Bundesrepublik Deutschland ist die Selbstverpflichtung eingegangen, die Emission von Kohlendioxid bis zum Jahr 2005 um mindestens 25% relativ zum Stand von 1987 zu reduzieren. Andere Länder gehen denselben Weg. Die Enquete-Kommission „Schutz der Erdatmosphäre" im Deutschen Bundestag (1992) fordert alle Länder, die dazu wirtschaftlich, technisch und politisch imstande sind, auf, nicht auf den Abschluß einer formalen Klimakonvention und deren Durchführungsprotokolle zu warten, sondern sofort mit der Vorbereitung und Durchführung nationaler und regionaler Maßnahmen zum Schutz des Klimas zu beginnen. In der Bundesrepublik Deutschland ergeben sich die Minimalanforderungen für unternehmerisches, aktiv umweltorientiertes Handeln aus den Umweltgesetzen. Die Europäische Gemeinschaft hat mit ihrer Richtlinie über die Umweltverträglichkeitsprüfung eine Grundlage für nationales Recht geschaffen. Die Regierung der Bundesrepublik Deutschland kam diesem Auftrag mit der Verabschiedung des UVP-Gesetzes nach. Für den Bereich Luftverunreinigung finden das Bundesimmissionsschutzgesetz und die Technische Anleitung Luft Anwendung. Für den Bereich Klima existieren keine gesetzlichen Grundlagen. In der VDI-Kommission Reinhaltung der Luft werden derzeit Richtlinien zur Bewertung des Klimas entwickelt, deren Inhalte sich jedoch ausschließlich auf das Arbeitsgebiet der Mesoklimatologie beschränken. Für den regionalen Scale -insbesondere für das Arbeitsgebiet Stadtklimatologie- stehen Instrumente für die Umweltverträglichkeitsprüfung und das Umwelt-Auditing zur Verfügung.

Mesoklima

Wie bereits erwähnt, ist die angewandte Stadtklimaforschung ein wesentlicher Bestandteil der Mesoklimatologie.

Das Stadtklima stellt einen wichtigen Einflußfaktor im „Ökosystem Stadt" dar, der bei zahlreichen Planungsmaßnahmen in den sich immer stärker expandierenden Ballungsräumen und Kommunen heute verstärkt an Bedeutung gewinnt. Das wird u.a. dadurch dokumentiert, daß die Anzahl von städtischen Gesamtklimagutachten in den letzten Jahren deutlich zugenommen hat. Auch im Rahmen der (freiwilligen) kommunalen Umweltverträglichkeitsprüfung nimmt die Bedeutung des Planungsfaktors Klima zu.

Nach der Definition der WMO (World Meteorological Organisation) aus dem Jahr 1981 versteht man unter Stadtklima *„das durch die Wechselwirkungen mit der Bebauung und deren Auswirkungen – einschließlich der Emission von luftverunreinigenden Stoffen und Abwärme – modifizierte Klima"*.

Daraus folgt, daß das Stadtklima kein sogenanntes Schönwetterphänomen ist, sondern Modifikationen vom ungestörten Freilandklima ganzjährig bei allen Wetterlagen zu beobachten sind. Die bekannteste Eigenschaft des Stadtklimas, die urbane Wärmeinsel, ist jedoch bei Strahlungswetterlagen am ausgeprägtesten.

Von Mayer (1992) wird eine mehr physikalische Betrachtungsweise für die Definition des Stadtklimas gewählt. Er versteht unter dem Stadtklima ganz allgemein ein Mesoklima, das sich dadurch ausbildet, daß eine Stadt aufgrund ihrer spezifischen Eigenschaften eine Störung im physikalischen und chemischen Zustand der Atmosphäre bewirkt:

- eine Stadt stellt aufgrund ihrer Oberflächenstrukturen ein Strömungshindernis dar.
- eine Stadt ist aufgrund ihrer variablen Oberflächentypen ein räumlich begrenztes Gebiet mit einer unregelmäßig erhöhten Oberflächenrauhigkeit.
- eine Stadt stellt als Ganzes im Gegensatz zum ländlichen Umland wegen der physikalischen Eigenschaften ihrer Baustoffe eine Wärmeinsel dar. Bei räumlich differenzierter Analyse löst sich diese Wärmeinsel in mehrere kleine Wärmezentren auf.

– eine Stadt stellt eine erhebliche Emissionsquelle dar, wobei neben Schadgasen auch Aerosole und anthropogen erzeugter Wasserdampf freigesetzt werden.

Die Idealvorstellung der Stadtmeteorologen ist es, ein möglichst gutes Stadtklima zu erhalten oder zu fördern. Das auf den Menschen bezogene „ideale Stadtklima" wurde im Jahr 1989 vom Fachausschuß Biometeorologie der Deutschen Meteorologischen Gesellschaft folgendermaßen definiert: das „ideale Stadtklima" ist ein räumlich und zeitlich variabler Zustand der Atmosphäre in urbanen Bereichen, bei dem sich möglichst keine anthropogen erzeugten Schadstoffe in der Luft befinden und den Stadtbewohnern in Gehnähe (charakteristische Länge ca. 150 m) eine möglichst große Vielfalt an Atmosphärenzuständen (Vielfalt der urbanen Mikroklimate) unter Vermeidung von Extremen geboten wird.

Realistisch betrachtet läßt sich ein solches ideales Stadtklima nicht erreichen. Im Rahmen einer stadtökologisch orientierten Planung besteht aber die Aufgabe, diesem Ideal durch die Empfehlung von Maßnahmen zur Minimierung der Belastungen und zu stadtklimatisch wirksamen Umweltverbesserungen zu kommen. Von Mayer wird dieses Ziel als „tolerables Stadtklima" bezeichnet.

Obwohl die Anfänge einer systematischen Stadtklimatologie bis in die Anfänge des 19. Jahrhunderts zurückreichen, sind zahlreiche Fragestellungen bis heute nicht beantwortet. Diese Tatsache macht es notwendig, neben der allgemeinen aktuellen Stadtklimaforschung, in der interdisziplinär unterschiedliche Modellansätze zur Beschreibung stadtklimatischer Aspekte entwickelt werden, für einzelne Kommunen detaillierte meteorologische Meßprogramme zu entwickeln und zu interpretieren.

In der Bundesrepublik Deutschland haben sowohl der thermische Wirkungskomplex als auch der lufthygienische Wirkungskomplex einen gleichermaßen hohen Stellenwert innerhalb von stadtklimatologischen Untersuchungen.

Unter dem thermischen Wirkungskomplex versteht man die Auswirkungen der gesamten meteorologisch relevanten Energetik der Stadtatmosphäre auf den Stadtbewohner. Dazu gehören die Strahlungsbilanz, der Strom fühlbarer Wärme, der Strom latenter Wärme sowie die Wärmeleitung. Konsequenzen dieser Vorgänge sind beispielsweise Hitzestreß oder aber auch Kältereize.

Mit dem lufthygienischen Wirkungskomplex sind die Auswirkungen durch Emission, Immission und Deposition von Luftschadstoffen gemeint. In diesem Zusammenhang sind aber auch die meteorologischen Parameter Windrichtung, Windgeschwindigkeit und atmosphärische Schichtung wegen ihrer Bedeutung für die Transmission der Schadstoffe zu berücksichtigen. Hieraus ergibt sich die notwendige Erfassung sowohl thermischer Besonderheiten (Messung der Lufttemperatur) als auch strömungstechnischer Besonderheiten (Messung des Windvektors). Randbereiche wie Lärm, dessen Ausbreitung ebenfalls von meteorologischen Bedingungen abhängig ist, werden in der Regel in stadtklimatischen Gutachten nicht untersucht.

Wie bereits erwähnt, ist eines der besonderen Merkmale der städtischen Klimaänderung die Ausbildung von Wärmeinseln. Sie hat ihre Ursache in der grundlegenden Veränderung des Wärme- und Strahlungshaushaltes.

Da das Terrain einer Stadt meist versiegelt ist und durch die Bebauung gleichzeitig die Oberfläche stark vergrößert wird, hat es ein völlig anderes Wärmespeicher- und Wärmeleitvermögen als natürliche Oberflächen. Demzufolge heizt sich die Stadt tagsüber stärker auf als ihre Umgebung und kühlt sich während der Nacht langsamer ab als Freiflächen. In der Stadt schirmen die Gebäude sich selbst und die Erdoberfläche gegen den Himmel ab, was man als Horizonteinengung bezeichnet. Dadurch wird eine ungestörte Abstrahlung der Wärmeenergie verhindert. Hinzu kommt die städtische Dunsthaube aus gasförmigen, flüssigen und festen Schadstoffen, die für eine weitere Aufheizung der Stadtluft sorgt. Um die Ursachen für die Veränderung des Wärmehaushaltes beurteilen zu können, ist der Ablauf des Strahlungs- und Energieschemas in der Atmosphäre kurz zu erläutern.

Ein Teil der von der Sonne ausgehenden kurzwelligen Strahlung wird auf dem Weg durch die Erdatmosphäre absorbiert, gestreut und auch reflektiert. Die Streuung vollzieht sich einerseits unmittelbar an Luftmolekülen, andererseits an Aerosolen, Wassertröpfchen und Eiskristallen. Zusammen mit der „direkten Sonnenstrahlung" ergibt sich aus der so entstandenen „diffusen Himmelsstrahlung" die „Globalstrahlung". Die Absorption, d.h. die Umsetzung von kurzwelliger Sonnenstrahlung in langwellige Wärmestrahlung erfolgt innerhalb der Atmosphäre vor allem durch Ozon, Kohlendioxid und Wasserdampf.

An der Erdoberfläche wird die restliche kurzwellige Strahlung umgesetzt. Ein Teil wird reflektiert, wobei die Größe der Albedo entscheidend ist für den Grad der Reflexion. Der Rest der Globalstrahlung wird als Wärmestrahlung absorbiert und anschließend als langwellige Wärmeausstrahlung wieder abgegeben. Dabei spielt neben der Materialbeschaffenheit auch die Farbe des Untergrundes eine Rolle. Daraus folgt, daß für Art und Ausmaß der Absorption der Strahlung und somit des Energieflusses an der Oberfläche, der Speicherung der Energie im Boden und ihrer Abgabe als langwellige Strahlung die verschiedenen Eigenschaften der Oberflächenmaterialien von entscheidender Bedeutung sind. Die Wärmeleitfähigkeit des Oberflächenmaterials ist beispielsweise dafür verantwortlich, in welchem Umfang die Energie nach der Absorption in das jeweilige Material „diffundieren" kann. Im Falle einer guten Wärmeleitfähigkeit werden schnell große Energiemengen abgeleitet und gespeichert, wobei sich die Oberflächentemperatur nur geringfügig erhöht. Eine gleichzeitig hohe Wärmespeicherfähigkeit bedingt, daß die Energie in den Nachtstunden nur langsam wieder abgegeben werden kann. Aus stadtklimatologischer Sicht ergibt sich bei Strahlungswetterlagen im Sommer daraus in vielen Fällen eine wärmebelastende Situation. Sind die Leitfähigkeit und das Speichervermögen der Materialien hoch, ist damit tagsüber eine weniger extreme Aufheizung verbunden. Daraus resultiert jedoch, daß der hohe Anteil der abgeleiteten und gespeicherten Energie zu einer hohen Überwärmung in den Nachtstunden führt.

Vergleicht man Energieeigenschaften unterschiedlicher Bausubstanzen, so wird deutlich, daß z. B. gebrannte Ziegelsteine im Vergleich zu Beton der wesentlich günstigere Baustoff sind, da sie sowohl eine etwas höhere Albedo als auch deutlich geringere Wärmeleit- und -speicherfähigkeit besitzen. Wenn bereits Betonbaustoffe in großem Umfang verwendet sind, ist besonderer Wert auf eine Dach- und Fassadenbegrünung zu legen. Dadurch kann die Wärmebelastung in bereits vorhandenen Gebäudestrukturen entlastet werden.

Neben den Veränderungen dieser klassischen Bestandteile im Energie- und Strahlungshaushalt steuert die anthropogene Wämeemission durch Industrie, Kraftfahrzeugverkehr und Heizung einen beträchtlichen Anteil zur Überwärmung bei. Die Abwärmeenergie durch den Straßenverkehr erreicht z. B. in Hamburg fast 10% der Strahlungsbilanz.

In urbanen Räumen wird auch der Wasserhaushalt stark verändert. Ursache ist der hohe Versiegelungsgrad in den Städten, wodurch das Niederschlagswasser schnell über die Kanalisation abgeführt wird und somit nicht mehr für Verdunstung und die damit verbundene Abkühlung zur Verfügung steht. In Hamburg beträgt die Energiemenge, die aufgrund der eingeschränkten Verdunstung nicht „verbraucht" wird, etwa 16% der entsprechenden Globalstrahlung.

Auch das Windfeld wird durch die städtische Bebauung erheblich verändert. Dafür verantwortlich ist in erster Linie der durch die Gebäude erhöhte Reibungswiderstand. Dadurch wird die Windgeschwindigkeit je nach Stadtstruktur um 10 bis 30% reduziert. Damit verbunden ist eine Herabsetzung der Durchlüftung sowie eine Verminderung der Abkühlungsleistung durch kühlere Luftmassen des Umlandes. Innerhalb von Straßenschluchten ist die Windgeschwindigkeit besonders stark modifiziert, da Richtung und Breite der Straße teilweise zur völligen Luftstagnation, teilweise zur Geschwindigkeitszunahme in Verbindung mit verstärkten Böen, führen. Zu Windböen kommt es vor allem durch Düseneffekte und Wirbelbildungen im Einflußbereich von Hochhaussiedlungen.

Zusammenfassend läßt sich feststellen, daß in Abhängigkeit von Lage und Größe der Stadt die einzelnen meteorologischen Elemente unterschiedlich stark modifiziert werden können. Da Topographie und Art der Stadtstruktur in der Regel von Kommune zu Kommune sehr unterschiedlich sind, lassen sich in den seltensten Fällen durch Analogieschlüsse von vorhandenen Stadtklimagutachten konkrete Hinweise auf die aktuell zu beurteilende Stadt übertragen.

Untersuchungsmethoden

Aktuelle Arbeitsmethoden im Bereich der Stadtklimatologie sind die Auswertungen von Thermalbildern, Luftbildern, Stadtgrundkarten und Realnutzungskarten. Mit ihrer Hilfe ist eine flächendeckende Kartierung von stadtklimarelevanten Größen möglich. Ergänzt werden müssen diese Informationen durch Daten aus terrestrischen Meßprogrammen, die die Lufttemperatur sowie das

Windfeld kontinuierlich über einen Mindestzeitraum von einem Jahr beschreiben. Aus diesen Datengrundlagen werden seit Jahren vom Kommunalverband Ruhrgebiet synthetische Klimafunktionskarten entwickelt, die in verschiedenen Abwandlungen in einer Vielzahl von Klimagutachten in der BRD Anwendung finden. Die Entwicklung von numerischen Simulationsmodellen zum Thema Stadtklima ist eine zentrale Aufgabe der universitären Forschung. An den Instituten für Meteorologie der Universitäten Mainz und Darmstadt sind entsprechende Forschungsaufträge in Bearbeitung bzw. bereits abgeschlossen.

Die TA Luft schreibt die Verwendung des Gauss-Modelles für die Ausbreitung von Luftschadstoffen verbindlich vor. Kleinräumige Veränderungen von Luft und Klima lassen sich beispielsweise durch das Modell MISKAM berechnen, das von Eichhorn (1989) an der Universität Mainz entwickelt wurde. Die Eigenschaften beider Modelle sowie ihre daraus resultierenden Anwendungsgebiete lassen sich folgendermaßen zusammenfassend darstellen:

Durch das sogenannte Gauss-Modell wird die Schadstoffausbreitung mit Hilfe einer Vereinfachung der sogenannten Diffusionsgleichung simuliert. Dazu werden die folgenden Einschränkungen bzw. Postulate gemacht:

- Stationarität, d.h. keine zeitliche Änderung der Immissionskonzentrationen,
- die Horizontalwindgeschwindigkeit und die Austauschvorgänge in der Atmosphäre bleiben konstant,
- die Quellstärke und die Lage der Quelle bleiben zeitlich invariant,
- die Konzentrationen sind seitlich der Fahnenachse und vertikal zur Fahnenachse normalverteilt und
- zwischen den Streuungen der Normalverteilungen und den Diffusionskoeffizienten für die turbulente Diffusion besteht eine feste Abhängigkeit.

Unter diesen Annahmen erhält man eine analytische Lösung der Diffusionsgleichung, die einer Gausschen Normalverteilung entspricht und dem Modellverfahren den Namen gegeben hat. Aus den Annahmen ergeben sich Grenzen des Modellverfahrens:

- die mittlere Windgeschwindigkeit muß über 1 m/s betragen,
- das mittlere Windfeld muß räumlich und zeitlich konstant sein,
- jeder Ausbreitungsabschnitt der Emissionsfahne ist vom vorherigen unabhängig,
- da keine zeitlichen Änderungen zulässig sind, kann die Berechnung nur für zeitliche Mittel bis maximal einer Stunde (gilt für die meteorologischen Eingangsparameter und die berechneten Immissionen) und für Entfernungen bis maximal 10 – 15 km angewendet werden,
- Absorption des ausbreitenden Materials wird genau so wenig berücksichtigt wie chemische Umwandlungen in der Atmosphäre und
- das Ausbreitungsgelände sollte annähernd eben sein sowie das ausbreitende Material keine nennenswerte Sinkgeschwindigkeit aufweisen.

Die aufgeführten Grenzen des Gauss-Modells zeigen, daß eine quantitativ gute Berechnung der Immissionen an viele Vorbedingungen geknüpft ist, die in der

Natur kaum jemals alle erfüllt werden können. Der große Vorteil dieses Verfahrens liegt in der leichten Handhabbarkeit sowie in den geringen Ansprüchen an Rechnerkapazitäten.

Das Modell MISKAM ist ein kombiniertes Strömungs- und Ausbreitungsmodell. Der Strömungsteil simuliert das dreidimensionale Windfeld durch die Lösung der Bewegungsgleichung. Da das Modell nicht-hydrostatisch approximiert, können auch Effekte durch dynamische Druckveränderungen (etwa an Gebäuden) simuliert werden. Dabei müssen die Geometrien dem Modellgitter angepaßt werden, d.h. es sind nur Rechteckgeometrien möglich.

Der Ausbreitungsteil übernimmt die simulierten Windfelder des Strömungsmoduls und errechnet mit Hilfe der numerisch gelösten Diffusionsgleichung das dreidimensionale Konzentrationsfeld.

Auch beim Einsatz von MISKAM erhält man keine absoluten, sondern nur relative Immissionskonzentrationen. Für genauere Angaben zum Modell MISKAM wird auf die Dissertationsschrift von Eichhorn (1989) verwiesen.

Beispiel

Basierend für den vorgestellten Grundlagen wird beispielhaft die Integration des Klimas in eine Projekt-UVS vorgestellt.

Im Rahmen einer Umweltverträglichkeitsprüfung für einen Hotelneubau in Wuppertal waren auch die Belange des Klimas mit einzubringen. Das vorliegende gesamtstädtische Klimagutachten (Bangert, 1988) wies diesen Teilraum des Stadtgebietes als Cityklima aus. Definitionsgemäß stellt dieses Klimatop einen bioklimatisch ungünstigen Bereich dar.

Thermische Belastungen infolge dichter Versiegelung und nicht vorhandener Ausgleichsflächen sowie ungünstige lufthygienische Bedingungen durch dichten Straßenverkehr, hohen Anteil von Hausbrandemissionen und teilweise gewerblicher Nutzung führen hier im Istzustand zu einer stadtklimatisch ungünstigen Situation. Die Baumaßnahme ist innerhalb einer kleinen öffentlichen Grünfläche geplant. Deren klimatische Bedeutung der Flächennutzungsänderung ließ sich mit Hilfe des vorliegenden Gesamtgutachtens nicht quantifizieren.

Die vorhandenen Ergebnisse aus den beiden Thermalbildern aus dem Jahr 1986 zeigten besonders niedrige Werte der Oberflächenstrahlungstemperatur im Grünbereich. Eine im Rahmen des Gesamtklimagutachtens installierte Temperaturmeßstelle wies hingegen auf hohe Lufttemperaturen in der Umgebung hin. Messungen der Luftzirkulation verdeutlichen die Kanalisierung der Strömung im Bereich des Wuppertales.

Prädestiniert für die Beantwortung der Frage nach der kleinklimatischen Auswirkung des geplanten Projektes sind Simulationsmodelle. Als standortspezifische Eingangsparameter dienen die Realnutzung, die vorhandene orographische Situation und Erkenntnisse aus dem gesamtstädtischen Klimagutachten.

Zur Beschreibung der Zirkulationsverhältnisse im Ist- und Planzustand kam das dreidimensionale Strömungsmodell MISKAM zum Einsatz. Die jeweiligen thermischen Verhältnisse wurden mit Hilfe von Regressionsgleichungen mehrerer Stadtklimauntersuchungen erfaßt. Mögliche thermisch induzierte Strömungen wurden anhand von Analogieschlüssen aus der Literatur abgeschätzt.

Für das Untersuchungsgebiet wurde mit Hilfe von MISKAM simuliert, wie das Windfeld durch die vorhandenen Gebäude und ein zusätzlich projektiertes Hotel verändert wird. Es wurde dabei von einer übergeordneten Strömung ausgegangen, wobei zwei Fälle unterschieden wurden:

a) Wind aus ca. 250° (Hauptwindrichtung) mit einer mittleren Strömungsgeschwindigkeit von 3.9 m/s in freier, ungestörter Lage (entspricht dem Jahresmittel am Wetteramt Essen) und
b) Wind aus ca. 70° (häufigste Richtung bei Schwachwinden) mit einer niedrigen Strömungsgeschwindigkeit von 1.5 m/s in freie, ungestörter Lage zur Simulation von Schwachwindfällen.

Zusätzlich wurde untersucht, inwieweit Anströmungen mit geringer Geschwindigkeit (< 1.5 m/s) quer zur Gebäudehauptachse des geplanten Hotels durch das Bauprojekt verändert werden. Dabei wurde in allen Fällen von einer übergeordneten Höhenströmung ausgegangen, die das Bodenwindfeld erzeugt. Insgesamt wurden acht Simulationsläufe durchgeführt, je zwei (Status-Quo und Planungsfall mit Hotel) für jede der vier Windrichtungen.

Die Modellkonzeption von MISKAM erlaubt es, die Strömung und die Ausbreitung inerter Gase in ebenem Gelände auch bei vorhandenen Gebäuden zu simulieren. Der nicht-hydrostatische Modellansatz ermöglicht dabei die Turbulenzen, die beispielsweise durch Gebäudeeffekte im Windfeld entstehen, zu modellieren. Die Geometrie der Gebäude wird im Gitter festgelegt, d.h. daß nur rechteckige Gebäudeformen möglich sind und z.B. Dachschrägen nicht simuliert werden können. Windrichtung, Windgeschwindigkeit und Temperaturschichtung in der Atmosphäre lassen sich beliebig vorgeben, damit können auch austauschschwache Inversionswetterlagen nachgebildet werden. Das Modell ist in erster Linie für den Einsatz im ebenen Gelände gedacht, die im Untersuchungsgebiet vorhandene Geländekante nördlich des Plangebietes wird durch eine Steilstufe simuliert.

Im vorliegenden Fall stand die Fragestellung nach der Behinderung der Durchlüftung durch die geplante Bebauungsstruktur im Vordergrund. Die benutzten Modellgeometrien wurden entsprechend der Baustrukturen zum jetzigen Zeitpunkt (Status Quo) und auf der Basis der Angaben zum Hotelneubau (Planungsfall) aufgebaut.

Die Gitterabstände für das Horizontalgitter des Modells betrugen 10 m, in der Vertikalen wurde ein Gitterabstand von 2 m gewählt, um eine gute Auflösung der unterschiedlichen Gebäudehöhen zu erreichen.

Die relativ exponierte Lage des Untersuchungsraumes im Wuppertaler Stadtgebiet wird durch einen scharfen Geländeabfall am Nordrand des Untersuchungsgebietes nachgebildet, wo das Gelände um ca. 25 m abfällt. Die Simulationsergebnisse werden in der Höhe 27.5 m dargestellt, also auf dem Untersuchungsgelände, ca. 2.5 m über dem mittleren Geländeniveau dort. Damit wird auch eine höhere Windgeschwindigkeit errechnet als in der Referenzhöhe von 10m über Grund, sie liegt zwischen etwa 4.5 m/s und knapp 5 m/s für den Fall ohne Gebäudestörung bei 250° Anströmung. Die Durchlüftung bei dieser Windrichtung ist auf dem Untersuchungsgebiet günstig, nur im direkten Umfeld der Gebäude ist das Windfeld stärker gestört. Durch die Häuser werden vor allem Störungen im Luv und im Lee der Bauwerke verursacht, die seitlichen Strömungen werden nur im unmittelbaren Nahfeld ca. 10 m bis 20 m vom Gebäude abgebremst. Die Windgeschwindigkeitsreduktionen im Luv und Lee können dagegen bis zu über 200 m in den Simulationen nachgewiesen werden, wobei besonders die Leebereiche durch niedrige Geschwindigkeiten auffallen.

Für die Situation ohne Hotel liegt auf ca. 75% der Untersuchungsfläche die Windgeschwindigkeit über 3.5 m/s, knapp 10% der Fläche werden von Gebäuden eingenommen und auf ca. 10% werden Windgeschwindigkeiten unter 3.0 m/s simuliert. Durch den Hotelbau wird bei dieser Windrichtung nur die unmittelbare Umgebung des Hotels beeinflußt. Für diese Situation werden ca. 12% der Fläche mit Gebäuden simuliert, knapp 70% Fläche weist Windgeschwindigkeiten über 3.5 m/s auf, etwa 11% der Fläche hat nach den MISKAM-Simulationen in 2.5 m Höhe Geschwindigkeiten unter 3.0 m/s.

Für die Windrichtung 70° mit niedriger Windgeschwindigkeit, bleibt das simulierte Strömungsbild im Fall des Status quo qualitativ ähnlich wie bei der Anströmung aus 250°. Die windschwachen Leebereiche beeinflussen im Windschatten von Gebäuden das Untersuchungsgebiet, die Staubereiche reichen etwa 60 m bis 70 m in Richtung Luv. Beim Simulationslauf mit Hotelneubau zeigt sich ein Luveffekt in Form einer reduzierten Windgeschwindigkeit bis etwa 100m vor dem Gebäude und eine Leewirkung in der gleichen Größenordnung.

Die ebenfalls untersuchte Windrichtung 160° ist vergleichsweise selten, ließ aber, ebenso wie die Gegenrichtung, stärkere Einflüsse der geplanten Hotelbebauung erwarten. Ohne Hotelbau läßt sich die abbremsende Wirkung durch Wirbelbildung im Lee der Hangkante gut erkennen. Die Simulation des Hotelbaukörpers zeigte durch die Luvwirkung des geplanten Baukörpers auf der gesamten Fläche niedrigere Geschwindigkeiten. Für diese Windrichtung lagen ohne Hotel 10,7% des Bereiches bei Windgeschwindigkeiten unter 1.0 m/s, mit Hotel werden diese niedrigen Geschwindigkeiten für 19,7% prognostiziert. Während ohne Hotelbau im mittleren Teil des Untersuchungsgebietes 54,8% der Rasterflächen relativ hohe Windgeschwindigkeiten zwischen 1,5 m/s und unter 2,0 m/s aufwiesen, waren es mit Hotel nur noch 38,8%. Durch den Hotelbau wird die Durchlüftung bei angenommener Schwachwindlage aus Süd (160°) senkrecht zur Gebäudehauptachse des Neubaus- stärker gestört.

Bei der simulierten Anströmung aus 340° sah die Windgeschwindigkeitsverteilung ähnlich wie bei der Windrichtung 160° aus. Ohne Hotel zeigte die vorhandene Geländekante eine stärkere Wirkung auf das bodennahe Windfeld. Im Lee der angrenzenden Gebäude ergab sich dann allerdings kein Unterschied im

Geschwindigkeitsfeld ohne und mit Hotel, d.h. eine Wirkung deutlich über die Untersuchungsfläche hinaus war bei dieser Windrichtung nicht zu erwarten. Auch bei dieser Anströmung war eine größere Zone im Untersuchungsgebiet durch Windgeschwindigkeitsverringerungen im Planungsfall betroffen. Ohne Hotel lagen 14,5% der Rasterflächen des mittleren Untersuchungsgebiets unterhalb von 1,0 m/s, mit Hotel waren es 21,1%. Insgesamt erwies sich der Baukörper des Hotels als geringeres Strömungshindernis bei West- oder Ostströmungen, die zusammen den ganz überwiegenden Anteil bei den Windrichtungen im Raum Wuppertal übernehmen. Die Wirkung des Neubaus blieb insgesamt auf das engere Umfeld begrenzt.

Größere Störeinflüsse waren bei Windrichtungen quer zur Hauptachse des geplanten Hotels, d.h. aus Nord (340°) bzw. Süd (160°) zu erwarten. Obwohl beide Richtungssektoren selten vorkommen und damit für den Luftaustausch weniger relevant sind, wurden für sie Simulationen ohne und mit Hotelbau durchgeführt. Bei diesen Windrichtungen wurde der Einfluß des Hotelbaus durch einen größeren Leebereich mit geringerer Windgeschwindigkeit deutlich, so daß sich die Strömung unterhalb des Hotel über eine Strecke von ca. 150 m noch nicht auf die Werte ohne Hotelneubau regenerieren konnte.

Gleichzeitig zeigte die Simulation, daß der windreduzierende Effekt auf das weitere Umfeld sehr gering war und z.B. bei Windrichtung 340° im Lee der vorhandenen Gebäude beide Kurven (Windgeschwindigkeit ohne Hotel und mit Hotel) vollständig übereinstimmten. Bei Windrichtung aus Süd (160°) wurde auch der an das Hotel anschließende Leebereich bis ca. 150 m in die Strömungsstörung einbezogen.

Den geringen Einfluß auf den Außenbereich belegen auch die ebenfalls errechneten Windprofile der Horizontalgeschwindigkeit. Für die Anströmrichtung 340° wurden die Höhenprofile der Windgeschwindigkeit etwa 60 m im Lee des engeren Untersuchungsgebietes ermittelt. Die Strömungsstörungen bei übergeordneten Windströmungen durch den geplanten Hotelneubau betrafen vor allem die unmittelbaren Luv- und Leebereiche. Insgesamt ist der Einfluß auf das Strömungsfeld als mäßig einzustufen (Stufung: sehr stark, stark, mittel, mäßig, gering).

Neben der Beeinflussung der Strömung werden durch Neubauprojekte auch die thermischen Gegebenheiten negativ verändert, d.h. die Überwärmung am Standort selbst sowie in der näheren Umgebung nimmt zu. Bei mikroklimatisch wirksamen Wetterlagen ist es in erster Linie der Untergrund, der für die Erwärmung der bodennahen Luftschichten sorgt. Damit erhalten die Energiebilanz des Bodens und somit auch Relief und Flächennutzung besondere Bedeutung.

Das Relief sorgt vor allem durch die Exposition zur Sonne für kleinräumige Differenzierungen. Da die Untersuchungsflächen auf ebenem Gelände liegen und auch stärkere Abschattungen nicht erfolgen, ist dieser Klimafaktor von untergeordneter Bedeutung für die geplante Bebauung.

Bei der Flächennutzung spielen sowohl der Versiegelungsgrad als auch der dreidimensionale Aufbau auf der Fläche eine Rolle. Der Versiegelungsgrad kann grob als Maß für den Umsatz der eingestrahlten Energie in fühlbare Wärme zur Erwärmung der Luft tagsüber angesehen werden, da durch künstliche Materialien sehr viel mehr Wärme zur direkten Lufterwärmung über den Strom fühlbarer Wärme bereitsteht.

Der dreidimensionale Aufbau der Oberfläche ist vor allem nachts von Bedeutung, wenn z. B. durch dicht stehende Gebäude die langwellige Ausstrahlung verringert wird und damit auch die Abkühlung geringer ausfällt. Tags kann durch Schattenwurf das Energieangebot am Boden und damit auch die Lufttemperatur kleinräumig differenziert werden.

In verschiedenen Untersuchungen ist der Einfluß unterschiedlicher Versiegelungsgrade (stellvertretend für unterschiedliche Bebauungsstrukturen) auf die Lufttemperatur untersucht worden. So geben Bründl et al. (1986) für den Temperaturmittelwert der Luft bei einer autochthonen Wetterlage im Sommer aus Untersuchungen in München die Regressionsbeziehung:

$$t_a = 14{,}7 + 0{,}039 \cdot \text{Vers.}$$

t_a: Lufttemperatur in Grad C
Vers.: Versiegelungsgrad in %

an.

Beckröge (1990) erhielt aus Untersuchungen in Dortmund unter Berücksichtigung der Höhe die multiple Regressionsbeziehungen:

$$t_a = 16{,}6 - 0{,}001 \cdot H + 0{,}022 \cdot \text{Vers.}$$

t_a: Lufttemperatur in Grad C
Vers.: Versiegelungsgrad in %
H: Höhe über NN in m

für die mittlere Lufttemperatur bei autochthonen Wetterlagen im Sommer.

Für den Winter und autochthone Wetterlagen werden durch Bründl et al. (1986):

$$t_a = -8{,}8 + 0{,}031 \cdot \text{Vers.}$$

und durch Beckröge (1990):

$$t_a = 7{,}5 - 0{,}007 \cdot H + 0{,}016 \cdot \text{Vers.}$$

angegeben.

Alle Angaben nach Bründl et al. beziehen sich auf die Auswertung je einer autochthonen Wetterlage im Sommer und im Winter und sind daher als obere Grenzwerte zu verstehen. Durch Beckröge sind zahlreiche mikroklimatisch wirksame Wetterlagen zusammengefaßt ausgewertet worden, so daß die Regressionsbeziehungen eher den mittleren Zustand wiedergeben.

Laut Planunterlagen sind derzeit vom Untersuchungsgebiet ca. 75% versiegelt und 25% Grünfläche mit Rasen und altem Baumbestand. Nach Realisierung des Hotelneubaus würde der Versiegelungsgrad auf 80% anwachsen.

Da das Relief für das kleinräumige Untersuchungsgebiet auf Grund der klimatisch nur gering wirksamen Höhendifferenzen nicht berücksichtigt werden muß, ergibt sich durch die Bebauung im Sommer eine maximale Temperaturerhöhung von ca. 0,2 °C nach Bründl und etwa 0,1 °C nach Beckröge. Da die Temperaturerhöhung neben dem Versiegelungsgrad auch von der Realnutzung und vor allem der Flächengröße abhängt, stellen die genannten Werte Maximalabschätzungen dar, wobei der niedrigere Wert von 0,1 °C der wahrscheinlichere für die mittlere Temperaturerhöhung sein dürfte.

Unter den gleichen Einschränkungen ergibt sich für die mittlere Lufttemperaturerhöhung im Winter innerhalb der Wohnbebauung bei mikroklimatisch wirksamen Wetterlagen eine Spannbreite zwischen ca. 0,1 °C (Beckröge) und knapp 0,2 °C (Bründl et al.).

Durch die oben genannten Autoren sind auch Regressionsbeziehungen für die Erhöhung der nächtlichen Temperaturminima bei autochthonen Wetterlagen hergestellt worden. Da gerade die nächtliche Kaltluftbildung eine wichtige Klimafunktion darstellt, sollte diesem Wert besondere Bedeutung beigemessen werden.

Nach Bründl et al. ergibt sich die Formel:

$$t_a = 6{,}1 + 0{,}057 \cdot \text{Vers.}$$

nach Beckröge die Gleichung:

$$t_a = 9{,}7 + 0{,}011 \cdot H + 0{,}04 \cdot \text{Vers.}$$

jeweils für autochthone Wetterlagen im Sommer, wobei die für beide Autoren oben gemachten Einschränkungen auch bei den Temperaturminima gelten.

Die Temperaturerhöhung im engeren Untersuchungsgebiet liegt danach nachts zwischen maximal 0,2 °C und 0,3 °C, wobei durch die geringe Flächengröße der niedrigere Wert wahrscheinlich als maximale Obergrenze anzusetzen ist.

Für die Temperaturminima im Winter bei autochthonen Wetterlagen geben Bründl et al. folgende Regressionsgerade an:

$$t_a = -14{,}0 + 0{,}053 \cdot \text{Vers.}$$

Nach Beckröge ergibt sich die Beziehung:

$$t_a = 3{,}4 + 0{,}003 \cdot H + 0{,}025 \cdot \text{Vers.}$$

Damit würde innerhalb der Bebauung die Minimumtemperatur maximal zwischen 0,1 °C und 0,3 °C höher ausfallen.

Zusammenfassend kann festgestellt werden, daß durch die geplante Bebauung eine Lufttemperaturerhöhung in der Größenordnung von etwa 0,1 °C tags und zwischen 0,1 °C und 0,3 °C nachts ausgelöst wird. Durch die geringe Flächengröße sind hier die niedrigeren Werte als wahrscheinlicher anzusetzen.

Bei der Berechnung der Temperaturveränderung durch statistische Verfahren, kann der vorhandene Baumbestand nicht ausreichend erfaßt werden. Tagsüber ist derzeit bei Strahlungswetterlagen mit einer deutlicheren Temperaturabsenkung zu rechnen, die bei einer Grünfläche ohne hochwachsende Vegetation nicht so stark ausfällt. Von daher würde eine Reduktion des Baumbestandes tagsüber zu zusätzlichen Temperaturerhöhungen führen, so daß in der Umgebung des geplanten Hotels bei windschwachen Strahlungswetterlagen eine Temperaturerhöhung etwa bis maximal 0,5 °C auftreten kann.

Nachts verhindern Baumkronen die ungehinderte Ausstrahlung vom Erdboden, so daß die Abkühlung der bodennahen Luft nicht so stark ist wie etwa über Wiesenflächen. Damit wird durch das statistische Verfahren eine etwas zu starke Temperaturabsenkung gegenüber einer baumbestandenen Fläche prognostiziert. Insgesamt sind die Auswirkungen auf das bodennahe Temperaturfeld als gering zu betrachten.

Neben dem Antrieb durch ein übergeordnetes Windfeld können durch das Relief und/oder Temperaturgegensätze auf kleinem Raum Austauschbewegungen verursacht werden, die u. U. eine bodennahe Belüftung bewirken können.

Die Thermalscannerbefliegung vom 28. Juni 1986 zeigten im Untersuchungsgebiet tagsüber hohe, im Bereich der Dachflächen auch sehr hohe Oberflächentemperaturen, die sich nicht von denen der umgebenden, dichter bebauten Flächen unterscheiden.

In der Nachtaufnahme zeigten sich hingegen auf dem engeren Untersuchungsgelände z. T. niedrige und sehr niedrige Oberflächentemperaturen, die sich von der Umgebung deutlich unterschieden. Diese niedrigen Temperaturen wurden z. T. durch die Dächer der vorhandenen Bebauung hervorgerufen, die sich auf Grund der geringen Wärmekapazität stark abkühlen konnten. Daneben waren die Wiesenflächen und die baumbestandenen Parkbereiche durch niedrige Oberflächentemperaturen ausgezeichnet. Für die letztere Fläche stammen die Temperaturangaben sowohl aus dem Kronenraum der Bäume als auch aus dem Bodenniveau der dazwischen liegenden Grünfläche. Erhöhte Temperaturen wurden auf einem asphaltierten Parkplatz gemessen. Hohe Oberflächentemperaturen wiesen auch die nördlich und südlich des Untersuchungsgebietes liegenden Straßen auf.

Die Oberflächentemperaturen geben ein Maß für den Energiehaushalt an der Oberfläche, durch den wiederum die Lufttemperatur beeinflußt wird. Durch turbulente Durchmischung der bodennahen Atmosphäre werden die scharfen Gegensätze der Oberflächentemperaturen verwischt und abgemildert, so daß die Gegensätze bei der Lufttemperatur geringer ausfallen.

In Bezug auf kleinräumige Ausgleichsströmungen sind die Lufttemperaturgegensätze maßgeblich. Legt man für die Lufttemperaturverteilung das Muster der Oberflächentemperaturen zu Grunde (unter Berücksichtigung der Glättung durch die Turbulenz), so erhält man für die Dynamik wirksame Gegensätze nur am Nordrand der Fläche. Hier stehen niedrigen Temperaturen über der Wiesenfläche höhere Werte der angrenzenden Straße gegenüber.

Aus zahlreichen Untersuchungen über die Wirksamkeit kleiner Grünanlagen auf das Stadtklima (s. z. B. in Stülpnagel 1980, Beckröge 1980, Beckröge 1990, Stock et al., 1986) geht hervor, daß die Außenwirkung sehr beschränkt ist. Für die anstehenden Fläche ist nach Westen, Süden und Osten eine Wirkung über die unmittelbaren Randbereiche hinaus auf Grund der Flächengröße und der vorhandenen Bebauung unwahrscheinlich, nach Norden kann ein bodennaher, schwacher Kaltluftabfluß möglich sein, der jedoch maximal bis in das Tal der Wupper reicht und dort zum Erliegen kommt.

Die Hauptfunktionalität der Untersuchungsfläche besteht aus klimatischer Sicht in einer „Oasenfunktion“, d.h. in einer lokal eng begrenzten positiven Veränderung des Mikroklimas (Abkühlung, Feuchteanreicherung, Filterfunktion). Um diese Wohlfahrtswirkung zu erfahren, muß die Fläche selbst aufgesucht werden, eine Fernwirkung existiert so gut wie nicht.

Nach Realisierung des Hotelbaus wird der Kaltluftabfluß nach Norden wahrscheinlich unterbunden, die Auswirkungen auf das Mikroklima dadurch sind aber eher gering. Es ist sicherzustellen, daß der parkartige Charakter der übrigen Freifläche erhalten bleibt und der Öffentlichkeit zugänglich ist. Durch Begrünung der südorientierten Hotelfassade kann außerdem die bioklimatische Belastung im Nahfeld durch starke Erwärmung bei sommerlich heißen Wetterlagen reduziert werden.

Fazit

Der aktuelle Bericht der Enquete-Kommission „Schutz der Erdatmosphäre“ im Deutschen Bundestag macht deutlich, daß eindeutige Fakten über die Existenz von globalen Klimaveränderungen vorliegen. Hauptverursacher des dafür verantwortlichen Treibhauseffektes sind die Industrieländer. Länder wie die Bundesrepublik Deutschland sollten sofort mit der Vorbereitung und Durchführung nationaler und regionaler Maßnahmen beginnen. Umwelt-Auditing und Umweltverträglichkeitsprüfung stellen wertvolle Instrumente dar, sowohl die klimagerechte Sanierung von vorhandenen, das Klima und die Lufthygiene negativ verändernden Einrichtungen zu ermöglichen als auch bei der Planung von neuen Vorhaben auf eine klimaschonende Realisierung hinzuwirken.

Literatur

Bangert H, Klimaanalyse Wuppertal. Wuppertal 1986

Beckröge W, Auswirkungen von Parkanlagen auf die städtische Wärmeinsel. Diplomarbeit, Universität Hannover, 1980

Beckröge W, Dreidimensionaler Aufbau der städtischen Wärmeinsel am Beispiel der Stadt Dortmund. Materialien zur Raumordnung, Band XLI, Ruhr-Universität Bochum, 1990

Eichhorn W, Ein numerisches mikroskaliges Strömungsmodell. Dissertationsschrift, Inst. f. Meteorol., Joh. Gutenberg Universität Mainz, 1989

Enquete-Kommission „Schutz der Erdatmosphäre“: Klimaänderung gefährdet globale Entwicklung. Economia, 1992

Mayer H, Planungsfaktor Stadtklima. Münchner Forum, Berichte und Protokolle Nr. 107, 167–205, 1992

Meyers Kleines Lexikon Meteorologie. Meyers Lexikonverlag, 1987

Stock P, Beckröge W, Kiese O, Kuttler W, Lüftner H, Klimaanalyse Stadt Dortmund. Kommunalverband Ruhrgebiet (Hrsg.), Planungsheft, Essen, 1986

Stülpnagel A v, Planungsrelevante Aspekte des Stadtklimas – Literaturanalyse. Diplomarbeit, Universität Hannover, 1980

Wasserversorgung und Abwasserentsorgung von Produktionsbetrieben

Joachim Fettig und Manfred Miethe, Höxter

1 Einleitung

Die umfangreichen und langjährigen Bemühungen um eine bessere Güte unserer Gewässer haben zum Bau zahlreicher Kläranlagen im kommunalen Bereich und bei der direkteinleitenden Industrie geführt.

Das angestrebte Ziel, die Güte unserer Gewässer zu verbessern, setzt steigende Anforderungen an die Reinigungsleistung der kommunalen Kläranlagen voraus. Während bisher die Verbesserung des Sauerstoffhaushaltes unserer Gewässer durch Reduzierung der organischen Abwasserinhaltstoffe im Zentrum aller Bemühungen bei der Abwasserreinigung stand, richtet sich heute das Hauptaugenmerk auf die mittelbar und langfristig umweltschädigenden gefährlichen Abwasserinhaltsstoffe aus dem gewerblichen und industriellen Bereich. Gelangen diese Stoffe erst in das Abwasser und damit zur kommunalen Kläranlage, so werden sie mit den kommunalen Abwässern vermischt. Die dann vorhandenen sehr geringen Konzentrationen von gefährlichen Stoffen sind nicht oder nur mit unverhältnismäßig großem Aufwand aus dem Abwasser zu eliminieren. Ziel kann es nur sein, diese Stoffe erst gar nicht in das Abwasser gelangen zu lassen oder sie bereits an der Quelle, d.h. im Betrieb so weit wie irgend möglich aus dem Abwasserstrom zu entfernen. Wie bereits in der Technik der Behandlung fester Stoffe (Abfalltechnik) bekannt, muß auch für die flüssigen Stoffe der Grundsatz gelten:

- Vermeiden vor Vermindern
- Vermindern vor Verwerten
- Verwerten vor Entsorgen.

2 Rechtliche Grundlagen

Um das gesetzte Ziel zu erreichen, gefährliche Stoffe soweit wie irgend möglich nicht in das Abwasser gelangen zu lassen, reagierte der Gesetzgeber mit der am 1.1.1987 in Kraft getretenen 5. Novelle zum Wasserhaushaltsgesetz (WHG) [1], indem der §7a in drei Punkten wesentlich verschärft wurde:

Sietz/v. Saldern
Umweltschutz-Management und Öko-Auditing

1. Sofern Abwasser bestimmter Industriebereiche, die in der Abwasserherkunftsverordnung (AbwHerkVO) näher bezeichnet sind, Stoffe oder Stoffgruppen enthält, die im Gewässer schädliche Wirkungen entfalten können, müssen die Anforderungen nach den Allgemeinen Verwaltungsvorschriften dem Stand der Technik (St. d. T.) entsprechen.
2. Die Anforderungen an das Abwasser können auch für den Ort des Anfalles oder vor seiner Vermischung festgelegt werden (Teilstromprinzip).
3. Gemäß § 7a(3) WHG haben die Länder sicherzustellen, daß vor dem Einleiten von Abwasser mit gefährlichen Stoffen in eine öffentliche Kanalisation(Indirekteinleiter) die gleichen Bedingungen gelten müssen wie für das unmittelbare Einleiten in Gewässer (Direkteinleiter).

Durch die Umsetzung des WHG entstand in den letzten Jahren ein umfangreiches Regelwerk, welches Anforderungen an die industrielle Abwasserbehandlung definiert, soweit zu erwarten ist, daß gefährliche Stoffe in das Wasser gelangen können.

In der Abwasserherkunftsverordnung [2] hat der Bundesgesetzgeber Industriebereiche und sonstige Bereiche bestimmt, die erwarten lassen, daß Abwasser mit gefährlichen Stoffen anfällt. Das in diesen Bereichen anfallende Abwasser ist auch vor einer Einleitung in die Kanalisation nach dem Stand der Technik zu reinigen.

Anforderungen nach den allgemein anerkannten Regeln der Technik und dem Stand der Technik wurden in zwischenzeitlich 52 teilweise veröffentlichten Anhängen zur „Allgemeinen Rahmenverwaltungsvorschrift über Mindestanforderungen an das Einleiten von Abwasser in Gewässer" vom Bundesgesetzgeber veröffentlicht.

Nach dem Erlaß des WHG waren die jeweiligen Landeswassergesetze (LWG) anzupassen. Durch die Ausführung der LWG erfolgte der Erlaß von „Indirekteinleiterverordnungen", welche vorschreiben, daß Abwasser, welches gefährliche Stoffe enthält, nur mit einer Genehmigung durch die untere Wasserbehörde in eine öffentliche Abwasseranlage eingeleitet werden darf. Diese „Indirekteinleiterverordnung" erhielt in den Ländern unterschiedliche Bezeichnungen, so wurde sie in Nordrhein-Westfalen als „Ordnungsbehördliche Verordnung über die Genehmigungspflicht für die Einleitung von Abwasser mit gefährlichen Stoffen in öffentliche Abwasseranlagen (VGS)" [3] erlassen.

Unabhängig von den beschriebenen wasserrechtlichen Regelungen unterliegt ein Industriebetrieb, der Abwasser in eine Kanalisation einleitet, dem kommunalen Abwasserrecht. Die kommunalen Träger der Abwasserentsorgung legen in ihrer Entwässerungssatzung die Anforderungen an die Abwasserbeschaffenheit der Indirekteinleiter fest. Diese Anforderungen stehen weitgehend mit dem Arbeitsblatt A 115 der Abwassertechnischen Vereinigung [4] in Übereinstimmung. Es sollen die folgenden Ziele erreicht werden:

- Schutz des in öffentlichen Abwasseranlagen beschäftigten Personals,
- Reduzierung der Schadstoffe im Klärschlamm,
- Schutz des Bestandes und des Betriebes der öffentlichen Abwasseranlagen,

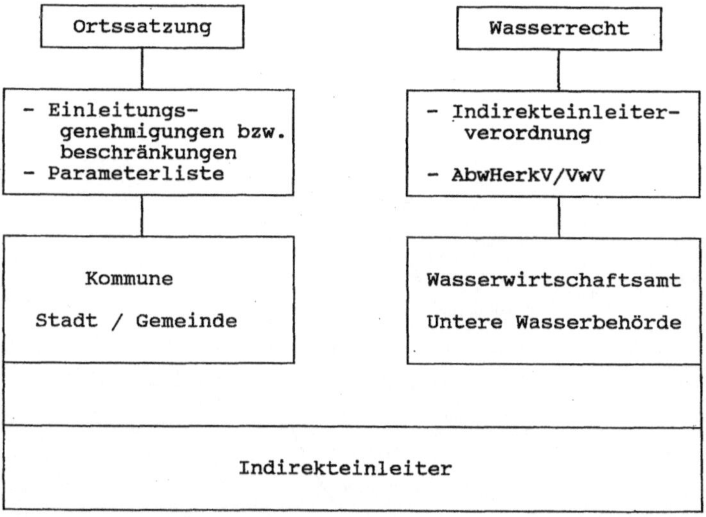

Abb. 1. Indirekteinleiterkontrolle im Zuständigkeitsbereich von Kommune und Unterer Wasserbehörde (5)

- Vermeidung von Geruchsbelästigungen,
- Reduzierung bzw. Verhinderung der Einleitung von Stoffen, die in der öffentlichen Abwasserbehandlungsanlage in der Regel nicht ausreichend entfernt werden können,
- Reduzierung der Abwasserabgabe.

Für Indirekteinleiter gilt damit ein doppeltes Entwässerungsrecht (siehe Abb. 1):

- Das kommunale Satzungsrecht für die Benutzung der Kanalisation und der Kläranlage auf der Basis der allgemein anerkannten Regeln der Technik,
- Das Bundes- bzw. Landesrecht, das für gefährliche Stoffe im Abwasser den Stand der Technik für die Einleitung in die Abwasseranlage festlegt.

3 Maßnahmen zur Einhaltung der Umweltschutzauflagen

Der sachgerechte Vollzug der bestehenden und zukünftigen gesetzlichen Forderungen im Bereich des Umweltschutzes erfordert eine vorsorgende, betriebliche Umsetzung. Hierzu kann das Umwelt-Audit als Anleitung zur Risikominimierung genutzt werden. Im Umwelt-Audit werden die gesetzlichen Soll-Vorgaben mit den Ist-Bedingungen des Betriebes verglichen. Es ist ein vorbeugendes Programm, um Risikopotentiale und Planungsmaßnahmen aufzuzeigen. Das Audit kann auch sicherstellen, daß Informationen eingeholt werden, bevor neue bzw. geänderte Produktionsanlagen erstellt werden.

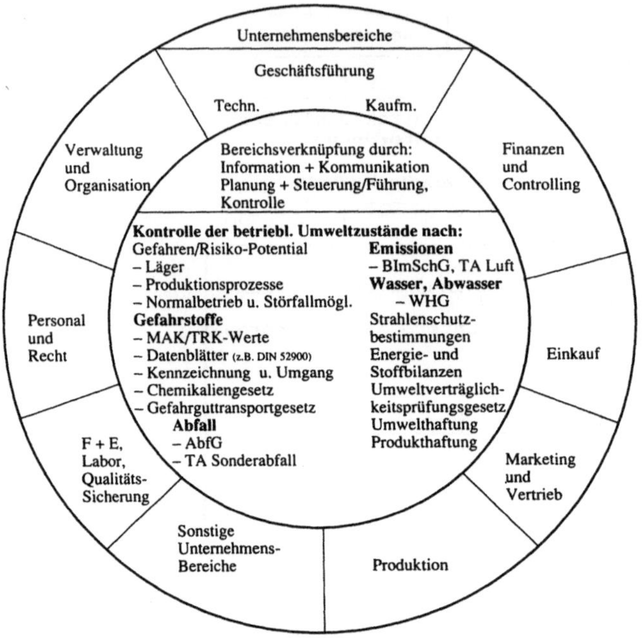

Abb. 2. Die Analysebereiche des Umwelt-Audits (6)

Das Umwelt-Audit erstreckt sich über alle Bereiche eines Unternehmens, wie Abb. 2 verdeutlicht.

Die Ausführung des Umwelt-Audit für den Teilbereich Wasser/Abwasser, d.h. die Überprüfung, inwieweit in einem Gewerbe- oder Industriebetrieb die Umweltschutzauflagen im Bereich Wasser/Abwasser eingehalten werden, wird zweckmäßigerweise mit Hilfe der beigefügten Checklisten durchgeführt.

Wenngleich der Bereich „Wasserversorgung" nicht unmittelbar mit dem betrieblichen Umweltschutz verknüpft zu sein scheint, muß er doch bei einer Bewertung der abwassertechnischen Situation eines Betriebes mit berücksichtigt werden, denn der Abwasseranfall wird letztlich im wesentlichen durch den Wassereinsatz bestimmt. Außerdem spielt der Aspekt einer schonenden Nutzung der Ressource Wasser eine Rolle, dem nicht nur in vielen anderen Ländern der Erde, sondern auch in einigen Regionen der Bundesrepublik eine zunehmende ökologische Bedeutung zukommt.

Bei der Erfassung der Daten zur Wasserversorgung stehen Mengen- und Qualitätsfragen im Vordergrund. Es sollte versucht werden, den derzeitigen Bedarf an Trink- und Brauchwasser nicht nur insgesamt, sondern auch aufgeschlüsselt nach Werken oder Betriebsbereichen so genau wie möglich zu ermitteln und die jeweiligen Qualitätsanforderungen zu definieren. Hierzu kann es u.U. erforderlich sein, zusätzliche Geräte zur Wassermengenmessung zu installieren. Erst damit wird es möglich, Einsparpotentiale klar zu erkennen. Sie können darin bestehen, den Wassereinsatz im einzelnen Nutzungsfall zu verringern oder Brauchwasser in Anwendungsbereichen mit unterschiedlichen Qualitätsanforderungen mehrfach zu nutzen.

In der Praxis erweist es sich häufig als schwierig, die Herkunft bestimmter, im Gesamtabwasser zu findender Inhaltsstoffe zu ermitteln, insbesondere wenn die entsprechenden Teilströme noch diskontinuierlich anfallen. Hierfür kann es hilfreich sein, eine Übersicht über die Einsatzstoffe, Produkte und Reststoffe zu erstellen, die mit Wasser in Kontakt kommen und deren Löslichkeit es erwarten läßt, daß sie in nennenswerten Mengen ins Abwasser gelangen. Solche Bilanzen können auch zusammen mit den für den Abfallbereich wichtigen Diagrammen über die Stoffflüsse in den einzelnen Produktionslinien erstellt werden.

Viele Betriebe sind historisch gewachsen, das gilt auch für die Abwasserentsorgungsleitungen und ggf. für die Abwasserbehandlungsanlagen. Eine abwassertechnische Beurteilung bedarf daher, zumindest bei ihrer erstmaligen Durchführung, einer sorgfältigen Beschreibung der vorhandenen Entsorgungsstrukturen. In zentralen Werkskläranlagen werden zumeist Sink- und Schwimmstoffe mechanisch und abbaubare gelöste organische Stoffe teilweise biologisch entfernt. Die verschärften Anforderungen hinsichtlich der Nährstoffe N (Stickstoff) und P (Phosphor) machen es inzwischen in einigen Betrieben erforderlich, auch in dieser Richtung frachtmindernde Maßnahmen vorzusehen. Dies bedingt i.d.R. eine Erweiterung der Kläranlage, sofern nicht betriebliche Ansätze zur Emissionsminderung mit ausreichendem Erfolg durchführbar sind.

Für Abwasser mit bestimmten gefährlichen Inhaltsstoffen (z.B. leichtflüchtige Chlorkohlenwasserstoffe oder Cadmium) gilt das Vermischungsverbot, d.h. ein solcher Abwasserteilstrom muß am Ort des Anfalls behandelt werden, eine Konzentrationsverminderung durch Verdünnen darf nicht erfolgen. Entsprechende Vorbehandlungsverfahren sind überwiegend physikalisch-chemischer oder chemischer Art. Sie sind generell zur Entfernung von teilstromspezifischen, nicht abbaubaren Problemstoffen in Betracht zu ziehen, da sie sich optimal auf die jeweiligen Randbedingungen einstellen lassen. Die meist kleinen Volumenströme erfordern zudem auch nur relativ kleine Anlagen.

Betriebliche Maßnahmen zur Emissionsminderung sollten bereits in den Produktionsabläufen ansetzen. Hier ist zunächst zu prüfen, ob sich Problemstoffe ganz oder teilweise ersetzen lassen. Ist dies nicht der Fall, so müssen die Möglichkeiten untersucht werden, derartige Stoffe als Wertstoffe aus Prozeßlösungen rückzugewinnen.

Dadurch lassen sich diese Lösungen u.U. soweit regenerieren, daß eine Mehrfachnutzung erfolgen kann. Gleiches gilt prinzipiell auch für Reinigungswässer.

Bei Reinigungsvorgängen gibt es daneben zahlreiche Möglichkeiten, wassersparende Geräte bzw. Techniken einzusetzen und so den Abwasseranfall zu vermindern. Ein gewisses Einsparpotential mag es auch im Sanitärbereich geben, allerdings sollte dieser Bereich nicht überbewertet werden. Eine Reduzierung der Abwasser*fracht* tritt allerdings erst dann ein, wenn nicht nur der Wassereinsatz, sondern auch die Menge der eingetragenen Schmutzstoffe verringert wird.

Neben den innerbetrieblichen Abläufen sind die vorhandenen Anlagen zur Abwasservorbehandlung und zur zentralen Abwasserreinigung zu beurteilen. Unzureichende Entfernungsleistungen bedeuten noch nicht notwendigerweise, daß die betreffende Anlage komplett ersetzt werden muß. Es kann auch ausreichend sein, das Verfahren etwas zu modifizieren und ggf. mit gezielten innerbetrieblichen Maßnahmen zu kombinieren. Häufig sind allerdings experimentelle Untersuchungen erforderlich, um zu quantitativen Aussagen zu gelangen.

Die Betrachtung des Bereiches „Regenwasser" ist dann angezeigt, wenn größere Flächen des Betriebsgeländes versiegelt sind. Zur Verminderung der Regenwasserableitung und Verbesserung der Grundwasserneubildung sollten dann Maßnahmen erwogen werden, um Dachablaufwasser zu versickern. Bei Niederschlagswasser, das von versiegelten Hofflächen u. ä. anfällt, ist zu prüfen, ob sich durch Trockenreinigung dieser Flächen der Schmutzstoffeintrag verringern läßt und inwieweit eine Behandlung erforderlich wird.

Alle betrieblichen Maßnahmen müssen durch die Einbeziehung der Mitarbeiter begleitet und ergänzt werden, denn nur so läßt sich sicherstellen, daß ihre vollständige Umsetzung gelingt, Schwachstellen erkannt werden können und vor allem die Wahrscheinlichkeit für durch den Menschen verursachte Störfälle vermindert wird.

Die betriebliche Störfallvorsorge, die für den Bereich Wasser/Abwasser von Bedeutung ist, umfaßt zum einen alle Maßnahmen, mit denen der Eintrag gefährlicher Stoffe in das Abwasser bei Produktionsstörungen verhindert bzw. minimiert wird. Zum anderen gehören dazu die Vorkehrungen, die zu treffen sind, damit im Fall von Bränden oder Hochwasser verunreinigte Wassermengen nicht unkontrolliert in die Kanalisation oder den Vorfluter abfließen können. Hierfür sind auch entsprechende Kontrolleinrichtungen erforderlich.

Anhang

Checklisten für den Bereich Wasser/Abwasser

Checkliste Wasser/Abwasser

1. Wasserversorgung		
1.1 Unterlagen	Vorhanden	Bemerkungen
Wasserbezugsverträge Wassermengenmessungen Entnahmebewilligung/ -erlaubnis bei Eigenförderung Pläne eigener Gewinnungsanlagen Pläne eigener Aufbereitungsanlagen Wasseranalysen Lagepläne der Versorgungsleitungen		
1.2 Wasserbezug	Menge pro Jahr	Qualität
Fremdbezug Eigenförderung Regenwasseranfall		

Checkliste Wasser/Abwasser (Fortsetzung)

1. Wasserversorgung		
1.3 Wasserbedarf insgesamt	Menge pro Jahr	Anforderungen
Kühlwasser Dampferzeugung Prozeßwasser Reinigungswasser Sanitärwasser Sonstiges		
1.4 Wasseraufbereitung	Menge pro Jahr	Zusatzstoffe
Kühlwasser Dampferzeugung Prozeßwasser Reinigungswasser Sonstiges		
1.5 Wasserverteilung	Menge pro Jahr	Anforderungen
Zentralbereich - Kühlwasser - Dampferzeugung - Prozeßwasser - Reinigungswasser - Sanitärwasser - Sonstiges Werk I - Kühlwasser - Dampferzeugung - Prozeßwasser - Reinigungswasser - Sanitärwasser - Sonstiges Werk II - Kühlwasser - Dampferzeugung - Prozeßwasser - Reinigungswasser - Sanitärwasser - Sonstiges Werk III - Kühlwasser - Dampferzeugung - Prozeßwasser - Reinigungswasser - Sanitärwasser - Sonstiges ...		

Checkliste Wasser/Abwasser (Fortsetzung)

2. Abwasserrelevante Substanzen (mit Sicherheitsdatenblättern)

2.1 Einsatzstoffe, die mit Wasser Kontakt haben	Art	Menge pro Jahr	Werk
Rohstoffe Hilfsstoffe			
2.2 Andere Stoffe, die mit Wasser Kontakt haben	**Art**	**Menge pro Jahr**	**Werk**
Zwischenprodukte Endprodukte Nebenprodukte Reststoffe			

3. Abwasseranfall und -behandlung

3.1 Unterlagen	Vorhanden	Bemerkungen
Genehmigungsbescheid für Direkteinleitung Abwasserabgabenfestsetzung Genehmigungsbescheid für Indirekteinleitung Berichte von Eigenkontroll-untersuchungen * Teilströme * Gesamtabwasser Berichte von Fremd-überwachungen Lagepläne der Abwasser-entsorgungsleitungen Pläne eigener Behandlungs-anlagen		
3.2 Abwasserherkunft insgesamt	**Menge pro Jahr**	**Verschmutzungsgrad**
Kühlung Kondensat Produktion Reinigung Sanitärbereich Niederschlag Sonstiges		
3.3 Abwassereinleitung	**Menge pro Jahr**	**Hauptinhaltsstoffe**
Direkteinleitung Indirekteinleitung		

Checkliste Wasser/Abwasser (Fortsetzung)

3. Abwasseranfall und -behandlung

3.4 Abwasserteilströme	Menge	Inhaltsstoffe	Vorbehandlung
Zentralbereich - Kühlung - Kondensat - Produktion - Reinigung - Sanitärbereich - Niederschlag - Sonstiges Werk I - Kühlung - Kondensat - Produktion - Reinigung - Sanitärbereich - Niederschlag - Sonstiges Werk II - Kühlung - Kondensat - Produktion - Reinigung - Sanitärbereich - Niederschlag - Sonstiges Werk III - Kühlung - Kondensat - Produktion - Reinigung - Sanitärbereich - Niederschlag - Sonstiges ...			

3. Abwasseranfall und -behandlung

3.5 Abwasserreinigung	Art und Menge	Verfahren	Wirkungsgrad
mechanisch physikalisch-chemisch chemisch biologisch			

Checkliste Wasser/Abwasser (Fortsetzung)

3. Abwasseranfall und -behandlung

3.6 Reststoffe aus der Abwasserreinigung	Art u.nd Menge	Zustand	Entsorgung
Rechengut Sinkstoffe Schwimmstoffe Schlamm Geruchsstoffe Faulgas Sonstiges			

4. Betriebliche Maßnahmen zur Reduzierung von Wasserbedarf und Abwasseranfall

4.1 Wasserkreisläufe	Ist-Zustand	Potential	Kosten	Werk
Kühlwasser Reinigungswasser				
4.2 Emissionsmindernde Produktionsverfahren	**Ist-Zustand**	**Potential**	**Kosten**	**Werk**
Einsatz fester statt flüssiger Rohstoffe Substitution gefährlicher Stoffe im Sinne des WHG Rückgewinnung von Wertstoffen Mehrfachnutzung von Prozeßwasser Verwendung von wassersparenden Spülsystemen Mehrfachnutzung von Reinigungswasser Einsatz von Trocken-, Dampf- bzw. Hochdruck-Reinigungsgeräten				
4.3 Verbesserung der Abwasserbehandlung	**Ist-Zustand**	**Potential**	**Kosten**	**Werk**
Teilströme Gesamtschmutzwasser				
4.4 Umgang mit Regenwasser	**Ist-Zustand**	**Potential**	**Kosten**	**Werk**
Versickerung Verminderung von Schmutzstoffeinträgen Behandlung				

Checkliste Wasser/Abwasser (Fortsetzung)

4. Betriebliche Maßnahmen zur Reduzierung von Wasserbedarf und Abwasseranfall

4.5 Einbeziehung der Mitarbeiter	Ist-Zustand	Potential	Kosten	Werk
Sparsame Wasserverwendung im Sanitärbereich Betriebsbeauftragter Wasser/Abwasser mit Eingriffsmöglichkeiten Schulungsmaßnahmen zur betrieblichen Abwasserproblematik Prämierung von Vorschlägen zur Wassereinsparung und Emissionsminderung				

5. Störfallvorsorge

5.1 Unterlagen	Vorhanden	Bemerkungen
Lagerkataster von gefährlichen Stoffen im Betrieb Genehmigungsunterlagen u. Sicherheitsanalysen für Anlagen, in denen gefährliche Stoffe im Sinne des WHG eingesetzt werden Notfallpläne für Brand-, Explosions- und Hochwasserfälle Lagepläne von Rückhaltebecken für Löschwasser und Leckagen Sofortmaßnahmenkatalog bei Störungen der Abwasserbehandlungsanlage Sofortmaßnahmenkatalog bei Grundwasserverunreinigungen Störfallberichte ...		

Checkliste Wasser/Abwasser (Fortsetzung)

5. Störfallvorsorge			
5.2 Abwasseranfall bei Störfällen	Bereich/Werk	Maximale Menge	Inhaltsstoffe
Produktionsstörung Brand, Explosion Hochwasser			
5.3 Abwasserrückhaltung bei Störfällen	Bereich/Werk	Speicher-bare Menge	Bemerkung
Produktionsstörung Brand, Explosion Hochwasser			
5.4 Betriebliche Kontrolle von Gewässerbelastungen bei Störfällen	Bereich/Werk	Parameter	Bemerkung
Grundwasserüberwachung im Betriebsbereich Vorfluterüberwachung bei Störungen der Abwasserbehandlung Überwachung von Überläufen aus Rückhaltebecken			

4 Literaturverzeichnis

1. Neufassung des Wasserhaushaltsgesetzes. BGBl I S. 1529–1544
2. Abwasser-Herkunftsverordnung. Bundesdrucksache 129/87 vom 7.4.1987
3. Ordnungsbehördliche Verordnung über die Genehmigungspflicht für die Einleitung von Abwasser mit gefährlichen Stoffen in öffentliche Abwasseranlagen. Gesetz- und Verordnungsblatt für das Land NRW, Nr.51, 17.11.1989
4. Hinweise für das Einleiten von Abwasser in eine öffentliche Abwasseranlage. ATV-Regelwerk Abwasser, Arbeitsblatt A115, Gesellschaft zur Förderung der Abwassertechnik St. Augustin
5. EDV-Abwasserkataster für die Indirekteinleiterüberwachung. Korrespondenz Abwasser, 1990, S. 1243–1245
6. Sietz M, Umwelt-Auditing, Umweltbewußtes Management, E. Blottner Verlag, 1992

Anwendung von biologischen Testverfahren zur Umweltvorsorge

Gabriele Reinnarth, Höxter

1 Einleitung

Biologische Testverfahren werden angewandt, um Wasser- und Abwasserströme der Produktion, um Boden, Sediment, Abfallablagerungen oder Deponien sowie um Luft zu kontrollieren. Diese Kontrolle erstreckt sich auf zwei komplexe, unerwünschte Stoffeigenschaften: die Langlebigkeit und die Giftigkeit.

Bewußt wird hier die Langlebigkeit oder Persistenz an erster und damit vordringlicher Stelle genannt; ein Stoff, der nicht abbaubar, also persistent ist, bleibt in der Umwelt erhalten. Er wird günstigenfalls verdünnt, z.B. im Vorfluter und ungünstigenfalls konzentriert, z.B. angereichert in Sedimenten oder in bestimmten tierischen und menschlichen Organen. Somit ist die Langlebigkeit eines Stoffes, die unter produktionstechnischen Gesichtspunkten sehr positiv gesehen werden kann, ausgesprochen unerwünscht, wenn die Entsorgung von Reststoffen oder mit diesen Stoffen belastete Abwässer im Mittelpunkt stehen. Es ist legitim, an dieser Stelle zu fordern, daß abwasserelevante Stoffe und ihre Metabolite (Umwandlungsprodukte) vollständig abbaubar sein müssen.

Die zweite Eigenschaft, die durch biologische Testverfahren erkannt werden kann, ist die Giftigkeit, die Toxizität. Sie weist eine sehr breite Spanne bezüglich Art und Intensität der Giftwirkungen auf.

Langlebigkeit und Giftigkeit gehören zu einer Gruppe von sechs Eigenschaften (langlebig, giftig, anreicherungsfähig, krebserregend, mutagen, teratogen), deren Vorhandensein im Abwasser das Wasserhaushaltsgesetz (WHG §7a) als Indikator für einen „gefährlichen" Stoff wertet, der eine erweiterte Abwasserreinigung nach dem „Stand der Technik" verlangt.

Der Erkennung einer oder mehrerer dieser sechs Eigenschaften in einem heterogenen Abwasser kommt somit nicht zuletzt unter vollzugsrechtlichen Gesichtspunkten ein hoher Stellenwert zu. Für die ersten drei der genannten Eigenschaften existieren etablierte Nachweismethoden. Mit der Entwicklung und Normung von Methoden zur Erkennung der drei übrigen Stoffeigenschaften wurde 1989 der Ausschuß DIN NAW I, 4 UA 12 „Suborganismische Testverfahren" beauftragt.

Der folgende Beitrag wird sich mit den Erkennungsmöglichkeiten für die beiden eingangs genannten Eigenschaften, Persistenz und Toxizität, beschäftigen. Es handelt sich hierbei um biologische Testverfahren, denen drei unter-

Sietz/v. Saldern
Umweltschutz-Management und Öko-Auditing

schiedliche Gruppen von Testen angehören: Abbauteste zur Beurteilung der Persistenz von einzelnen Stoffen oder Gemischen, Ökotoxizitätsteste zur Erkennung einer Giftwirkung von Stoffen oder Gemischen und Enzymhemmteste bzw. Immunoassays zum Nachweis definierter Substanzgruppen bzw. Substanzen.

Das Medium für die Bioteste ist die wäßrige Phase. In der Regel kommt Abwasser zur Untersuchung; es kann auch die Trinkwasserseite miteinbezogen werden. Darüberhinaus existieren Arbeiten, die die Untersuchungsmethoden auf die Medien Luft und Boden (im weitesten Sinn) ausdehnen. Hierfür werden die Luftinhaltsstoffe (z.B. aus Stalluft der Viehhaltung) in Wasserproben angereichert bzw. die Bodenproben eluiert (z.B. für Altlastenuntersuchungen auf insektizide Phosphorsäureester mit Hilfe des Cholinesterase-Hemmtests).

2 Abbauteste

2.1 Spektrum der Testverfahren

Mit „Abbau" ist in der Regel der biochemische Prozeß gemeint, der energiereiche organische Makromoleküle (Proteine, Fette, Kohlenhydrate) unter Energiegewinn für den eigenen Körper in energieärmere Produkte umwandelt oder bis zu anorganischen Salzen, Kohlendioxid und Wasser spaltet. Es gibt eine zweite Art von Abbau, „Fotoabbau", ein physikalisch-chemischer Prozeß, bei dem Moleküle unter Lichteinwirkung zerlegt werden. Für den Nachweis von Fotoabbauprozessen stehen gesonderte Methoden zur Verfügung; sie sind nicht biologischer Natur und sollen deshalb hier nicht berücksichtigt werden.

Zu biochemischen Abbauprozessen sind die Organismen befähigt, die sich von organischem Material ernähren; also der Mensch, aber auch ein- und mehrzellige tierische Organismen und die meisten Bakterien. Diese Mikroorganismen sind es, die in Abbautesten eingesetzt werden und während einer definierten Testzeit das zu untersuchende Testgut für ihren Stoffwechsel verwerten können – oder nicht.

Es ist angebracht, mit dem jeweils angewandten Abbautest annähernd die Bedingungen zu simulieren, unter denen der Stoff dann in der natürlichen oder technischen Umwelt abgebaut werden soll, z.B. in einem Fließgewässer oder einer Kläranlage. Dies bedingt, daß es nicht einen sondern eine Vielzahl von Abbautesten gibt. Der GDCh-Fachausschuß „Biochemische Oxidation und Abbaubarkeit" hat 1988 eine Übersicht über 30 in Deutschland gebräuchliche Abbauteste zusammengestellt [1].

Bezüglich des Testergebnisses können bei einem Abbautest entweder Aussagen über die spontane Abbaubarkeit („ready biodegradability") oder über die potentielle Abbaubarkeit („inherent biodegradability") gewonnen werden [2, 3, 4]. Hierfür kommen unterschiedliche Testverfahren zur Anwendung, die durch sechs wesentliche Kriterien charakterisiert sind. Sie beziehen sich zum Beispiel auf Bedingungen des großtechnischen Abbaus oder auf die chemischen Eigenschaften des Prüfstoffes. Die sechs Kriterien sind im Prinzip untereinander frei kombinierbar.

An erster Stelle steht die Frage nach der möglichen *Sauerstoffversorgung*. Wird der Abbau aerob oder anaerob vollzogen werden? Es ist sinnlos und erzeugt irreführende Testergebnisse, wenn z.B. ein Stoff, der im Vorklärbecken mit dem Primärschlamm sedimentiert und in den Faulturm abgepumpt wird, auf seine Abbaubarkeit in herkömmlichen aeroben Testen geprüft wird [5]. Hier wäre eine Modifikation des Faulverhaltens, DIN 38414, Teil 8, Deutsche Einheitsverfahren 1992, angebracht [6].

Die *Animpfdichte*, d.h. die Konzentration der eingesetzten Mikroorganismen in den einzelnen Testansätzen, hat entscheidenden Einfluß auf die Geschwindigkeit des Umsatzes einer gegebenen Stoffmenge. Hier trennen sich über die Wahl der Animpfdichte – das ist das zweite Kriterium – die Simulationsmöglichkeiten Oberflächengewässer (geringe Animpfdichte) und biologische Stufe einer Kläranlage (hohe Animpfdichte).

Als drittes sei die *Kontinuität* der Abbauteste genannt. Sie wirkt sich wesentlich auf den Testverlauf aus und ist ihrerseits durch große Unterschiede im finanziellen Aufwand geprägt. Man unterscheidet Standversuche (einmal befüllte Testgefäße, aus denen zu unterschiedlichen Zeitpunkten Teilproben für die Analytik entnommen werden können), halbkontinuierliche Verfahren („fill and draw"-Technik, wiederholtes Befüllen und Entnahme für die Analytik) und kontinuierliche Verfahren (z.B. Modellkläranlagen).

Abbildung 1 zeigt die drei Abbautest-Varianten mit dem von Stand- zu kontinuierlichen Verfahren zunehmenden apparativen und finanziellen Aufwand. Die Reproduzierbarkeit verhält sich gegenläufig; d.h. mit zunehmender

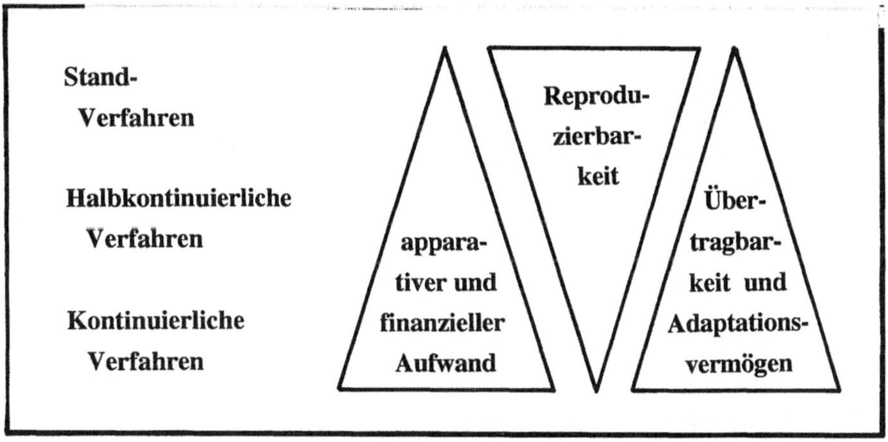

Abb. 1. Die von oben nach unten zunehmende Kontinuität der Abbauteste bewirkt einerseits steigenden Aufwand bei sinkender Reproduzierbarkeit, andererseits nehmen Übertragbarkeit und Adaptationsvermögen zu

Komplexizität der Verfahren sinkt die Wahrscheinlichkeit, mit gleichen Testansätzen die gleichen Ergebnisse zu erzielen, u.a. weil die sich während der Testdauer fortentwickelnden Mikroorganismen einer natürlichen Streuung in der Zusammensetzung der Biozönose unterliegen. (Müssen justitiable Ergebnisse erzielt werden, z.B. im Vollzug des Chemikaliengesetzes, kommt der Reproduzierbarkeit ein hoher Stellenwert zu.) Aufgrund dieser Veränderungen innerhalb der Biozönose sind aber die kontinuierlichen Verfahren durch eine hohe Übertragbarkeit der Ergebnisse des „Modellversuchs" auf die ökologische Realität des großtechnischen Maßstabs gekennzeichnet [7, 8]. Ebenfalls positiv ist das von oben nach unten zunehmende Adaptationsvermögen zu werten, da die Anpassung (Adaptation) der Mikroorganismen an das betreffende Substrat, also die Bereitstellung des geeigneten Enzymmusters im Stoffwechsel, die primäre Voraussetzung für einen Abbau ist (Abb. 2).

Viertens muß bei der Auswahl des geeigneten Abbautests berücksichtigt werden, daß manche Stoffe nur in Anwesenheit von *Co-Substraten* dem Stoffwechsel zugänglich sind [9]; außer dem zu prüfenden Stoff muß dann den Mikroorganismen eine weitere C-Quelle angeboten werden.

Problemstoffe erfordern gesonderte Testbedingungen. So können fünftens als Testsysteme *offene oder geschlossene Systeme* gewählt werden. Für flüchtige Stoffe zum Beispiel kommen nur gegenüber der umgebenden Luft geschlossene Systeme in Frage.

Als sechstes und letztes wesentliches Kriterium für die Auswahl des geeigneten Abbautests muß die Art der *begleitenden Analytik* genannt werden; diese reicht von Summenparametern für zum Beispiel gelöstes organisches Material über Einzelparameter bis hin zu Testansätzen mit Isotopen-markiertem Material und dessen Nachweis z.B. in der entstehenden Abluft [10].

Über diese sechs Kriterien hinaus ist jeder Abbautest durch seine Vorschrift in wesentlichen Punkten wie Stoffkonzentration, Testmilieu, Nährlösungen und Testdauer fixiert. Anhand der dargestellten Kriterien ist für jede Audit-Untersuchung der geeignete Test auszuwählen.

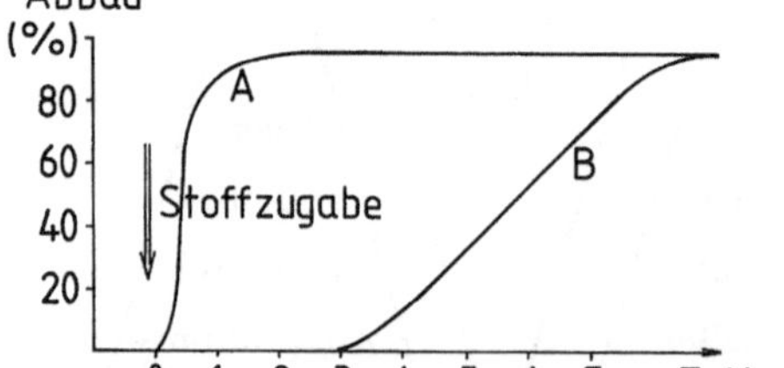

Abb. 2. Unterschiedliches Adaptationsverhalten
A: Das Enzymmuster zum Abbau des Stoffes ist vorhanden; es wird in kurzer Zeit aktiviert und der Stoff abgebaut.
B: Erst nach längerer Einwirkung des Stoffes auf die Mikroorganismen kann dieser abgebaut werden; die Adaptationsphase kann Tage, Wochen oder Monate dauern

2.2 Ökoauditbezogene Anwendung

Grundlegende Verfahren zur Prüfung der biologischen Abbaubarkeit wurden in den 70er Jahren entwickelt [11, 12]. Aus letzterer Arbeit ist Abb. 3 entnommen, die das unterschiedliche Abbauverhalten drei verschiedener Produktionsabwässer zeigt. In vergleichbarer Weise können sich die Resultate aktueller Untersuchungen von z. B. Abwasser oder Bodeneluaten ergeben.

Eine biologische Abwasserreinigung mit der zweiten Reinigungsstufe ist nur sinnvoll, wenn ein großer Teil der organischen Abwasserinhaltsstoffe durch Mikroorganismen verwertet werden kann. Ist ein Abbau aufgrund von Testergebnissen oder technischen Versuchen nicht zu erwarten oder nicht gegeben, führt die Einleitung des betreffenden, biologisch inerten Abwassers in eine kommunale Kläranlage zu einer „Verdünnung" des abbaubaren kommunalen Abwassers und damit zu einer vermeidbaren hydraulischen Belastung und zu einer Verschlechterung des Abbau-Wirkungsgrades. Außerdem kommt es zu einer Konzentrationserniedrigung der betreffenden schwerabbaubaren Abwasserinhaltsstoffe, die eine Elimination nach der Vermischung verteuert oder oft unmöglich macht.

Aufgrund dieser kausalen Zusammenhänge ist es sinnvoll, Abwasserteilströme möglichst am Entstehungsort, vor jeder Vermischung, auf ihre Abbaubarkeit zu untersuchen. Die MischabwasserVwV (Entwurf vom 10.4.1989) schreibt für derartige Untersuchungen z. B. den "Zahn-Wellens-Test" vor, ein Standverfahren mit hoher Mikroorganismenkonzentration zur Prüfung auf spontane Abbaubarkeit, die ≥ 75 % betragen muß.

Bei zunächst in einem Test ermittelter unzureichender Abbaubarkeit bietet sich u. U. eine Vorbehandlung des Abwassers an. Es existieren Behandlungsmethoden, die die Molekularstruktur von persistenten Stoffen so verändern, daß sie einem Abbau zugänglich werden. Hierzu gehören z. B. Oxidationsverfahren mit H_2O_2 oder O_3 [13] oder Flockungsverfahren [14]. Da ein biologischer Abbau oft das effizienteste Verfahren ist (z. B. bezüglich Fällungsmittelverbrauch, Schlammanfall oder Salzbelastung der Vorfluter), sollte im Einzelfall die Erfolgschance einer derartigen chemischen Vorbehandlung mit Hilfe von Abbautesten überprüft werden.

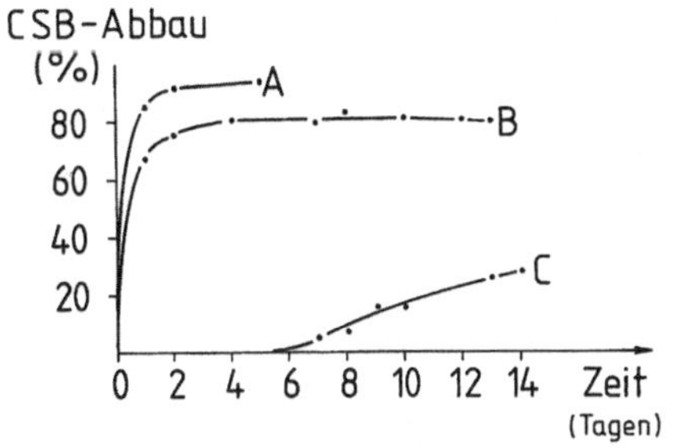

Abb. 3. Abbaukurven aus Standgefäßversuchen (aus [12], verändert).
A Abwasser aus Produktionsbereich Petrochemie und Lösungsmittel.
B Mischabwasser chemische Produktion.
C Abwasser aus Produktion aromatischer Sulfonsäuren

Zuletzt sei auf die Möglichkeit des technischen Einsatzes spezialisierter Mikroorganismen im Wasser- und Bodenmilieu hingewiesen, die insbesondere bei einseitigen Belastungen erste Anwendungsbereiche gefunden haben [15, 16, 17]. Die Erfolgskontrolle wird hier geeigneter über die jeweilige spezielle Analytik oder über Enzymhemmteste bzw. Immunoassays vorgenommen.

3 Ökotoxizitätsteste

3.1 Spektrum der Testverfahren

Entsprechend der Situation bei den Abbautesten gibt es auch bei der wesentlich breiteren Palette der Ökotoxizitätsteste große Unterschiede bei Aufwand und Aussagekraft. Bezüglich des eingesetzten biologischen Materials kann man von Zellbestandteilen über vollständige Organismen bis hin zu komplexen Vielarten-Systemen folgende Aufstellung vornehmen:

Enzymsystemteste,
Zellkulturteste,
akute Einzelartteste („single-species"-Teste),
chronische Einzelartteste,
Biozönoseteste im Labor und
Biozönoseteste im Freiland.

Die größte praktische Bedeutung, auch im Vollzug der einzelnen Gesetze, haben zur Zeit die Einzelartteste, auf diese wird in den folgenden Ausführungen näher eingegangen.

Bei Ökotoxizitätstesten (für die in manchen Arbeiten einfachheitshalber der übergeordnete Begriff „Bioteste" verwendet wurde und wird) handelt es sich prinzipiell um *Wirkungsteste,* deren Ergebnis sowohl von dem Schädigungspotential des zu prüfenden Stoffes oder Abwassers als auch von den eingesetzten Testorganismen abhängig ist. Der Stoff kann als *Aktion* auf den Organismus in Form von z.B. einer Membranveränderung gesehen werden, auf die der Organismus mit einer *Reaktion* seinerseits antwortet, z.B. durch Abwehrmechanismen oder Anpassungsprozesse (Abb. 4). Aus diesem Wirkungskomplex resultiert letzlich die tatsächliche Giftauswirkung, die über das im jeweiligen Test vorgeschriebene Testkriterium (z.B. Atmungsaktivität) meßbar ist.

Bei Wässern unbekannter Zusammensetzung besteht so in der Regel keine Möglichkeit auf Identifikation von Art und Konzentration der beteiligten Giftstoffe. (Diese Ermittlungen gehören zu den Zielen der chemischen Analytik.) Es wird vielmehr der ökosystemare Ansatz verfolgt, der durch die Erfassung der tatsächlichen Wirkung der Stoffe auf lebende Organismen weitgehende Rückschlüsse auf die Bedingungen im Freiland zuläßt. Hierbei werden insbesondere additive, subtraktive, synergistische oder antagonistische Effekte verschiedener Stoffe mit erfaßt, Interaktionen, die analytisch nicht nachweisbar sind.

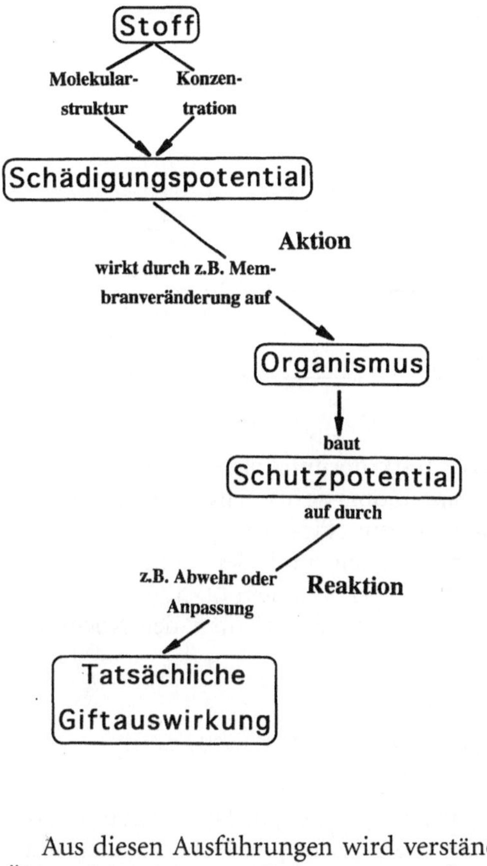

Abb. 4. Wirkungskomplex eines Stoffes in einem Ökotoxizitätstest (vereinfacht nach Nusch, E.A. (18))

Aus diesen Ausführungen wird verständlich, daß es einen einzigen idealen Ökotoxizitätstest zur Beantwortung der toxikologischen Fragen zu einem bestimmten Stoff oder Wasser nicht geben kann [19]; jeder Organismus reagiert naturgemäß anders und das Testergebnis muß mit unterschiedlichen Organismenarten zwangsläufig unterschiedlich ausfallen.

So ist es sinnvoll, Wässer nicht nur in *einem* Ökotoxizitätstest zu untersuchen wenn die gesamte Wirkungsspanne auf ein betroffenes Ökosystem erfaßt werden soll, sondern mit einer gezielten Auswahl mehrerer Teste. Diese sollten die Vertreter *aller trophischen Ebenen* umfassen, also in Bezug auf aquatische Systeme, z.B. Algen als Produzenten, Kleinkrebse als Pflanzenfresser, Fische als räuberische Organismen und Bakterien als Destruenten. Dieser Ansatz findet sich heute auch z.B. im Chemikaliengesetz und in der 4. Novelle zum Abwasserabgabengesetz (Entwurf) wieder.

Einen wesentlichen Einfluß auf das Testergebnis hat auch die Testdauer. Man unterscheidet kurze *akute Teste*, die die direkte Wirkung auf einen Organismus erfassen und die über aktuelle Stoffwechselleistungen, z.B. Atmungsraten, erfaßt werden. Empfindlicher sind *chronische Testverfahren*, die die Wirkung des Stoffes auf die Organismen über einen längeren Zeitraum erfassen, „lang" in Bezug auf die Generationszeit der jeweiligen Art; bei chronischen Tests

Tabelle 1. Testkriterien gebräuchlicher Ökotoxizitätsteste aller trophischen Ebenen

	Grünalgen	Kleinkrebse	Fische	Bakterien
akute Teste	-	Beweglichkeit von Daphnien über 24 Stunden	Überleben in 48 Stunden	Sauerstoff-verbrauchsrate mit Pseudomonas
				Lichtemission von Leuchtbakterien
				Nitrifikationsleistung von Belebtschlamm
chronische Teste	Wachstum von Scenedesmus	Reproduktion von Daphnien über 21 Tage	-	Wachstum von Pseudomonas

sind mehrere Generationen involviert. Testkriterium, also der untersuchte Parameter, kann hier z.B. der zeitbezogene Biomassezuwuchs oder die Anzahl der Nachkommen während der Testdauer sein. Eine Palette gebräuchlicher Ökotoxizitätsteste über vier trophische Ebenen und der Differenzierung akut/chronisch zeigt Tabelle 1. Diese Teste werden von dem GDCh/DIN-Arbeitskreis „Bioteste“ permanent überarbeitet und neue Verfahren der Normung zugeführt.

3.2 Ökoauditbezogene Anwendung

Die *Bakterienteste* weisen eine große Variationsbreite auf. Der Pseudomonas-Sauerstoffzehrungshemmtest z.B. ist ein relativ unempfindlicher, akuter Test, der für den generellen Schutz von biologischen Abwasserreinigungsanlagen vor toxischen Zuläufen konzipiert wurde. So wies z.B. der Ablauf eines holzschutzmittelproduzierenden Betriebes eine 25%ige Hemmwirkung auf; eine Giftwirkung, die im praktischen Betrieb der Kläranlage nicht direkt meßbar hervortrat. Permanente Einleitungen dieser Art können jedoch sub-akute Effekte bedingen, die zu einem verminderten Wirkungsgrad der Kläranlage führen.

Bakterienteste auf einem höheren Empfindlichkeits-Niveau sind der Pseudomonas-Zellvermehrungshemmtest und der Leuchtbakterientest. Der Nitrifikations-Hemmtest gibt gezielt Auskunft von Stoffwirkungen auf nitrifizierende Bakterien; so wird die erhebliche Toxizität einer Indirekteinleitung in Abb. 5 deutlich, die die Leistung einer Nitrifikations/Denitrifikationsstufe gravierend herabsetzen kann.

Stellvertretend für das System Oberflächengewässer steht der *Daphnientest.* So wies ein Sickerwasser eine relativ hohe Toxizität auf, die bei der Simulation technischer Behandlungsverfahren durch Belüftung eliminierbar war [20].

Ein relativ junges Anwendungsfeld der Ökotoxizitätsteste sind die Ermittlung des Giftpotentials von *Altlastenstandorten* und die Erfolgskontrolle bei Sanierungsvorhaben, gleichgültig ob es sich um physikalisch/chemische oder

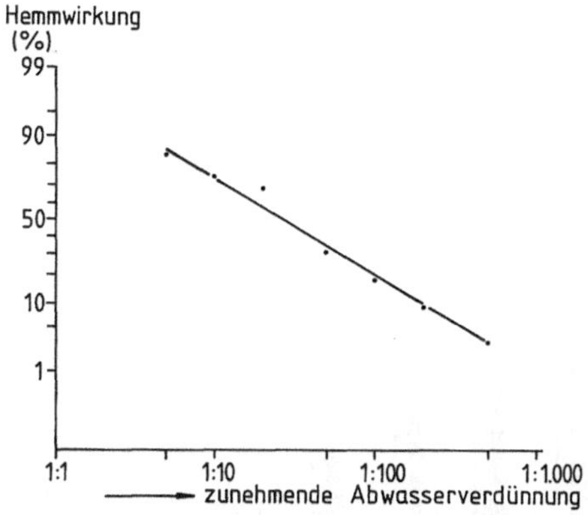

Abb. 5. Indirekteinleitung im Nitrifikations-Hemmtest

biologische Sanierungsmethoden handelt und ob „on-site" oder „in-situ" saniert wird. Wäßrige Proben können direkt zur Untersuchung herangezogen werden, festes Probenmaterial (z.B. Ablagerungen von Abfällen oder Boden) wird nach jeweils angepaßten Elutionsverfahren mit den herkömmlichen Testen bearbeitet.

So wurde z.B. die biologische Sanierung (on-site, Mietentechnologie) von Teergruben-Material aus einem ehemaligen Gaswerksgelände mit Ökotoxizitätstestuntersuchungen begleitet [21]. Die Toxizität von minderbelastetem Bodenmaterial (Anfangsbelastung Kohlenwasserstoffe: 911 mg/kg Boden) nahm während der großtechnischen Sanierung nach einer dreimonatigen Anlaufphase kontinuierlich ab. Dagegen blieb die hohe Toxizität von starkbelastetem Bodenmaterial (Anfangsbelastung Kohlenwasserstoffe: 2135 mg/kg Boden) über die ersten neun Monate der Sanierungszeit erhalten, erst danach trat eine wesentliche Verringerung der Giftwirkung ein.

Neben einer direkten Erfolgskontrolle wird der Verlauf der Sanierungsmaßnahme erfaßt und ein mögliches Ende des Verfahrens frühzeitig erkannt. Außerdem ermöglichen derartige Untersuchungen einen gezielten Einsatz der chemischen Analytik, wenn der stoffliche Charakter von Abbauprodukten erfaßt werden soll.

4 Enzymhemmteste und Immunoassays

Die dritte Art der anwendbaren biologischen Testverfahren hat eher analytischen Charakter; es werden bekannte Substanzen oder Substanzgruppen in Wässern halbquantitativ oder quantitativ nachgewiesen [22].

In *Enzymhemmtests* werden käufliche Enzympräparate eingesetzt; nach der Konfrontation mit jeweils bestimmten umweltrelevanten Schadstoffgruppen sinkt die meßbare Enzymaktivität proportional zu der Schadstoffkonzentration. Der Enzymhemmtest mit der größten Verbreitung ist der Cholinesterase-

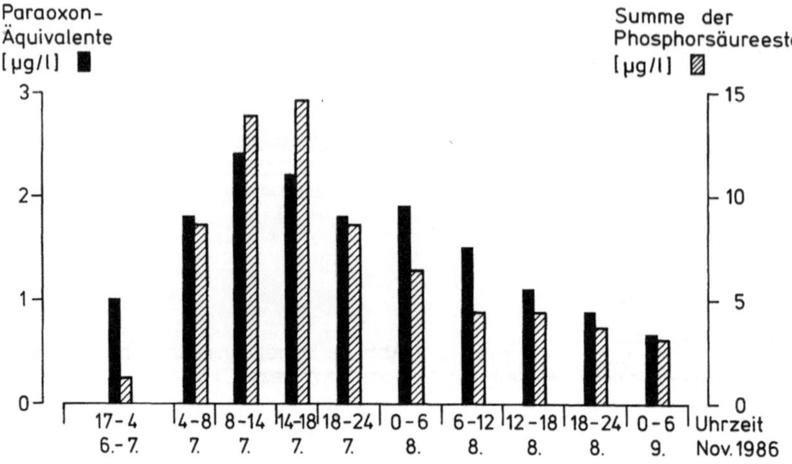

Abb. 6. Organophosphatkonzentration im Rhein bei Bad Honnef in der Schadstoffwelle nach dem Brand bei Sandoz. Schwarze Säulen: Paraoxon-Äquivalente im Acetylcholinesterase-Hemmtest. Schraffierte Säulen: analytisch erfaßte Summe von 6 verschiedenen Phosphorsäureestern

Hemmtest (DIN 38415, Teil 1, Entwurf), ein Screeningtest, hochspezifisch für den Nachweis von insektiziden Phosphorsäureestern und Carbamaten. Abbildung 6 zeigt Meßergebnisse mit diesem Test in einem Oberflächengewässer nach einem Industrie-Unfall; in vergleichbarer Weise können Daten von aktuellen oder ehemaligen Produktionsstätten ermittelt werden. Häufig ist die Zusammensetzung toxikologisch zu untersuchender Wässer unbekannt; dann beruht die Beurteilung allein auf den Ergebnissen der biologischen Testverfahren (schwarze Balken in Abb. 6).

In *Immunoassays* werden als biologisches System in Warmblütern produzierte Abwehrstoffe (Antikörper) gegen den nachzuweisenden Schadstoff eingesetzt. Im Testansatz des Immunoassays vereinen sich die Antikörper mit den gesuchten Schadstoffmolekülen und ermöglichen so deren quantitativen Nachweis. Für Stoffe aus der Gruppe der Pflanzenbehandlungs- und Schädlingsbekämpfungsmittel existieren erste kommerziell erhältliche Immunoassays [24].

5 Zusammenfassende Bewertung des Einsatzes biologischer Testverfahren im Ökoauditing

5.1 *Vorbehandlung*

Für das neue Aufgabenfeld im Rahmen der Umwelterklärung des Öko-Audit-Systems werden bereits existierende und oft langjährig bewährte biologische Testverfahren eingesetzt. Leichte Modifikationen einzelner Testabschnitte können der Test-Optimierung bezüglich der jeweils vorliegenden Fragestellung dienen.

Bis auf die ausgesprochenen Bodenteste (Keimpflanzenteste, Regenwurmtest) ist das Medium für biologische Testverfahren das Wasser. Wäßrige Proben können somit ohne Probenaufbereitung untersucht werden. Festes Material wie Boden, Sediment, Abfallablagerungen oder Deponien wird nach verschiedenen etablierten Methoden eluiert und das Eluat in den entsprechenden Testen eingesetzt. Auch Luftproben können nach Überführung eventueller Schadstoffe in die wäßrige Phase in biologischen Testen untersucht werden.

Fallen im Lauf der Produktion oder bei Sanierungsaufgaben Wässer an, die abbaubare oder toxische Stoffe enthalten, ist es in den meisten Fällen sinnvoll, eine betriebliche Vorbehandlung, z. B. mit dem Ziel einer Senkung der Abwasserabgabe, vorzunehmen. Hierbei können Abbau-, Adsorptions-, Fällungs-, Filtrations-, Stripp- oder Oxidationsverfahren angewendet werden. Auf jeden Fall kann dieser Prozeß der betrieblichen Vorreinigung über biologische Testverfahren verfolgt und kontrolliert werden.

5.2 Teste

Abbauteste werden bei der Produktions- und Standortuntersuchung eingesetzt, um unerwünschtes organisches Material auf seine biologische Abbaubarkeit zu überprüfen. Das Testergebnis ist nur auf den späteren Abbau im technischen Maßstab übertragbar, wenn im Test annähernd die späteren Bedingungen simuliert werden; der Auwahl des geeigneten Tests aus der Vielzahl der vorhandenen Möglichkeiten kommt deshalb große Bedeutung zu.

Während in Abbautesten die Wirkung von Organismen auf Stoffe ermittelt wird, prüft man in Ökotoxizitätstesten die Wirkung von Stoffen auf Organismen. Die *Ökotoxizitätsteste,* Bioteste im engeren Sinne, sind hier vertreten durch lang etablierte akute und chronische Einzelartteste und dienen der Risikoabschätzung verwendeter oder entstehender Stoffe oder Stoffgemische. Ihnen kommt unter den biologischen Testverfahren für das praktische Ökoaudit die größte Bedeutung zu. Ein großer Vorteil dieser Teste ist es, daß – anders als bei der chemischen Analytik – mit Gemischen unbekannter Zusammensetzung gearbeitet werden kann. Ein Wirkungstest erfaßt die Wirkung *aller* vorliegender Stoffe, ihre Wechselwirkungen untereinander und auch mögliche, noch nicht bekannte Metabolite zuverlässig in ihren Auswirkungen auf den Organismus. Hier stößt man dann an die Grenzen der Anwendbarkeit von Ökotoxizitätstesten: der Biotest zeigt eine Wirkung an, die sich anschließende Analytik muß Aufschluß über Art und Konzentration des Stoffs geben. Es ist also sinnvoll, biologische Testverfahren und chemische Analytik zu kombinieren.

Enzymhemmteste und *Immunoassays* sind preiswerte, schnell durchführbare und auf hohe Empfindlichkeit ausgerichtete Verfahren, die vornehmlich als Screeningteste Anwendung finden. Sie „sieben" aus einer Probenzahl diejenigen mit positivem Befund heraus, die zur weiteren Untersuchung der chemischen Spurenanalytik zugeführt werden.

Biologische Testverfahren können auch untereinander kombiniert werden. Es gibt erste Verfahren von Toxizitätsprüfungen im direkten Anschluß an kontinuierliche Abbauteste, die Aufschluß über die ökotoxikologischen Wirkungen möglicher entstandener Metabolite geben [25, 26, 27].

5.3 Weitere biologische Maßnahmen

Die allgemeine *Mikroskopie* ist ein wertvolles Hilfsmittel bei der Identifikation unbekannter Substanzen, auch nicht-biologischer Natur, z.B. von Fasern oder mineralischen Partikeln.

Stoffwechsel-*Aktivitätsbestimmungen* an Böden oder Schlämmen können wertvolle Zusatzinformationen liefern.

Oft ist der einwandfreie *hygienische Zustand* von Wässern oder festen Stoffen wesentlich. Zur Kontrolle dienen bakteriologische Untersuchungen, die in der Checkliste mitaufgeführt sind.

Checkliste für biologische Untersuchungsmethoden

I. Biologische Testverfahren

Es würde den Rahmen dieser Checkliste bei weitem sprengen, wenn in den drei rechten Spalten die einzelnen, konkreten Testverfahren aufgeführt würden. So stellt die Liste einen Leitfaden für die Anwendung dar; die detaillierte Untersuchungsmethode wird jeweils nach den im Text erläuterten Kriterien aus den zitierten Methodensammlungen, Richtlinien und Gesetzen ausgewählt.

	Abbauteste	Ökotoxizitätsteste	Enzymhemmteste bzw. Immunoassays
I. A Matrix Wasser			
Trinkwasser, } bei Verdacht auf Kontamination durch z.B. Leitungsundichtigkeiten, Behälterverschmutzung		X	X
Betriebswasser, } bei Verdacht auf Kontamination durch z.B. Leitungsundichtigkeiten, Behälterverschmutzung		X	X
Wasser interner Kreisläufe } bei Verdacht auf Kontamination durch z.B. Leitungsundichtigkeiten, Behälterverschmutzung		X	X
Rohabwasser, Teilströme	X	X	X
Rohabwasser, Gesamtabwasser	X	X	X
Abwasser nach Vorbehandlungsstufen (z.B. Fällung, Flockung, Neutralisation)	X	X	X
Abwasser nach betrieblicher Kläranlage	(X)	X	X
Niederschlagsablauf von Freiflächen (Dächer, Betriebshöfe etc.), die durch Staubimmisionen oder Aerosole produktionsbedingt belastet sein können	(X)	X	X
Sammelwasser von Lagerplätzen	X	X	X
Sickerwasser von Deponien	X	X	X

Checkliste für biologische Untersuchungsmethoden (Fortsetzung)

	Abbau-teste	Ökotoxizi-tätsteste	Enzymhemm-teste bzw. Immunoassays
I. B Matrix Luft			
Luft aus Produktions-, Vor- oder Aufbereitungshallen	(X)	X	X
Luft aus Absaugvorrichtungen	(X)	X	X
I. C Matrix Feststoff			
Boden (nach Elutionsverfahren Bestimmungen in Wasser)	X	X	X
Sediment (nach Elutionsverfahren Bestimmungen in Wasser)	X	X	X
Abfallablagerung (nach Elutionsverfahren Bestimmungen in Wasser)	X	X	X
Deponien (nach Elutionsverfahren Bestimmungen in Wasser)	X	X	X

II. Sonstige Audit-relevante Methoden

	Mikro-skopie	Bestimmung der biologischen Aktivität	Hygienisch bakteriologische Untersuchungen (z. B. Coliforme)
Wässer mit unbekannten Partikeln	X		
feste Matrices unbekannter Natur	X		
Belebtschlamm der betrieblichen Kläranlage	X	X	
Tropfkörperrasen der betrieblichen Kläranlage	X	X	
Sediment aus offenen, betrieblich beeinflußten Gewässern	X	X	
Sediment aus nicht-biologischen Absetzbecken	X		
Sediment aus biologischen Absetzbecken	X	X	
Böden	X	X	X
Abfallablagerungen	X		X
Deponien	X		X
Trinkwasser (Versorgung des Betriebes)			X
Betriebswasser (Versorgung des Betriebes)			X
Wasser interner Kreisläufe (Versorgung des Betriebes)			X
Ablauf betrieblicher Reinigungsanlagen (Entsorgung des Betriebes)			X
Sammelwasser von Lagerplätzen (Entsorgung des Betriebes)			X
Sickerwasser von Deponien (Entsorgung des Betriebes)			X

Literatur

1. Wagner R (Herausgeber) (1988) Methoden zur Prüfung der biochemischen Abbaubarkeit chemischer Substanzen. VCH, Weinheim
2. King EF (1981) Notes on Water Research No 28. Water Research Centre, Steavenage
3. ECETOC (1983) Technical Report No 8 Biodegradation Testing: An Assessment of the Present Status. Brussels
4. Pagga U (1984) Umweltschutz – Umweltanalytik Supplement. Vol 4, No 1:9
5. Games LM, King JE, Larson RJ (1982) Environ. Sci.Technol. Vol 16, No 8:483
6. Wagener St, Schink B (1987) Wat. Res, Vol. 21, No 5:615
7. Larson R (1983) Residue Reviews. Vol 85:159
8. Gerike P, Wierich P (1982) Environment and quality of life: Priciples for the interpretation of the results of testing procedues in ecotoxicology. International Symposium, 30.9.–2.10.1980, Valbonne, France. EUR 7549, pp 128–140
9. Toshio Omori, Toshiaki Kimura, Tohru Kodama (1987) Appl. Microbiol. Biotechnol. 25:553
10. Steber J, Wierich P (1983) Tenside Detergents, Vol 20, No 4:183
11. Schmid RD, Fischer WK, Gerike P, Gode P (1975) Chemiker Zeitung 99:301
12. Zahn R, Wellens H (1974) Chemiker Zeitung 98:228
13. Gulyas H, Hemmerling L, Sekoulov I (1991) Z. Wasser-Abwasser-Forsch. 24:253
14. Wellens H (1984) Vom Wasser 63:191
15. Feigel BJ, Knackmuss HL (1991) gwf-Wasser/Abwasser 4:245
16. Sekoulov I, Wilderer P, Gulyas H (1991) gwf-Wasser/Abwasser 4:170
17. Balfanz J, Rehm HJ (1991) gwf-Wasser/Abwasser 3:187
18. Nusch EA (1986) Vom Wasser 67:213
19. Nusch EA (1991) Grundsätzliche Verbemerkungen zur Planung, Durchführung und Auswertung biologischer und ökotoxikologischer Testverfahren. Biotest Statusseminar II, 20./21. Feb. 1992, Berlin
20. Lohse M, Reinnarth G, Ökotoxikologische Untersuchung von Sickerwasser der Altdeponie Schelfwerder bei Schwerin, Durchführung von Behandlungsverfahren. Poster Jahrestagung DGL 30.9.–1.10.1993 in Coburg
21. Scheibel HJ, Harboth P, Lang E, Hanert HH (1991) gwf-Wasser/Abwasser 8:441
22. Obst U, Renneberg R (1993) in: Fachgruppe Wasserchemie in der GDCH (Herausgeber) Biochemische Methoden zu Schadstofferfassung im Wasser. VCH, Weinheim New York Basel Cambridge, pp 7–62
23. Reinnarth G (1989) Korrespondenz Abwasser, Vol 36, No 2:148
24. Krämer P, Hock B (1993) in: Fachgruppe Wasserchemie in der GCDH (Herausgeber) Biochemische Methoden zu Schadstofferfassung im Wasser. VCH, Weinheim New York Basel Cambridge, pp 63–94

Produkt-Ökoauditing

Manfred Sietz, Höxter

In der Verordnung (EWG) des Rates über die freiwillige Beteiligung gewerblicher Unternehmen an einer gemeinschaftlichen Umweltmanagement- und Betriebsprüfungsregelung („Öko-Audit") vom 13.7.1993 sind ausdrücklich auch Produkte integriert:

„Die Umweltauswirkungen... jedes neuen Produktes... werden im Voraus bewertet".

„Die Kunden werden über die Umweltaspekte in Zusammenhang mit der Handhabung, Verwendung und Entsorgung der Produkte des Unternehmens beraten".

Die oben genannte Umweltbetriebsprüfung berücksichtigt das „Produktmanagement (Entwurf, Verpackung, Transport, Verwendung und Entsorgung)".

Hieraus ergeben sich Umweltanforderungen für Produkte parallel zur EG-Verordnung 880/92 zur Vergabe eines Umweltzeichens für Produkte mit den in Verabschiedung befindlichen EG-weiten Produkt-Umweltkriterien. Ziele bzw. Inhalte der EG-Verordnung 880/92 sind kurz zusammengefaßt:

- Umweltbeeinträchtigungen durch Produkte während ihrer gesammten Lebensdauer zu erfassen und nach Möglichkeit zu beseitigen
- Vergabe eines Umweltzeichens für Produkte mit geringeren Umweltauswirkungen, Hervorhebung als umweltfreundlichere Alternativen sowie
- Unterrichtung der Verbraucher durch Veröffentlichung der Produktgruppen und deren spezifischen Umweltkriterien.

In Verbindung mit der vorgesehenen Veröffentlichung zusammengefaßter Audit-Ergebnisse und dem Umweltinformationsgesetz ist auch vorsorgendes Umweltproduktmanagement erforderlich.

Vorsorgendes Umweltproduktmanagement kann sich aber nicht auf fixierten EG-Umweltkriterien für Produkte „ausruhen", sondern muß flexibel genug sein, immer neue und kurzfristig entstehende Umweltanforderungen für Produkte einzuhalten.

Wenn man zunächst einmal den gesamten Lebensweg eines Produktes betrachtet, so läßt sich eine Gliederung in bekannte Stationen erkennen (s. Abb. 1).

Am Anfang steht das Konzept. Die vorhandene Nachfrage erzeugt Produktentwicklungen, die nicht nur wirtschaftlich tragbar und geeignet sein müssen, sondern neben der Produktleistung („fit for use") auch eine Umweltleistung

Sietz/v. Saldern
Umweltschutz-Management und Öko-Auditing

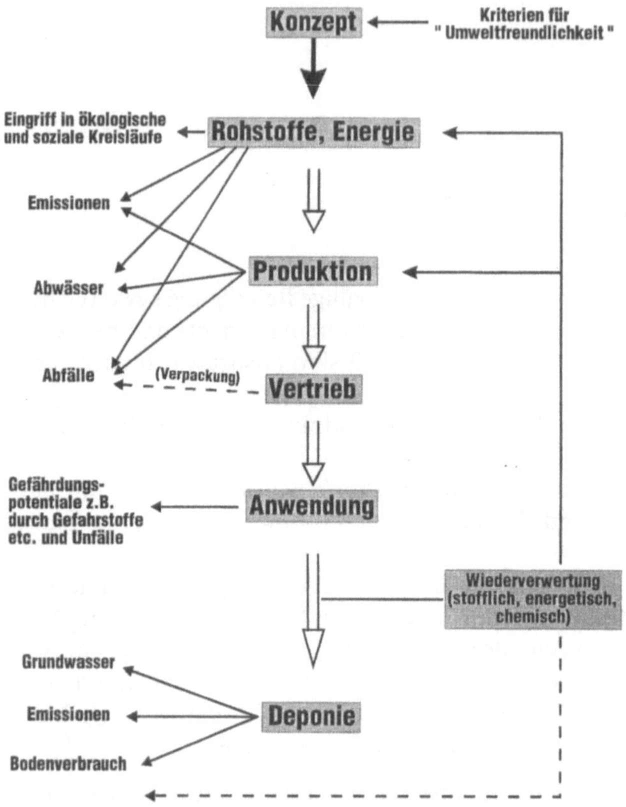

Abb. 1. Produktlebensweg

aufweisen müssen. Auch aus Gründen der Wirtschaftlichkeit ist es sinnvoll, umweltbezogene Kriterien so früh wie möglich zu berücksichtigen, da spätere Änderungen meist nur mit ungleich höherem Aufwand zu realisieren sind. Zur Beurteilung der Umweltleistung eines Produktes enthält die EG-Verordnung Nr. 880/92 bereits ein grundlegendes Umwelt-Beurteilungsschema für Produkte (s. Abb. 2).

Parallel dazu erarbeitete das Umweltbundesamt ein Konzept zur Ökobilanzierung von Produkten, wobei hier auf eine umweltbezogene Produktbewertung entlang ihres Lebensweges abgezielt wird. Eine Umweltbeurteilung von Produkten anhand „allgemein akzeptierter Wertmaßstäbe" kann immer nur so gut sein, wie die ihr zugrunde gelegten Daten und die Unabhängigkeit des Gutachters. Die Wertmaßstäbe dürfen ferner nicht marketing-induziert sein und das Ergebnis einer Ökobilanz darf nicht mit rosinenartig herausgepickten Einzelergebnissen einer Marketing-Verwertung anheim fallen.

Umweltanforderungen für Produkte können marketing-induziert sein, wie z.B. die einseitige Hervorhebung der biologischen Abbaubarkeit von Tensidprodukten (Wasch- und Reinigungsmittel, Shampoos und Schaumbäder) zeigt. Es

Beurteilungsschema

Umweltaspekte	Lebenszyklus des Produkts: Produktionsvorstufe	Produktion	Vertrieb einschließlich Verpackung	Verwendung	Entsorgung
Abfallaufkommen					
Bodenverschmutzung und -schädigung					
Wasserverschmutzung					
Luftverschmutzung					
Lärm					
Energieverbrauch					
Verbrauch von natürlichen Ressourcen					
Auswirkungen auf Ökosysteme					

Abb. 2. Verordnung (EWG) Nr. 880/92 des Rates vom 23. März 1992 betreffend ein gemeinschaftliches System zur Vergabe eines Umweltzeichens

wird suggeriert, daß eine hohe biologische Abbaubarkeit eines Produktes auch besonders umweltfreundlich sei, ohne auf die Menge an abbaubarer Substanz in einem Produkt, der mit dem biologischen Abbau verbundenen Sauerstoffzehrung bzw. die Ökotoxizität von Abbauzwischenprodukten einzugehen. Eine wirklich umweltfreundliche Produktbeurteilung ergäbe sich z.B. additiv oder multiplikativ aus allen 4 genannten, aber noch zu gewichtenden Faktoren: biologische Abbaubarkeit, Ausmaß und Kinetik der Sauerstoffzehrung, Menge an abbaubarer Substanz und Ökotoxizität von Abbauzwischenprodukten. Es kann dann im Einzelnen diskutiert werden, wie dies dann mit den Produktleistungskriterien verknüpft werden kann.

Bei Produktbewertungsansätzen ist auf eine ganzheitliche Sicht der Dinge zu achten - die Umweltleistungen eines Produkts können nicht allein und für sich stehend betrachtet werden, da sich Produktnutzen und ökologische Verträglichkeit oftmals nicht vollständig ergänzen, ja sogar einander ausschließen können. (s. Abb. 3, WC-Reiniger): Um Urinstein (getestet als Kalk) zu lösen (wobei er sich besonders dort bildet, wo keine Bürste mehr hinkommt), braucht man eine Säure. Die Frage ist, ob man eine starke Mineralsäure nimmt (hohe Produkt-, aber schlechte Umweltleistung), oder reines Wasser (keine Produkt-, aber gute Umweltleistung). Der Kompromiß ist z.B. eine schwache organische, gut abbaubare Säure, verbunden mit einem hohem Wasseranteil im Produkt. Es zeigt sich daher, daß Umweltbeurteilungen von Produkten alleine nicht ausreichen, es müssen mindestens noch Produktleistungskriterien in die Bewertung miteinfließen.

Der Vergleich Compact-Babywindeln zu herkömmlichen Babywindeln (s. Abb. 4) zeigt, daß Produktänderungen durch Umweltanforderungen zu Umweltfortschritten, aber auch zu Kompromissen führt, deren Bewertung sehr

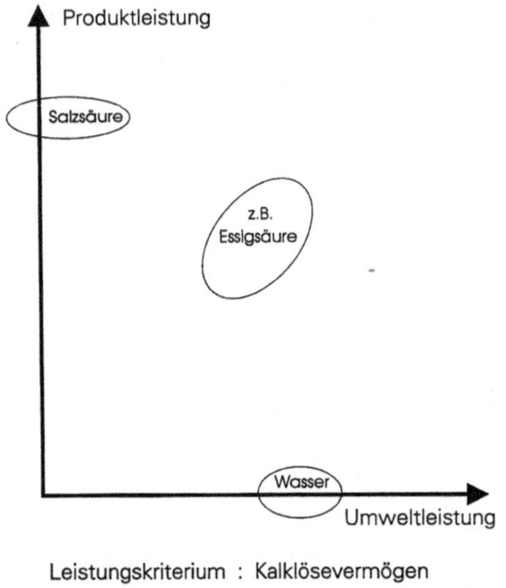

Abb. 3. Produktleistung contra Umweltleistung: WC-Reiniger

Aspekt	Compact-Babywindeln	herkömmliche Windeln
Ressourcen	30 % weniger Zellstoff	mind. 50 % weniger Supersorber-Copolymer
Abwasser	30 % verringerte Abwasserbelastung (Zellstoffbleiche)	30 % mehr Zellstoff: erhöhte Abwasserbelastung
Abfall	Weniger Abfallvolumen auch durch weniger PE - Verpackungsmaterial	Weniger Supersorber, aber mehr Abfallvolumen
Energie	Energieeinsparung beim Transport	Energieeinsparung, weil kein zusätzlichen Preßvorgang zur Volumenverringerung
Wertstoffrückgewinnung	Zellstoffanteil kompostierbar	
Handel	mehr Umsatz bei gleichem Lagervolumen	weniger Umsatz bei gleichem Lagervolumen
Verbraucher	leichtere und kleinere Packung bei gleichem Inhalt	schwerere und größere Packung bei gleichem Inhalt

Abb. 4. Produktanforderungen durch Umweltanforderungen: Vergleich Compact-Babywindeln zu herkömmlichen Windeln

Aspekt	Compact-Babywindeln	herkömmliche Windeln
Ressourcen	++	+
Abwasser	++	–
Abfall	++	-
Energie	+	+
Wertstoffrückgewinnung	+	+
Handel	++	–
Verbraucher	++	–

Abb. 5. Bewertung: Compact-Babywindeln zu herkömmlichen Windeln

schwierig durchzuführen ist. Für die Compact-Babywindeln spricht eindeutig der verringerte Zellstoffanteil, gegen sie spricht sicherlich der erhöhte Supersorberanteil und der zusätzliche Preßvorgang im Vergleich zu den herkömmlichen Windeln. Bei Verwendung eines einfachen Bewertungsschemas auf Basis von „++, +, 0, –, ––" Abschätzungen ergeben sich in erster grober Näherung übersichtliche, aber wenig differenzierte Beurteilungsmöglichkeiten, wie sie in Abb. 5 dargestellt werden.

Abbildung 6 zeigt den Vergleich Standard-Maschinengeschirrspülmittel im Vergleich zu einer umweltfreundlicheren Neuentwicklung. Der Versuch einer vergleichenden Bewertung ist in Abb. 7 dargestellt.

Abbildungen 5 und 7 enthalten beispielhaft und in grober Näherung Abschätzungen, deren Aussageinhalte nicht immer befriedrigen. Zum Beispiel die in Abb. 7 unter den Kategorien Bleiche/Neu vorgenommene Beurteilung „–" resultiert daher, daß der Autor im Vergleich zu Bleiche/Standard „––" honorieren möchte, daß Aktivchlorverbindungen vermieden wurden. Dies erfolgte aber auf Kosten eines Boreintrages in die Gewässer, der nicht als „umweltneutral = 0" beurteilt werden kann. Ein Ersatz von Perborat durch Percarbonat würde vergleichsweise mit „+" bis „++" vom Autor beurteilt werden, wenn er ohne die zu testende Produktleistung nicht schmälert. Wie sehr nun der Boreintrag

Inhaltsstoff	Standard	Neu	Funktion
Na-metasilicat	20 - 50		Alkaliquelle
Na-disilicat		0 - 30	
Soda	0 - 20	20 - 40	
Na-hydrogencarbonat		0 - 20	
Na-tripolyphosphat	20 - 40		Komplexbildner
Na-citrat		10 - 45	
Polycarboxylat		5 - 15	
Aktivchlorverbindung	0 - 2		Bleiche
Perborat		5 - 10	
Tenside	0 - 3	1 - 4	Lösung Fett, Eiweiß und Stärke
Enzyme		0,5 - 4	
pH- Wert	12 - 13	9,5 - 10,5	

Abb. 6. Maschinengeschirrspülmittel

Inhaltsstoff	Standard	Neu
Alkaliquelle	--	+
Komplexbildner	--	+
Bleiche	--	-
Lösung Fett, Eiweiß, Stärke	0	0
pH- Wert	--	-

Abb. 7. Bewertung: Maschinengeschirrspülmittel

zu beanstanden ist, hängt wiederum von vielen Aspekten ab, die sich jedoch in dem verwendeten, einfachen Schema nicht widerspiegeln.

Die „++, +, 0, –, ––"-Bewertung bewegt sich – wie an den Beispielen gezeigt, auf der Ebene von Benefitlisten und arbeitet in sehr vereinfachten und im wesentlichen komparativen Termini:

++ umweltfreundlicher, deutlich energieeinsparender,günstiger für den Kunden oder den Handel, deutlich besser oder sehr gut, deutlich emissions- und abfallärmer, deutlich bessere Produktleistung

\+ etwas umweltfreundlicher, etwas energieeinsparender,etwas günstiger für den Kunden oder den Handel, gut/etwas besser, etwas emissions- und abfallärmer, etwas bessere Produktleistung

0 umweltneutral, energieneutral, ohne Auswirkung auf den Kunden oder den Handel, zufriedenstellend/er, emissions- und abfallneutral, durchschnittliche Produktleistung

– etwas umweltschädlicher, etwas energieaufwendiger, etwas ungünstiger für den Kunden oder den Handel, schlecht/er, etwas emissions- oder abfallintensiver, schlechtere Produktleistung

–– umweltschädlicher, deutlich energieaufwendiger, ungünstiger für den Kunden oder den Handel, sehr schlecht/ deutlich schlechter, deutlich emissions- oder abfallintensiver, deutlich schlechtere Produktleistung.

Auf der anderen Seite sind sehr differenzierte, wissenschaftliche Ökobilanzen im Rahmen eines Ökoaudits zeitlich und inhaltlich nicht zu schaffen. Ein machbarer Kompromiß ist daher erforderlich, der sich an den gesetzlichen bzw. betrieblichen Umweltvorgaben für Produkte orientiert und bilanzierenden Charakter hat.

Die Umwelt-Beurteilung von Produkten nach objektiv nachvollziehbaren Wertmaßstäben wird erfahrungsgemäß erschwert durch die Verfügbarkeit objektiv nachvollziehbarer Literaturdaten. In häufiger Ermangelung absoluter Daten aus Ökobilanz-Studien ist es im Rahmen von mehrwöchigen Ökoaudits erforderlich, betrieblich vorzugehen und produktbezogene Umwelt-Abschätzungen vorzunehmen, indem die z.B. Emissionen eines Betriebes und sein Energieverbrauch produktbezogen „umgelegt" werden und mit Sollvorgaben abgeglichen werden können. Dies führt zu einer Dokumentation erreichter, umweltbezogener Produktstandards („P“) im Verhältnis zu erwünschten Standards („P_{Soll}“). Dieses Produkt-Ökoaudit hat den Vorteil, daß die Umwelt-Abschätzungen leicht auch mit monetären Ansätzen verknüpft werden können, woraus ein zweisprachiger Ansatz resultiert: DM/ kg Produkt für kaufmännisch Verantwortliche sowie Emissionen, Rohstoffverbrauch, ökologische Auswirkungen und Energieverbrauch pro kg Produkt verständlich für technisch Verantwortliche. So ergibt sich zwangsläufig eine gute Basis für interdisziplinäre, ganzheitliche Umweltkommunikation.

Das EG-Mindest-Bewertungsschema (Abb. 2) für Produkte läßt sich durch ausführliche Produkt-Checklisten erweitern. Hierzu wollen wir ein Umwelt-Bewertungsmodell als Ökoauditgerecht einführen. Zunächst werden *Bewertungsfaktoren F* definiert, die sich an Umsetzungsgraden von ausgewählten Umweltanforderungen orientieren:

F	Kriterium
> - 1	der Betrieb setzt diesen Aspekt nicht um und plant auch keine Umsetzung
> - 0,5	der Betrieb setzt diesen Aspekt nicht um, plant aber kurzfristig eine Umsetzung
 > - 1 und < 0 < 1 und > 0	der Betrieb betreibt eine „nicht akzeptable“ oder „akzeptable“ Alternative
0	der Betrieb verhält sich umweltneutral in Bezug auf diesen Aspekt
< 0,5	der Betrieb setzt diesen Aspekt in Ansätzen um
< 1	der Betrieb setzt diesen Aspekt konsequent um

Diese abgeschätzten Bewertungsfaktoren können nun für jeden Aspekt multiplikativ mit *Gewichtungsfaktoren G* (zwischen 0 und 1) versehen werden, wobei das *Produkt P* (aus F und G) eine *Abschätzung der produktbezogenen Umwelt-Auswirkung des Betriebes* Aspekt für Aspekt ermöglicht. Der erreichte Wert für P kann mit P_{Soll}-Werten abgeglichen werden, die entweder gesetzlich geregelt oder betrieblich definiert wurden. Ein externer Umweltprüfer kann nicht P_{Soll}-Werte vorgeben, aber er kann den produktbezogenen Zielerreichungsgrad ermitteln und dokumentieren. Wenn keine P_{Soll}-Werte definiert sind, so ist dies ein Auditergebnis, dem durch Maßnahmen zu begegnen ist. Sind nur unwesentliche P_{Soll}-Vorgaben vorhanden, so kann auch dies im Rahmen des Audits dokumentiert und bewertet werden. Die Abweichungen der P-Werte von den jeweiligen P_{Soll}-Werten können für alle Umweltsektoren einzelnen summiert werden. Die Abweichung vom erreichbaren produktbezogenen Umwelt-Standard kann tabellarisch dokumentiert werden:

Umweltsektoren	Abweichungen von erreichbaren Umwelt-Standards
1. Verbrauch von natürlichen Ressourcen incl. Bodenverschmutzung und -schädigung 2. Auswirkungen auf Ökosysteme 3. Energieverbrauch 4. Abfallaufkommen, Wasserverschmutzung, Luftverschmutzung, Lärm	

Erreichte produktbezogene Umweltstandards können nun – im Sinne des eigentlichen Auditgedankens- mit den gewünschten, in den Unternehmensleitlinien definierten bzw. gesetzlich festgeschriebenen Umweltstandards abgeglichen werden und einzelne Maßnahmenvorschläge zur Soll/ist-Annäherung erarbeitet werden.

Das Schema wird im Rahmen des Ökoaudits für alle ausgewählten Produkte des Betriebes erstellt und ermöglicht ferner den umweltbezogenen Produkte-Vergleich bzw. den Vergleich mit Wettbewerbsprodukten durch entsprechende P_{Soll}-Vorgaben.

Produkt - Checkliste

1. Sektor: Verbrauch von natürlichen Ressourcen, Rohstoffe

	$-1<F<1$	$0<G<1$	$-1<P<1$	P_{Soll}
- Verwendung nachwachsender Rohstoffe unter Vermeidung anfälliger Monokulturen - Minimierung/Vermeidung der Zerstörung natürlicher Stoffkreisläufe und Gleichgewichte durch Rohstoffabbau/Rohstoffgewinnung direkt vor Ort - Minimierung/Vermeidung gesundheitlicher Risiken in Zusammenhang mit der Rohstoffgewinnung - Sozialverträglichkeit der Rohstoffgewinnung/ des Rohstoffabbaus direkt vor Ort - Prüfung/Optimierung des Umweltimages der Rohstoffe - Minimierung/Vermeidung Rohstoffmenge pro Produkt, Rohstoffverunreinigungen, Rohstoffvorbehandlung - Minimierung des Verbrauchs fossiler Energiequellen durch Minimierung der Transportwege - Minimierung/Vermeidung von Grundwasserentnahmen, Luftverbrauch für Produktions- bzw. Rohstoffherstellungsprozeß				

1. Sektor: Verbrauch von natürlichen Ressourcen, Rohstoffe (Fortsetzung)

	$-1<F<1$	$0<G<1$	$-1<P<1$	P_{Soll}
- Minimierung/Vermeidung von Bodenverbrauch durch Deponierung nach Produktgebrauch wegen Ein-Weg-Konzipierung des Produktes, - Minimierung/Vermeidung des Bodenverbrauchs in Zusammenhang mit der Rohstoffherstellung - Rohstoffkontrollen und Lieferantenverpflichtungen bezüglich betrieblicher Umweltvorgaben				

2. Sektor: Auswirkungen auf Ökosysteme

	$-1<F<1$	$0<G<1$	$-1<P<1$	P_{Soll}
- Verminderung/Vermeidung der Störung natürlicher Stoffkreisläufe und Gleichgewichte a) durch Produktanwendung b) durch Produktentsorgung c) Transportvorgänge d) Einführung von Mindesteinsatzquoten für recycelte Produkte e) Einführung von Rücknahmepflichten durch den Hersteller - Verminderung/Vermeidung der biologischen Verarmung von Ökosystemen und Vernichtung von Lebensgrundlagen a) durch Rohstoffgewinnung b) durch Produktanwendung c) durch Produktentsorgung d) Transportvorgänge e) festgelegte Recyclingquoten f) Einführung von Rücknahmepflichten durch den Hersteller				

3. Sektor: Energieverbrauch

	$-1<F<1$	$0<G<1$	$-1<P<1$	P_{Soll}
- Minimierung bei der a) Rohstoffgewinnung b) Rohstoffverarbeitung - Minimierung bei der Produktherstellung - Minimierung/Vermeidung beim Produktgebrauch - Minimierung/Vermeidung/Energiegewinn bei der Produkt-Entsorgung ohne Recyclierung				

3. Sektor: Energieverbrauch (Fortsetzung)

	-1<F<1	0<G<1	-1<P<1	P_{Soll}
- Minimierung durch Recyclierung in Verbindung mit dem Recyclierungsgrad sowie Rücknahmeverpflichtungen - Minimierung beim Transport - Minimierung durch möglichen sparsamen Produktgebrauch				

4. Sektor: Abfallaufkommen, Wasserverschmutzung, Luftverschmutzung, Lärm

	-1<F<1	0<G<1	-1<P<1	P_{Soll}
- Erhebung ökotoxikologischer und sonstiger Daten zum Umweltverhalten a) der Produktrohstoffe b) des Produktes c) der Emissionen und Produktionsabfälle - Kontrolle und Dokumentation von betrieblichen Umweltproduktanforderungen in den Bereichen a) Abfallaufkommen b) Wasserverschmutzung c) Luftverschmutzung d) Lärm und e) Arbeitsschutz f) Sicherheit - Ersatz umweltbelastender Inhaltsstoffe durch umweltfreundlichere Alternativen - Ersatz/Minimierung umweltbelastender Produkte/Verpackungen durch umweltfreundlichere Alternativen - kontinuierliche Erarbeitung neuer Umweltanforderungen für Produkte/ Rohstoffe - kontinuierliche Produktneuentwicklungen unter Umweltgesichtspunkten - Einhaltung von Anforderungen für den Umweltengel bzw. das EG- Umweltzeichen				

Der vorgenannte Kriterienkatalog ist flexibel für jeden einzelnen Betrieb zu konkretisieren bzw. zu erweitern. Die Ergebnisse – Umsetzungsgrad produktbezogener Umweltstandards – müssen über das eigentliche Audit hinaus noch mit Produktleistungs/(„fit for use")-Kriterien abgewogen werden.

Als nächstes schließt sich ein Praxisbeispiel aus der kunststoffverarbeitenden Industrie an. Die jeweiligen Sollanforderungen wurden aus den allgemein formulierten Umwelt-Unternehmensleitlinien herausinterpretiert. Die Festlegung der Bewertungsfaktoren *F* erfolgte nach dem, was das betreffende Unternehmen wirklich macht bzw. umsetzt. Die Einschätzung für *G* ergeben sich aus dem abschätzbaren ökonomischen/ökologischen Risiken des betreffenden Unternehmen in dem jeweiligen Umweltaspekt.

Praxisbeispiel: kunststoffverarbeitender Betrieb

Produkt-Checkliste

Sektor I - Verbrauch von natürlichen Ressourcen

	$-1<F<1$	$0<G<1$	$-1<P_{ist}<1$	P_{Soll}
Verwendung nachwachsender Rohstoffe unter Vermeidung von Monokulturen	-0,5	0,6	-0,3	-0,3
Minimierung/Vermeidung der Zerstörung natürlicher Stoffkreisläufe und Gleichgewichte durch Rohstoffabbau/-gewinnung direkt vor Ort	-1	0,05	-0,05	-0,05
Minimierung/Vermeidung gesundheitlicher Risiken in Zusammenhang mit der Rohstoffgewinnung	-1	0,05	-0,05	-0,05
Sozialverträglichkeit von Rohstoffgewinnung/-abbau direkt vor Ort	-1	0,05	-0,05	-0,05
Prüfung/Optimierung des Umweltimages der eingesetzten Rohstoffe	0,8	0,8	0,64	0,8
Minimierung/Vermeidung des produktspezifischen Rohstoffeinsatzes; Rohstoffverunreinigung/-vorbehandlung	0,8	0,3	0,24	0,3
Minimierung des transportbedingten Verbrauchs fossiler Energiequellen	-0,5	0,5	-0,25	0,25
Minimierung/Vermeidung von Grundwasserentnahmen und Luftverbrauch für Produktion bzw. Rohstoffherstellung	0,2	0,1	0,02	0,2
Minimierung/Vermeidung des Bodenverbrauchs durch Einweg-Produkte (Deponierung nach Gebrauch)	0,9	1	0,9	1
Minimierung/Vermeidung des Bodenverbrauchs in Zusammenhang mit der Rohstoffherstellung	-1	0,05	-0,05	-0,05
Rohstoffkontrollen/Lieferantenverpflichtungen bzw. betrieblicher Umweltvorgaben	1	0,8	0,8	0,8

Sektor II - Auswirkungen auf Ökosysteme

	$-1<F<1$	$0<G<1$	$-1<P_{ist}<1$	P_{Soll}
Minimierung/Vermeidung der Störung natürlicher Stoffkreisläufe und Gleichgewichte durch				
a) Produktanwendung	0	0,5	0	0
b) Produktentsorgung	-0,4	1	-0,4	1
c) Transportvorgänge	-0,5	0,5	-0,25	0,25
d) Einführung von Mindesteinsatzquoten für Recyclat	0,8	1	0,8	1
e) Einführung von Rücknahmepflichten	0,2	0,8	0,16	0,8

Produkt-Checkliste (Fortsetzung)

Sektor II – Auswirkungen auf Ökosysteme

	$-1<F<1$	$0<G<1$	$-1<P_{ist}<1$	P_{Soll}
Minimierung/Vermeidung der biologischen Verarmung von Ökosystemen (Vernichtung von Lebensgrundlagen) durch				
a) Rohstoffgewinnung	-1	0,3	-0,3	-0,3
b) Produktanwendung	0	0,8	0	0,8
c) Produktentsorgung	0,6	1	0,6	1
d) Transportvorgänge	-0,5	0,3	-0,15	0.24
e) festgelegte Recyclingquoten	0,8	0,8	0,64	0,8
f) Einführung von Rücknahmepflichten	0,3	0,8	0,24	0,8

Sektor III – Energieverbrauch

	$-1<F<1$	$0<G<1$	$-1<P_{ist}<1$	P_{Soll}
Minimierung bei Rohstoffgewinnung	-1	0,05	-0,05	-0,05
Minimierung in der Produktion	0,6	1	0,6	1
Minimierung/Vermeidung bei Produktgebrauch	0,8	0,3	0,24	0,3
Optimierung der Energiebilanz bei der Produktentsorgung (wenn Recycierung nicht möglich): Verbauchsminimierung → energieneutrale Entsorgung → Energiegewinn	0,8	0,8	0,64	0,8
Minimierung durch Wiederverwertung in Verbindung mit dem Wiederverwertungsgrad, sowie Rücknahmeverpflichtungen	0,6	0,8	0,64	0,8
Minimierung beim Transport	0	0,5	0	0,25
Minimierung durch möglichst sparsamen Produktgebrauch	0	0	0	n.d.

Sektor IV – Abfallaufkommen, Wasserverschmutzung, Luftverschmutzung, Lärm

	$-1<F<1$	$0<G<1$	$-1<P_{ist}<1$	P_{Soll}
Erhebung ökotoxikologischer Daten zum Umweltverhalten von				
a) Rohstoff	0,5	1	0,5	1
b) Produkt	0,5	1	0,5	1
Kontrolle und Dokumentation betrieblicher Umweltproduktanforderungen in den Betrieben				
a) Abfallaufkommen	1	1	1	1
b) Wasserverschmutzung	0,5	1	0,5	1
c) Luftverschmutzung	0,5	1	0,5	1
d) Lärm	0,3	1	0,3	1
e) Arbeitsschutz	0,6	1	0,6	1
f) Sicherheit	0,2	1	0,2	1

Produkt-Checkliste (Fortsetzung)

Sektor IV – Abfallaufkommen, Wasserverschmutzung, Luftverschmutzung, Lärm

	$-1<F<1$	$0<G<1$	$-1<P_{Ist}<1$	P_{Soll}
Substitution umweltbelastender Inhaltsstoffe durch umweltfreundlichere Alternativen	−0,5	1	−0,5	0,5
Substitution/Minderung umweltbelastender Produkte/Verpackungen durch umweltfreundlichere Alternative	−0,5	1	−0,5	0,5
kontinuierliche Erarbeitung neuer Umweltanforderungen für Produkte/Rohstoffe	0,8	1	0,8	1
kontinuierliche Berücksichtigung von Umweltgesichtspunkten bei der Produktneuentwicklung	1	1	1	1

n. d. = nicht definiert

Aus der horizontalen Bearbeitung dieser Produktchecklisten ergeben sich nun die Ansätze für den Maßnahmenkatalog.

Interessant ist auch die Diskussion des Auditergebnisses mit dem Produktmanagement des betreffenden Unternehmens, denn es ergeben sich erfahrungsgemäß Differenzen zwischen Auditergebnis und Umweltselbstbild des Unternehmens.

Sofern durch eindeutige und genormte Qualitätsmerkmale beim Produktauditing Abhängigkeits- oder Gefälligkeitsaudits vermieden werden können, so möchte das vorgeschlagene dezimale F, G-System hiermit zur inhaltlichen Nominierungsdiskussion beitragen.

Literatur

Gahrmann A, Hempfling R, Sietz M, Bewertung betrieblicher Umweltschutzmaßnahmen, E. Blottner Verlag, Taunusstein, 1993

Ökobilanz von Packstoffen, Stand 1990. Bundesamt für Umwelt, Wald und Landschaft, Bern, 1991

Ökobilanzen für Produkte, Arbeitsgruppe Ökobilanzen, Umweltbundesamt, Berlin, 1992

Sietz M (Hrsg.), Umweltbewußtes Management, E. Blottner Verlag, Taunusstein, 2. Auflage geplant für Anfang 1994

Verordnung (EWG) Nr. 880/92 des Rates vom 23. 3. 1992 betreffend ein gemeinschaftliches System zur Vergabe eines Umweltzeichens, Amtsblatt der Europäischen Gemeinschaften Nr. L99, 1992

Günther K (Hrsg.), Zukunft gewinnen, Arbeitsgemeinschaft selbstständiger Unternehmer, Bonn, 1993

Zielvorgabe und Aufbau von Umweltschutzmanagementsystemen (Leitlinien, Handbücher und Auditprogramme)

Andreas von Saldern, Wiesbaden

Ein grundsätzliches Problem unterscheidet Umweltschutzmanagement von den meisten anderen Managementaufgaben. Umweltbelastungen führen in der Regel nicht zu Kosten für das Unternehmen (und wenn sie Kosten verursachen, dann spiegeln sie in der Regel nicht den Schaden wieder, den sie verursachen). Für Kosten besitzt ja jedes Unternehmen ein sorgfältig abgestimmtes Instrumentarium um diese zu minimieren. Würden Umweltbelastungen Kosten verursachen, so würden sie von diesem Kontrollmeachnismus erfaßt und der Regelkreis zur Minimierung würde automatisch einsetzen. Da aber Umweltbelastungen nicht in dem gleichen Maße Kosten verursachen, wie die Schäden, die sie hervorrufen, muß der Staat und die Öffentlichkeit eingreifen. Die daraus resultierenden Anforderungen erfolgen in der Regel in ganz anderen Ebenen und repräsentieren nur in wenigen Ausnahmefällen Kosten. Um diese Anforderungen wahrzunehmen und umzusetzen benötigen Unternehmen Umweltschutzmanagementsysteme. Ziel eines Umweltschutzmanagementsystems ist es, ein Unternehmen so durch das Geflecht der verschiedensten Anforderungen zu steuern, daß Chancen wahrgenommen und Risiken minimiert werden.

Der Aufbau von Umweltschutzmanagementsystemen unterteilt sich üblicherweise in sechs Schritte:

1. Ermittlung der Umweltschutzanforderungen,
2. Vorgabe der Unternehmensziele,
3. Festlegung der Organisation und der Verantwortlichkeiten,
4. Kontrolle der Umsetzung,
5. Einleitung von Maßnahmen bei Abweichungen,
6. Überprüfung der Unternehmensziele.

1 Ermittlung der Umweltschutzanforderungen

Die systematische Ermittlung der Umweltschutzanforderungen ist die Voraussetzung, um ein Umweltschutzmanagementsystem so aufzubauen, daß es auf die spezifische Situation des Unternehmens zugeschnitten ist. Dabei sind nicht nur die gesetzlichen Anforderungen zu beachten. Umweltschutzanforderungen werden aus einer Vielzahl von Bereichen gestellt und können Risiken, in einigen Fällen aber auch Chancen für das Unternehmen darstellen (Abb. 1).

Sietz/v. Saldern
Umweltschutz-Management und Öko-Auditing

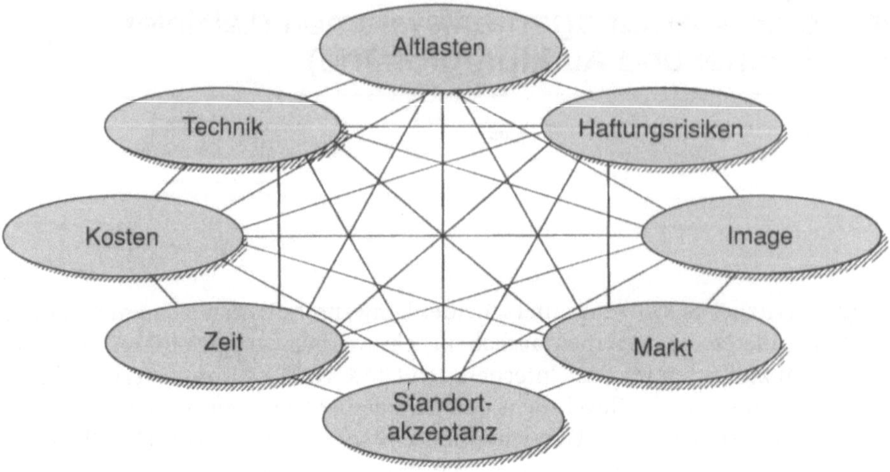

Abb. 1. Umweltschutzmanagement stellt ein komplexes Risikomanagement dar

Die technischen Risiken von Verfahren sind in der Regel bekannt. Hier haben sich seit Jahrzehnten Regelwerke aufgebaut, die zum Teil detailliert Anforderungen an die technische Ausstattung und zunehmend auch an die Organisation von Unternehmen wie z.B. die Benennung von Umweltschutzbeauftragten, stellen. Allen Umweltschutzgesetzen gemeinsam ist, daß sie mit einer sehr hohen Geschwindigkeit novelliert werden. Die gesetzlichen Anforderungen befinden sich in einem ständigen Fluß und es ist für ein betroffenes Unternehmen wichtig zu wissen, welche zukünftige Anforderungen sich zum Beispiel aus Gesetzesentwürfen und den vorgeschalteten Diskussionen ableiten lassen.

Eine inzwischen schon fast klassische Aufgabe eines Umweltschutzmanagementsystems ist die Verminderung des Altlastenrisikos. Insbesondere bei Unternehmen, die Akquisitionen tätigen, oder die selber boden- und grundwassergefährdende Stoffe handhaben, kann durch ein systematisches Management das Risiko mit großem finanziellen Aufwand Altlasten beseitigen zu müssen deutlich verringert werden. Die Kosten einer Altlastensanierung können einen solchen Umfang annehmen, daß die Wirtschaftlichkeit von Akquisitionen gefährdet werden. Auch aus längst verkauften Immobilien können Haftungsansprüche entstehen. Die Aufgabe des Umweltschutzmanagementsystems ist hier, den Erwerb von neuen Altlasten auszuschließen, die Altlastenproblematik bei Verkauf von eigenen Immobilien eindeutig zu regeln und die Entstehung neuer Boden- und Grundwasserverunreinigungen zu vermeiden.

Die Verminderung des persönlichen Haftungsrisikos des Managements ist eine Aufgabe der Umweltschutzmanagementsysteme mit zunehmender Bedeutung. Anlässe dazu sind u.a. das sogenannte „Lederspray-Urteil", in dem das Management eines Ledersprayherstellers verurteilt wurde. Ihm wurde vorgeworfen das Produkt beim ersten Verdacht einer schädigenden Wirkung nicht umgehend vom Markt genommen zu haben. Dabei wurde die Haftung eines jeden Vorstandsmitgliedes, unabhängig von der fachlichen Zuständigkeit, erneut betont. Zudem wurde mit der letzten Novelle des Bundes Immissionsschutz Gesetzes die Verantwortung des Managements in besonderer Weise hervorgehoben (§52a BImSchG). So ist z.B. dasjenige Mitglied der Geschäftsführung oder des Vorstands der Behörde zu benennen, das für die Umsetzung der gesetzlichen Umweltschutzanforderungen verantwortlich ist. Durch die Benennung dieser Person wird die Geschäftsführung oder der Vorstand aber nicht entlastet. Die Gesamthaftung aller Mitglieder bleibt weiterhin unberührt. Zusätzlich muß der verantwortliche Manager der Behörde mitteilen, auf welche Weise er seine Verantwortung delegiert hat, und wie er sicherstellt, daß die gesetzlichen Umweltschutzanforderungen erfüllt werden. Die Aufgabe des Umweltschutzmanagementssystems ist hier eine einwandfreie Delegation und Zuordnung der Verantwortlichkeiten im Umweltschutz zu gewährleisten.

Zunehmend stellen auch Märkte Umweltschutzanforderungen an Unternehmen. Die Beispiele wie stark diese Einflüsse sein können sind eindrucksvoll und nehmen in ihrer Anzahl weiter zu. So hatte zum Beispiel ein Chemikalienhersteller nicht beachtet, daß seine Produkte bei der Herstellung von FCKW's verwendet wurden. Er wurde völlig vom Rückgang seines Absatzes überrascht, als die FCKW-Herstellung aus Umweltschutzgründen fast eingestellt wurde. Auch ein Spraydosenhersteller, der schon seit Jahren Kohlendioxid als Treibgas verwendete kam in Bedrängnis. Als FCKW's als Ozonkiller in Verruf kamen und bekannt wurde, daß sie auch in Spraydosen eingesetzt werden, brach auch sein Absatz zusammen. Er hatte seinen Wettbewerbsvorteil nicht rechtzeitig kommuniziert. Ein Hersteller von Produkten der Konsumgüterindustrie wurde von seinem Kunden hinsichtlich seines Umweltschutzverhaltens intensiv befragt und auditiert. Erst als er diese Überprüfung bestanden hatte war der Kunde bereit weiter die Produkte des Herstellers zu beziehen. Aber es gibt nicht nur Bedrohungen durch den Markt. Durch Vermarkten von Umweltschutzvorteilen der Produkte lassen sich neue Marktanteile sichern, wie dies zum Beispiel bei den phosphatfreien Waschmittel oder den „grünen" Haushaltsreinigungsmittel sichtbar wurde. Die Aufgabe eines Umweltschutzmanagementsystems ist deshalb sicherzustellen, daß Chancen und Risiken, die sich aus dem Umweltverhalten des Marktes ergeben so rechtzeitig erkannt werden, daß das Unternehmen die entsprechenden Maßnahmen einleiten kann.

Umweltschutz kostet oft viel Geld. Die technische Ausrüstung um Umweltschutzanforderungen zu erfüllen bindet zum Teil beträchtliches Kapital. Nachträgliche Änderungen an Anlagen durch kurzfristige Behördenauflagen stören den Betriebsablauf, gefährden die Amortisation und sind häufig dauerhafte Provisorien. Auch die sogenannten „End-of-pipe-solutions", die versuchen die Umweltbelastung an der Stelle ihres Anfalls, z.B. durch einen Filter zu beseitigen sind häufig teuerer als integrierte Lösungen, die den Anfall umweltbelastender Stoffe vollständig zu vermeiden. Solche Lösungen lassen sich in der Regel aber nicht ad hoc umsetzen sondern bedürfen im allgemeinen größerer Vorlaufzeiten. Die Aufgaben des Umweltschutzmanagementsystems sind auf solche integrierten Lösungen hinzuwirken und die Kosten für Umweltschutzmaßnahmen so gering wie möglich zu halten ohne deren Effektivität zu gefährden.

Viele Unternehmen, die heute umweltrelevante Produkte herstellen oder Emissionen verursachen sind ursprünglich vor den Toren der Städte errichtet worden. Inzwischen hat sich die Besiedlung weiter ausgebreitet und die Wohnbebauung grenzt oftmals direkt an das Betriebsgelände. In solchen Situationen kann die Existenz des Unternehmens gefährdet werden, wenn nicht die Akzeptanz durch die angrenzende Bevölkerung gewährleistet ist. Es bestehen inzwischen so umfangreiche Einspruchsmöglichkeiten seitens der Öffentlichkeit, daß damit die Handlungsfähigkeit eines Unternehmens gravierend beschnitten werden kann. Insbesondere unter Berücksichtigung der EG-Gesetzgebung ist davon auszugehen, daß diese Einflußmöglichkeiten zunehmend erweitert werden. Ein Umweltschutzmanagementsystem muß deshalb auch die Standortakzeptanz gewährleisten. Ist dies nicht möglich, so muß es die Unternehmensleitung so rechtzeitig darauf hinweisen, daß Verlagerungen oder Stillegungen von Unternehmensaktivitäten mit dem geringst möglichen Aufwand durchgeführt werden können.

Als letztes nimmt Umweltschutz eine Ressource in Anspruch, die zwar allen Unternehmen in gleichem Maße zur Verfügung steht, die aber letztlich entscheidend ist für den Erfolg – Zeit. Nur die Unternehmen, die als erste ihre Produkte auf den Markt bringen haben eine Chance die Kosten für deren Entwicklung durch den Verkauf der Produkte wieder zu erlösen. Dabei ist insgesamt die Länge der Produktlebenszyklen deutlich gesunken. Im Konsumgüterbereich liegt sie teilweise unter einem Jahr. Dem gegenüber stehen aber Genehmigungsverfahren die zum Teil Jahre in Anspruch nehmen. In solchen Situationen wird das Genehmigungsmanagement zum kritischen Erfolgsfaktor. In der Praxis sind dabei drei typische Situationen zu beobachten, die zur Verlängerung von Planungsprozessen führen:

- Umweltschutzanforderungen werden erst am Ende des Entwicklungsprozesses einbezogen.
- Einsprüche der Öffentlichkeit in Anhörungsverfahren verzögern das Genehmigungsverfahren
- Auflagen der Behörden erfordern Neu- und Umplanungen.

Aufgabe des Umweltschutzmanagementsystems ist es deshalb, ein optimales Genehmigungsmanagement zu gewährleisten.

Zusammenfassend ist also zu sagen, daß ein Umweltschutzmanagementsystem eine Vielzahl von verschiedenen Einflußfaktoren bedenken muß. Es versucht deren Chancen und Risiken so früh wie möglich zu erfassen und optimal darauf zu reagieren. Dabei stellen die hier genannten Einflußfaktoren nur eine Auswahl dar und müssen je nach Situation gegebenenfalls erweitert werden. Es ist deutlich, daß diese Situation für jedes Unternehmen unterschiedlich ist. Entsprechend dieser Unterschiede wird jedes Unternehmen andere Schwerpunkte in seinem Umweltschutzmanagementsystem setzen.

2 Vorgabe der Unternehmensziele

Nachdem die Umweltschutzanforderungen an ein Unternehmen ermittelt worden sind, ist es Aufgabe der Unternehmensleitung die Ziele im Umweltschutz festzulegen. Erstaunlicherweise begnügen sich etliche Unternehmen damit, diese Zielsetzung an die Behörden und den Gesetzgeber zu delegieren, in dem sie sagen, daß die Ziele im Umweltschutz ja eh durch die Gesetze vorgeben seien. In dem vorherigen Kapitel wurde jedoch gezeigt wie vielfältig die Umweltschutzanforderungen an ein Unternehmen sein können. Werden hier die Anforderungen bloß auf die gesetzlichen Anforderungen reduziert, können unerkannt Risiken erwachsen und entscheidender unternehmerischer Handlungsspielraum wird verschenkt. Die Unternehmensziele im Umweltschutz sollten deshalb die spezifische Situation des Unternehmens wiedergeben. So wird z.B. ein Unternehmen, das mitten in einer Stadt liegt der Sicherung der Standortakzeptanz ein deutlich höheres Gewicht beimessen, als ein Unternehmen, das in einem Industriegebiet in großer Entfernung zur nächsten Besiedlung liegt.

Hat die Unternehmensleitung die Prioritäten festgelegt, mit der sie sich den verschiedenen Einflußfaktoren widmen möchte, sind für die einzelnen Faktoren Zielvorgaben zu festzulegen. Dies erfolgt auf unterschiedlichesten Ebenen:

Die Festlegung grundsätzlicher Ziele erfolgt in den Umweltschutzleitlinien. Sie geben den Handlungsrahmen und die Vision des Unternehmens im Umweltschutz vor. Detailliertere Ziele und akutes Handeln sollen sich an ihnen orientieren. In der Regel enthalten Umweltschutzleitlinien Aussagen zu der Position, die das Unternehmen im Umweltschutz anstrebt wie:

- „Wir sind eines der führenden Unternehmen im Umweltschutz in unserer Branche.";
- „Wir streben die Öko-Leadership in unserem Marktsegment an." aber auch:
- „In unseren Marktsegmenten erfahren wir gravierende Umstrukturierungen. In dieser Situation stellen wir bei bestehenden Verfahren die Einhaltung der gesetzlichen Umweltschutzanforderungen sicher. Bei Neuentwicklungen ist für uns der Stand der Technik verbindlich."

In den Umweltschutzleitlinien ist auch das Verhältnis des Umweltschutzes zur Wirtschaftlichkeit zu definieren, z.B. „Umweltschutz und Wirtschaftlichkeit sind gleichrangige Unternehmensziele. Die Einhaltung gesetzlicher Anforderungen ist auf jeden Fall zu gewährleisten."

Entsprechend der Priorisierung der einzelnen Umweltschutzanforderungen geben die Leitlinien Grundsätze für diese Bereiche vor, z.B:

- „Umweltschutz wird schon in einem frühen Planungsstadium berücksichtigt;"
- „Die Kommunikation mit der Öffentlichkeit nimmt bei uns einen hohen Stellenwert ein. Dazu werden ein Beauftragter benannt und ein ständig besetzter Telefondienst eingerichtet;"

- „Wir sehen ein hohes Marktpotential durch die ökologischen Vorteile unserer Produkte. Wir legen deshalb besonderes Gewicht auf die Umweltbedürfnisse unserer Kunden".

Um die Verbindlichkeit der Umweltschutzleitlinien zu unterstreichen sind sie von der Unternehmensleitung zu unterschreiben. Bei großen Unternehmen mit verschieden Standorten oder unterschiedlichen Abteilungen ist es oftmals angebracht diese Leitlinien für den eigenen Bereich zu spezifizieren um einem engeren Bezug zu der ausgeübten Tätigkeit zu erhalten. Sie sind dann von den entsprechend Verantwortlichen zu unterschreiben.

An dieser Stelle sei angemerkt, daß Leitlinien, wenn sie nicht gelebt werden, schnell ihre Glaubwürdigkeit und Verbindlichkeit verlieren. Sie gelten dann nur noch als schönes Papier der Unternehmensleitung, das in einem Rahmen an der Wand hängt und langsam vergilbt. Es sollten deshalb in den Umweltschutzleitlinien nur die Inhalte festgelegt werden, die tatsächlich angestrebt werden.

Die Umweltschutzleitlinien alleine, sind als Zielvorgabe nicht ausreichend. Sie müssen durch detailliertere Vorgaben, wie z.B. Richtlinien und Betriebsanweisungen ergänzt werden. Daneben sind Umweltschutzziele in den Planungszyklen des Unternehmens zu fixieren, genauso wie jede andere Zielvorgabe eines Unternehmens auch. Das bedeutet insbesondere, die Umweltschutzziele sollten quantifizierbar, nachprüfbar und erreichbar sein.

3 Festlegung der Organisation und der Verantwortlichkeiten

Mit der Festlegung der Umweltschutzziele ist der Schritt zur Vorgabe der Richtung, in die sich ein Unternehmen im Umweltschutz entwickeln soll, erfolgt. Mit der Festlegung der Organisation und der Verantwortlichkeiten werden die Voraussetzung für die Umsetzung dieser Ziele geschaffen. Dabei wird durch die Ausrichtung der Umweltschutzziele an der speziellen Situation des Unternehmens sichergestellt, daß den Umweltschutzanforderungen besondere Aufmerksamkeit gewidmet wird, denen eine hohe Priorität zugewiesen wurde.

Wichtig bei der Zuweisung von Verantwortlichkeiten ist, daß eine ununterbrochene Kette der Delegation von der Führungsspitze bis zum Ausführenden gewährleistet ist. Bei einer vorschriftsmäßigen Delegation der Verantwortung müssen folgenden Anforderungen erfüllt sein:

- Anweisung
- Qualifikation
- Kompetenz
- Kontrolle.

Anweisung. Eigentlich ist es banal, daß derjenige, der eine Aufgabe ausführen soll, klar und eindeutig angewiesen werden muß. Die Praxis zeigt aber immer wieder, daß dies nicht in allen Fällen gewährleistet ist. Gerade während der Definition der Verantwortlichkeiten in einem Umweltschutzmanagementsystem werden häufig Situationen aufgedeckt, in denen den Betroffenen nicht bewußt war, in welchem Umfang sie bestimmte Aufgaben wahrnehmen sollten. Um Unklarheiten systematisch aus dem Weg zu gehen, sollten deshalb Anweisungen schriftlich fixiert werden, z. B. in Stellenbeschreibungen.

Qualifikation. Derjenige, dem eine Aufgabe übertragen werden soll, muß über ausreichende Qualifikationen zur Ausführung der Aufgabe verfügen. Der Delegierende muß sich vergewissern, daß dies der Fall ist. Es empfiehlt sich deshalb, die Qualifikationsanforderungen an die Stelleninhaber schriftlich, z. B. in Stellenbeschreibungen festzulegen und sicherzustellen, das sie bei der Stellenbesetzung beachtet werden.

Kompetenz. Soll eine Aufgabe auf einen Mitarbeiter delegiert werden, muß er auch die Kompetenz haben, diese auszuführen. So kann z. B. einem Umweltschutzbeauftragter nicht die Verantwortung für die Einhaltung der Emissionswerte einer Produktionsanlage übertragen werden, wenn er nicht mit Weisungsbefugnissen bis zur Stillegung der Produktionsanlage ausgestattet wurde. Dies ist bei den wenigsten Unternehmen der Fall. Sinnvollerweise bleibt die Weisungsbefugnis bei den Produktionsverantwortlichen. Trotzdem finden sich immer wieder Stellenbeschreibungen von Umweltschutzbeauftragten, denen Verantwortung zugewiesen wurde, die sie aus mangelnder Kompetenz nicht wahrnehmen können.

Kontrolle. Der Delegierende muß sich durch entsprechende Kontrollen versichern, daß die Aufgaben, die er delegiert hat, auch umgesetzt werden. Dies können z. B. persönliche Rundgänge oder schriftliche Bestätigung nach Erledigung der Aufgabe sein.

Ist eine der Anforderungen für eine einwandfreie Delegation nicht erfüllt, dann verbleibt die Verantwortung für die delegierte Aufgabe beim Delegierenden. Eine systematische Delegation verhilft einem Unternehmen dazu, daß einerseits Fehlverhalten aufgrund unzureichender Delegation vermieden wird, und daß andererseits die Verantwortung bei dem Mitarbeiter verbleibt, der für die Ausführung der Aufgabe verantwortlich ist. Dies ist sicherlich für den Betroffenen eine zusätzliche Motivation die ihm übertragenen Aufgabe korrekt auszuführen.

Die Zielvorgaben und Festlegung der Organisation können in übersichtlicher Form in einem Umweltschutzhandbuch zusammengefaßt werden. Es stellt dar welche Ziele das Unternehmen im Umweltschutz anstrebt und wer für deren Umsetzung verantwortlich ist. So finden sich in ihm die Umweltschutzleitlinien, die Umweltschutzrichtlinien und Betriebsanweisungen, sowie eine Beschreibung der Aufbau- und Ablauforganisation im Umweltschutz. Dazu gehören in der Regel Musterstellenbeschreibungen, die die Anforderungen und die Aufgaben der jeweiligen Stelleninhaber festlegen.

4 Kontrolle der Umsetzung

Die Kontrolle der Umsetzung ist zum einem Aufgabe des jeweils Delegierenden, wie es bereits oben dargestellt wurde. Dies ist eine ständige Managementaufgabe. Zum anderen ist aber gerade bei größeren Unternehmen die Delegationskette so lang, daß man nicht blindlings voraussetzen kann, daß bei der ausführenden Ebene das ankommt, was oben in der Unternehmensleitung gemeint worden war. Die grundlegende Erfahrung der Zuverlässigkeit eines solchen Informationsvermittlungsprozesses wird Kindern durch das „Stille-Post-Syndrom“ vermittelt. Auch können bei der Umsetzung Schwierigkeiten auftreten oder neue Erkenntnisse anfallen, über die die Unternehmensleitung Kenntnis erhalten sollte. In vielen Bereichen haben sich deshalb in regelmäßigen Abständen stichprobenartig durchgeführte Betriebsprüfungen (engl. audits) bewährt, so z.B. im Rechnungswesen oder in der Qualitätssicherung.

Seit zwei Jahrzehnten wird dieses Instrument auch im Umweltschutz erfolgreich eingesetzt. Dabei hat sich eine Vielfalt von verschieden Formen und Bezeichnungen ausgebildet. Will man die Umweltschutzauditprogramme verschiedener Unternehmen vergleichen, ist es unbedingt erforderlich, sich zuvor über Ziele, Umfang und Bezeichnungen zu verständigen. Ansonsten wird man aneinander vorbei reden. Allen Umweltschutzauditprogrammen gemeinsam ist aber, daß sie ein SOLL/IST-Vergleich durchführen. Der angetroffene Zustand eines Betriebes oder eines Betriebsteils wird verglichen mit den Soll-Vorgaben z.B. des Gesetzgebers oder den Unternehmensrichtlinien.

Daß Umweltschutzauditprogramme so unterschiedliche Ausprägungen in den Unternehmen finden, liegt daran, daß sie sich den Umweltschutzanforderungen des jeweiligen Unternehmens anpassen müssen. In den ersten beiden Kapiteln dieses Aufsatzes wurde dargestellt, wie unterschiedlich die Umweltschutzanforderungen an ein Unternehmen sein können, und daß darauf aufbauend das Unternehmen die Prioritäten festlegen muss. Es ist leicht einsichtig, daß ein Umweltschutzauditprogramm ganz anders gestaltet sein muß, wenn sein Ziel ist, zu kontrollieren, daß die Haftungsrisiken des Unternehmens vermindert werden, als wenn das Ziel ist, sicherzustellen, daß auf allen Ebenen des Unternehmens die Öko-Leadership angestrebt wird.

Ein Umweltschutzaudit, daß die Einhaltung rechtlicher oder betrieblicher Vorschriften kontrolliert wird als „compliance audit“ bezeichnet. Compliance audits werden angewandt bei großen Haftungsrisiken. Insbesondere in den USA werden sie häufig durchgeführt. Treibende Kraft sind dort die zivilrechtliche Ansprüche, die Nachbarn an ein Unternehmen stellen können, falls eine unrechtmäßige Emission nachgewiesen werden kann. Verbunden mit Anwaltskanzleien, die sich auf Klagen dieser Art spezialisiert haben und auf der Basis von Erfolgshonoraren arbeiten, können daraus schnell Forderungen erwachsen, die das Unternehmen wirtschaftlich an den Rand des Verkraftbaren bringen. Das compliance audit ist ein Instrument des Managements um sicher zu stellen, daß alle umweltrechtlichen Vorschriften eingehalten werden.

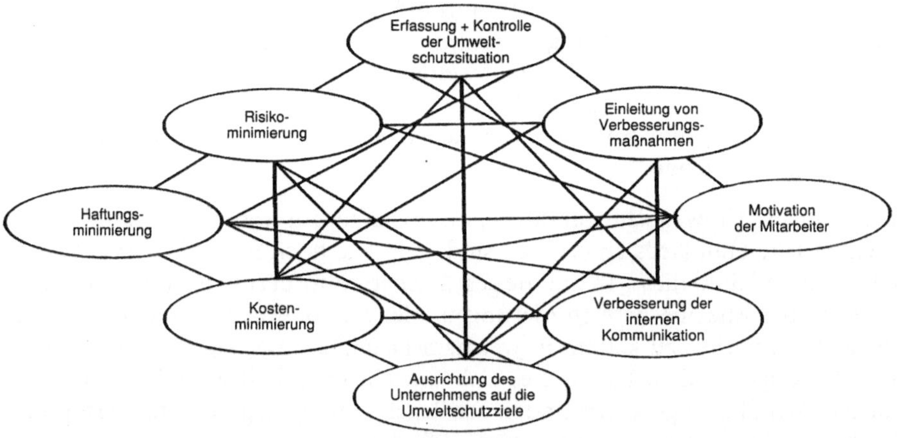

Abb. 2. Die Ziele von Umweltschutzauditprogrammen sind unternehmensspezifisch festzulegen

In Situationen, in denen die Haftungsrisiken nicht so gravierend sind, werden mehr die sogenannten „management system audits“ eingesetzt. Auch sie bewerten die Abweichung vom Soll-Zustand. Allerdings berücksichtigen sie in starkem Maße, wie das Managementsystem auf die Abweichung reagiert hat. So ist z.B. ein provisorisch abgedichetes Leck in einem Tank mit wassergefährdender Flüssigkeit bei einem compliance audit eine negative Abweichung, die berichtet werden muß. Denn ein provisorisch abgedichteter Tank entspricht nicht den Anforderungen des Wasserhaushaltsgesetz und den nachgeschalteten Verordnungen und Verwaltungsvorschriften. Bei einem management system audit wird aber berücksichtigt, wie auf die Abweichung reagiert wurde. So könnte sich z.B. ergeben, daß das Leck am frühen Morgen entdeckt und provisorisch abgedichtet wurde, während derzeit der Tankinhalt umgepumpt wird. Für den folgenden Tag wurde ein zugelassener Fachbetrieb bestellt, um das Leck zu beseitigen, und der Tank soll nicht wieder in Betrieb genommen werden, bevor die Dichtigkeit überprüft und die Ursache für die Leckage ermittelt ist. Ein solches Verhalten wäre ein positiver Befund für ein management system audit. Denn die Abweichung vom Sollzustand ist erkannt worden und es wurden geeignete Maßnahmen eingeleitet, um sie wieder in den Soll-Zustand zu überführen.

Diese beiden Beispiele zeigen, wie unterschiedlich Auditprogramme gestaltet werden können. Durch diese breite Gestaltungsmöglichkeiten können unterschiedliche Ziele erreicht werden. Die Ziele eines Umweltschutzauditprogramms sind deshalb sorgfältig auf die Umweltschutzziele des Unternehmens abzustimmen (Abb. 2).

Beispiele für die Zielsetzung von Umweltschutzaudits lauten:

– „Durch regelmäßige Umweltschutzaudits wollen wir Schwachstellen erkennen und eine kontinuierliche Verbesserung im Umweltschutz erreichen.“

- „Durch den Einsatz von Umweltschutzaudits soll sichergestellt werden, daß alle rechtlichen Anforderungen eingehalten werden und keine rechtlichen Ansprüche an den Vorstand gestellt werden können."
- „Wir streben die Öko-Leadership in unserem Marktsegment an. Durch Umweltschutzauditing wollen wir sicherstellen, daß wir diesen Standard tatsächlich erreichen."

Bevor nun ein Umweltschutzauditprogramm aufgebaut werden kann, ist festzulegen, welche Standards zu erfüllen sind, d.h. wie hoch liegt die Meßlatte des Sollzustandes. Sind dies z.B. nur die gesetzlichen Anforderungen, oder kommen unternehmensspezifische Anforderungen oder internationale Standards hinzu. Ebenfalls ist vorher zu klären, in welchem Detaillierungsgrad die Auditergebnisse benötigt werden. Handelt es sich um ein compliance audit auf Grund gravierender Haftungsrisiken sind in der Regel umfangreichere Details erforderlich, als wenn ein management system audit durchgeführt werden soll.

Alle Elemente eines Umweltschutzauditprogramms sind auf die Ziele des Umweltschutzmanagementsystems auszurichten. Die wesentlichen Elemente eines Umweltschutzauditprogrammes sind:

- Organisatorische Einbindung
- Teamzusammensetzung
- Audit-Vorbereitung
- Audit-Ablauf
- Audit-Berichtswesen
- Maßnahmenpläne und
- Sicherstellung der Umsetzung.

In der Praxis hat sich eine hierarchisch möglichst hohe Einbindung des Umweltschutzauditprogramms bewährt. Dadurch wird sichergestellt, daß dem Umweltschutzauditprogramm die entsprechende Aufmerksamkeit gewidmet wird, sei es damit sich die Auditierten sorgfältig vorbereiten oder das bei Abweichungen vom Sollzustand die Änderungen zu deren Beseitigung mit dem erforderlichen Nachdruck vollzogen werden.

Häufig werden Umweltschutzauditprogramme von der Zentralen Umweltschutzabteilung geleitet, die direkt an den Vorstand berichtet. Entsprechend den Zielen des Umweltschutzauditprogramms und der Struktur eines Unternehmens sind aber auch andere Einbindungen zu beobachten, wie z.B. Leitung des Umweltschutzauditprogramms durch die Rechtsabteilung oder die Finanzabteilung.

Auch die anderen oben aufgeführten Bestandteile eines Umweltschutzauditprogramms sind auf dessen Ziele auszurichten. Auf diese Aspekte wird detailliert in den folgenden Aufsätzen eingegangen.

Bei der Einführung eines Umweltschutzauditprogramms ist zu beachten, daß ohne die Unterstützung der auditierten Mitarbeiter ein Umweltschutzauditprogramm zum Scheitern verurteilt ist. Wenn sich die Mitarbeiter bei den Interviews verschließen wird selbst ein erfahrener Auditor kaum Erkenntnisse aus ihnen gewinnen können. Dementsprechend ist er bei den Anlagenbegehungen auf seinen eigenen Erfahrungsschatz angewiesen. Hinweise, wo etwas nicht stimmt erhält er nicht von den interviewten Mitarbeitern. Aus der Anlagenbegehung, die helfen soll die in den Interviews gewonnenen Erkenntnisse zu verifizieren, wird eine Anlageninspektion, die bei gleichem Zeitaufwand nur einen Bruchteil der Ergebnisse erzielen wird. Aussagen über informelle Abläufe können ohne Unterstützung der Auditierten kaum gewonnen werden.

Es ist deshalb entscheidend, daß das Umweltschutzauditprogramm von den Mitarbeitern akzeptiert wird. Dies kann zum einen durch die bereits oben erwähnte hohe hierarchische Einbindung erzielt werden. Zum anderen kann die Akzeptanz erreicht werden, in dem das Umweltschutzauditprogramm auf die Unternehmenskultur abgestimmt wird. Insbesondere die Abstimmung der Push- und Pull-Faktoren trägt dazu bei. Push-Faktoren, sind die Elemente eines Auditprogramms, die dazu führen, daß ein Audit mehr als Druck empfunden wird, während Pull-Faktoren mehr auf die Eigenmotivation der Mitarbeiter aufbauen. Als typischer Push-Faktor werden z.B. Auditberichte empfunden, die nur die negativen Abweichungen auflisten. Der Gegensatz dazu sind Berichte, die auch die Stärken des jeweiligen auditierten Betriebes hervorheben und entsprechend kommunizieren. Als Push-Faktoren wirken ebenfalls Auditberichte, die den jeweiligen Vorgesetzten übermittelt werden, ohne daß der auditierte Betrieb selbst Gelegenheit hatte, dazu Stellung zu beziehen. Demgegenüber wird als Pull-Faktor eingestuft, wenn der auditierte Betrieb den Maßnahmenkatalog zur Beseitigung der Abweichungen zusammen mit dem Auditbericht den Vorgesetzten präsentiert. Welcher Weg in welchem Maße beschritten wird, hängt in starkem Maße von der Unternehmenskultur ab. In Unternehmen, die streng hierarchisch orientiert sind, werden in der Regel mehr Push-Faktoren eingesetzt. Unternehmen, die mehr Eigeninitiative ihrer Mitarbeiter fordern, werden mehr Pull-Faktoren angewendet. Ein zu rigides Umweltschutzauditprogramm, durchgeführt in einem Betrieb der eigenverantwortliches Handeln gewohnt ist, wird auf massiven Widerstand stoßen. Ein Betrieb der eher autoritär geführt wird, wird einem Umweltschutzauditprogramm, daß zu sehr auf Eigenverantwortung setzt nicht ausreichend Bedeutung beimessen.

In vielen Betrieben bestehen schon Auditprogrammen oder auditähnliche Strukturen. Beispiele dafür sind z.B.:

- die Druckbehälterüberwachung,
- die Qualitätssicherung,
- die Überwachung der Lagerung wassergefährdender Stoffe,
- die Gewährleistung der Arbeitssicherheit oder
- die Absicherung des Umgangs mit Gefahrstoffen.

Wird ein Umweltschutzauditprogramm aufgebaut, muß es sich in die bestehenden Strukturen einfügen. Dabei sollten Abteilungsegoismen vermieden werden und die Motivation und Dynamik bestehender ähnlicher Strukturen genutzt werden um den Aufbau des Umweltschutzauditprogramms zu erleichtern. Letztendlich ist die Akzeptanz des Umweltschutzauditprogramms der Schlüssel zu seinem Erfolg. Deshalb sind die Häufung von Auditierungen, die sich in Teilbereichen immer wieder überlappen soweit wie möglich zu vermeiden. Schließlich liegt die Hauptaufgabe des Betriebes in der Produktion und nicht in einer wöchentlichen Auditierung.

5 Einleitung von Maßnahmen bei Abweichungen

Nach der Auditierung und der Erstellung eines Auditberichts, der je nach Zielsetzung Stärken, negative Abweichungen und Empfehlungen zu deren Beseitigung enthält, ist sicherzustellen, daß die Berichte nicht in der Schublade einer Zentralabteilung verschwinden, ohne daß sie Maßnahmen zur Beseitigung der erkannten Mängel auslösen. Eine größere Blöße kann sich ein Unternehmen gegenüber einem engagierten Staatsanwalt oder gegenüber der sensibilisierten Öffentlichkeit fast nicht geben, als Mängel zu erkennen und zu dokumentieren, daß man nichts zu deren Beseitigung unternommen hat.

Das Verständnis für Mißstände, die ein Unternehmen durch eigenständige Auditierung aufgedeckt hat und deren Beseitigung umgehend und mit Nachdruck angegangen wird, ist in der Regel durch die Vollzugsbehörden gegeben. Dieser Vertrauensvorschuß ist aber umgehend verbraucht, wenn dokumentiert ist, daß Mängel erkannt und anschließend nicht beseitigt wurden. Die Frage, ob es unter diesen Umständen für ein Unternehmen nicht sicherer sei, keine Umweltschutzaudits durchzuführen um keine Kenntnis von eventuellen Mißständen zu erhalten, muß dahingehend beantwortet werden, daß Unwissenheit nicht vor Strafe schützt. Hinzu kommt, daß dem Unternehmen ein Organisationsverschulden vorgeworfen werden könnte, weil es seine Kontrollpflicht nicht wahrgenommen hat. Im Gegenzug wird der Aufbau eines Umweltschutzauditprogramms in der Regel von den Behörden positiv gewertet.

Es ist deshalb für ein funktionierendes Umweltschutzmanagementsystem erforderlich, sicherzustellen, daß erkannte Mängel Maßnahmen zu deren Beseitigung auslösen. Auch ist sicherzustellen, daß die Umsetzung von Maßnahmen kontrolliert wird.

6 Überprüfung der Unternehmensziele

Das Umweltschutzauditprogramm ist ein Instrument, um die Umsetzung der Umweltschutzziele eines Unternehmens zu kontrollieren und die Einleitung von Maßnahmen bei Abweichungen zu initiieren. Dadurch erhält die Geschäftsführung eines Unternehmens ein sehr detailliertes Bild über den tatsächlichen Umsetzungsgrad der Umweltschutzziele sowie die Stärken und die Schwächen des Unternehmens im Umweltschutz. Ebenso sind die Umweltschutzziele in regelmäßigen Abständen zu überprüfen. Zu klären ist u.a. ob die Umweltschutzziele noch der Situation des Unternehmens entsprechen, oder ob sich die Umweltschutzanforderungen an das Unternehmen grundlegend geändert haben. Aus den Auditberichten ist auch zu entnehmen, ob die Zielvorgaben überhaupt realisierbar waren, oder ob sie zu niedrig gesteckt worden sind.

Durch die Überprüfung der Ziele wird wie in einem Regelkreis, durch die Betrachtung des Erreichten und Überprüfung der Zielvorgaben sichergestellt, daß das Unternehmen wie ein Schiff auf seinem Kurs bleibt. Umweltschutzauditing ist dabei ein wichtiger Baustein, denn es stellt sicher, daß die Information über die tatsächliche Situation zum Kapitän gelangt, der daraufhin den Kurs neu festlegen kann. Umweltschutzmanagementsysteme und Umweltschutzauditing stellen somit einen altbekanntes und ein erfolgreiches Managementinstrument dar, dessen Anwendung sich seit zwei Jahrzehnten auch im Umweltschutzmanagement bewährt hat.

Erfahrungen aus der Praxis: Durchführung von Umweltschutzaudits

Markus Powell, Wiesbaden

Entschließt sich das Management eines Unternehmens zur Entwicklung eines Umweltschutzauditsystems, ist ein Schritt auf dem Weg zur möglichen Verbesserung der Umweltschutzaktivitäten getan. Ein weiterer Schritt ist jedoch die Umsetzung von Umweltschutzaudits an industriellen Standorten. Auf dieser operationalen Ebene erhalten die Absichten des Managements ihre wahre Bedeutung und Dynamik zur Entfaltung eines übergreifenden Kontroll- und Verbesserungsinstruments. Bedingungen für den Erfolg sind hierbei klares Verständnis der Auditziele auf allen Managementebenen und des Auditprinzips auf operationaler Ebene. Darüberhinaus müssen Vorort-Auditaktivitäten sorgfältig geplant und eine hinreichende Kommunikation zwischen Auditteam, der zu auditierenden Werkseinheit bzw. der Werksleitung und dem Management gesichert werden. Um dem Management und letztlich dem Auditteam eine möglichst umfassende und strukturierte Basis zur Durchführung von Audits zu liefern, wurde ein Ablauf, der sich in der Regel in fünf Schritte gliedert, entwickelt.

Auditplanung und Ressourcenallokation

Das Audit beginnt mit der Vorbereitung der Vorortaktivitäten. Die dafür notwendigen Aufgaben beinhalten:

- das Abfragen von Informationen des zu untersuchenden Standorts (Standortskizze, Chemikalieninventar, Organigramme, Verantwortlichkeiten, Umweltschutzhandbuch etc.),
- Vorbereitung von Fragebögen und Auditprotokollen (auf diese wird im Verlauf des Textes näher eingegangen),
- Entwicklung eines Auditablaufplans, der die Aktivitäten des Auditteams zeitlich aufteilt und dem Standortpersonal einen Überblick über die geplanten Aktivitäten gibt (siehe Abb. 1).

Die verschiedenen Auditaktivitäten, Erfahrung der Auditteammitglieder und die Anzahl der Auditressourcen/-materialien werden je nach:

– den genauen Zielen, die für das Audit abgesteckt wurden,

Sietz/v. Saldern
Umweltschutz-Management und Öko-Auditing

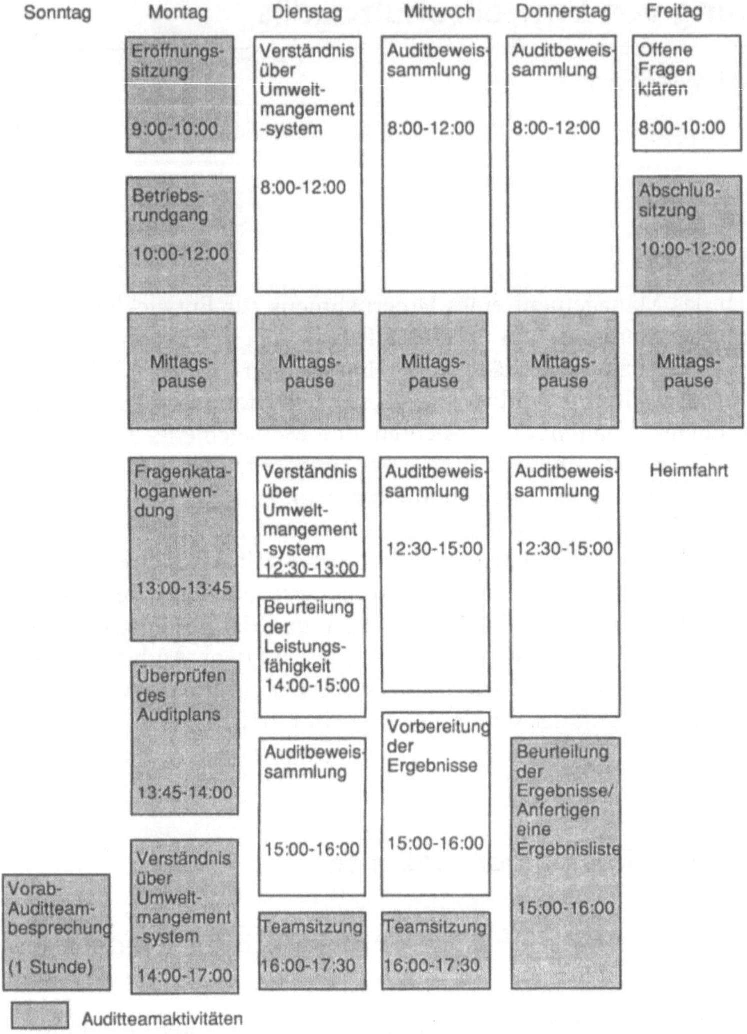

Abb. 1. Der Auditplan

- der Größe des zu auditierenden Betriebs und der Komplexität der Umweltschutzbelange die den Standort betreffen,
- dem Umfang des am Standort bestehenden Umweltmanagementsystems und
- der Kenntnis der Auditteammitglieder, über die für den Standort relevanten gesetzlichen oder internen Bestimmungen sowie den vorherrschenden Gegebenheiten des Standorts, bestimmt.

In Tabelle 1 wird eine Übersicht über die Zeitverteilung, die für die Vortortaufgaben bei einem Erstaudit sowie einem Wiederholungsaudit notwendig ist, dargestellt.

Tabelle 1. Zeitverteilung für Vorortaufgaben bei einem Erst- und Folgeaudit

Schritt	Erstaudit	Folgeaudit
1. Verstehen der Managementsysteme	40%	25%
2. Beurteilung der internen Kontrollinstrumente	5%	5%
3. Sammeln der Auditbeweise	35%	50%
4. Beurteilung der Ergebnisse	10%	10%
5. Berichten der Auditergebnisse	10%	10%
	100%	100%

Bei Folgeaudits kann mit einer Verringerung des Zeitbedarfs Vorort von 15–20% gerechnet werden. Bei der personellen Besetzung des Auditteams ist stets auf die Qualifikation der Mitarbeiter zu achten sowie auf Variablen wie die notwendige Größe des Teams und der Zeitfaktor, die je nach Größe und Komplexität des Betriebs variieren. Ein zu großes Team kann das Standortpersonal überfordern, was dann zu Engpässen bei der Durchführung des Audits führen kann.

Die fünf Schritte zur Durchführung eines Umweltschutzaudits

Nach der von Arthur D. Little angewandten Methodik, läßt sich die Durchführung von Audits in fünf Schritte unterteilen (siehe Abb. 2).

- Beim ersten Schritt „Gewinnung eines Überblicks über die bestehenden Managementsysteme, Verfahrensweisen und Standards" werden bestehende Strukturen, die zur Gewährleistung der Einhaltung behördlicher Anforderungen sowie der unternehmensspezifischen Anforderungen wie Umweltschutzleitlinien, sofern diese im Unternehmen vorhanden sind, untersucht.

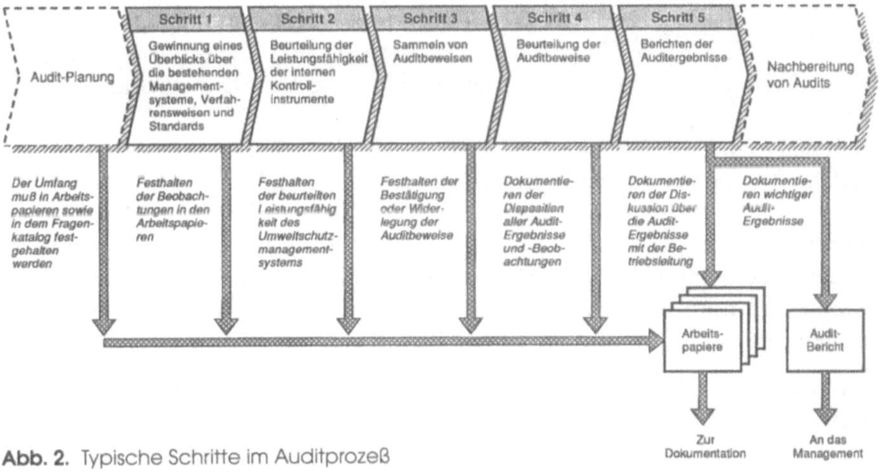

Abb. 2. Typische Schritte im Auditprozeß

- Der zweite Schritt „Beurteilung der Leistungsfähigkeit der internen Kontrollinstrumente“ ist die Abschätzung, ob die Managementsysteme, Verfahrensweisen und Standards ausreichend die Einhaltung der Umweltschutzanforderungen gewährleisten und eine Verminderung der vom Standort ausgehenden Umweltbeeinträchtigungen erreichen. Unter internen Kontrollinstrumenten werden alle vom Unternehmen geschaffenen Systeme zur Einhaltung gesetzlicher Bestimmungen sowie von Konzern- und/oder Unternehmensrichtlinien im Rahmen des betrieblichen Umweltschutzes verstanden.
- Schritt drei „Sammeln von Auditbeweisen“ dient zur Sammlung von Informationen, über betriebliche Verfahrensweisen, die nicht den gesetzlichen oder vom Unternehmen geschaffenen Anforderungen entsprechen. Die Sammlung der Beweise orientiert sich an den Zielen und dem Umfang des Audits.
- Mit dem vierten Schritt „Beurteilung der Auditbeweise“ werden die gesamten, während des Audits gewonnenen Daten zusammengeführt, auf ihre Validität und Relevanz geprüft sowie sichergestellt, daß sie sich im Rahmen der Auditziele bewegen.
- Der fünfte und letzte Schritt „Berichten von Auditergebnissen“ beinhaltet nicht nur die Kommunikation der Auditergebnisse bei der Abschlußsitzung. Auch die Weiterleitung von wichtigen Befunden an die Werksleitung, sofort nach ihrer Festellung sowie das Abliefern eines schriftlichen Auditberichts an das Management sind unerläßliche Bestandteile, der für die Effektivität des Auditingsystems erforderlichen Berichterstattung.

Gewinnung eines Überblicks über Managementsysteme, Verfahrensweisen und Standards – Schritt 1

Prinzipiell ist die erste Aufgabe des Auditteams Vorort, zunächst einen Überblick über die bestehenden, für das Audit relevanten Management Systeme zu erhalten. Dazu gehören:

- Organisation – die die betriebliche Struktur, die Verantwortlichkeiten und Berichtswege regelt.
- Rahmenwerke – die Verfahrensweisen, Standards und Leitlinien, die aufzeigen welche Regelwerke vorhanden sind, um Abläufe und Funktionen der Unternehmenstätigkeit zu gewährleisten.
- Kontrollen – Inspektionen und sonstige Prüfungen, die vorgenommen werden, um den reibungslosen Ablauf der betrieblichen Aktivitäten zu regeln.
- Kommunikation – Instrumentarien zur Handhabung, Dokumentation und Verteilung von Informationen innerhalb des Unternehmens.

Es ist wesentlich, daß das Auditteam einen Eindruck über die Art, wie das Unternehmen seine Umweltschutzaktivitäten regelt, gewinnt. Damit wird ein Rahmen zur Beurteilung der Leistungsfähigkeit der internen Umweltschutzkon-

Tabelle 2. Schlüsselaktivitäten zum Verständnis des Umweltschutzmanagementsystems

Generelles Verständnis der Standortgegebenheiten (Audit-Team)	Detailverständnis der Hauptaktivitäten des Betriebes (einzelne Audit-Teammitglieder)
• Durchsicht von Vorbereitungsunterlagen	• Interviews mit Schlüsselpersonen
• Abhalten der Eröffnungssitzung	• Interviews mit anderen Beteiligten
• Abhalten des Betriebsrundgangs	• Durchsicht der relevanten Betriebsdokumente
• Anwenden des Fragenkatalogs	• Prüfung von Auditbeweisen

trolle geschaffen und das Auditteam gewinnt ein Verständnis für Abläufe. Welche Aufgaben sich für das Auditteam (zum generellen Verständnis) oder das einzelne Teammitglied (zum detaillierterem Verständnis) ergeben, geht aus Tabelle 2 hervor.

Das Auditteam verschafft sich in folgender Weise einen näheren Einblick in die am Standort bestehenden Strukturen bzw. das Umweltschutzmanagementsystem:

a) Eingehende Durchsicht der Vorbereitungsunterlagen

Die Arbeit des Auditteams beginnt schon vor den Vorort-Auditaktivitäten mit der Untersuchung, der von dem zu auditierenden Betrieb zur Verfügung gestellten Vorbereitungsunterlagen. Zu diesen Unterlagen gehören neben allgemeinen Informationen über den Standort und die Produktionsverfahren, Umweltschutzleitlinien, das Umweltschutzhandbuch, sofern vorhanden, Schriftverkehr mit Aufsichtsbehörden, Anlagengenehmigungen etc. Es empfiehlt sich die Vorbereitungsunterlagen so aufzuteilen, daß themenspezifische Informationen, den für die verschiedenen Gebiete vorgesehenen Teammitgliedern, zur Verfügung gestellt werden. Zwar geben die Vorbereitungsunterlagen meist einen relativ guten Einblick in das Umweltschutzmanagement an einem Standort, jedoch sind sie Hintergrundinformation und nicht ausreichend als Verifikation für das tatsächliche Geschehen. Das Auditteam kann sie zur Bildung von Hypothesen nutzen, die im Verlauf des Audits durch Interviews, Begehung der Anlagen, Durchsicht von Unterlagen etc. geprüft werden.

b) Eröffnungssitzung

Die Eröffnungssitzung, die Vorort durchgeführt wird und die erste Vorortaktivität ist, bietet dem Auditteam sowie den Standortvertretern die Möglichkeit, erste Informationen auszutauschen. Hauptsächlich dient die Eröffnungssitzung der Vermittlung der Auditziele, des Auditumfangs und der Vorgehensweise durch das Auditteam an das anwesende Standortpersonal. Ferner dient es dem Auditteam, einen Überblick über die Werksaktivitäten, die Organisation und das Umweltschutzmanagement durch das Standortpersonal zu erhalten.

Aus der Erfahrung haben sich drei Hauptfaktoren ergeben, die den Erfolg einer Eröffnungssitzung unterstützen:

- Da die auditierten Betriebe mit der Vorgehensweise und Thematik des Umweltschutzaudits häufig nicht vertraut sind und zum Teil sogar mit einer defensiven Haltung gegenüber dem Auditteam zu rechnen ist, sollte der Auditteamleiter folgendes beachten:
  - Er sollte stets eine positive und kommunikative Rolle gegenüber dem Standortpersonal wahren.
  - Um einen besseren Überblick des Ablaufes und der Vorgehensweise zu vermitteln, sollten schriftliche Unterlagen sowie Overheadprojektorfolien genutzt werden.
  - Dem Standortpersonal sollte ausdrücklich kommuniziert werden, daß durch das Umweltschutzaudit möglicherweise die tägliche Routine gestört wird, aber diese Störungen so minimal wie möglich gehalten werden.
- Es sollte darauf geachtet werden, daß rasch ein generelles Verständnis der betrieblichen Umweltschutzaktivitäten am Standort vom Auditteam aufgebaut wird. Das Auditteam sollte sich hierbei besonders auf Informationen wie z.B. über die Betriebsaktivitäten, das Chemiekalieninventar und Mengen, Anzahl der Mitarbeiter und die Organisationsstruktur konzentrieren.
- Eine Abmachung über logistische Vereinbarungen sollte getroffen werden. Hierbei sollte geklärt werden, ob Sicherheitsbereiche, insbesondere Betriebsteile, die für das Audit relevant sind zugänglich sind, die Beförderung zum, auf dem oder vom Betriebsgelände gewährleistet ist und relevante Interviewpartner dem Auditteam zu festvereinbarten Terminen zur Verfügung stehen.

c) Betriebsrundgang

Nach der Eröffnungssitzung sollte das Auditteam einen Betriebsrundgang mit dem Standortpersonal vornehmen. Dies bietet jedem Auditteammitglied die Möglichkeit, sich einen Gesamteindruck des Standorts zu verschaffen und sich mit den Örtlichkeiten der einzelnen Anlagenteile sowie mit deren spezifischen Abläufen und Aktivitäten, die für die dem Mitglied zugewiesene Aufgabenstellung relevant sind, vertraut zu machen. Im Betriebsrundgang sollten Lager, wesentliche Emissionsquellen, Produktionsanlagen, Laboreinrichtungen usw. enthalten sein. Während der Betriebsbegehung ist es besonders wichtig:

- Nicht alles auf einmal aufnehmen zu wollen.
  Der Betriebsrundgang ist nur die erste der vielen Gelegenheiten, einen Einblick in die Betriebsabläufe zu erhalten. Während des Betriebsrundgangs ist es die Aufgabe des Auditierenden einen ersten Eindruck zu erhalten. Das Auditteammitglied sollte nicht versuchen, alles was wahrgenommen wird an dieser Stelle zu bewerten, vielmehr sollte registriert werden, welche Bereiche möglicherweise zu einem späteren Zeitpunkt genauer betrachtet werden sollten.
- Fragen zu stellen.
  Während des Betriebsrundgangs sollten die Auditteammitglieder alle für sie zum Verständnis der Abläufe sowie des Umweltschutzmanagementsystem

notwendigen Fragen stellen. Insbesondere sollten Fragen gestellt werden, wenn sich Inkonsistenzen mit dem vom Standort zur Verfügung gestellten Vorbereitungsmaterial ergeben. Bei Inkonsistenzen, die nicht rasch oder einfach ausgeräumt werden können, sollte eine Notiz gemacht werden und die zu einem späteren Zeitpunkt geklärt wird, um hier nicht den Ablauf zu stören.

d) Anwenden des Fragenkatalogs zur Beurteilung der internen Kontrollinstrumente

Bei vielen bereits bestehenden Umweltschutzauditprogrammen wird ein Fragenkatalog zur schnellen Sammlung von Schlüsselinformationen über die Qualität der internen Umweltschutzmanagementkontrolle verwendet. Dieser Fragenkatalog dient dem Auditteam als Leitfaden bei der Durchführung von Interviews mit dem Umweltschutzbeauftragten oder anderem relevanten Personal des Standorts und unterstützt das Auditteam beim Verstehen der Verantwortlichkeiten, der Umweltschutzaktivitäten und sonstigen Aktivitäten, die von Interesse sein könnten. In der Regel werden im Fragebogen die einzelnen Themen in den Interviews mehr im Detail als bei der Eröffnungssitzung behandelt. Die Themen, die der Fragenkatalog behandeln sollte, sind:

- Standortrichtlinien und Abläufe im Umweltschutz,
- Relevanz der verschiedenen Umweltschutzanforderungen (gesetzliche und Konzern) für den Standort,
- Dokumentation und Archivierung,
- Kommunikation mit Behörden,
- Investitionen im Umweltschutzbereich und
- Schulung von Mitarbeitern.

Der Fragenkatalog sollte nur als Leitfaden genutzt werden. Es muß realisiert werden, daß die Hauptaufgabe das Verstehen der standortspezifischen Gegebenheiten und nicht das sture Herunterbeten der Fragen ist.

e) Überprüfung des ursprünglich geplanten Auditablaufs

Nachdem das Durchsehen der Vorbereitungsunterlagen, die Eröffnungssitzung und der Betriebsrundgang sowie die Anwendung des Fragenkatalogs abgeschlossen wurden, hat das Auditteam in der Regel nun genug Informationen, um zu beurteilen, ob Änderungen am ursprünglichen Auditplan und der Ressourcenallokation, die vor dem Eintreffen am Standort geplant wurden, erforderlich sind. Wenn z.B. das Auditteam davon ausgegangen ist, daß der Standort geringe Mengen von Sonderabfall produziert und während des Betriebsrundganges oder der Interviews sich herausstellt, daß große Mengen Sonderabfall anfallen, sollte dem Bereich des Abfallmanagements am Standort mehr Bedeutung zugemessen werden. Es sollten bei der Durchsicht des Auditplans zwei wesentliche Punkte beachtet werden:

- Sicherstellen der Relevanz der zugewiesenen Aufgaben.
  Basierend auf dem, was durch die vorherigen Vorgänge in Erfahrung gebracht

wurde, sollte die Relevanz der ursprünglichen Aufgaben überprüft werden. Da jedoch jedes Auditteammitglied sich speziell auf einen Bereich, z.B. Abfallmanagement, Immissionsschutz, Abwasserreinigung, Energiemanagement etc. vorbereitet hat, ist es an dieser Stelle nicht sinnvoll von der ursprünglichen Planung abzuweichen. Jedoch kann es angebracht sein, die Schwerpunkte zu verlagern oder weitere Auditteammitglieder einem wichtigen Bereich zuzuweisen, sofern dies die personelle Planung erlaubt.

- Abstimmen des Zeitplans.
  Das Auditteam sollte die Zeit, die für die einzelnen Aufgaben erforderlich ist, mit der verbleibenden Zeit vergleichen. Falls sich hier größere Diskrepanzen ergeben, könnte eine Neuverteilung der Ressourcen notwendig werden. Eine gutgeplante Strategie zur Verifizierung der Auditbeweise (d.h. man wählt nur Interviewpartner, Betriebsdokumente und Anlagenbereiche zur Nachbesichtigung, die für die Verifizierung der Auditbeweise relevant sind) unterstützt das Einhalten des Zeitplans unter dem Gesichtspunkt des limitierten Zeithorizonts.

f) Detailliertes Verständnis über Schlüsselfunktionen und Aufgaben des Standorts

Mit der Beendigung der oben beschriebenen Auditteamaufgaben, sollte nun jedes Auditteammitglied einen guten Überblick über die Standortaktivitäten haben. Die Auditteammitglieder sind nun bereit, die Umweltschutzmanagementaktivitäten des Betriebs zu untersuchen. Bereiche, die diese Untersuchung einschließen, umfassen üblicherweise:

- Abfallmanagement (einschl. Sonderabfall), Stichworte dazu sind:
  - Abfallaufkommen,
  - Abfalltransport/-beseitigung durch Dritte,
  - Abfallbehandlung und Lagerung am Standort,
  - unterirdische Lagerbehälter,
  - Handhabung von polychlorierten Biphenylen (PCB),
  - relevante Genehmigungen für Anlagen zur Behandlung sowie zur Sonderabfallbeseitigung,
  - ehemalige Verfahren der Abfallbeseitigung und
  - Anfall von Sonderabfall am Standort;
- Abwassermanagement, insbesonders:
  - Abwasseraufkommen,
  - Art der Abwässer,
  - Einleitgenehmigungen,
  - betriebseigene Abwasserbehandlung,
  - relevante Dokumentation,
  - Kanalisationssystem und
  - Trinkwasserversorgung;
- Immissionsschutz, darunter zu beachten sind besonders:
  - Emmissionsquellen festellen,

- relevante Genehmigungen,
- Einhaltung der Immissionsschutzanforderungen,
- Feuerungsanlagen,
- Störfallpläne und
- Instandhaltung.

Vertiefende Informationen über diese Bereiche kann das Auditteam durch Interviews mit Schlüsselpersonen des Standorts, weitere Standortbesichtigungen, Durchsicht von Betriebsdokumenten etc. erlangen. Als Unterstützung erhält jedes Auditteammitglied ein vorgefertigtes Auditprotokoll.
Im Auditprotokoll werden die Auditaufgaben in Schritte unterteilt. Es ist eine schriftliche Hilfe für das Auditteammitglied über die Arbeit, die beim Audit in den einzelnen oben beschriebenen Untersuchungsbereichen verrichtet werden soll. In der Regel listet das Auditprotokoll die Schritte, die vom Auditteam durchgeführt werden sollen, z.B. Interviews die geführt, Bereiche die geprüft und Fragestellungen die bearbeitet werden sollen auf, und beschreibt diese Schritte bzgl. der Aufgaben, die das Auditteammitglied in seinem Bereich wahrnehmen soll. Bei manchen Unternehmen beinhaltet das Protokoll zur Unterstützung des Auditteams auch eine kurze Beschreibung der regionalen oder landesspezifischen gesetzlichen Anforderungen für den jeweiligen Bereich. Dies ist vorteilhaft, wenn das Auditteam nicht mit den regionalen Anforderungen an den Standort vertraut ist.

Beurteilung der Leistungsfähigkeit der internen Kontrollinstrumente – Schritt 2

Sobald die Auditteammitglieder eine genaues Verständnis über die am Standort befindliche Umweltmanagementsysteme erhalten haben, ist der nächste Schritt die Beurteilung der Leistungsfähigkeit der Umweltmanagementsysteme nach Bereichen, die in dem für das Audit festgelegtem Umfang enthalten sind. Die primäre Aufgabe dieses zweiten Schritts ist festzustellen, ob die Vorgehensweise des Betriebs bei der Bewältigung von Umweltschutzaufgaben so funktioniert wie sie vorgesehen ist und sicherstellt, daß eine Einhaltung von internen sowie externen Anforderungen oder Richtlinien geboten wird. Die Untersuchung des Umweltschutzmanagementsystems durch das Auditteam ist an dieser Stelle besonders wichtig, da abhängig von der Bewertung zwei verschiedene Kursrichtungen eingeschlagen werden können. In Situationen, in denen das vorhandene Umweltschutzmanagementsystem als funktionsfähig erscheint, wird das Auditteam eine selektive Prüfung von einzelnen Bereichen während dem dritten Schritt, der Sammlung von Auditbeweisen, vornehmen um die tatsächliche Funktionsfähigkeit zu bescheinigen oder zu widerlegen. Es ergibt keinen Sinn, sollte sich bei der Evaluierung des zweiten Schritts herausstellen, daß Teilbereiche des Umweltschutzmanagementsystems nicht die an sie gestellten Anforderungen erfüllen, dieses System weiter auf Funktionsfähigkeit zu prüfen. Vielmehr ist es dann erforderlich im dritten Schritt, das System nach Erfüllung der Einhaltung von gesetzlichen und Konzern- und/oder Unternehmensrichtlinien zu prüfen. Somit treibt die Untersuchung der Umweltmanagementsysteme die Ausrichtung der Sammlung von Auditbeweisen.

Sammlung von Auditbeweisen – Schritt 3

Die Sammlung von Auditbeweisen ist der dritte Hauptschritt während des Ablaufs eines Umweltaudits. Auditbeweise dienen als Basis zur Beurteilung ob ein Unternehmen gesetzliche oder Konzern- und/oder Unternehmensrichtlinien erfüllt. Auditbeweise sollten in Abstimmung mit dem Auditumfang gesammelt werden. Bei einer großen Anzahl von Unternehmen, die heute schon Umweltschutzaudits durchführen, bedeutet „Auditumfang", daß eine Überprüfung der Einhaltung der gesetzlichen sowie der Konzern- und/oder Unternehmensanforderungen und zusätzliche Beweise, d. h. sonstige Abweichungen vom „normalen Betrieb", die während des Audits entdeckt werden berücksichtigt werden. Auditteammitglieder sammeln in der Regel Beweise nach einem schriftlich vorgegebenen Muster, dem schon beschriebenen Auditprotokoll. Die Schlüsselaufgaben, die mit dem Sammeln von Auditbeweisen verbunden sind, beinhalten:

a) Entwickeln von Prüfungsplänen

Bevor das Auditteam mit der Beweißsammlung anfängt, sollte es einen Prüfungsplan der Verifikationsstrategien (Prüfung der Einhaltung von internen oder externen Anforderungen), Stichprobennahme und einen Zeitplan beinhaltet, entwickeln. Ein Prüfungsplan gewährleistet, daß: (1) Verifikationsstrategien konsistent mit den in Schritt 2, Beurteilung der Leistungsfähigkeit der internen Kontrollinstrumente, vorgenommenen Untersuchungen ist, (2) die Methoden zur Sammlung der Beweise ausreichen, um die betrachteten Bereiche zu untersuchen und (3) genügend Zeit eingeplant wurde, um jeden der einzelnen Protokollschritte in Abstimmung mit den Ergebnissen aus Schritt 1 und Schritt 2 abzuarbeiten.

b) Sammlung von Beweise im Zusammenhang mit Prüfungsplänen

Während dieser Aufgabe sammelt das Auditteam Beweise nach Vorlage der Prüfungspläne, um die Einhaltung von gesetzlichen Bestimmungen und um zu verifizieren, daß jedes der eingesetzten Umweltschutzmanagementsysteme das im Umfang des Audits enthalten ist, so wie vorgesehen funktioniert. Grundsätzlich gibt es drei Vorgehensweisen zur Sammlung von Auditbeweisen:

(1) Interviews führen ist die am häufigsten eingesetzte Methode,
(2) Beobachtung oder eigentliches Nachsehen ist die verlässlichste Methode,
(3) Testen beinhaltet Nachschlagen in Dokumenten und Nachrechnen von Kalkulationen und dient der Bestätigung.

Basierend auf den gesammelten Auditbeweisen, vergleichen die Auditteammitglieder, die vom Betrieb genutzten Systeme zur Bewältigung von Aufgaben im Umweltbereich mit gesetzlichen und internen Anforderungen. Jeder der einzelnen Auditteammitglieder sollte die Datensammlungsmethode sowie eine Begründung für die Auswahl dieser in den Arbeitspapieren dokumentieren. Diese Informationen können dann genutzt werden, um zu beurteilen, ob die Qualität der Beweise zur Bildung von Auditergebnissen ausreicht. Ebenfalls sollten alle Prüfungsergebnisse des Vergleichs zwischen Betriebspraxis und gesetzlichen sowie internen Anforderungen von den einzelnen Auditteammitgliedern in ihren Arbeitspapieren aufgezeichnet werden.

Beurteilung der Auditbeweise – Schritt 4

Die Beurteilung der Auditbeweise und die Vorbereitung auf die Abschlußsitzung beinhaltet folgende Aufgaben:

a) Überprüfung der Vollständigkeit, ob alle Auditprotokollschritte abgearbeitet wurden

Bevor zur Zusammenfassung der Ergebnisse übergegangen wird, sollte jedes Auditteammitglied seine zugewiesenen Protokollschritte nochmals durchsehen, um festzustellen, ob alle Schritte abgehandelt wurden und wenn nicht, welche weiteren Informationen noch benötigt werden.

b) Entwickeln einer vollständigen Liste von Auditergebnissen

Nachdem die Datensammlung beendet ist, sollte jedes einzelne Auditteammitglied eine Liste aller Ergebnisse, d. h. alle Indizien, die auf eine Abweichung von gesetzlichen oder unternehmensinternen Bestimmungen, außerordentliche Beobachtungen sowie Eigenschaften, die besonders positiv auffielen, zusammengestellt werden. Sinn dieser Liste ist es sicherzustellen, daß der Inhalt der Liste eine klar formulierte Grundlage zur Diskussion mit dem Auditteam bietet.

Anschließend werden die einzelnen Listen integriert, um zu ermitteln ob sich bei kollektiver Betrachtung ein Trend abzeichnet und um eine logische Präsentation an die Betriebsleitung liefern zu können.

c) Vorbereitung der Diskussionspapiere zur Abschlußsitzung

Vor der Abschlußsitzung fertigt der Auditteamleiter eine Liste aller durch das Audit erworbenen Kenntnisse an, um die Grundlage für die Berichterstattung an die Betriebsleitung zu schaffen. Nachdem die Liste zusammengestellt wurde, wird sie nochmals vom gesamten Auditteam auf inhaltliche Korrektheit und Plausibilität geprüft.

Berichten von Auditergebnissen – Schritt 5

Das Berichten von Auditergebnissen ist der letzte Schritt im fünfstufigen Auditprozeß. Der Sinn der Berichterstattung ist das Kommunizieren der Ergebnisse an das Management. Obwohl diese Aktivitäten erst offiziell mit diesem Schritt anfangen, sollten Beobachtungen auch während des Audits mit dem entsprechenden Betriebspersonal besprochen werden.
Die Hauptaufgaben bei der Berichterstattung sind im folgenden beschrieben:

a) Abhalten der Abschlußsitzung

Nach Beendigung des Umweltschutzaudits stellt das Auditteam dem Werksleiter und allen von ihm bestellten Personen in einer Abschlußsitzung die Ergebnisse in einer Präsentation vor. Dabei sollten positive Beobachtungen, die besonders herausstehen, ebenfalls kommuniziert werden. Dies trägt zum einen zur Motivation des Standortpersonals bei, zum anderen können diese Erfahrungen, die auch im Auditbericht dokumentiert werden, eine wertvolle Hilfe für andere unternehmenseigene Werke darstellen. Es sollte darauf geachtet werden, daß die besprochenen Ergebnisse vom Betriebspersonal verstanden werden, um zu gewährleisten, daß entsprechende Verbesserungen vorgenommen werden können. Der Wert eines Audits hängt auch von der Umsetzung von Verbesserungsvorschlägen ab. Das Aufdecken von Schwachstellen ist in sich noch nicht als ausreichend zu betrachten.

b) Anfertigen, überarbeiten und abgeben des Auditberichts

Nach Beendigung aller Vorortaktivitäten, sollte das Auditteam einen Bericht über alle im Audit gewonnen Erkenntnisse, d.h. alle Auditergebnisse der einzelnen Bereiche wie Abfallmanagement oder Immissionsschutz anfertigen. Dieser Bericht wird gewöhnlich zunächst als Rohentwurf der Werksleitung zur Abstimmung vorgelegt, bevor eine Endfassung an die Konzern- und/oder Unternehmensleitung abgegeben wird.

Die Herausforderung beginnt danach – Umsetzung der Auditergebnisse (Management of Change)

Andreas von Saldern, Wiesbaden

Die Aufgaben eines Umweltschutzauditprogramms sind nicht mit der Erstellung des Auditberichts beendet. Ziel des Umweltschutzauditprogramms ist, daß Maßnahmen zur Beseitigung von Schwachstellen durchgeführt werden und eine kontinuierliche Verbesserung des Umweltschutzes erzielt wird. Dabei sind die Mitarbeiter der auditierten Betriebe so zu motivieren, daß sie nicht nur darauf warten beim nächsten Umweltschutzaudit wieder eine Liste abzuarbeitender Maßnahmen zu erhalten, sondern selbständig die Initiative ergreifen, wenn zwischenzeitlich neue Probleme auftauchen. Der Alptraum eines jeden Verantwortlichen für ein Umweltschutzauditprogramm ist es, daß Umweltschutzaudits durchgeführt und Auditberichte erstellt werden, ohne daß sie irgend etwas bewirken. In einer solchen Situation ist nicht nur die Sinnhaftigkeit des ganzen Umweltschutzauditprogramms in Frage gestellt, sondern die Auditberichte können sogar eine Gefahr für das Unternehmen darstellen. Denn sie dokumentieren die wissentliche Untätigkeit des Unternehmens und seiner Unternehmensleitung, obwohl Schwachstellen erkannt worden waren. Der Aspekt der Einleitung und der Umsetzung von Maßnahmen zur Beseitigung der durch die Umweltschutzaudits aufgezeigten Mängel, muß deshalb bereits schon bei der Planung eines Umweltschutzauditprogramms bedacht werden.

Insbesondere dem Berichtswesen von Umweltschutzauditsystemen ist in dieser Hinsicht besondere Bedeutung zu schenken und alle Möglichkeiten zu nutzen, die die Umsetzungen von Maßnahmen zur Beseitigung von Schwachstellen oder zur weiteren Optimierung des Umweltschutzverhalten zu unterstützen.

Dies beginnt mit rein organisatorischen Festlegungen. Vor Beginn eines Umweltschutzauditprogramms ist festzulegen, welchen Umfang und welche Struktur die Auditberichte aufweisen werden, wer sie erhält, bis wann und von wem Maßnahmenpläne erstellt werden und wie deren Umsetzung kontrolliert wird.

Der Umfang der Auditberichte richtet sich stark nach den Zielen des Umweltschutzauditprogramms. Soll das Umweltschutzauditprogramm mehr der rechtlichen Absicherung eines Unternehmens dienen, daß alle rechtlichen Vorschriften eingehalten werden, wird stärkeres Gewicht auf die detaillierte Beschreibung von rechtlichen Abweichungen gelegt werden, als wenn das Hauptziel des Umweltschutzauditprogramm ist, sicherzustellen, daß alle Betriebe eine kontinuierliche Verbesserung des Umweltschutzes anstreben.

Sietz/v. Saldern
Umweltschutz-Management und Öko-Auditing

Unabhängig von den Zielen eines Umweltschutzauditprogramms, sollten in den Auditberichten auch die Stärken des auditierten Betriebs dokumentiert werden. Andernfalls fühlt sich der Betrieb ungerecht beurteilt, stellt die Relevanz der gemachten Beobachtungen und damit die Notwendigkeit der zu ergreifenden Maßnahmen in Frage.

Auch hat sich bewährt, unwesentliche Abweichungen vom Sollzustand, von denen das Auditteam überzeugt ist, daß sie die Verantwortlichen des auditierten Betriebs umgehend beseitigen werden, nur auf der Abschlußsitzung vorzutragen, aber nicht den Bericht damit zu überfrachten. Im Protokoll der Abschlußsitzung sind diese Punkte aber zu dokumentieren um beim nächsten Umweltschutzaudit überprüfen zu können, ob diese Abweichungen beseitigt worden sind. In der Regel ist zu beobachten, daß die auditierten Betriebe sich bemühen solch kleine Schachstellen noch während des Umweltschutzaudits zu beseitigen, so daß das Auditteam selbst noch die Umsetzung der erforderlichen Maßnahmen attestieren kann.

Wie Auditberichte im Unternehmen kommuniziert werden ist ebenfalls klar festzulegen. Dabei hat sich bewährt die einzelnen Ergebnisse umgehend dem verantwortlichen Management des auditierten Betriebes zu kommunizieren, so daß auf der Abschlußsitzung Übereinstimmung über die sachliche Richtigkeit der Befunde erzielt wurde. Bei der anschließenden Bewertung der Fakten können naturgemäß Differenzen auftreten, aber die Übereinstimmung in der sachlichen Richtigkeit der Befunde ist Voraussetzung dafür, daß nicht zu einem späteren Zeitpunkt der auditierte Betrieb grundsätzliche Zweifel an der Validität des gesamten Berichtes anmeldet, da das Auditteam z.B. die Umweltschutzorganisation des Betriebes oder die Funktionsweise der Schutzeinrichtungen nicht richtig verstanden habe. Durch diese Zweifel werden dann in der Regel nicht nur die Qualifikation des Auditteams in Frage gestellt, sondern wiederum auch die Notwendigkeit der aus den Befunden abgeleiteten Maßnahmen. Auch aus diesen Gründen ist der Entwurf des Auditberichts dem Betrieb vorzulegen, damit er gegebenenfalls noch Anmerkungen machen oder Mißverständnisse klären kann. Nach einer sorgfältig durchgeführten Abschlußsitzung sollte dies aber nicht mehr in allzu großem Umfang der Fall sein.

Wer die endgültigen Empfänger der Auditberichte sind, richtet sich nach den Zielen des Umweltschutzauditprogramms und nach der Struktur des Unternehmens. In einigen Unternehmen, in denen die rechtliche Absicherung im Vordergrund steht, ist die Rechtsabteilung Empfänger der Auditberichte, die sich auch ein Formulierungsrecht vorbehält. Häufig werden die Auditberichte an den für das Umweltschutzauditprogramm Verantwortlichen, den Verantwortlichen des auditierten Betriebs und dessen Vorgesetzten und den zentralen Umweltschutzbeauftragten verteilt. Der für das Umweltschutzauditprogramm Verantwortliche erstellt dann jährlich einmal einen zusammenfassenden Bericht an den Vorstand über die wichtigsten Ergebnisse der durchgeführten Umweltschutzaudits.

Hinsichtlich der Erarbeitung von Maßnahmenvorschlägen gibt es unterschiedlichen Praktiken. Während in vielen Unternehmen die Expertise des

Auditteams genutzt wird, um mindestens eine grobe Richtung der Maßnahmen zur Beseitigung der Mißstände vorschlagen zu lassen und diese im Bericht zu dokumentieren, vertreten andere Unternehmen den Standpunkt, daß dies Aufgabe des jeweiligen auditierten Betriebs sei. Die Erarbeitung von Maßnahmenvorschlägen sei ein Linienaufgabe, die Auditierung eine Stabsaufgabe, und es gibt gute Gründe die beiden nicht miteinander zu vermischen.

Unabhängig davon, für welchen Weg sich ein Unternehmen entscheidet, es sollte festgelegt sein, wer für die Erarbeitung von Maßnahmen zuständig ist, und in welchem Zeitraum ein Maßnahmenkatalog vorzulegen ist. Dies sollte am Abschluß des Auditberichts auch noch einmal explizit festgehalten werden. Die Motivation von Betrieben Maßnahmen einzuleiten und umzusetzen kann unterstützt werden, wenn den auditierten Betrieben Gelegenheit gegeben wird, ihre Maßnahmenvorschläge zusammen mit den Auditberichten selbst bei den entsprechenden Vorgesetzten zu präsentieren. Werden zuerst die Auditberichte der Unternehmensleitung vorgestellt, so besteht die Gefahr, daß die Verantwortlichen des auditierten Betriebs vor die Unternehmensleitung zitiert werden und noch keine Chance hatten Maßnahmenvorschläge zu erarbeiten. Bei beiden Gesprächspartnern bleibt ein negativer Beigeschmack zurück. Die Unternehmensleitung bemängelt den fehlenden Maßnahmenplan und die Verantwortlichen des auditierten Betriebs fühlen sich ungerecht behandelt. Hat der auditierte Betrieb aber Gelegenheit sich mit den Maßnahmenvorschlägen zu profilieren, so hat der auditierte Betrieb trotz eines eventuell schlechten Auditergebnisses die Chance sich gut darzustellen und für die Unternehmensleitung wird sichtbar, daß etwas gegen die Mängel unternommen wird.

Leider verblaßt der Enthusiasmus die Maßnahmen auch umzusetzen schnell nach der Durchführung eines Umweltschutzaudits. Oftmals drängen sich sehr bald die Probleme des Tagesgeschäfts wieder in den Vordergrund. Die Kontrolle der Umsetzung der Maßnahmen ist daher unerläßlich. Dies ist zudem auch eine Anforderung einer einwandfreien Delegation. Zur Kontrolle der Umsetzung der Maßnahmen werden verschiedene Instrumente eingesetzt. Einige Unternehmen nehmen diese Maßnahmen in vorhandene Projektplanungsprogramme auf, die regelmäßig den Stand der Umsetzung abfragen. Andere integrieren die Umsetzung der Maßnahmen in die Zielvereinbarungs- und Beurteilungsverfahren der verantwortlichen Mitarbeiter, was dann den variablen Teil ihres Gehaltes beeinflußt. Wiederum andere Unternehmen übergeben die Maßnahmenkataloge an zentrale Controlling Abteilungen, die die Umsetzung der Maßnahmen mit überwacht.

Die Maßnahmenkataloge müssen neben den eigentlichen Maßnahmen auch Angaben über darüber enthalten, wer für ihre Umsetzung jeweils verantwortlich ist, und in welchem Zeitraum die Umsetzung erfolgen soll. Dies ist die Voraussetzung, um überhaupt die Umsetzung der Maßnahmen zur Beseitigung der bei einem Umweltschutzaudit aufgedeckten Schwachstellen gewährleisten zu können.

Die letzte Überwachungsinstanz ist schließlich das nächste Umweltschutzaudit. Bestandteil des Folgeaudits ist die Kontrolle, ob die beim vorherigen Audit aufgedeckten Schachstellen beseitigt worden sind oder nicht. Manchen Unternehmen gestalten den Zeitraum zwischen den einzelnen Audits aus diesem Grunde variable. Die Betriebe mit gravierenden Abweichungen vom Sollzustand und dringendem Handlungsbedarf, werden in kürzeren Abständen auditiert, als diejenigen, die allen Anforderungen entsprachen.

Verbesserungsmaßnahmen schon vor dem Umweltschutzaudit?

Ein in der Praxis immer wieder beobachteter Effekt ist, daß Maßnahmen von den zu auditierenden Betrieben ergriffen werden, bevor die Umweltschutzaudits durchgeführt wurden. Denn nach der Ankündigung der Umweltschutzaudits versuchen viele Betriebe die ihnen bereits bekannten Schwachstellen zu beseitigen, um in den Umeltschutzaudits besser dazustehen. Puristen wenden dagegen ein, daß dadurch die Ergebnisse der Umweltschutzaudits verfälscht werden. Hier ist jedoch zu entgegnen, daß die Umwewtschutzaudits weiterhin die Ist-Situation des Betriebes widerspiegeln, allerdings einer bereits verbesserten. Da eines der Ziele des Umweltschutzauditprogramms und des dahinter stehenden Umweltschutzmanagementsystems ist, eine kontinuierliche Verbesserung des Umweltschutzes zu erreichen, wird diesem Ziel durch die Einleitung von Verbesserungsmaßnahmen vor Durchführung der Umweltschutzaudits voll entsprochen. Dieser Effekt ist also zu begrüßen und entsprechend zu unterstützen, was auf mehrere Arten erfolgen kann. Zum einem ist der Zeitraum zwischen Ankündigung und Durchführung des Umweltschutzaudits entscheidend. Es gibt Unternehmen die ihre Umweltschutzaudits unangekündigt durchführen. Am Montag in der Früh stehen die Auditoren überraschend am Werkstor und verkünden dem Management, daß sie nun ein Umweltschutzaudit durchzuführen beabsichtigen. Neben anderen Nachteilen, die eine solche Vorgehensweise beinhaltet, bestehen bei unangekündigten Umweltschutzaudits keine Chance für den Betrieb noch schnell Verbesserungsmaßnahmen einzuleiten. Werden die Umweltschutzaudits dagegen mehrere Wochen vorher angekündigt, kann der Betrieb noch einfache Verbesserungsmaßnahmen durchführen. Beträgt der Vorankündigungszeitraum mehrere Monate können auch systematische Verbesserungsmaßnahmen durchgeführt werden. In der Praxis hat sich bewährt, den Betrieben die Auditplanung entsprechend den unternehmensüblichen Planungshorizonten, z.B. zweijährig, mitzuteilen. Zusätzlich erfolgt einige Monate vor dem Umweltschutzaudit eine weitere Vorankündigung, bei der auch die Vorabinformationen für das Auditteam angefordert werden.

Die Tendenz der Betriebe Verbesserungsmaßnahmen bereits vor der Auditierung durchzuführen kann auch dadurch unterstützt werden, in dem Mitarbeiter des Betriebs an der Auditierung anderer Betriebe teilnehmen. Dabei haben sie die Gelegenheit, sich mit den Anforderungen, die auch an ihren Betrieb gestellt werden vertraut zu machen und lernen eventuell Schwachstellen wahrzunehmen, die auch in ihrem Betrieb vorhanden sind, oder sie lernen eventuell besonders gute Lösungen kennen, die sie in ihren eigenen Betrieb übertragen können. Eine Auditteamzusammensetzung, in der ein Teil der Audtitteammitglieder aus Betrieben stammt die selbst auditiert werden ist deshalb in vielen Unternehmen üblich.

Motivation durch Wettbewerb

Eine weitere Methode Betriebe anzuhalten Maßnahmen zur Verbesserung des Umweltschutzverhaltens durchzuführen, ist den Wettbewerb unter den einzelnen Betrieben oder Betriebsteilen zu fördern. Dieser Effekt ist in Unternehmen zu beobachten, in denen die Ergebnisse des Umweltschutzaudits quantifiziert werden. In der Regel erfolgt dies mit halbquantitaive Verfahren, in denen einem bestimmten Niveau des Umweltschutzverhaltens eine Punktzahl zugeordnet wird. So sehr diese Bewertungsverfahren bei der Einführung Gegenstand nächtelanger Diskussionen sein können, in dem Augenblick, wo der Standard festgelegt worden ist und die ersten Betriebe eines Unternehmens auditiert wurden, wird automatisch verglichen, wer denn die bessere Punktzahl erreicht hat. Entsprechend werden dann Maßnahmen ergriffen, um im nächsten Jahr eine bessere Punktzahl zu erreichen. Dies ist insbesondere auch dann der Fall wenn diese Punktzahl unternehmensweit kommuniziert wird, wie dies im Bereich der Arbeitssicherheit mit der Anzahl der meldepflichtigen Unfällen pro 1000 Mitarbeitern und Jahr in vielen Unternehmen praktiziert wird. Wichtig für die Akzeptanz eines solchen Bewertungsverfahrens ist, daß es für die einzelnen auditierten Betriebe nachvollziehbar ist.

Zusammenfassend bleibt also festzustellen, daß es eine Vielzahl von bewährten Instrumenten gibt, um die Umsetzung von Maßnahmen zur Beseitigung der in den Umweltschutzaudits erkannten Schwachstellen zu kontrollieren. Erfolgt diese Kontrolle nicht, besteht die Gefahr, daß Schwachstellen nicht beseitigt werden und das Unternehmen begibt sich in eine äußerst angreifbare Position, in dem es durch seine Auditberichte nachweist Schwachstellen erkannt und nichts unternommen zu haben. Darüber hinaus gibt es Möglichkeiten die Betriebe zu motivieren schon vor den Umweltschutzaudits, bzw., unabhängig davon Maßnahmen zur Verbesserung des Umweltschutzes zu ergreifen. Bei der Gestaltung eines Umweltschutzauditprogramms sollten diese von berücksichtigt und entsprechend festgelegt werden.

Aufbau eines Umweltmanagementsystems und Auditprogramms in einem Elektronikkonzern

Markus Lehni, Zug (Schweiz)

1 Einleitung

Die Ressourcen des Planeten Erde sind begrenzt. Die Menschheit muß akzeptieren, daß die Erde nur ein bestimmtes Maß an Verschmutzung und Abfall aufnehmen kann und sogar erneuerbare Ressourcen nur begrenzt verfügbar sind. Der Kreativität und dem Wissen sind jedoch keine Grenzen gesetzt. Um die Grundlage der Zivilisation langfristig tragfähige erhalten zu können, muß das Wachstum der Wirtschaft in Zukunft qualitativ sein.

In der Strategie eines Industrie-Unternehmens ist Umweltverträglichkeit und Öko-Effizienz heute eine unabdingbare Notwendigkeit. Landis & Gyr hat diese Herausforderung angenommen und will mit seinen Produkten und Dienstleistungen aktiv zur Verbesserung von Öko-Effizienz beitragen. Landis & Gyr ist deshalb seit 1991 daran, ein Umweltmanagementsystem aufzubauen und umzusetzen.

Dieser Artikel soll beispielhaft aufzeigen, wie dies in der Realität des Wirtschaftsalltags durchgeführt wird, welche Synergien sich dabei ergeben können und welche Hindernisse und Zielkonflikte bestehen und überwunden werden müssen. Der Aufsatz gliedert sich wie folgt:

In Kapitel 2 wird das Unternehmen Landis & Gyr vorgestellt und auf das wirtschaftliche und technologische Umfeld Bezug genommen. Kapitel 3 beschreibt die ökologischen Chancen der Unternehmensbereiche von Landis & Gyr, die auf dem Gebiet des Energiemanagements tätig sind und somit Produkte und Dienstleistungen für die Verbesserung der Öko-Effizienz anbieten. In Kapitel 4 sind die ökologischen Handlungsfelder in der Leistungserstellung der Elektronik-Industrie beschrieben. Mit dem Wissen aus diesen drei Kapiteln ist es möglich, das auf die Bedürfnisse des Unternehmens zugeschnittene Umweltmanagementkonzept von Landis & Gyr zu verstehen.

In Kapitel 5 wird dieses Umweltmanagementkonzept, sowie dessen Aufbau und Durchführung innerhalb der Konzern-Organisation im Detail erläutert und dargestellt.

Kapitel 6 befaßt sich schließlich vertieft mit den Aspekten von Umweltanalyse und Umwelt-Auditing.

Sietz/v. Saldern
Umweltschutz-Management und Öko-Auditing

2 Der Landis & Gyr-Konzern

2.1 Die Unternehmensbereiche von Landis & Gyr

Landis & Gyr ist ein weltweit tätiges Unternehmen, das Lösungen für die genaue Meßung, Verrechnung und Verteilung sowie den effizienten Einsatz von Energie bei minimalen Emissionen anbietet. Der Elektronik-Konzern mit Hauptsitz in Zug (Schweiz) beschäftigt weltweit rund 17000 Mitarbeiter, davon ca. 4500 in der Schweiz und ca. 2300 in Deutschland.

Landis & Gyr hat sich in seiner bald 100jährigen Geschichte von einem auf elektromechanische Zähler spezialisierten Unternehmen zu einer zukunftsträchtigen High-Tech-Gruppe in den Bereichen Gebäudeleittechnik, Energieverteilung und Fernsprechsysteme entwickelt. Die Kerngeschäfte von Landis & Gyr sind in den drei Unternehmensbereichen „Building Control", „Energy Management" und „Communications" zusammengefaßt (Abb. 1); in allen drei Geschäftsfeldern gehört Landis & Gyr zu den Marktführern. Der Konzern konzentriert seine Aktivitäten heute auf Europa, Nordamerika und Südostasien und ist in rund 26 Ländern mit eigenen Gesellschaften präsent.

Im Geschäftsjahr 1992 wurden konzernweit 2982 Millionen Schweizer Franken umgesetz und ein Reingewinn von 78 Millionen erzielt. Rund 60% des Umsatzes wurde vom Unternehmensbereich Building Control, rund 30% vom Unternehmensbereich Energy Management und rund 10% vom Unternehmensbereich Communications erwirtschaftet.

Der Unternehmensbereich Building Control bietet Produkte und Dienstleistungen an für die Überwachung, Steuerung und Regelung sowie den Betrieb von technischen Installationen in Wohn-, Industrie- und Geschäftsbauten. Landis & Gyr-Lösungen vereinfachen die Planung, den Betrieb sowie den Service komplexer Gebäudeleitsysteme und führen zu wesentlichen Energie- und Kosteneinsparungen; sie erhöhen Behaglichkeit und Sicherheit der Benützer.

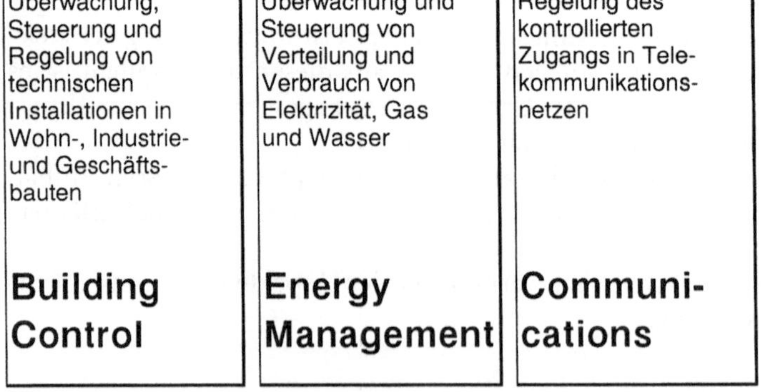

Abb. 1. Die Unternehmensbereiche von Landis & Gyr

Das Leistungsangebot des Unternehmensbereichs Energy Management umfaßt sowohl Systeme für die sichere und optimale Verteilung von Energie (Netzleitsysteme) wie auch Apparate und Komponenten für die Messung und Verrechnung des Energieverbrauchs (Elektrizitätsmessung, Datenerfassung, Fernmessysteme, Rundsteuerung). Damit können Energieversorgungsunternehmen den Energiekonsum sowohl unter ökologischen als auch unter ökonomischen Gesichtspunkten beeinflussen.

Das Kerngeschäft des Unternehmensbereichs Communications bilden Münz- und Kartenfernsprecher-Systeme. Mit der optisch kodierten Telefonwertkarte hat dieser Bereich eines der sichersten und benutzerfreundlichsten bargeldlosen Zahlungssysteme entwickelt, das bisher weltweit über 300 Millionen Mal verkauft wurde.

2.2 Wandel auf dem Weg in eine erfolgreiche Zukunft

Die tiefgreifenden Veränderungen, die in der heutigen Welt in rascher Folge ablaufen, sind auch für ein Industrieunternehmen eine Herausforderung. Als Folge der Veränderung der politischen Landkarte und der fortschreitenden internationalen Arbeitsteilung in der Weltwirtschaft wandeln sich auch die Märkte, in denen Landis & Gyr tätig ist. Neu entwickelte Möglichkeiten in der Datenverarbeitung und der in Telekommunikation, ermöglichen zusammen mit neuen Produktions-Technologien neuartige Anwendungen und bessere Problemlösungen, die es als Anbieter von Systemen und Dienstleistungen zu erschließen und im Hinblick auf zusätzlichen Kundennutzen umzusetzen gilt.

In diesem Umfeld hat sich Landis & Gyr von einem technologieorientierten Hersteller von Apparaten zu einem lösungsorientierten Anbieter von Systemen und Dienstleistungen gewandelt. Da die Märkte heute vermehrt über nationale Grenzen hinweg geöffnet sind, wurden die Strukturen des Konzerns an diese veränderte Situation angepasst. Die Elektrizitätswirtschaft befindet sich zudem in einer Privatisierungsphase, wodurch sich auch die nationale Märkte wandeln.

Infolge dieser Neuausrichtung beschränkt sich Landis & Gyr heute auf die Kerntätigkeiten, die von strategischer Bedeutung sind. Die Produkte werden in einem breit verzweigten, arbeitsteiligen Netz von Zulieferern hergestellt. Die Fertigungstiefe in den eigenen Werken liegt bei Werten von meist unter 40%. Die Werke sind deshalb hoch spezialisiert und in einem europaweiten oder gar globalen Produktionssystem miteinander verbunden.

Der Schwerpunkt der Fertigungstechnologie von Landis & Gyr liegt somit bei der Elektronik- und Apparate-Endmontage, sowie bei Software-Entwicklung und bei System-Design. Die in der Elektrotechnik-Industrie traditionellen Prozesse der Metallbearbeitung, der Galvanik, der Lackierungs- und der Verbindungstechnik sind vielerorts aus den Betriebstätten von Landis & Gyr verschwunden.

Landis & Gyr ist mit seinen Unternehmensbereichen Building Control und Energy Management in zukunftsträchtigen Märkten tätig. Der effiziente Einsatz des knappen Gutes Energie gewinnt je länger je mehr an ökonomischer und ökologischer Bedeutung. Die Produkte und Dienstleistungen dieser Bereiche bilden deshalb den Beitrag von Landis & Gyr zur gemeinsamen Anstrengung, die Öko-Effizienz der menschlichen Zivilisation zu steigern und damit ihre langfristige Tragfähigkeit zu gewährleisten.

3 Ökologische Chancen für die Unternehmensbereiche

3.1 Umweltaspekte in der Gebäudeleittechnik

Die Gebäudeleittechnik ist heute, neben der Erzielung von Bequemlichkeit und Komfort für den Hausbenützer, mehr und mehr darauf ausgerichtet, die stets teurer werdenden Ressourcen effizient und kostengerecht einzusetzen und zu nutzen. Diese beiden Werte für den Kunden in positiver Weise miteinander zu verbinden, ist die Zielsetzung des Unternehmensbereichs Building Control.

In der Folge wird anhand einiger Beispiele aufgezeigt, durch welche Leistungen Landis & Gyr Building Control zur Verbesserung von Öko-Effizienz beiträgt:

- Durch die Entwicklung eines UV-Sensors zur Flammenüberwachung von Heizungsbrennern (Abb. 2) hat Landis & Gyr entscheidend zum Durchbruch der Low-NO_x-Technologie in der Feuerungstechnik beigetragen. Der UV-Sensor ermöglicht es, die kaum sichtbare, bläuliche Flamme des Low-NO_x-Brenners sicher vor dem hellen Ofenhintergrund zu erkennen und deren Funktion zu überwachen.
- Auf Ultraschall-Technik basierende Wärmezähler sind in der Lage, die von einem Warmwasser-Heizsystem abgestrahlten Wärme zu messen und aufzuzeichnen. Damit kann die verursachergerechte individuelle Heizkostenab-

Abb. 2. Der Landis & Gyr UV-Sensor zur Flammenüberwachung

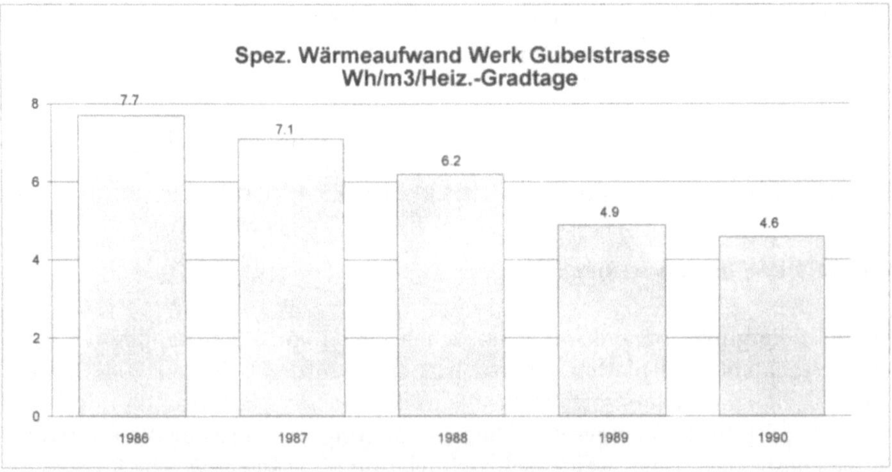

Abb. 3. Reduktion des Wärmeverbrauchs im Stammwerk von Landis & Gyr in Zug durch den Einsatz eines Gebäudeleitsystems

rechnung, welche für jeden Verbraucher den direkten Anreiz zur effizienten Nutzung der Heizenergie bietet, realisiert werden.

- Die Koordination und gemeinsame Steuerung aller in einem Gebäude vorhandenen Einrichtungen zur Überwachung, Heizung, Lüftung und Klimatisierung etc. in ein Gebäudeleitsystem ermöglicht einen wesentlich effizienteren Ressoucenverbrauch. Abbildung 3 zeigt die Entwicklung des temperaturbereinigten Verbrauchs fossiler Energieträger im Stammwerk von Landis & Gyr in Zug beim Aufbau eines Gebäudeleitsystems in der zweiten Hälfte der 80er Jahre. Die erzielte Einsparung beträgt rund 40%.

Durch zusätzliche Dienstleistungen im Gebäudemanagement, wie Ressourcen- und Abfallmanagement, kann Landis & Gyr Building Control seinen Kunden weitere Produkte zur Verbesserung der Öko-Effizienz anbieten.

3.2 Umweltaspekte in der Elektrizitätsmessung und -verteilung

Was nichts kostet, ist nichts wert und wird infolgedessen verschwendet. Dies hat die im Ostblock vor der Wende herrschende miserable Energie-Effizienz deutlich gemacht. Strom war vom Staat hoch subventioniert, sein Verbrauch wurde kaum gemessen und seine Verteilung wurde nicht gesteuert. Hier können Elektrizitätszähler und Messysteme von Landis & Gyr Energy Management dazu beitragen, die vorhandenen Ressourcen möglichst effizient zu nutzen.

Für die Steuerung und Überwachung der Verteilung von Elektrizität vom Kraftwerk, über die verschiedenen Spannungsstufen bis zum Verbraucher stellt Landis & Gyr Energy Management ebenfalls Elemente und Systeme her. Laststeuerung kann auch hier wesentlich durch Steigerung der Effizienz zur optimierten Ausnutzung der vorhandenen Kapazitäten der Elektrizitätsherstellung in den Kraftwerken beitragen.

4 Ökologische Handlungsfelder in der Elektronik-Industrie

4.1 FCKW-Eliminierung

Für die Reinigung von mikromechanischen Teilen von Elektroapparaten und von bestückten Leiterplatten nach dem Löten wurden seit den 70er Jahren Fluorchlorkohlenwasserstoffe (FCKW), insbesondere 1,1,2-Trichlor-1,2,2-trifluorethan (FCKW 113) eingesetzt. Dieses Reinigungsmittel ist für diese Anwendungen bestens geeignet, weil es sehr schnell und ohne irgendwelche Rückstände verdunstet. Es ist ferner nicht brennbar und chemisch äußerst stabil. Es galt deshalb lange Zeit als ökologisch völlig unproblematisch. Die Stabilität hat sich für die Umwelt jedoch als bedeutender Nachteil herausgestellt, da FCKW's, wie mittlerweile bekannt, die Ozonschicht der Erde abbauen.

Aufgrund dieses äusserst ernsten Umweltproblems wurde die Herstellung und Anwendung von FCKW's durch internationale Abkommen (Montreal-Protokoll und Folgeabkommen) eingeschränkt und wird bis Mitte der 90er Jahre verboten. Einige Staaten, allen voran Schweden, Deutschland und die Schweiz haben die Anwendung bereits heute weitgehend verboten.

In den Werken von Landis & Gyr wurde FCKW 113 Ende der 80er Jahre im Umfang von circa 80 bis 100 Tonnen pro Jahr verwendet. Im Jahre 1991 hat eine konzernweite Analyse die Verwendung von FCKW 113 bei Landis & Gyr aufgelistet und den damit verbundenen Handlungsbedarf aufgezeigt. Die seit 1991 bereits erfolgte Reduktion und die konzernweite Eliminierung ist in Abb. 4 dargestellt.

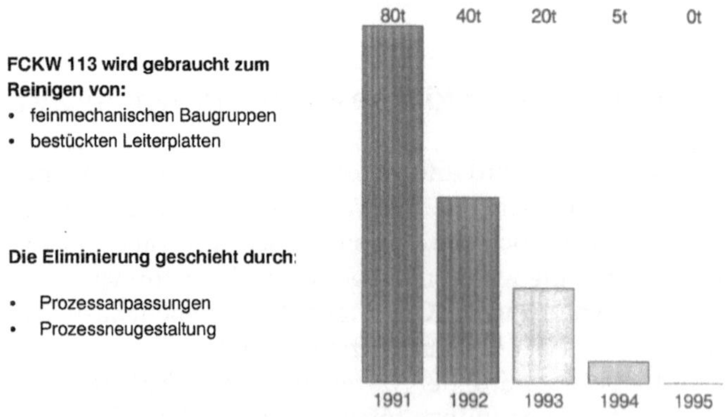

Abb. 4. Eliminierung von FCKW 113 bei Landis & Gyr

1991 wurde für die Eliminierung von FCKW mit einem Investitionsaufwand für Ersatzreinigungsanlagen von etwa 5 Millionen Schweizer Franken gerechnet. Die Erfahrung hat gezeigt, dass die Eliminierung von FCKW 113 für die meisten Anwendungsfälle sehr viel einfacher und billiger zu realisieren ist, als zuerst angenommen wurde. Durch Anpassungen des Fertigungsprozesses und der dabei verwendeten Materialien konnte die Reinigungsoperation zum Teil sogar vollständig eliminiert werden, wodurch nebst neuen Anlagen und Kosten für Reinigungsmittel zusätzlich noch teure Zeit und Platz eingespart wurden.

4.2 Abfallminimierung durch den Einsatz von Mehrwegverpackungen

Viele Komponenten und Apparateteile werden heute von Zulieferern hergestellt oder von Partnerwerken, die auf einzelne Bereiche spezialisiert sind, bezogen.

Die Belieferungen erfordert natürlich eine entsprechende Verpackung. Im Gegensatz zur früheren Praxis, als die Geräte mehr oder weniger gesamthaft in einem Werk gefertigt wurden, ist der heute notwendige Transport- und Verpackungsaufwand wesentlich höher.

Da die Verpackung stets zu Abfall wird, bewirkt der Einsatz von Mehrweggebinden eine direkte Verringerung der Abfallmengen und der mit der Entsorgung verbundenen Kosten. Die Verwendung von Mehrweggebinden läßt sich bei geeigneter Koordination der Logistik über die gesamte Kette von Zulieferern, Landis & Gyr-Werken, Landis & Gyr-Niederlassungen und OEM-Kunden ausdehnen. Es kann sich somit ein gemeinsames Belieferungs- und Verpackungssystem ausbilden.

Der Konzernfachbereich Umwelt hat in diesem Zusammenhang verschiedene Verpackungssysteme mit Hilfe von Ökobilanzen verglichen (Abb. 5). Dabei hat sich gezeigt, dass die bisher verwendeten Kartonverpackungen im Vergleich zu standardisierten Mehrweg-Kunststoffgebinden ökologisch nachteilig sind,

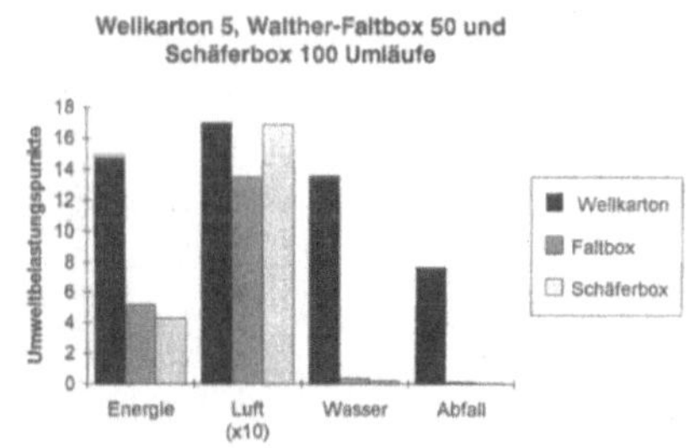

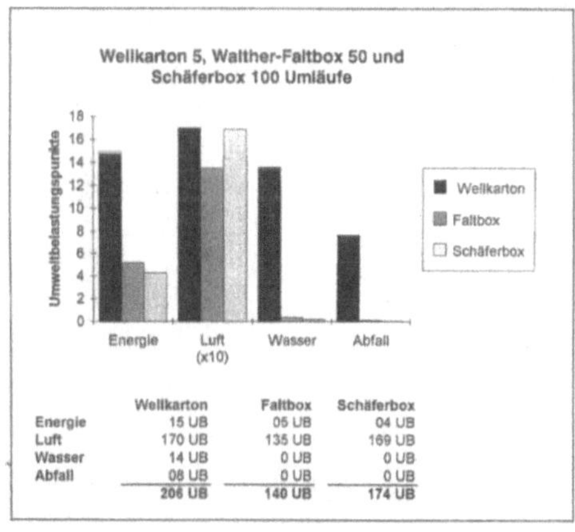

	Wellkarton	Faltbox	Schäferbox
Energie	15 UB	05 UB	04 UB
Luft	170 UB	135 UB	169 UB
Wasser	14 UB	0 UB	0 UB
Abfall	08 UB	0 UB	0 UB
	206 UB	140 UB	174 UB

Abb. 5. Ökobilanz von Verpackungsvarianten

selbst wenn die Kartonverpackungen fünfmal verwendet werden. Die Kunststoffgebinde lassen sich mindestens 100mal wiederverwenden. Dabei wird der relativ grosse Energieaufwand, der für Herstellung und Verarbeitung der Kunststoffgebinde nötig ist, aufgewogen.

Vor allem in Deutschland und in England haben sich Mehrfachgebinde heute bereits vielerorts durchgesetzt, da die Verpackung entweder zurückgenommen werden muß oder der Aufwand für die umweltgerechte Entsorgung oder Recycling der Abfälle stark gestiegen ist und weiterhin ungebrochen zunimmt. Die Montagewerke in den entsprechenden Ländern weisen deshalb wesentlich kleinere Abfallmengen pro Produktionseinheit auf als Werke, die noch keine Mehrweggebinde verwenden.

4.3 Einbezug der Lieferanten in die ökologische Produktbeurteilung

Für die Beurteilung der Umweltaspekte der Landis & Gyr-Produkte genügt es nicht, nur die Aktivitäten des Landis & Gyr-Betriebstätten zu betrachten, da infolge der fortschreitenden Arbeitsteilung ein wachsender Anteil der Produkte bei Lieferanten und Zulieferern erarbeitet wird. Die industrielle Tätigkeit muss heute anhand des gesamten Produktlebenszyklus betrachtet und beurteilt werden.

Der Produktlebenszyklus (Abb. 6) umfasst neben den verschiedenen Stufen der internen Leistungserstellung und der Nutzungsphase auch die Entsorgung der Produkte, sowie die Herstellung der zugekauften Komponenten und sogar die Gewinnung der Rohstoffe.

Strategische Beschaffungsstellen des Landis & Gyr-Konzerns erarbeiten zusammen mit dem Konzernfachbereich Umwelt ökologische Kriterien für ihre Tätigkeit, sowie Umweltanforderungen an Lieferanten. Die Arbeitsanweisungen der Beschaffung werden systematisch durch Umweltaspekte ergänzt. Dabei ist es wichtig, dass ökologische Konsequenzen und spätere Kostenfolgen der Verwen-

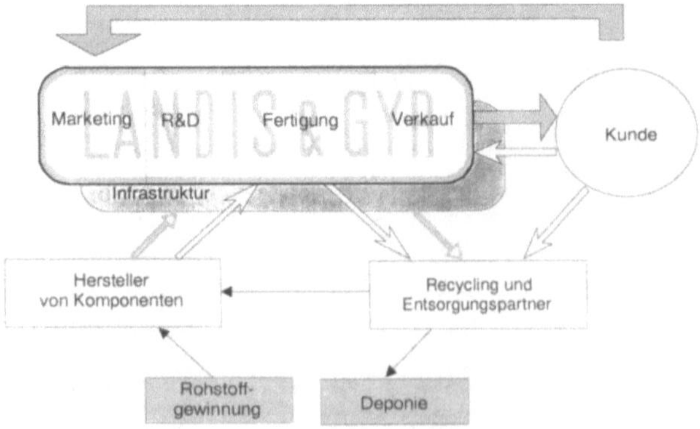

Abb. 6. Produktlebenszyklus-Modell für Landis & Gyr

dung von umweltgefährdenden Stoffen sichtbar gemacht werden, um dem einzelnen Entwickler oder Beschaffer eine kompetente und verantwortungsbewußte Entscheidung zu ermöglichen.

Die Umweltanforderungen an Lieferanten umfassen die folgenden vier Aspekte:

- Zunächst werden Kriterien für die zu beschaffenden Güter aufgestellt. Diese sollen keine umweltgefährdenden Stoffe enthalten und möglichst recyclingfähig sein.
- Zweitens werden Anforderungen an die Prozesse der Lieferanten gestellt, um zu vermeiden, dass Umweltprobleme externalisiert werden. Vor allem die globale Beschaffungsstrategie, die heute praktiziert wird, birgt die Gefahr, daß in Billiglohnländern preisoptimiert eingekauft wird, ohne die Umweltaspekte und Qualität der dort angewandten Prozesse überprüft zu haben.
- Lieferanten werden mehr und mehr auch durch Überprüfung ihres Umweltmanagementsystem beurteilt werden können.
- Schließlich sind auch Aspekte der Logistik und der Transportsysteme in eine ökologische Gesamtbeurteilung der vorgelagerten Stufen des Produktlebenszyklus einzubeziehen.

4.4 Recyclinggerecht konstruierte Elektronikgeräte und deren Entsorgung

Auch die letzte Stufe des Produktlebenszyklus muss heute in die Verantwortung eines Unternehmens einbezogen werden. Durch die in Deutschland geplante Verwertung von Elektronikschrott wird dies sogar gesetzliche Pflicht. Andere Länder wie die Schweiz, Österreich und die EG werden dieser Praxis folgen. Es empfiehlt sich deshalb für ein international tätiges Unternehmen, entsprechende Strukturen für Entsorgung und für eine recyclinggerechte Konstruktion der Produkte frühzeitig aufzubauen.

Durch Einbezug von Recycling- und Entsorgungskriterien in die Entwicklung und durch Berücksichtigung der späteren Entsorgungskosten in der Kostenrechnung wird es gelingen, einen komparativen Vorteil zu schaffen, weil dadurch Demontage und Entsorgung optimiert und somit verbilligt werden.

Die Rücknahme und Entsorgung der Geräte läßt sich einerseits mit entsprechend spezialisierten Entsorgungsunternehmen und anderseits auch mit Kunden zusammen organisieren. Die Rücknahme kann dem Kunden als eine zusätzliche Dienstleistung eines Systemprodukts angeboten werden.

4.5 Ökologie im Büro

Ein weiteres Handlungsfeld betrifft Umweltaspekte in der Verwaltungstätigkeit. Dies ist wichtig, da der Anteil der Office-Tätigkeit im Vergleich zur eigentlichen

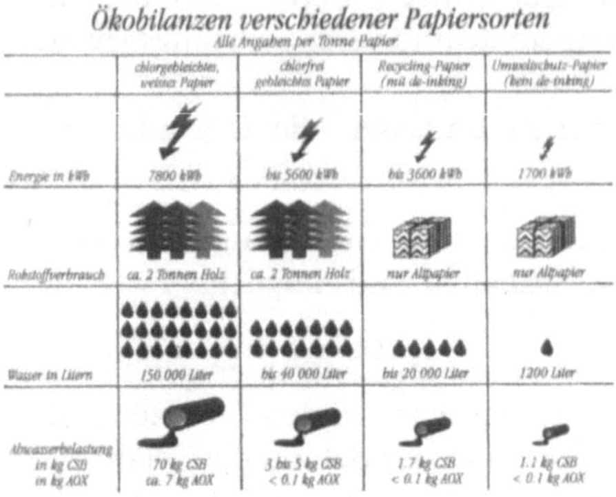
Ökobilanzen verschiedener Papiersorten
Alle Angaben per Tonne Papier
chlorgebleichtes, weisses Papier
chlorfrei gebleichtes Papier
Recycling-Papier (mit de-inking)
Umweltschutz-Papier (kein de-inking)
Energie in kWh
7800 kWh
bis 5600 kWh
bis 3600 kWh
1700 kWh
Rohstoffverbrauch
ca. 2 Tonnen Holz
ca. 2 Tonnen Holz
nur Altpapier
nur Altpapier
Wasser in Litern
150 000 Liter
bis 40 000 Liter
bis 20 000 Liter
1200 Liter
Abwasserbelastung in kg CSB in kg AOX
70 kg CSB ca. 7 kg AOX
3 bis 5 kg CSB < 0.1 kg AOX
1.7 kg CSB < 0.1 kg AOX
1.1 kg CSB < 0.1 kg AOX

Abb. 7. Umweltdaten für verschiedene Papiersorten

industriellen Tätigkeit zunimmt, je weiter sich Landis & Gyr von einem Apparatehersteller zu einem Anbieter von Systemen und Dienstleistungen wandelt. Ökologie in der Verwaltung ist zusätzlich wichtig, da die meisten Mitarbeiter irgendwie davon betroffen sind und deshalb mit eigener Initiative dazu beitragen können, die Umweltbelastung zu reduzieren. Dieser Aspekt wirkt deshalb gesamthaft motivierend.

Für die Verwaltung sind vor allem die Themen Energieeffizienz und Abfallvermeidung von Bedeutung. Ökologie im Büro läßt sich ferner durch die Wahl umweltverträglicher Materialien optimieren, wie die Einführung von Recyclingpapier, deren ökologischen Vorteile in Abb. 7 quantifiziert sind.

Mit Hilfe solch sachkundiger Information werden bei Landis & Gyr Umweltschutz-Massnahmen den Mitarbeitern verständlich und nachvollziehbar gemacht. Diese offene Diskussion mit Argumenten hat beispielsweise dazu geführt, dass Recyclingpapier heute nicht nur an den Kopiermaschinen und für Formulare verwendet wird, sondern auch bei internen Kommunikationsmedien zur Anwendung kommt.

5 Das Umweltmanagementkonzept von Landis & Gyr

5.1 Die Struktur des Umweltmanagementkonzepts

1991 hat Landis & Gyr einen Konzernfachbereich Umwelt geschaffen. In dieser Stabstelle werden die entsprechenden organisatorischen Massnahmen und Führungsinstrumente für eine umweltverträgliche Gestaltung der Leistungserstellung der Landis & Gyr-Produkte erarbeitet und in die bestehenden Strukturen des Unternehmens integriert. Diese Maßnahmen und Führungsinstrumente sind die Elemente des Umweltmanagementkonzepts. Es umfasst sowohl Markt-

- ***Was*** **ist unsere Position und Absicht?**
- ***Wo*** **stehen wir heute?**
- ***Wohin*** **wollen wir gelangen?**
- ***Wie*** **können wir diese Ziele erreichen?**

Abb. 8. Kernfragen des Landis & Gyr-Umweltmanagementkonzepts

und Produktaspekte, als auch Aspekte der Leistungserstellung und wird nun Schritt für Schritt umgesetzt.

Das Umweltmanagmentkonzept leitet sich aus vier Fragen ab (Abb. 8), deren Antworten die vier Elemente des Konzepts darstellen (Abb. 9).

Im Zentrum des Konzepts steht, als erstes Element, die Konzern-Umweltpolitik. Sie gibt die Antwort auf die Frage der prinzipiellen Position des Unternehmens und seine langfristigen Absichten bezüglich der Umweltaspekte. Um dieses Zentrum, in einem Zyklus angeordnet, stehen auf die Fragen wo, wohin und wie, die drei Konzept-Elemente: Analyse der Umweltaspekte, Festlegung von Umweltzielen und Umsetzung dieser Ziele in Realisierungsprojekten.

Die Dynamik der Umsetzung, und da die Elemente des Konzepts eng miteinander verknüpft sind, macht es erforderlich, daß die drei letztgenannten Konzept-Elemente nicht logisch nacheinander, sondern miteinander angegangen werden. Die Herausbildung der Strukturen, wie auch schließlich die Entwicklung der Umweltverträglichkeit stellen einen iterativen Prozess dar. Der Zyklus von Analyse, Zielfestlegung und Realisierung wird deshalb mehrfach und in zunehmendem Detailierungsgrad durchlaufen.

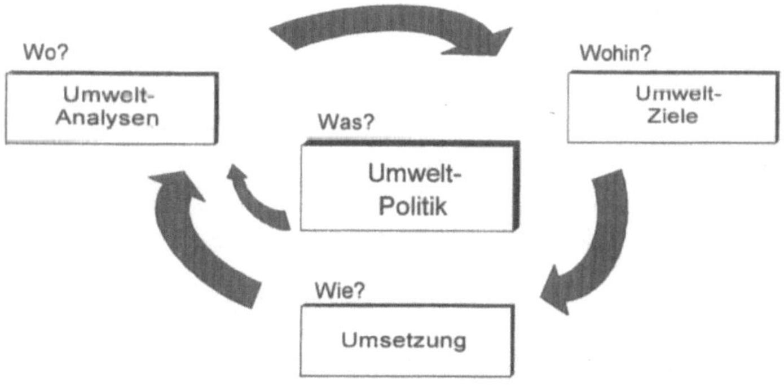

Abb. 9. Struktur des Landis & Gyr-Umweltmanagementkonzepts

5.2 Die Konzern-Umweltpolitik als Ausgangspunkt

Die Konzern-Umweltpolitik wurde als übergeordnetes Element des Konzepts 1992 vom Konzernfachbereich Umwelt formuliert und bildet die Grundlage für die Erarbeitung der weiteren Maßnahmen und Führungsinstrumente. Die Prinzipien und qualitativen Zielsetzungen, die in der Umweltpolitik enthalten sind, stellen das ökologische Denken des Landis & Gyr-Konzerns dar. Die Ziele sind langfristig gesetzt und werden Schritt für Schritt umgesetzt werden. Die Grundlagen der Umweltpolitik sind die übergeordneten Landis & Gyr-Erfolgsprinzipien und das Konzept der „Langfristig tragfähigen Entwicklung", besser bekannt unter dem englischen Namen „Sustainable Development", das Ökologie und Ökonomie aktiv verbindet und der Wirtschaft ein umweltverträgliches, qualitatives Wachstum ermöglicht.
Die Landis & Gyr Umweltpolitik ist in vier Kapitel gegliedert (Abb. 10):

- Die beiden ersten Kapitel beschreiben die ökologischen Grundsätze, nach denen sich das Unternehmen ausrichtet. Die Grundsätze regeln die Beziehungen zu den Geschäftspartnern und stellen grundsätzliche, qualitative Zielsetzungen in den verschiedenen Umweltschutzaspekten dar.
- Die Kapitel drei und vier befassen sich mit der Umsetzung dieser Grundsätze. In ihnen werden organisatorische Massnahmen und Führungsinstrumente, sowie die wesentlichen Elemente der Aufbau- und der Ablauforganisation festgeschrieben, mit Hilfe derer nun Analysen durchgeführt, quantitative Ziele festgelegt und Realisierungsprojekte durchgeführt werden können.

Die Umweltpolitik wurde in einem interdisziplinären Team erarbeitet und im Top-Management intensiv diskutiert. Nach der Verabschiedung und Inkraftsetzung durch die Konzernleitung wird sie nun im Unternehmen breit bekanntgemacht. Die Kommunikation richtet sich stark nach innen, da insbesondere für die Umsetzungsprojekte alle Linien- und Fachstellen des Unternehmens den Prozess mitzutragen haben.

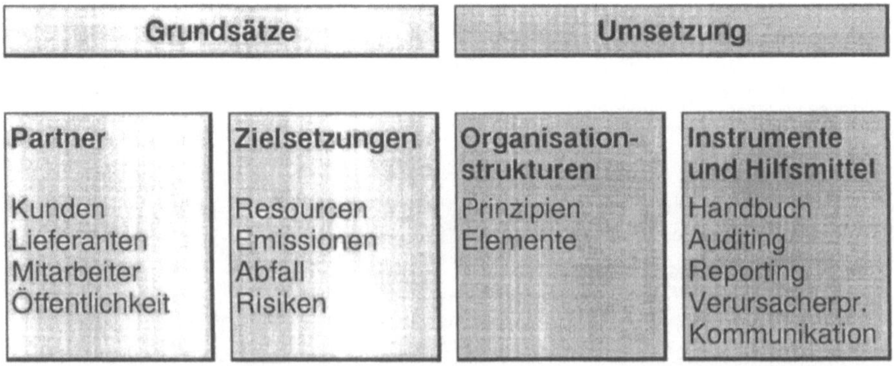
Grundsätze
Umsetzung
Partner
Kunden
Lieferanten
Mitarbeiter
Öffentlichkeit
Zielsetzungen
Resourcen
Emissionen
Abfall
Risiken
Organisation-strukturen
Prinzipien
Elemente
Instrumente und Hilfsmittel
Handbuch
Auditing
Reporting
Verursacherpr.
Kommunikation

Abb. 10. Aufbau der Landis & Gyr-Umweltpolitik

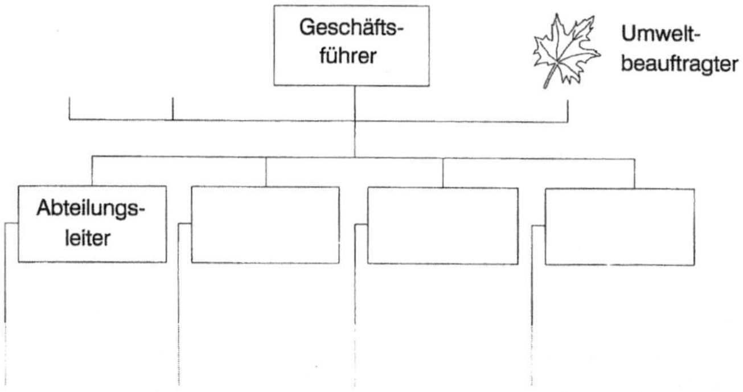

Abb. 11. Organisation der Verantwortung im Stab-Linien-Modell

5.3 Die Aufteilung der Verantwortung

Der Grundsatz „Denke global – handle lokal" ist im Umweltschutz von zentraler Bedeutung. Im Landis & Gyr-Umweltmanagementkonzept sind die Aufgaben deshalb nach dem Subsidiaritätsprinzip unterteilt und dezentralisiert. Standortbezogene Aspekte der Umweltverträglichkeit fallen deshalb so weit wie möglich unter die Verantwortung der Konzerngesellschaften oder Herstellwerke; produktbezogene Umweltaspekte fallen unter die Verantwortung der entsprechenden Geschäftseinheit oder des entsprechenden Marktbereichs.

Da umweltschutzbezogene Themen alle geschäftlichen Tätigkeiten beeinflussen, liegt die Verantwortung auch für die Umweltaspekte bei der Linie. Umweltschutz wird dadurch zur Chefsache gemacht.

Den Linienverantwortlichen stehen jedoch aufgrund der Komplexität der Umweltangelegenheiten in Fachstellen Umweltbeauftragte zur Verfügung (Abb. 11). Gemäß dem Stab-Linien-Modell wird die Linie in ihrer Entscheidungsfindung durch die Fachstelle unterstützt. Die Verantwortung wird zwischen Stabs- und Linienfunktion aufgeteilt.

In allen Landis & Gyr-Werken wurde die Funktion des Umweltbeauftragen geschaffen. Diese können, je nach Größe des Werk, diese Funktion nebenamtlich ausüben. Sie befaßen sich mit standortbezogenen Umweltaspekten und sind dem Werkleiter oder dem Geschäftsführer der jeweiligen Konzerngesellschaft direkt unterstellt.

Zur Wahrnehmung und Koordination der Umweltaspekte der Produkte wurde für jeden der drei Unternehmensbereiche ein Koordinator für Umweltfragen eingesetzt. Er muß in erster Linie die Produktmanager in den Ökologieaspekten der Produkte unterstützen.

Der Konzernfachbereich Umwelt unterstützt das Konzern-Management in seinen strategischen Entscheidungen zur Ausrichtung des Geschäfts auf Öko-Effizienz und auf Umweltverträglichkeit der Unternehmenstätigkeit. Alle Umweltfachstellen des Konzerns werden in einem Netzwerk zusammengefaßt, das von der Konzernfachstelle Umwelt geführt und koordiniert wird.

5.4 Die drei Konzept-Elemente Analysen, Ziele, Umsetzung

Um Ziele setzen und Dinge verändern zu können, ist es unabdingbar, zuerst den Stand der Dinge zu erfassen und die Situation in den einzelnen Tätigkeitsbereichen zu analysieren. Wenn einmal Ziele festgelegt und umgesetzt sind, muß man deren Realisierungsgrad überprüfen und den Erfolg messen können. Deshalb erfolgen bei Landis & Gyr Umweltanalysen in verschiedenen Phasen mit unterschiedlicher Tiefe und unterschiedlichen Prioriäten:

- In einer ABC-Analyse wurde die Tätigkeit des Unternehmens 1991 zunächst nach ökologischen Handlungsfeldern abgesucht. Dabei wurde im wesentlichen die in Kapitel 4 beschriebenen Handlungsfelder identifiziert und je nach Dringlichkeit und Wichtigkeit bereits Aktionen eingeleitet.
- Im Geschäftsjahr 1993 wurde eine systematische Bestandesaufnahme der Umweltschutz- und Umweltmanagementaspekte aller Betriebsstätten des Landis & Gyr-Konzerns durchgeführt.
- Im Anschluß an die Bestandsaufnahme wird 1994 für die Landis & Gyr-Betriebstätten ein Umwelt-Auditingsystem aufgebaut und implementiert werden.
- Um den Erfordernissen der heutigen Arbeitsteilung gerecht zu werden, wird es in Zukunft jedoch nicht genügen nur die Standorte zu überprüfen. Es wird deshalb die Methodik der Lebenszyklusanalysen für die Anwendung bei Landis & Gyr vorbereitet.

Das zweite Element des Umweltmanagementkonzepts befasst sich mit dem Setzen und Messen von Zielen:

- Nachdem auf Konzernebene mit der Konzernumweltpolitik zunächst qualitative und langfristige Ziele festgelegt worden sind, gilt es nun für die unteren Unternehmensebenen und in spezifischen Funktionsbereichen, diese Ziele weiter zu konkretisieren und in quantitative und kurz- und mittelfristig realisierbare Ziele umzusetzen.
- In spezifischen Bereichen der Produkteentwicklung, der Fertigung und der Infrastruktur, sowie insbesondere für das Umweltmanagement werden die konkreten und quantifizierbaren Ziele in einem Konzern-Umwelthandbuch festgelegt. Dieses wird vom Konzernfachbereich Umwelt, in Zusammenarbeit mit den entsprechenden Fachstellen, zum Beispiel Forschung und Entwicklung, erarbeitet und gibt konzernweit gültige Vorgaben.
- Für die Umsetzung ökologischer Zusatznutzen in den Produkten oder für die Realisierung konkreter Verbesserungen der Umweltaspekte vor Ort setzen die Unternehmensbereiche und die Konzerngesellschaften eigene Umweltschutz-Ziele.
- Auf der Ebene lokaler und funktionsbezogener Arbeitsanweisungen sind ebenfalls noch Zielsetzungen oder Festlegungen vorzunehmen. Hier werden Umweltaspekte in bestehende Vorschriften, Normen, Checklisten und andere Dokumente der täglichen Arbeit der einzelnen Funktionen wie Entwicklung, Beschaffung, Fertigung oder Infrastruktur einbezogen.

Abb. 12. Zielhierarchie des Landis & Gyr-Umweltmanagementkonzepts

Die Umsetzung und Realisierung von Projekten, als letztem Element des Umweltmanagementkonzept ist zugleich das wichstigste der vier Elemente; denn erst durch dieses Element werden konkrete Taten zur Steigerung der Öko-Effizienz der Landis & Gyr-Produkte und -Leistungserstellung erzielt. Dieses Element kann nicht vom Konzernfachbereich Umwelt umgesetzt werden. Es sind alle Funktionen der Organisation Landis & Gyr entsprechend ihren Einflußsphäre daran beteiligt und gefordert. Der Konzernfachbereich Umwelt und die andern Fachstellen des Umweltnetzwerks werden durch fachgerechte Unterstützung dazu beitragen.

6 Umweltbestandsaufnahme im Landis & Gyr-Konzern

6.1 Statusanalysen der Standorte und Umwelt-Auditing

Im folgenden Kapitel wird nun das im Geschäftsjahr 1993 durchgeführte Programm zur Bestandsaufnahme der Umwelt-Situation an den Landis & Gyr-Produktionsstandorten, sowie die sich daraus ergebenden Konsequenzen im Detail beschrieben.

Das Bestandesaufnahmeprogramm wurde vom Konzernfachbereich Umwelt von Landis & Gyr in enger Zusammenarbeit mit Arthur D. Little Int. Inc., Wiesbaden durchgeführt. Es hatte zum Ziel, die Umweltschutzaspekte und -systeme der Standorte zu überprüfen, Problem- und Handlungsfelder zu identifizieren und Stärken, die die einzelnen Standorte vorzuweisen haben, bekanntzumachen und auf andere Werke zu übertragen. Zudem bewirkte es - sozusagen als Nebeneffekt - eine Sensibilisierung des Managements auf Umweltschutz-Aspekte.

Im Laufe des Programms wurden an insgesamt 18 Standorten des Landis & Gyr-Konzerns in Europa und Nordamerika Umweltstatusanalysen durchgeführt. Der Ablauf des Programms zur Bestandsaufnahme ist in Abb. 13 dargestellt:

- Instrumente masschneidern (Vorbereitung)
- Analysen an vier Pilot-Standorten
- Analysen an 13 weiteren Produktions-Standorten
- Umwelt-Statusbericht Landis & Gyr

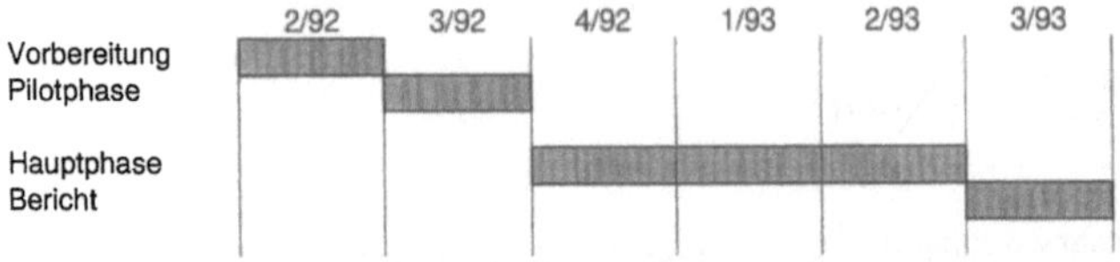

Abb. 13. Programm zur Umweltbestandsaufnahme

- In einer dreimonatigen Vorbereitungsphase wurden die Instrumente, die in den Statusanalysen vor Ort angewendet wurden, auf die Bedürfnisse der Landis & Gyr-Betriebstätten zugeschnitten.
- In einer Pilotphase wurden dann unter Federführung von Arthur D. Little vier ausgewählte Standorte analysiert. Im Analyseteam war jeweils ein Vertreter des Konzernfachbereichs Umwelt von Landis & Gyr vertreten. Die Ergebnisse der Pilotphase dienten der Optimierung des Projektablaufs und wurden umgehend dem Konzern-Management präsentiert.
- In der Hauptphase des Projektes analysierte nun der Konzernfachbereich Umwelt in Begleitung eines Auditors von Arthur D. Little die 14 verbleibenden Landis & Gyr-Betriebsstätten.
- Die Ergebnisse des Bestandsaufnahmeprogramms wurden dann im Landis & Gyr-Geschäftsbericht zusammengefaßt und so einem breiteren Publikum bekannt gemacht. Arthur D. Little hat darin die professionelle und objektive Durchführung des Bestandsaufnahmeprogramms attestiert.

Die einzelnen Statusanalysen wurden anhand eines umfassenden Fragebogen, der die zu behandelnden Themen Umweltmanagment, Umgang und Lagerung von Gefahrstoffen, Luft-, Wasser- und Bodenverschmutzung, Abfallmanagement, Energie-Effizienz und Produktverantwortung umfasste, vom Standort vorbereitet. Gleichzeitig wurde, falls nicht schon vorhanden, die Funktion des lokalen Umweltbeauftragten geschaffen, welcher an der Analyse jeweils wesentlich beteiligt war.

An den Analysen, die jeweils zwei Tagen dauerten, wurden Schlüsselpersonen interviewt, Dokumente eingesehen und die Situation bei Überprüfung von Verhaltensweisen verifiziert. Die Ergebnisse der Analysen wurden dem lokalen Management und den Beteiligten noch während der Analysen präsentiert. Zudem wurde auch Information über die andern Aspekte des Umweltmanagementkonzepts von Landis & Gyr vermittelt.

Die Ergebnisse der Analysen wurden pro Standort in einem Bericht zusammengestellt, der alle Feststellungen (Stärken, Abweichungen von gesetzlichen

Anforderungen und Beobachtungen zum Managmentsystem) und die entsprechenden Empfehlungen des Analyseteams enthielt. Schließlich wurden mit einem formalisierten Follow-up-Verfahren sichergestellt, dass die in der Analyse gemachten Feststellungen umgesetzt werden. Im Follow-up-Verfahren erarbeitet der Standort zu allen Feststellungen der Analyse Verbesserungsvorschläge und nennt Termine und Verantwortliche.

Die Wirkung der Analysen war äußerst vielfältig. Schon die Vorbereitung hat vielerorts die Standortverantwortlichen veranlaßt, Organisationsstrukturen zu definieren und lange Anstehendes zu erledigen. Sie hat zudem, da vielfach das ganze Managementteam eines Standorts involviert war, das Bewußtsein für die Bedeutung der Umweltaspekte und ihre Konsequenzen gefestigt und die Einsicht gebracht, dass Verbesserungen des Umweltschutzes sehr oft mit direkten Einsparungen, Effiziensteigerungen oder sogar Qualitätsverbesserungen verbunden sind.

Die beschriebenen Statusanalysen der Bestandsaufnahme sind ein erster Schritt in der Vorbereitung für ein Auditing-System. Dieses Führungsinstrument ist in der Landis & Gyr-Umweltpolitik festgelegt und wird im Anschluß an die Bestandsaufnahme im Geschäftsjahr 1994 konkretisiert und eingeführt. Landis & Gyr nimmt somit in seiner Tätigkeit die Entwicklung der internationalen Normen- und Gesetzgebung vorweg, die voraussagt, dass Umweltmanagement und Umwelt-Auditing schon bald zur gängigen Praxis zählen wird, wie heute Qualitätssicherung und Qualitäts-Auditing.

6.2 Erhebung von Umweltdaten für Standorte und Produkte

Die Erhebung, Aufarbeitung und Kommunikation von umweltbezogenen Daten und Kenngrössen über die industrielle und unternehmerische Tätigkeit ist von enormer Bedeutung. Mit der Erkenntnis, dass nur Dinge, die gemessen werden, auch verändert werden, hat der Konzernfachbereich Umwelt von Landis & Gyr schon anlässlich der Statusanalysen an den Standorten umweltrelevante Daten erhoben.

In den Bereichen Ressourcenverbrauch, Abfallaufkommen, Emissionen und Risiken wurden einheitlich über alle Standorte Mengen und Frachten bilanziert und entsprechende Quotienten zu Umsatz, Produktionsvolumen oder Anzahl Mitarbeiter gebildet. Abb. 14 gibt einen Überblick über die pro Standort abgefragten Messgrössen und Informationen. Als Herausforderung hat sich dabei die Bildung sinnvoller Kenngrössen oder Verhältniszahlen erwiesen, um die Ergebnisse vergleichbar zu machen.

Weil die Daten bisher nicht in genügenden Exaktheit oder nicht im notwendigen Detailierungsgrad vorhanden waren, ist die Aussagefähigkeit dieser ersten Erhebung noch unvollständig. Das Erfassungsystem wird deshalb verfeinert und den Strukturen angepaßt.

Der Konzernfachbereich Umwelt ist deshalb daran, ein entsprechendes Berichterstattungs-Verfahren zu definieren und zu implementieren. Die Stand-

Ressourcen: (Verbrauch und Kosten)	Elektrizität Brennstoffe Wasser
Abfälle: (Aufkommen und Kosten)	Sonderabfälle Feste Haus- / Gewerbeabfälle Wertabfälle der Fertigung
Emissionen: (Quellen und Frachten)	FCKW Chlorierte Lösemittel Flüchtige organische Stoffe Abwässer
Risiken: (Ausmass und Reduktionsstand)	Bodenverunreinigungen PCB-Kontaminationen Asbestvorkommen

Abb. 14. Umweltkenndaten der Standorte

orte werden dazu gewisse Voraussetzungen erst schaffen müssen, um beispielsweise Energieverbräuche nach Bereichen und Abteilungen getrennt erfassen zu können. Dies ist jedoch zur Bildung sinnvoller Kenngrössen notwendig. Die wichtigsten Kennzahlen, insbesondere auch Kostenfaktoren werden in das vorhanden Management-Informations-System (MIS) von Landis & Gyr einbezogen werden.

Die Erfassung der Daten über die Fertigung und die eigene Infrastruktur von Landis & Gyr werden wiederum nicht genügen. Der Konzernfachbereich Umwelt plant deshalb, Methoden zu entwickeln, um umweltrelevante Daten bezüglich der Produkte erfassen und bewerten zu können. Diese werden für das Produktmanagement ein geeignetes Steuerungsinstrument darstellen, um Umweltverträglichkeit und Öko-Effizienz der gesamten Leistungserstellung der Produkte zu optimieren.

6.3 Bewertung des Managementsystems und Öko-Rating

In den Umweltstatusanalysen der Bestandsaufnahme wurde ein von Arthur D. Little entwickeltes Verfahren zur Bewertung der Umweltmanagementsysteme angewandt. Darin wurde bewertet, wie und mit welchen Strukturen das Management der Landis & Gyr-Fertigungsstandorte die verschiedenen Aspekte des Umweltschutzes handhabt (Abb. 15).

Die Bewertung basiert auf dem unterschiedlichen Entwicklungsstand der Umweltmanagementsysteme. Die Skala reicht von einem reaktiven, rein auf akuter Problemlösung basierenden Verständnis der Umweltaspekte (Note 1) bis zu proaktivem, auf vorausschauende Sicherstellung basierendem Management des Umweltschutzes (Note 5). Die mittlere Note 3 entspricht der vollständigen Überwachung der gesetzlichen Anforderungen und bildet somit die Grenze von reaktiv zu proaktiv.

Durch die Bewertung der Umweltmanagementsysteme der einzelnen Firmenstandorte können diese an einem internen Standard (Mittelwert) und an

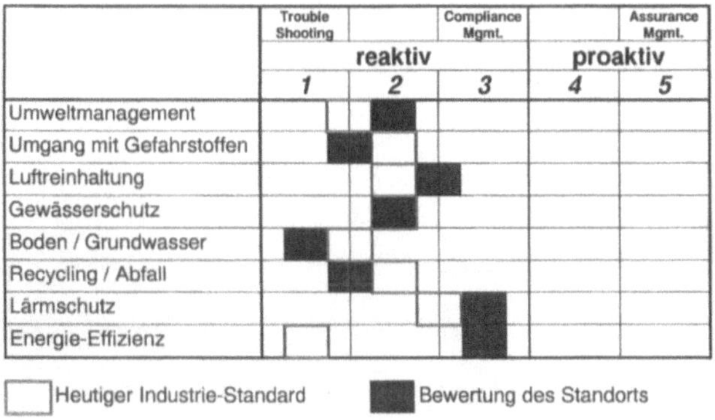

Abb. 15. Beispiel einer Standortbewertung

einer intern festgelegten Zielsetzung gemessen werden. Durch die Tatsache, dass Arthur D. Little diese Bewertungsmethodik breit anwendet, ist auch ein Vergleich mit einem Branchen- oder Länderdurchschnitt (Industrie-Standard) möglich, der heute für die Elektronik-Industrie etwa bei Note 2 liegt. Abbildung 15 zeigt beispielhaft, wie Ergebnisse der Bewertung in den Berichten der Statusanalyse präsentiert wurden.

Mit der Bewertung der Umweltmanagementsysteme der Standorte hat Landis & Gyr ein Öko-Rating über seine Firmentätigkeit und Infrastruktur durchgeführt. Dieses Öko-Rating wurde vom Konzernfachbereich Umwelt, also einer organisationsmässig unabhängigen, wenn auch konzerninternen Stabstelle, zusammen mit dem neutralen externen Berater Arthur D. Little durchgeführt. Damit antwortet Landis & Gyr vorausschauend auf das heute mehr und mehr geäusserte Bedürfnis, die ökologischen Aspekte der Unternehmenstätigkeit zu bewerten, beziehungsweise bewerten zu lassen.

Landis & Gyr trägt damit dazu bei, ein international standardisiertes Öko-Rating-Verfahren zu entwickeln, nach dem Unternehmen bezüglich ihrer ökologischen Leistungen bewertet werden können. Das Verfahren von Arthur D. Little liefert dafür eine gute Basis, die mit Hilfe der in der „Business Charter for Sustainable Development" der internationalen Handelskammer festgelegten Grundsätze weiterentwickelt werden kann.

6.4 Kommunikation von Umweltthemen

Es ist sehr wichtig, dass innerhalb einer Unternehmung die Umweltaspekte thematisiert und offen kommuniziert werden. Dadurch bekommen sie die ihnen zustehende Bedeutung. Die verbreiteten Inhalte sollen dabei möglichst auf bereits Erreichtem basieren und mit nachvollziehbaren Argumente fundiert werden. Ziele sollen in Zusammenhang zur aktuellen Situation gebracht und damit vergleichbar gemacht werden.

Abb. 16. Interne Kommunikation der Umweltpolitik

Für die interne Kommunikation der Umweltthemen stehen bei Landis & Gyr die internen Medien und Stabstellen zur Verfügung:

- Der Konzernfachbereich Umwelt hat für das Netz der Umweltbeauftragten und Spezialisten ein eigenes Organ geschaffen, das nach Bedarf die Verbindungen im Konzern sicherstellt und die nötigen Fachinformationen verbreitet.
- Die Landis & Gyr-Hauszeitschrift, die in mehreren Ländern auf lokale Bedürfnisse spezifiziert und in verschiedenen Sprachen erscheint, führt eine ständige Rubrik zum Thema Umwelt. In ihr werden aktuelle Themen dem Kreis der Mitarbeiter nähergebracht.
- Inhalte zu relevanten Themen oder wichtige Dokumente wie die Konzern-Umweltpolitik werden in einer Reihe von Broschüren dargestellt und an die Mitarbeiter abgibt.

Für die externe Kommunikation wurden die Umweltangelegenheiten von Landis & Gyr zunächst im Geschäftsbericht thematisiert. Dies geschieht in den Beschreibung von Geschäftserfolgen, die zur Verbesserung der Öko-Effizienz aktiv beitragen. Beschrieben werden zudem Umweltaspekte der Leistungserstellung.

Die Ergebnisse der Umweltbestandsaufnahme wurden deshalb in den Geschäftsbericht 1993 von Landis & Gyr aufgenommen. Arthur D. Little, die die Bestandsaufnahme begleitet und überwacht hat, bestätigt dabei, ähnlich einem Wirtschaftsprüfungsbericht, die Objektivität und Professionalität der Ergebnisse der Analysen.

Für die Zukunft ist geplant, einen regelmäßig erscheinenden Landis & Gyr-Umweltbericht zu erstellen, der anhand der rapportierten Umweltdaten die Umweltverträglichkeit der Leistungserstellung beschreiben, den aktiven Beitrag von Landis & Gyr zur Öko-Effizienz dokumentieren und über Fortschritte der Industrie und Wirtschaft auf dem Weg zu Umweltverträglichkeit und zu langfristig tragfähigem Management berichten wird.

Die Deutschen, die Letzten im europäischen Wettbewerb?

Andreas von Saldern, Wiesbaden

Deutsche Unternehmen empfinden sich häufig als Vorreiter im Umweltschutz. insbesondere hinsichtlich der Umweltschutztechnik und der Grenzwerte empfinden wir uns als führend. Dabei gibt es genügend Hinweise, daß diese Aussage in so allgemeiner Form nicht stimmen kann. So hatten die Japaner bereits Abgasreinigungstechniken entwickelt, als in Deutschland noch die Politik der hohen Schornsteine betrieben wurde. Dies war in Japan auf Grund der Erbebengefahr nicht möglich. Als dann bei uns die Anforderungen schärfer wurden, wurde so manche japanische Lizenz in Anspruch genommen, um die Abluft reinigen zu können. Auch wurden schon seit Jahren Autos mit Katalysator in die Vereinigten Staaten geliefert, während dies für den deutschen Markt als nicht machbar beschrieben wurde. Und unser Nachbarland Dänemark hat sich zu einem der führenden Hersteller von Windkraftanlagen emporgearbeitet, unterstützt durch eine günstige Regelung für die Verrechnung von selbst erzeugter elektrischer Energie. Dies sind nur drei Beispiele dafür, daß uns eher eine Aussage ansteht, die besagt, daß wir in einigen Bereichen der Umweltschutztechnik Spitzentechnologie liefern, aber daß es durchaus Bereiche gibt, in denen es sinnvoll ist, sich die guten Lösungen anderer anzuschauen. Also wir uns durchaus nicht in einer Position befinden in der wir uns ruhig auf dem bereits Erreichten ausruhen können, sondern aufmerksam beobachten sollten, welche Entwicklungen sich in anderen Ländern abzeichnen.

Gerade an dieser Aufmerksamkeit hat es in den letzten Jahren vielfach gemangelt, denn einige wichtige Entwicklungen im Umweltschutz sind in Deutschland kaum wahrgenommen worden. Insbesondere die Tendenz in viel stärkerem Maße als bisher in Fragen des Umweltschutzes die Öffentlichkeit zu beteiligen und die Selbstkontrolle der Unternehmen zu stärken wurde kaum beachtet. Die dazugehörigen Schlagworte lauten:

- Umweltinformationsgesetz
- British Standard BS 7750 „Specification for Environmental management systems"
- EG Öko-Auditing Verordnung.

Sietz/v. Saldern
Umweltschutz-Management und Öko-Auditing

Umweltinformationsgesetz

Das Umweltinformationsgesetz beruht auf der Directive on the freedom of access to information on the environment der europäischen Gemeinschaft, die bis zum 31. Dezember 1992 in nationales Recht hätte umgesetzt werden müssen. Im Frühjahr 1993 liegt immer noch nur ein Entwurf vor. Anlaß für die europäische Gemeinschaft eine solche Directive on the freedom of access to information on the environment zu verabschieden ist der nordamerikanische right to know act. Er besagt, daß Firmen Angaben über ihre Emissionen in eine Datenbank eingeben müssen, die frei zugänglich ist.

Ein Effekt war, daß die Medien der USA Hitlisten veröffentlichten, wer die größten Emittenten der USA sind.

Es ist leicht nachvollziehbar, daß die Unternehmen massive Anstrengungen unternommen haben, um von den öffentlichkeitswirksamen vorderen Rängen der Hitliste zu kommen oder um ihre Emissionen so zu reduzieren, daß sie gar nicht erst einen solchen Platz einnehmen. Das amerikanische Umweltbundesamt EPA hat Studien durchgeführt, welche Investitionen von den Unternehmen auf Grund des right to know acts getätigt wurden. Die Summe erreicht Milliardenhöhe.

Der zweite Effekt des right to know acts war, daß die Umweltverbände die veröffentlichten Emissionen untersuchten und mit den Genehmigungsbescheiden verglichen. Überschritten die Emissionen das genehmigte Maß, verklagten sie Aufsichtsbehörden und Betreiber. Es wurde somit durch die Veröffentlichungspflicht auch der Vollzug der vorhanden Umweltschutzgesetzgebung überwacht.

Weiterhin werden durch die Veröffentlichungspflicht des right to know acts einige prinzipielle Schwierigkeiten von Grenzwertregelungen klassischer Art

Abb. 1. In den USA führte die Veröffentlichungspflicht von Emissionsdaten zu Hitlisten der größten Emittenten

umgangen. Bisherige Grenzwertregelungen können immer nur verzögert auf neue Kenntnisse über die Umweltrelevanz von Stoffen reagieren. Hier ist die Öffentlichkeit viel schneller. Stellt sich heraus, daß Schadstoff X ein neues Problem darstellt, können die Journalisten in den Computer schauen und am nächsten Morgen eine Liste publizieren, wer die größten Emittenten des Schadstoffes X sind. Die Öffentlichkeit wird dann entsprechenden Druck auf die Unternehmen ausüben, ohne daß ein neues Gesetz oder eine neue Verordnung erlassen werden mußte.

Auch können durch die Veröffentlichungspflicht regionale Besonderheiten berücksichtigt werden. Sind zum Beispiel in einer Stadt auf Grund seiner Tallage die Luftemissionen ein kritisches Problem, wird der Druck der Öffentlichkeit sich auf die veröffentlichen Luftemissionen konzentrieren. Sind dagegen in einer Stadt die Abwasserfrachten in ein fischreiches Gewässer relevant, wird sich der Druck der Öffentlichkeit auf die veröffentlichten Abwasserfrachten konzentrieren.

In gewisser Hinsicht stellt die Veröffentlichungspflicht des right to know acts fast ein marktwirtschaftliches Instrument dar, denn es erlaubt der Öffentlichkeit, die in bestimmten Maße auch Kunde des Unternehmens ist, Einfluß zu nehmen auf die Produkte und die Produktionsweisen. Stellt das Unternehmen die Bedürfnisse der Öffentlichkeit zufrieden kann es problemlos produzieren.

Einige Schwachstellen der Veröffentlichungspflicht sollen aber nicht verschwiegen werden. Das für Ingenieure und Naturwissenschaftler kaum faßbare ist, daß sich die öffentliche Meinung nicht immer an den naturwissenschaftlichen Zusammenhängen orientiert. Es besteht die Gefahr, daß Informationen aus dem Zusammenhang gerissen oder vereinfacht werden und letztendlich Druck auf ungefährliche Produkte gemacht wird, während die gefährlichen von der Öffentlichkeit unbeachtet bleiben.

Ferner unterliegt die öffentliche Meinung starken Schwankungen. Was diesmal Schadstoff des Monats ist, braucht es nächsten Monat nicht zu sein. Ereignisse wie Kriege, Wahlen oder Arbeitskämpfe können den Umweltschutz auf die hinteren Ränge des allgemeinen Bewußtseins verdrängen.

Trotz all dieser Unzulänglichkeiten hat sich die Veröffentlichungspflicht des right to know acts in den USA bewährt und eine Verbesserung des Umweltschutzverhaltens der Unternehmen bewirkt.

Blicken wir nun auf Europa zurück. Die europäische Gemeinschaft selbst hat keine eigene Exekutive um Umweltschutzanforderungen zu vollziehen. Sie ist in dieser Hinsicht ein unvollständiges Staatswesen und auf den Vollzug durch die Mitgliedsstaaten angewiesen. Dieser ist selbst in der Bundesrepublik nicht in allen Fällen gegeben, wie das Beispiel der verspäteten Einführung des Umweltinforrmationsgesetzes zeigt. Die europäische Gemeinschaft hat deshalb sehr aufmerksam die Auswirkungen der Veröffentlichungspflicht des right to know acts verfolgt und am 7. Juni 1990 die Directive on the freedom of access to information on the environment verabschiedet. Ziel ist es den Bürger den Zugang zu allen Informationen, die den Behörden vorliegen auf Anfrage zu gewähren. Dies ist deutlich weniger als die Veröffentlichungspflicht des right to know acts da nicht die Eingabe von Emissionsdaten in eine allgemein zugängliche Datenbank gefordert wird, aber der Behörde liegen in der Regel neben den Genehmigungsunterlagen auch Emissionsmeßdaten vor, die damit auch der Öffentlichkeit zugänglich sind.

Auseinandersetzungen um die Veröffentlichung von Abwasser-Einleitgenehmigungen chemischer Industrien, wie sie noch vor Jahren mit Umweltschutzverbänden geführt worden sind, sind somit hinfällig geworden. In Zukunft werden solche Daten veröffentlicht werden müssen. Auch könnten Journalisten Hitlisten ähnlich denen in der USA erstellen. Einzig Betriebsgeheimnisse und laufende Gerichtsverfahren sollen von dieser Veröffentlichungspflicht ausgenommen werden.

Für die Unternehmen bedeutet dies, daß sie davon ausgehen müssen, daß ihre Emissionsdaten der Öffentlichkeit zur Verfügung stehen. Sollten diese Daten kritische Informationen enthalten, kann den Unternehmen nur empfohlen werden, durch eine offensive Informationspolitik ein Verständnis der Zusammenhänge zu erzeugen.

Obwohl die europäische Gemeinschaft die Directive on the freedom of access to information on the environment am 7. Juni 1990 verabschiedete, und das Umsetzungsdatum des 31. Dezember 1992 seit deren Veröffentlichung bekannt war, wurde in Deutschland selbst in Fachpublikationen kaum darüber berichtet. Dabei ist davon auszugehen, daß zukünftige Regelungen der europäischen Gemeinschaft aus den oben genanten Gründen die Veröffentlichungspflicht ausbauen werden. Diese Entwicklung wurde in Deutschland kaum wahrgenommen.

British Standard BS 7750 „Specification for Environmental Management Systems"

Am 16. April 1992 wurde der Britische Standard, der unserer DIN-Normung entspricht, BS 7750 über die Anforderungen an Umweltschutzmanagementsysteme in Kraft gesetzt. Er wurde verabschiedet um Unternehmen ein Regelwerk an die Hand zu geben, wie Umweltschutzmanagementsysteme aufzubauen sind, um in den Betrieben eine kontinuierliche Verbesserung des Umweltschutzes zu erreichen. Ist das Umweltschutzmanagementsystem aufgebaut, besteht die Möglichkeit einer Zertifizierung, die dem Unternehmen bestätigt, daß es den Anforderungen des Standards über Umweltschutzmanagementsysteme entspricht.

Der britische Standard über Umweltschutzmanagementsysteme besagt, daß für den Aufbau eines Umweltschutzmanagementsystems als erstes die Entscheidung und die Unterstützung der Unternehmensleitung gewährleistet sein muß. Anschließend soll in einer ersten Analyse die eventuell bereits bestehenden Elemente des Umweltschutzmanagementsystems ermittelt werden, bevor die noch fehlenden Elemente aufgebaut werden.

Aufbauend auf diese Statusermittlung sind die Umweltschutzleitlinien festzulegen, die die Zielrichtung des gesamten Umweltschutzmanagementsystems

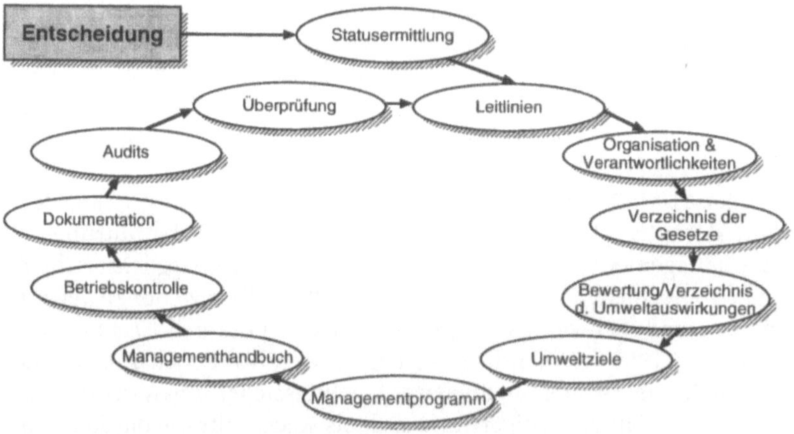

Abb. 2. Aufbau eines Umweltschutzmanagementsystems (nach BS 7750)

vorgeben. Danach erfolgt die Festlegung der Umweltschutz-Organisation und der Verantwortlichkeiten. Um eine Übersicht über die umweltschutzrechtlichen Anforderungen zu erhalten, die ein Unternehmen erfüllen muß, sollen diese in einem Verzeichnis dokumentiert werden.

Die Umweltauswirkungen von Produkten und Verfahren sind zu bewerten und ebenfalls in einem Verzeichnis zu dokumentieren. Aus diesen Informationen sollen dann konkrete Umweltschutzziele zur Minimierung der Umweltauswirkungen und ein Managementprogramm zur Umsetzung dieser Ziele abgeleitet werden.

In dem Handbuch werden die wesentlichen Bestandteile des Umweltschutzmanagementsystems festgehalten. Unter anderem sind auch regelmäßige Betriebskontrollen und eine einwandfreie Dokumentation Bestandteile dieses Umweltschutzmanagementsystems.

Durch Umweltschutzaudits wird überprüft, daß tatsächlich den Umweltschutzielvorgaben des Unternehmens entsprochen wird. Die Zielvorgaben selbst werden ebenfalls in regelmäßigen Abständen überprüft.

Insgesamt wird durch das Umweltschutzmanagementsystem ein geschlossener Regelkreis erzeugt, mit dem das Unternehmen sich selbst, seine erreichte Position im Umweltschutz und seine Umweltschutzielvorgaben regelmäßig überprüft, um entsprechende Korrekturmaßnahmen einleiten zu können.

Der Hintergrund für die Entwicklung des britischen Standards über Umweltschutzmanagementsysteme ist, daß sich in Groß-Britannien in den letzten Jahren ein sehr aktiver Öko-Markt herausgebildet hat. Unternehmen wie Body Shop, die ihre Umweltphilosophie aktiv vermarkten, haben sich in Groß-Britannien in viel stärkerem Maße entwickelt, als bei uns, und versuchen nun auch bei uns Marktanteile zu gewinnen.

Für solche Unternehmen ist es wichtig, zu einer Normung des „Öko"-Begriffes zu gelangen, damit in der Werbung nicht die Glaubwürdigkeit des Öko-

Begriffes untergraben wird. Ferner sind sie daran interessiert eine einfache Beurteilungsmöglichkeit ihrer Zulieferer zu haben, um sicherzustellen, daß sie nicht vermeintlich umweltfreundliche Produkte einkaufen. Deshalb hatten sich diese Betriebe an die British Standard Institution gewandt und das Endprodukt der Normungsbemühungen war der British Standard BS 7750 Specification for Environmental management systems.

Nach dem der BS 7750 in Kraft gesetzt wurde, wurden in einer großangelegten einjährigen Pilotphase Unternehmen aller Branchen bei der Einführung der Umweltschutzmanagementsysteme unterstützt. Ziel war es möglichst schnell Erfahrungen aus verschiedensten Branchen zu erhalten, diese weiter zu vermitteln und gegebenenfalls Schwierigkeiten aus dem Weg zu räumen. Das Ergebnis der Studie soll Mitte 1993 veröffentlicht werden. Soweit bisher bekannt ist, hatten Unternehmen, die bereits zertifizierte Qualitätssicherungssysteme nach ISO 9000 ff aufgebaut haben, weniger Aufwand, als solche, für die das Umweltschutzmanagementsystem das erste zertifizierte Managementsystem werden sollte. Ferner ergaben sich Abgrenzungsprobleme bei der Bestimmung der Umweltauswirkungen eines Produktes oder eines Verfahrens. In welchem Detaillierungsgrad diese Bestimmung durchgeführt werden sollte, als komplexe Produktlebenszyklusanalyse oder als einfache Plausibiltätsabschätzung, war dem britischen Standard bisher nicht zu entnehmen und wird voraussichtlich zu einer Neuformulierung der entsprechenden Passage führen. Die Erfahrungen dieser Pilotstudie sollen im Herbst 1993 in den Standard über Umweltschutzmanagementsysteme eingearbeitet werden.

Neben den nationalen Bemühungen waren die Briten äußerst aktiv in der Vorbereitung der internationalen Normierung. War ihnen doch bei den Qualitätssicherungssystemen gelungen ihren bereits erarbeiten nationalen Standard BS 5750 über Qualitätssicherungssysteme in die Internationale Normung einzubringen. Als die Internationalen Standards zur Normung und Zertifizierung von Qualitätsmanagementsystemen in Kraft traten (ISO 9000 ff), hatten viele deutsche Unternehmen darüber gelächelt. „Wir reden nicht über Qualität, wir produzieren sie", war vielfach die Antwort. Heute gibt es in der Automobilzulieferindustrie kein Unternehmen mehr, daß die Chance hätte Produkte zu verkaufen ohne eine Zertifizierung des Qualitätssicherungssystems. Die Parallelen zur Entwicklung der Standardisierung der Umweltschutzmanagementsysteme liegen auf der Hand und lassen vermuten, daß die Entwicklung der Bedeutung einer Zertifizierung der Umweltschutzmanagementsysteme ähnlich verlaufen wird. Es besteht die Gefahr, daß britische Unternehmen sehr viel mehr Erfahrungen mit zertifizierten Umweltschutzmanagementsystemen sammeln und damit den zukünftigem Anforderungen des Marktes besser entsprechen können.

Deutschland selber hat bisher bei der Vorbereitung der internationalen Normung kaum gestaltend eingegriffen. Die deutschen Bemühungen um eine Normung haben sich erst Anfang 1993 verstärkt. Aber da bestand der britische Standard schon und die Kraft eines Vorschlages, der sich in der Praxis schon bewährt hat, ist groß. In den Vorbereitungen zur internationalen Normung spielen

Nationen wie Kanada und Australien derzeit eine größere Rolle, als die Bundesrepublik.

Mit diesem Standard über Umweltschutzmanagementsysteme, beginnt Groß-Britannien sich als Vorreiter im Umweltschutz zu präsentieren. Auch wenn manche Fabrik noch nicht niedrigere Umweltbelastungen verursacht, als der Wettbewerber in der Bundesrepublik, in Groß-Britannien werden jetzt die Managementinstrumentarien aufgebaut, um eine kontinuierliche Verbesserung des Umweltschutzverhaltens zu erreichen. Und diese kontinuierliche Verbesserung zu der sich die Unternehmen verpflichten macht nicht halt an irgendwelchen Grenzwerten. (Der ganze Britische Standard über Umweltschutzmanagementsysteme enthält keinen einzigen Grenzwert.) Deshalb stehen die Chancen nicht schlecht, daß britische Unternehmen in einigen Jahren sich tatsächlich als Öko-Leader in der europäischen Gemeinschaft präsentieren. Bei den meisten deutschen Unternehmen sind bisher kaum parallele Entwicklungen zu beobachten.

Um den Vergleich zwischen den deutschen und britischen Positionen im Umweltschutz zu pointieren soll auf den Vergleich der japanischen Industrie und Europa zurückgegriffen werden. Die Europäer haben in den letzten Jahrzehnten mit viel Aufwand die technische Automatisation versucht weiter zu entwickeln. Japanische Unternehmen haben die Managementtechniken optimiert und sind damit inzwischen erfolgreicher. Übertragen auf den Umweltschutz ist zu beobachten, daß in Deutschland der technische Umweltschutz vorangetrieben worden ist. In Groß-Britannien versucht man derzeit die Managementinstrumentarien zu optimieren. Zur Zeit haben wir noch die bessere Umweltschutztechnik, aber wer auf längere Sicht die niedrigeren Umweltbelastungen verursachen wird ist jedoch fraglich.

Auf jeden Fall hat der britische Standard über Umweltschutzmanagementsysteme bereits seit seiner Verkündung Auswirkungen auf Unternehmen gehabt, die nach Groß-Britannien exportieren. Der britische Standard über Umweltschutzmanagementsysteme fordert, daß Unternehmen an ihre Zulieferer die selben Umweltschutzanforderungen stellen, wie an sich. Dadurch soll vermieden werden, daß Unternehmen sich umweltkritischer Prozesse durch outsourcing entledigen und selber mit blütenweißer, bzw. mit grüner Weste dastehen. Für die deutschen Unternehmen, die exportieren wollten hatte dies zur Folge, daß sie detaillierte Umweltinformationen über ihre Produkte und Produktionsverfahren zur Verfügung stellen mußten, oder durch Spezialisten des Kunden auditiert wurden - ein Verhalten, wie es in der Qualitätssicherung schon seit Jahren üblich ist. Über kurz oder lang werden die Hersteller von Produkten, die an Kunden liefern wollen, die dem britischen Standard über Umweltschutzmanagementsysteme entsprechen, nicht umhin können selber diesem Standard zu entsprechen.

Es ist also festzustellen daß international starke Bestrebungen bestehen die Umweltschutzmanagementinstrumentarien zu optimieren. Die Entwicklung eigener Ideen zu deren Optimierung ist in Deutschland bisher so wenig fortgeschritten, daß kaum konstruktiv in die internationalen Diskussionen zur Normung der Managementinstrumentarien eingegriffen wird. Dabei haben diese Normungen bereits heute Einfluß auf die Wettbewerbsposition mancher deutscher Unternehmen.

Unternehmen sollten also nicht auf das verunreinigte Abwasser oder den qualmenden Schlot eines englischen Wettbewerbers schauen und sich entspannt zurückzulehnen, sondern aufmerksam die britischen Managementinstrumente betrachten, mit denen die Umweltprobleme zukünftig gelöst werden sollen.

EG Öko-Auditing Verordnung

Die Bemühungen der EG, eine Öko-Auditing Verordnung zu beschließen können auf eine langjährige Geschichte zurückblicken. In den Blickpunkt einer breiteren deutschen Öffentlichkeit sind diese Bemühungen erst in der Endphase gerückt. Dabei stieß insbesondere die Veröffentlichungspflicht der Umwelterklärung auf heftigsten Widerstand. Dies allerdings zu einem Zeitpunkt als die Directive on the freedom of access to information on the environment seit dem 7. Juni 1990 verabschiedet war. Wer konnte eigentlich erwarten, daß die europäische Gemeinschaft sich auf ein Niveau unterhalb bestehender Regelungen zurücknimmt. Gerade der Veröffentlichungspflicht mußte die europäische Gemeinschaft große Bedeutung beimessen, wie bereits oben erläutert wurde. Auch die Mitgliedsstaaten, die keine großen Vollzugsbehörden aufbauen wollen oder können, legten großen Wert auf die Veröffentlichungspflicht, denn so konnten sie einen Teil der Kontrolle in die Hand der Öffentlichkeit legen. Letztendlich sollten auch die deutschen Unternehmen ein Interesse an der Veröffentlichungspflicht der Umwelterklärung des auditierten Betriebes haben. Schließlich enthält die Öko-Auditing Verordnung keinen einzigen Grenzwert und nur die Erfüllung der nationalen Anforderungen wird als Mindeststandard gefordert. Diese nationalen Anforderungen können aber deutliche Unterschiede aufweisen. Der veröffentlichten Umwelterklärung wäre aber zu entnehmen, wie hoch die Umweltbelastung des Betriebes tatsächlich ist. Damit ständen den Kunden Informationen zur differenzierten Beurteilung der Anbieter zur Verfügung.

Wie auch immer, diese Betrachtungsweise setzte sich in der Wirtschaft nicht durch und die deutsche Delegation machte in Brüssel, auch aus anderen Gründen, grundsätzliche Bedenken gelten. Es ist leicht nachvollziehbar, wie groß die deutschen Einflußmöglichkeiten danach auf die Gestaltung der Entwürfe war. Das war wie nicht mitspielen, aber die Spielregeln bestimmen wollen. Letztendlich positionierte sich Deutschland als verzögernde Kraft im Umweltschutz als es im Dezember 1992 als einziger gegen den Entwurf stimmte und seine Verabschiedung verhindert. Danach aber kam Bewegung in die deutsche Position. Es wurde deutlich, das allerspätestens nach Inkrafttreten der Maastrichter Verträge die Deutschen einfach überstimmt werden konnten. Am 23. März 1993 wurde der Entwurf endgültig verabschiedet. Nun stehen noch die

Übersetzungsarbeiten an, die voraussichtlich bis Mitte des Jahres 1993 andauern dürften.

Die Ähnlichkeit des britischen Standards über Umweltschutzmanagementsysteme und der EG Öko-Audit Verordnung sind offensichtlich. Es liegt auf der Hand, daß Unternehmen, die dem britischem Standard bereits entsprechen nur noch wenig Aufwand betreiben müssen um auch der EG Öko-Audit Verordnung zu entsprechen. Auch hierdurch haben sich diese Unternehmen einen deutlichen Vorteil erarbeitet, den sie entsprechend vermarkten werden.

An der Entwicklung der EG Öko-Audit Verordnung wird am deutlichsten, daß nicht in dem erforderlichen Umfang die Entwicklungen und die Interessen der anderen Länder beobachtet und analysiert worden sind. Eine solch sorgfältige Beobachtung und Analyse ist aber Voraussetzung um langfristig im internationalen Wettbewerb zu bestehen. Die besten der beobachteten Ansätze sind mit Kreativität in die Unternehmen zu übertragen. Das Negieren international sich abzeichnender Entwicklungen hilft nicht weiter. Im Gegenteil! Dadurch werden Gestaltungsmöglichkeiten und Zeit sich an die verändernden Verhältnisse anzupassen verschenkt.

Dabei ist die Ausgangsposition nicht schlecht. In Deutschland wurde ein hoher technischer Umweltschutzstandard erreicht. Bloß werden derzeit die Spielregeln zu dessen Bewertung geändert. Da all die angeführten Regeln keine Grenzwerte beinhalten, besteht die Gefahr, daß die Unternehmen, in deren Staaten niedrige Mindeststandards festgelegt sind, sehr viel leichter eine Zertifizierung erhalten, als Unternehmen in Staaten mit hohen Umweltschutzanforderungen. Es ist davon auszugehen, daß diejenigen, die eine Zertifizierung entsprechend der EG Öko-Audit Verordnung oder dem britischen Standard über Umweltschutzmanagementsysteme erlangt haben, diese auch intensiv in ihren Marketing Bemühungen nutzen werden. So wie z.B. Body Shop sich bereits vor Jahren nach dem damaligen Entwurf der EG Öko-Auditing Verordnung auditieren ließ und dies ihn seinen Jahresberichten veröffentlichte.

Da die vorhandenen Regelwerke nun nicht mehr aus der Welt geschafft werden können, müssen Wege gefunden werden, wie Unternehmen mit diesen Regelwerken leben und sich Wettbewerbsvorteile erarbeiten können. Die Deutsche Industrie sollte mit einem Pilotprogramm, ähnlich wie es in England durchgeführt worden ist, so schnell wie möglich Erfahrungen mit der Umsetzung dieser Regelwerke erlangen. Viele Bestandteile sind schon seit langem in den Unternehmen vorhanden und müssen nur noch anders benannt oder anders dokumentiert werden um den Anforderungen der EG Öko-Audit Verordnung oder dem britischen Standard über Umweltschutzmanagementsysteme zu entsprechen. Die Dokumentation eines hohen Umweltschutzstandards sollte deutschen Unternehmen dabei im allgemeinen nicht schwer fallen. Es ist aber davon auszugehen, daß bei einem systematischen Aufbau eines Umweltschutzmanagementsystems und dem damit verbundenen überdenken der unternehmerischen Tätigkeiten häufig auch Verbesserungspotentiale aufgezeigt werden. Die Erfahrung zeigt, daß dies häufig in Bereichen der Fall ist, in denen man es am wenigsten vermutet hat.

Mit diesen Erfahrungen könnten dann auch sehr viel konkretere Maßnahmen ergriffen werden, um die internationale Normung so zu beeinflussen, daß deutschen Unternehmen keine strukturellen Standortnachteile in Kauf nehmen müssen.

„Sind die Deutschen die Letzten im europäischen Wettbewerb?" war die Ausgangsfrage dieses Aufsatzes. Es ist festzustellen, daß Deutschland in den letzten Jahren nicht die treibende Kraft bei der Entwicklung der Umweltschutzmanagementinstrumente gewesen ist. Die Normierung dieser Instrumente ist bereits sehr weit fortgeschritten und deutsche Unternehmen haben bisher kaum Erfahrungen gesammelt wie diese einzusetzen sind. Die Ausgangsposition ist für deutsche Unternehmen nicht schlecht, denn sie mußten bereits schon auf Grund der gesetzlichen Anforderungen Umweltschutzbelange in einem starken Maße berücksichtigen. Nun gilt es diese gute Startposition auch zu nutzen und auch unter den geänderten Spielregeln die Stärken des Unternehmens und seiner Produkte darzustellen. Erfolgt dies nicht, besteht tatsächlich die Gefahr, daß deutsche Unternehmen im Wettbewerb unterliegen.

Anhang

Checklisten „Technisches Ökoauditing und Produktauditing"

Die Checklisten sind auch auf der dem Buch beigefügten Diskette enthalten. Vor Benützung der Diskette lesen Sie bitte unbedingt den File README.TXT auf der Diskette; dort finden Sie auch Hinweise zur Benützung der Diskette.

Die hier und auf der Diskette wiedergegebenen Checklisten sind urheberrechtlich geschützt. Dem Leser des Buches wird jedoch gestattet, sie für eigene Zwecke unter Beibehaltung der auf jeder Seite eingedruckten Quellenangabe zu vervielfältigen. Die urheberrechtlich begründeten Rechte der Wiederverwertung in jeder anderen Form bleiben ausdrücklich vorbehalten.

Die Checklisten wurden von den Autoren sorgfältig geprüft. Dennoch obliegt es dem Anwender selbst, eigenverantwortlich die Anwendbarkeit der Listen auf das von ihm bearbeitete Problem zu überprüfen. Der Verlag, die Herausgeber und die Autoren schließen jegliche Haftung aus. Das Produkthaftungsgesetz der Bundesrepublik Deutschland bleibt davon unberührt.

CHECKLISTE WASSER/ABWASSER		
1. Wasserversorgung		
1.1 Unterlagen	Vorhanden	Bemerkungen
- Wasserbezugsverträge - Wassermengenmessungen - Entnahmebewilligung/ -erlaubnis bei Eigenförderung - Pläne eigener Gewinnungsanlagen - Pläne eigener Aufbereitungsanlagen - Wasseranalysen - Lagepläne der Versorgungsleitungen		
1.2 Wasserbezug	Menge pro Jahr	Qualität
- Fremdbezug - Eigenförderung - Regenwasseranfall		
1.3 Wasserbedarf insgesamt	Menge pro Jahr	Anforderungen
- Kühlwasser - Dampferzeugung - Prozeßwasser - Reinigungswasser - Sanitärwasser - Sonstiges		
1.4 Wasseraufbereitung	Menge pro Jahr	Zusatzstoffe
- Kühlwasser - Dampferzeugung - Prozeßwasser - Reinigungswasser - Sonstiges		

CHECKLISTE WASSER/ABWASSER		
1. Wasserversorgung		
1.5 Wasserverteilung	Menge pro Jahr	Anforderungen
Zentralbereich - Kühlwasser - Dampferzeugung - Prozeßwasser - Reinigungswasser - Sanitärwasser - Sonstiges Werk I - Kühlwasser - Dampferzeugung - Prozeßwasser - Reinigungswasser - Sanitärwasser - Sonstiges Werk II - Kühlwasser - Dampferzeugung - Prozeßwasser - Reinigungswasser - Sanitärwasser - Sonstiges Werk III - Kühlwasser - Dampferzeugung - Prozeßwasser - Reinigungswasser - Sanitärwasser - Sonstiges		

CHECKLISTE WASSER/ABWASSER			
2. Abwasserrelevante Substanzen (mit Sicherheitsdatenblättern)			
2.1 Einsatzstoffe, die mit Wasser Kontakt haben	Art	Menge pro Jahr	Werk
- Rohstoffe - Hilfsstoffe			
2.2 Andere Stoffe, die mit Wasser Kontakt haben	Art	Menge pro Jahr	Werk
- Zwischenprodukte - Endprodukte - Nebenprodukte - Reststoffe			

CHECKLISTE WASSER/ABWASSER		
3. Abwasseranfall und -behandlung		
3.1 Unterlagen	Vorhanden	Bemerkungen
- Genehmigungsbescheid für Direkteinleitung - Abwasserabgaben-festsetzung - Genehmigungsbescheid für Indirekteinleitung - Berichte von Eigen-kontrolluntersuchungen * Teilströme * Gesamtabwasser - Berichte von Fremd-überwachungen - Lagepläne der Abwasser entsorgungsleitungen - Pläne eigener Behandlungsanlagen		
3.2 Abwasserherkunft insges.	Menge pro Jahr	Verschmutzungsgrad
- Kühlung - Kondensat - Produktion - Reinigung - Sanitärbereich - Niederschlag - Sonstiges		
3.3 Abwassereinleitung	Menge pro Jahr	Hauptinhaltsstoffe
- Direkteinleitung - Indirekteinleitung		

CHECKLISTE WASSER/ABWASSER			
3. Abwasseranfall und -behandlung			
3.4 Abwasserteilströme	Menge	Inhaltsstoffe	Vorbehandlung
Zentralbereich - Kühlung - Kondensat - Produktion - Reinigung - Sanitärbereich - Niederschlag - Sonstiges Werk I - Kühlung - Kondensat - Produktion - Reinigung - Sanitärbereich - Niederschlag - Sonstiges Werk II - Kühlung - Kondensat - Produktion - Reinigung - Sanitärbereich - Niederschlag - Sonstiges Werk III - Kühlung - Kondensat - Produktion - Reinigung - Sanitärbereich - Niederschlag - Sonstiges			

CHECKLISTE WASSER/ABWASSER			
3. Abwasseranfall und -behandlung			
3.5 Abwasserreinigung	Art u. Menge	Verfahren	Wirkungsgrad
- mechanisch - physikalisch-chemisch - chemisch - biologisch			
3.6 Reststoffe aus der Abwasserreinigung	Art u. Menge	Zustand	Entsorgung
- Rechengut - Sinkstoffe - Schwimmstoffe - Schlamm - Geruchsstoffe - Faulgas - Sonstiges			

CHECKLISTE WASSER/ABWASSER				
4. Betriebliche Maßnahmen zur Reduzierung von Wasserbedarf und Abwasseranfall				
4.1 Wasserkreisläufe	Ist-Zustand	Potential	Invest.	Werk
- Kühlwasser - Reinigungswasser				
4.2 Emissionsmindernde Produktionsverfahren	Ist-Zustand	Potential	Invest.	Werk
- Einsatz fester statt flüssiger Rohstoffe - Substitution gefährlicher Stoffe im Sinne des WHG - Rückgewinnung von Wertstoffen - Mehrfachnutzung von Prozeßwasser - Verwendung von wassersparenden Spülsystemen - Mehrfachnutzung von Reinigungswasser - Einsatz von Trocken-Dampf- bzw. Hochdruck-Reinigungsgeräten				

CHECKLISTE WASSER/ABWASSER				
4. Betriebliche Maßnahmen zur Reduzierung von Wasserbedarf und Abwasseranfall				
4.3 Verbesserung der Abwasserbehandlung	Ist-Zustand	Potential	Kosten	Werk
- Teilströme - Gesamtschmutzwasser				
4.4 Umgang mit Regenwasser	Ist-Zustand	Potential	Kosten	Werk
- Versickerung - Verminderung von Schmutzstoffeinträgen - Behandlung				
4.5 Einbeziehung der Mitarbeiter	Ist-Zustand	Potential	Kosten	Werk
- Sparsame Wasserverwendung im Sanitärbereich - Betriebsbeauftragter Wasser/Abwasser mit Eingriffsmöglichkeiten - Schulungsmaßnahmen zur betrieblichen Abwasser problematik - Prämiierung von Vorschlägen zur Wassereinsparung und Emissionsminderung				

CHECKLISTE WASSER/ABWASSER		
5. Störfallvorsorge		
5.1 Unterlagen	Vorhanden	Bemerkungen
- Lagerkataster von gefährlichen Stoffen im Betrieb - Genehmigungsunterlagen u. Sicherheitsanalysen für Anlagen, in denen gefährliche Stoffe im Sinne des WHG eingesetzt werden - Notfallpläne für Brand- Explosions- und Hochwasserfälle - Lagepläne von Rückhaltebecken für Löschwasser und Leckagen - Sofortmaßnahmenkatalog bei Störungen der Abwasserbehandlungsanlage - Sofortmaßnahmenkatalog bei Grundwasserverunreinigungen - Störfallberichte		

CHECKLISTE WASSER/ABWASSER			
5. Störfallvorsorge			
5.2 Abwasseranfall bei Störfällen	Bereich/Werk	Maximale Menge	Inhaltsstoffe
- Produktionsstörung - Brand, Explosion - Hochwasser			
5.3 Abwasserrückhaltung bei Störfällen	Bereich/Werk	Speicherbare Menge	Bemerkung
- Produktionsstörung - Brand, Explosion - Hochwasser			
5.4 Betriebliche Kontrolle von Gewässerbelastungen bei Störfällen	Bereich/Werk	Parameter	Bemerkung
- Grundwasserüberwachung im Betriebsbereich - Vorfluterüberwachung bei Störungen der Abwasserbehandlung - Überwachung von Überläufen aus Rückhaltebecken			

Checklisten für biologische Untersuchungsmethoden

I. Biologische Testverfahren

Es würde den Rahmen dieser Checkliste bei weitem sprengen, wenn in den drei rechten Spalten die einzelnen, konkreten Testverfahren aufgeführt würden. So stellt die Liste einen Leitfaden für die Anwender dar; die detaillierte Untersuchungsmethode wird jeweils nach den im Text erläuterten Kriterien aus den zitierten Methodensammlungen, Richtlinien und Gesetzen ausgewählt

		Abbau-teste	Ökotoxizitäts-teste	Enzymhemmtest bzw. Immunoassays
I.A Matrix Wasser				
Trinkwasser, Betriebswasser Wasser interner Kreisläufe	bei Verdacht auf Kontamination durch z.B. Leitungsundichtigkeiten, Behälterverschmutzungen		X X X	X X X
Rohwasser, Teilströme		X	X	X
Rohabwasser, Gesamtabwasser		X	X	X
Abwasser nach Vorbehandlungsstufen (z.B. Fällung, Flockung, Neutralisation)		X	X	X
Abwasser nach betrieblicher Kläranlage		(X)	X	X
Niederschlagsablauf von Freiflächen (Dächer, Betriebshöfe etc.), die durch Staubimmissionen oder Aerosole produktionsbedingt belastet sein können		(X)	X	X
Sammelwasser von Lagerplätzen		X	X	X
Sickerwasser von Deponien		X	X	X
I.B Matrix Luft				
Luft aus Produktions-, Vor- oder Aufbereitungshallen		(X)	X	X
Luft aus Absaugvorrichtungen		(X)	X	X
1.C Matrix Feststoff				
Boden	nach Elutionsverfahren Bestimmungen in Wasser	X	X	X
Sediment		X	X	X
Abfallablagerung		X	X	X
Deponien		X	X	X

Checklisten für biologische Untersuchungsmethoden

II. Sonstige Audit-relevante Methoden

		Mikroskopie	Bestimmung der biologischen Aktivität	Hygienisch bakteriologische Untersuchungen (z.B. Coliforme)
Wässer mit unbekannten Partikeln		X		
feste Matrices unbekannter Natur		X		
Belebtschlamm der betrieblichen Kläranlage		X	X	
Tropfkörperrasen der betrieblichen Kläranlage		X	X	
Sediment aus offenen, betrieblich beeinflußten Gewässern		X	X	
Sediment aus nicht-biologischen Absetzbecken		X		
Sediment aus biologischen Absetzbecken		X	X	
Böden		X	X	X
Abfallablagerungen		X		X
Deponien		X		X
Trinkwasser	Versorgung des Betriebes			X
Betriebswasser				X
Wasser interner Kreisläufe				X
Ablauf betrieblicher Reinigungsanlagen	Entsorgung des Betriebes			X
Sammelwasser von Lagerplätzen				X
Sickerwasser von Deponien				X

Checkliste Abfall

1. Genehmigungsunterlagen zum Betrieb der Anlagen mit Hinweisen auf den Umgang mit abfallrelevanten Stoffen

1.1	**Produktion**		
-	Genehmigung nicht erforderlich	Grund	Bemerkung
-	Genehmigung erteilt auf Grundlage von ...	Bescheid/ Genehmigung	Bemerkung
-	Sonderregelung im Rahmen von Versuchs- und Pilotanlagenbetrieb u.ä.	Bescheid/ Genehmigung, Befristung	Bemerkung
-	Genehmigung beantragt	Antrag, Zwischen bescheid vom ...	Bemerkung

Checkliste Abfall

1.2 Wasseraufbereitung, Abwasser-, Abfall und Abluftbehandlung			
- Wasser	Genehmigung nicht erforderlich	Grund	Bemerkung
	Genehmigung erteilt auf Grundlage von ...	Bescheid Genehmigung	Bemerkung
	Sonderregelung im Rahmen von Versuchs- und Pilot-anlagenbetrieb	Bescheid/ Genehmigung, Befristung	Bemerkung
	Genehmigung beantragt	Antrag, Zwischen-bescheid vom ...	Bemerkung
- Abwasser	s.o.	s.o.	s.o.
- Abfall	s.o.	s.o.	s.o.
- Abluft	s.o.	s.o.	s.o.

1.3 Verantwortlich für Genehmigungen

1.3.1 im Haus

- rechtlich	Name, Abteilung	Bemerkung
- technisch	Name, Abteilung	Bemerkung
- organisa-torisch	Name, Abteilung	Bemerkung

1.3.2 extern

- rechtlich	Name, Kanzlei	Bemerkung
- technisch	Name, Büro	Bemerkung
- organisa-torisch	Name, Büro	Bemerkung

1.3.3 Behörden

- Bauaufsicht	Name, Amt	Bemerkung
- Gewerbeauf-sicht	Name, Amt	Bemerkungen
- Brandschutz-behörde	Name, Amt	Bemerkung
- STAWA	"	"
- RP	"	"
- Narschutz-behörde	"	"
- weitere		

2. Abfallrelevante Substanzen (m. Sicherheitsdatenblättern)

2.1 Einsatzstoffe in der Produktion

- die zu Reststoffen bzw. Abfällen führen
- die die Quantität bzw. Qualität o.g. Stoffe beeinflussen
- die den Bereich Wasser, Abwasser, Abfall und Abluft berühren und im Rahmen von entsprechend nachgeschalteten Aufbereitungs- und Reinigungsprozessen zu Reststoffen und Abfällen führen.

- Rohstoffe - Hilfsstoffe	Art Art	Menge Menge	Werk Werk
Benennung	Benennung	Einheit	Benennung
" "	" "	" "	" "

2.2 Einsatzstoffe in der Wasseraufbereitung, Abwasser-, Abfall- und Abluftbehandlung

- Wasser - Abwasser - Abfall - Abluft	Art Art Art Art	Menge Menge Menge Menge	Werk Werk Werk Werk
Benennung	Art	Einheit	Benennung

3. Reststoffe/Abfälle (mit Deklaration)

3.1 Reststoffe/Abfälle aus der Produktion

- Reststoffe - Abfälle	Art Art	Abfall- schlüsselnr. Abfall-Nr.	Menge Menge	Werk Werk
Benennung	Benennung	Nr.	Einheit	Benenn.

3.2 Reststoffe/Abfälle aus der Wasseraufbereitung, Abfall- Abwasser- und Abluftbehandlung

- Wasser - Abwasser - Abfall - Abluft	Art Art Art Art	Abfall- schlüsselnr. Abfall-Nr. Abfall-Nr. Abfall-Nr.	Menge Menge Menge Menge	Werk Werk Werk Werk
Benennung	Benennung	Nr.	Einheit	Benenn.

4. Reststoff/Abfallbehandlungs- und -entsorgungswege

4.1 Interne Reststoff-/Abfallbehandlung und -entsorgung

4.1.1 Reststoff-/Abfallsammlung

4.1.2 Reststoff-/Abfallzwischentransporte

4.1.3 Reststoff-/Abfallbereitstellung

4.1.4 Reststoff-/Abfalltransporte

4.1.5 Reststoff-/Abfallbehandlung

4.1.6 Reststoffverwertung

4.1.7 Abfallbeseitigung

Für alle Positionen sind entsprechend der individuellen Erfordernisse Listen zu erstellen, die Aussagen zu Bereitstellungsorten, Mengen, Qualitäten, Organisation, Art der Behandlung usw. machen.

4.1.5 Reststoffbehandlung (Beispiel)

	Art/Menge	Verfahren	Wirkungsgrad	Restab-fälle
- mechanisch	Art/Menge	Verfahren	Wirkungsgrad	Restab.
- phys.-chem.	"	"	"	"
- chemisch	"	"	"	"
- biologisch	"	"	"	"
- thermisch	"	"	"	"

4.2 Externe Reststoff-/abfallbehandlung und -entsorgung

4.2.1 Reststoff-/Abfallsammlung

4.2.2 Reststoff-/Abfallzwischentransporte

4.2.3 Reststoff-/Abfallbereitstellung

4.2.4 Reststoff-/Abfalltransporte

4.2.5 Reststoff-/Abfallbehandlung

4.2.6 Reststoffverwertung

4.2.7 Abfallbeseitigung

Um die externe Entsorgung hochsicher zu gestalten, sollte folgende Vorgehensweise beschritten werden:

4.3 Abwicklung von Entsorgungen am Beispiel von Abfällen

4.3.1 Anfrage beim Abfallentsorger/-transporteur

dabei:

- Angabe über die Art der Bereitstellung, Menge, Analyse, Abfallart, Abfallschlüssel-Nr., Abgabe der Verantwortlichen-Erklärung.

4.3.2 Kontrolle der Erzeugerangaben durch den Abfallentsorger/ -transporteur

dabei:

- soweit die Erzeugerangaben nicht richtig sind, wird durch eine Betriebsbesichtigung durch den Entsorger/ Transporteur beratend eingegriffen.

4.3.3 Einordnen der Abfälle durch den Entsorger/Transporteur

dabei:
- Prüfung, ob der Abfall nachweispflichtig ist (§ 2 Abs.2 AbfG, Ländergesetz)

4.3.4 Einordnen der Abfälle durch den Entsorger/Transporteur

dabei:
- Prüfung, ob der Abfall der GGVS (Gefahrengutverordnung Straße) unterliegt

- Prüfung, ob entsprchend der GGVS entsprechende Fahrzeuge und Behältnisse vorhanden sind

4.3.5 Ermittlung des Entsorgungsweges

dabei:
- Beantragen einer Einverständniserklärung der Entsorgungsanlage oder des Zwischenlagers

- Prüfen, ob der Transporteur die erforderliche Beförderungsgenehmigung hat
  oder Beseitigungsanlage

4.3.6 Abwicklung der Entsorgung

dabei:
- Festlegen der Termine zur Entsorgung und ggfs. zur Anlieferung im Zwischenlager bzw. der Behandlungs- oder Beseitigungsanlage

- Zusammenstellen der Begleitpapiere* bzw. Überprüfung auf Vollständigkeit

* Die Begleitpapiere werden im wesentlichen in der nachstehenden Liste genannt.

Begleitpapiere

1. Abfallgesetz (AbfG)

- Begleitschein gemäß Abfallnachweis-Verordnung.
- Beförderungsgenehmigung gemäß § 12 AbfG.

2. Gefahrgutverordnung Straße (GGVS)

- Beförderungspapier nach Rn. 2002 Abs.3 und 4 GGVS
- Schriftliche Weisungen nach Rn. 10 385 GGVS
- Prüfbescheinigung für Tankfahrzeuge/Aufsetztanks/ Gefäßbatterien gemäß GGVS
- Bescheinigung der besonderen Zulassung, Anlage B, Anhang B.3 ADR
- Fahrzeugschein, gegebenenfalls mit Vermerk 'Baumuster zugelassen nach GGVS' oder 'geprüft nach § 6 Abs.4 GGVS'
- Fahrzeugschein vom Anhänger gemäß § 6 Abs.7 GGVS
- Bescheinigung über Fahrzeugführerschulung zum Führen von Tankfahrzeugen, zur Beförderung von Tanks oder Tankcontainern gemäß Rn. 10 315 GGVS
- Erlaubnisbescheid der Straßenverkehrsbehörde gemäß § 7 GGVS. Erforderlich beim Transport besonders gefährlicher Güter, sogenannter Listengüter.
- Bescheid über eine Ausnahmegenehmigung gemäß § 5 GGVS.

5. Betriebliche Maßnahmen zur Reduzierung von Hilfsstoffen und Abfallanfall

5.1 Aufbereitungs- und Behandlungsanlagen

	Ist-Zustand	Potential	Werk
- Wasser			
- Abfall			
- Abluft			

5.2 Abfall- und emissionsmindernde Produktionsverfahren

	Ist-Zustand	Potential	Werk
- Einsatz von Rohstoffen - Einsatz von Hilfsstoffen - Substitution gefährlicher Stoffe im Sinne unterschiedlichster Verordnungen - Mehrfachnutzung von abfallrelevanten Stoffen - Verwendung von produktionsinternen Aufbereitungssystemen - Mehrfachnutzung von Hilfsstoffen - Rückgewinnung von Rohstoffen - Einsatz von Reinigungsgeräten, die zielgerichtet auf die Stoffrückgewinnung ausgelegt sind			

5.3 Einbeziehung der Mitarbeiter

	Ist-Zustand	Potential	Werk
- Sparsame Verwendung von Hilfs- und Betriebsstoffen - Betriebsbeauftragter Abfall mit Eingriffsmöglichkeiten - Schulungsmaßnahmen zur betrieblichen Abfallproblematik - Prämierung von Vorschlägen zur Abfallverwertung			

6. Störfallvorsorge

6.1 Unterlagen

Unterlagen	Vorhanden	Bemerkung
- Lagerkataster von gefährlichen Stoffen im Betrieb		
- Genehmigungsunterlagen u. Sicherheitsanalysen für Anlagen, in denen gefährliche Stoffe eingesetzt werden		
- Notfallpläne von Rückhaltebecken für Löschwasser und Leckagen		
- Sofortmaßnahmenkatalog bei Störungen der Reststoff-/Abfallbehandlungsanlage		
- Sofortmaßnahmenkatalog bei Grundwasserverunreinigungen		
- Störfallberichte		

6.2 Abfallanfall bei Störfällen

	Bereich/Werk	Maximale Menge	Inhaltsstoffe
- Produktionsstörung - Brand, Explosion - Hochwasser			

6.3 Abfallbehandlung / Rückhaltung bei Störfällen

	Bereich/Werk	Maßnahme	Bemerkung
- Produktionsstörung - Brand, Explosion - Hochwasser			

6.4 Betreibliche Kontrolle von Belastungen/Emissionen bei Störfällen im Abfallbereich

	Bereich/Werk	Parameter	Bemerkungen
- Boden-, Luft- und Grundwasserüberwachung im Betriebsbereich - Vorfluterüberwachung bei Störungen der Abwasserbehandlung - Überwachung von Überläufen aus Rückhaltebecken			

Checkliste Boden

1. Innerbetriebliche Bodenbelastungen	
a: Physikalische Bodenbelastungen (Flächenverbrauch, Aushub, Verfüllung, Verdichtung, Erosion, Versiegelung)	
- Wie groß ist die Betriebsfläche? - Wie groß ist das Verhältnis natürlicher Böden zu anthropogen veränderten Böden (Aushub, Verfüllung, Auf- und Abtrag)? - Wie groß ist der Überbauungsgrad? - Wie hoch ist der Anteil versiegelter Freiflächen (Parkplätze, Verkehrswege usw.)? - Wie hoch ist der Versiegelungsgrad insgesamt? - Wie hoch ist das Entsiegelungspotential (Anteil der Flächen, wo eine Beseitigung der vorhandenen Versiegelung möglich scheint)?	

- Wie sind die verwendeten Versiegelungmaterialien bezüglich ihrer Durchlässigkeit (Porosität) zu bewerten? - Wo ist ein Austausch des vorhandenen Belages durch poröse Materialien (z. B. Mosaik- und Kleinpflaster mit großen Fugen, Schotterung usw.) möglich? - Wo treten Bodenverdichtungen auf? - Wo tritt Bodenverschlämmung auf? - Welche Bereiche sind erosionsgefährdet?	

b: Chemische Bodenbelastungen (Schadstoffkontaminationen)	
- Gibt es Bodenbelastungen durch die Vornutzung (Altstandort)? - In welchem Bereich des Geländes gibt es Verfüllungen oder Aufschüttungen? - Liegen zu den betrieblichen Vorschäden bereits Erkundungsuntersuchungen (historische Erkundung, Sondierungen) oder Gutachten vor? - Wo werden oder wurden Chemikalien bzw. eingesetzte Gefahrenstoffe gelagert? Kam es in diesen Bereichen zu Unfällen; liegen Ergebnisse aus Bodenuntersuchungen dazu vor? - Wo werden oder wurden Abfälle bzw. Produktionsrückstände gelagert oder zwischengelagert? Sind Bodenkontaminationen in den Bereichen möglich; liegen Untersuchungsergebnisse vor?	

- Wo gibt es auf dem Betriebsgelände wilde Müllkippen? - Wo hat es betriebliche Unfälle gegeben, bei denen es zur Freisetzung von Schadstoffen kam? - Welche Schadstoffe werden durch Emission in welcher Größenordnung freigesetzt? - Sind Kontaminationen durch Immissionen wahrscheinlich? Liegen für das Betriebsgelände Untersuchungen der obersten Bodenschicht vor? - Welche Abwasserströme verlassen den Betrieb? Kommt es dabei zu Kontakten mit dem Bodenkörper?	

2. Außerbetriebliche Bodenbelastungen	
- Welche Schadstoffe werden durch Emission freigesetzt und in welcher Größenordnung? Gibt es Hinweise (Untersuchungen) zu Immissionsbelastungen in der Umbebung? - Wieviel und welche Schadstoffe werden durch Deponierung oder Abwässer exportiert? Wohin geht der Schadstofffluß? - Wo sind Bodenbelastungen durch exportierte Schadstoffe möglich bzw. bereits bekannt? - Können die im Betrieb hergestellten Produkte bei ihrer Verwendung oder Entsorgung Bodenbelastungen hervorrufen?	

Checkliste Luftpfad *

Checkliste Luftpfad	Art	Menge	Häufig keit	Emissionsklasse, Werte für die maximale Arbeitsplatzkonzentrationen ("MAK") bzw. Technische Richtkonzentrationen ("TRK"), Listung als krebserzeugender bzw. krebsverdächtiger Stoff, Toxizitätsmerkmale, Verhalten in der Umwelt
Welche Rohstoffe und Materialien incl. Verpackungen kauft der Betrieb ein?				
Welche Produkte stellt der Betrieb her?				
Welche Zwischen-, Neben- und Abfallprodukte fallen wo an?				
In welchen Anlagen des Betriebes werden Stoffe nach Anlage II Störfall-Verordnung eingesetzt, produziert bzw. können entstehen?				
Welche gasförmigen Emissionen und Immissionen werden an im Betrieb vorhandenen bzw. zum Betrieb gehörenden Abfalldeponien bzw. Altlasten geprüft?				

* nach M.Sietz (Hrsg.): Umweltbewußtes Management. Eberhardt Blottner Verlag, Taunusstein 1992; ISBN 3-89367-023-8

Checkliste Luftpfad *

Checkliste Luftpfad	Art	Menge	Häufigkeit	Emissionsklasse, Werte für die maximale Arbeitsplatzkonzentrationen ("MAK") bzw. Technische Richtkonzentrationen ("TRK"), Listung als krebserzeugender bzw. krebsverdächtiger Stoff, Toxizitätsmerkmale, Verhalten in der Umwelt
Welche flüchtigen Soffe werden in welchem Ausmaß z.B. an einer thermischen Nachverbrennungsanlage bzw. Aktivkohlefilterung reduziert? Werden chlorierte Lösungsmittel oder FCKW-haltige Gase im Betrieb verwendet?				

* nach M.Sietz (Hrsg.): Umweltbewußtes Management. Eberhardt Blottner Verlag, Taunusstein 1992; ISBN 3-89367-023-8

Checkliste Luftpfad *

Checkliste Luftpfad	Menge pro Jahr	Parameter (Stoffe) die im Normalbetrieb emittiert werden und deren Konzentrationsbereiche in der Abluft	Parameter (Stoffe) die im Störfall emittiert werden können und deren abzuschätzende Konzentrationsbereiche in der Abluft	Welche Vorteile, Nachteile (Risiken), ergeben sich daraus für den Betrieb?
Welche Parameter (Stoffe) werden an welchen Stellen emittiert? 1. Produktionsanlagen 2. Stellen thermischer Produktvor-bzw. -nachbehandlung 3. Betriebsschornsteine 4. Abluftsammelanlagen 5. Abluftfilter 6. Leitungen mit flüchtigen Stoffen Welche Abluftströme verlassen den Betrieb? Welche Immissionen wirken auf den Betrieb ein, z.B. durch Nachbarbetriebe, Verkehrswege etc.? Für welche der emittierten Schadstoffe sind Immissionswerte festgelegt?				

* nach M.Sietz (Hrsg.): Umweltbewußtes Management. Eberhardt Blottner Verlag, Taunusstein 1992; ISBN 3-89367-023-8

Checkliste Luftpfad *

Checkliste Luftpfad	Menge pro Jahr	Parameter (stoffe) die im Normalbetrieb emittiert werden und deren Konzentrationsbereiche in der Abluft	Parameter (Stoffe) die im Störfall emittiert werden können und deren abzuschätzende Konzentrationsbereiche in der Abluft	Welche Vorteile, Nachteile (Risiken) ergeben sich daraus für den Betrieb?
Welche Abluftströme beeinträchtigen die Luft an den Arbeitsplätzen, z.B. durch Undichtigkeiten bzw. schlechte Absaugung? Über welche Stoffe gibt es Anwohnerbeschwerden wegen Geruchsbelästigung? Über welche Stoffe gibt es Mitarbeiterbeschwerden am Arbeitsplatz? Welche Emissionen können nach Aktivkohlefilterung und destillativer Reinigung als Rohstoff- oder Lösungsmittel der Produktion wieder zugeführt werden?				

* nach M.Sietz (Hrsg.): Umweltbewußtes Management. Eberhardt Blottner Verlag, Taunusstein 1992; ISBN 3-89367-023-8

Checkliste Luftpfad *

Kann die Abluftbelastung des Betriebes reduziert werden durch:	mögliche Verringerung der Abluftbelastung pro Jahr	zusätzlich erforderliche gerätetechnische Investitionen	Welche Verbesserungen der Luft an Arbeitsplätzen sind zu erwarten?	Welche Vorteile ergeben sich daraus für den Betrieb?
Anwendung einer Verbesserten Filtertechnik, z.B. durch Einbau von Absorptionsfiltern bzw. Staubfiltern etc.				
Änderung des Produktionsvervahrens und Vermeidung der möglichen Emissionen direkt am Entstehungsort, d.h. den jeweiligen Anlagen (z.B. durch "Verkapselung" von Anlagen)				
Kreisführung von Prozeßluft (evtl. unter Wärmerückgewinnung)				
Austausch stark flüchtiger, mit kleinem MAK- oder TRK-Werten versehener und in Anlage II der Störfallverordnung genannter Stoffe gegen weniger flüchtige und weniger toxische Stoffe in den Bereichen Einkauf, F+E, Labor sowie Produktion				

* nach M.Sietz (Hrsg.): Umweltbewußtes Management. Eberhardt Blottner Verlag, Taunusstein 1992; ISBN 3-89367-023-8

Checkliste Luftpfad *

Kann die Abluftbelastung des Betriebes reduziert werden durch:	mögliche Verringerung der Abluftbelastung pro Jahr	zusätzlich erforderliche gerätetechnische Investitionen	Welche Verbesserungen der Luft an Arbeitsplätzen sind zu erwarten?	Welche Vorteile ergeben sich daraus für den Betrieb?
Ausarbeitung von Abluft-Notfallplänen bzw. Sicherheitsanalysen für Leckagen und Brand-, Explosions- sowie Hochwasserfälle kontinuierliche Dokumentation, z.B. in Halbstunden- oder Tagesmittelwerten ausgewählter Schadstoffparameter in der Abluft (Stickoxide, Kohlenmonoxide, Gesamtorganischer Kohlenstoff etc.) Einführung eines Betriebsbeauftragten für Immission mit entsprechenden Eingriffsmöglichkeiten Innerbetriebliche Prämierung von Abluftentlastungsvorschlägen Durchführung regelmäßiger Schulungen zum besseren Verständnis der betrieblichen Ablaufproblematik				

* nach M.Sietz (Hrsg.): Umweltbewußtes Management. Eberhardt Blottner Verlag, Taunusstein 1992; ISBN 3-89367-023-8

Im nachstehenden Schema ist der Ablauf von Arbeitsplatzmessungen beispielhaft dargestellt (3).

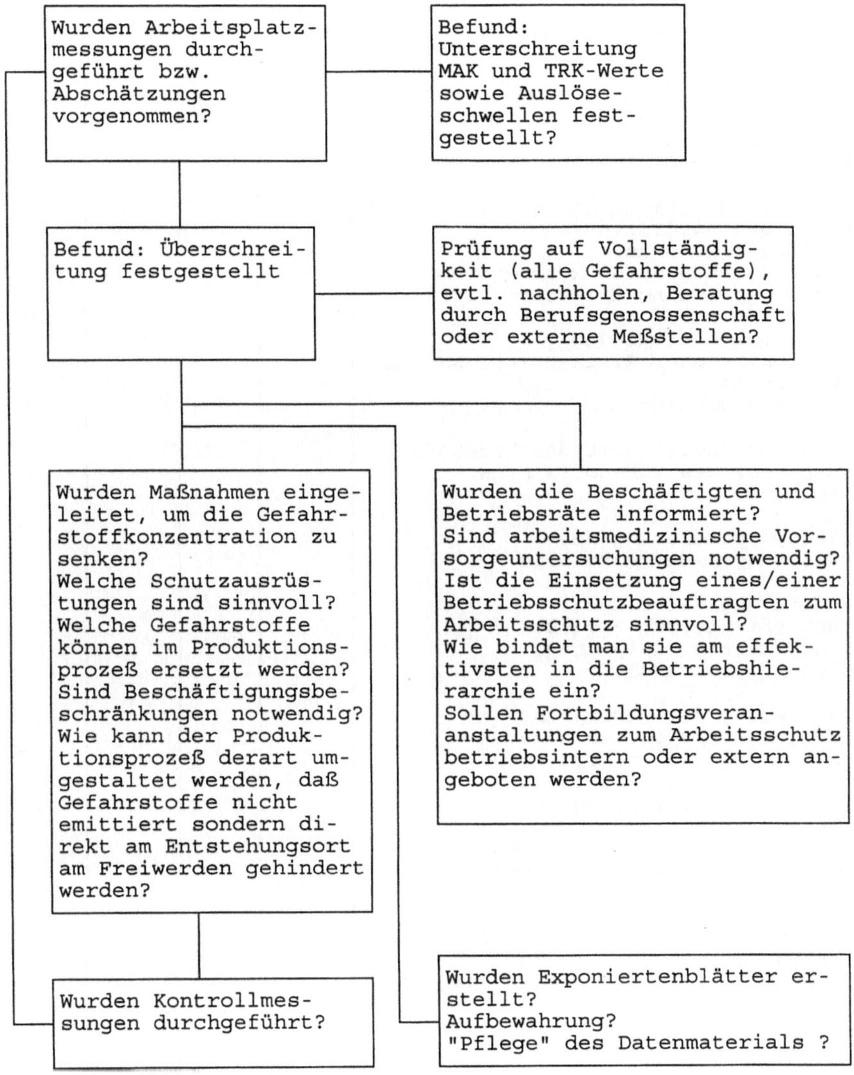

Produkt - Checkliste

1. Sektor: Verbrauch von natürlichen Ressourcen, Rohstoffe

	$-1<F<1$	$0<G<1$	$-1<P<1$	P_{Soll}
- Verwendung nachwachsender Rohstoffe unter Vermeidung anfälliger Monokulturen				
- Minimierung/Vermeidung der Zerstörung natürlicher Stoffkreisläufe und Gleichgewichte durch Rohstoffabbau/ Rohstoffgewinnung direkt vor Ort				
- Minimierung/Vermeidung gesundheitlicher Risiken in Zusammenhang mit der Rohstoffgewinnung				
- Sozialverträglichkeit der Rohstoffgewinnung/ des Rohstoffabbaus direkt vor Ort				
- Prüfung/Optimierung des Umweltimages der Rohstoffe				
- Minimierung/Vermeidung Rohstoffmenge pro Produkt, Rohstoffverunreinigungen, Rohstoffvorbehandlung				
- Minimierung des Verbrauchs fossiler Energiequellen durch Minimierung der Transportwege				
- Minimierung/Vermeidung von Grundwasserentnahmen, Luftverbrauch für Produktions- bzw.Rohstoffherstellungsprozeß				
- Minimierung/Vermeidung von Bodenverbrauch durch Deponierung nach Produktgebrauch wegen Ein-Weg-Konzipierung des Produktes,				
- Minimierung/Vermeidung des Bodenverbrauchs in Zusammenhang mit der Rohstoffherstellung				
- Rohstoffkontrollen und Lieferantenverpflichtungen bezüglich betrieblicher Umweltvorgaben				

2.Sektor: Auswirkungen auf Ökosysteme

	-1<F<1	0<G<1	-1<P<1	P_{Soll}
- Verminderung/Vermeidung der Störung natürlicher Stoffkreisläufe und Gleichgewichte a) durch Produktanwendung b) durch Produktentsorgung c) Transportvorgänge d) Einführung von Mindesteinsatzquoten für recycelte Produkte e) Einführung von Rücknahmepflichten durch den Hersteller				
- Verminderung/Vermeidung der biologischen Verarmung von Ökosystemen und Vernichtung von Lebensgrundlagen a) durch Rohstoffgewinnung b) durch Produktanwendung c) durch Produktentsorgung d) Transportvorgänge e) festgelegte Recyclingquoten f) Einführung von Rücknahmepflichten durch den Hersteller				

3.Sektor: Energieverbrauch

	$-1<F<1$	$0<G<1$	$-1<P<1$	P_{Soll}
- Minimierung bei der a) Rohstoffgewinnung b) Rohstoffverarbeitung				
- Minimierung bei der Produktherstellung				
- Minimierung/ Vermeidung beim Produktgebrauch				
- Minimierung/ Vermeidung/ Energiegewinn bei der Produkt-Entsorgung ohne Recyclierung				
- Minimierung durch Recyclierung in Verbindung mit dem Recyclierungsgrad sowie Rücknahmeverpflichtungen				
- Minimierung beim Transport				
- Minimierung durch möglichen sparsamen Produktgebrauch				

4.Sektor: Abfallaufkommen, Wasserverschmutzung, Luftverschmutzung, Lärm

	$-1<F<1$	$0<G<1$	$-1<P<1$	P_{Soll}
- Erhebung ökotoxikologischer und sonstiger Daten zum Umweltverhalten a) der Produktrohstoffe b) des Produktes c) der Emissionen und Produktionsabfälle				
- Kontrolle und Dokumentation von betrieblichen Umweltproduktanforderungen in den Bereichen a) Abfallaufkommen b) Wasserverschmutzung c) Luftverschmutzung d) Lärm und e) Arbeitsschutz f) Sicherheit				
- Ersatz umweltbelastender Inhaltsstoffe durch umweltfreundlichere Alternativen				
- Ersatz/Minimierung umweltbelastender Produkte/Verpackungen durch umweltfreundlichere Alternativen				
- kontinuierliche Erarbeitung neuer Umweltanforderungen für Produkte/ Rohstoffe				
- kontinuierliche Produktneuentwicklungen unter Umweltgesichtspunkten				
- Einhaltung von Anforderungen für den Umweltengel bzw. das EG- Umweltzeichen				

Sachverzeichnis